TURING 图灵数学经典 · 16

LINEAR ALGEBRA AND ITS APPLICATIONS, SECOND EDITION

线性代数及其应用

第2版

修订版

[美] 彼得 · 拉克斯（Peter Lax）/ 著

傅莺莺　沈复兴 / 译

人 民 邮 电 出 版 社
北 京

图书在版编目（CIP）数据

线性代数及其应用 /（美）彼得·拉克斯（Peter Lax）著；傅莺莺，沈复兴译. — 2 版，修订版. 北京：人民邮电出版社，2025. —（图灵数学经典）.
ISBN 978-7-115-65846-3

I. O151.2

中国国家版本馆 CIP 数据核字第 202470D5V3 号

内 容 提 要

本书全面覆盖了线性空间与线性映射、矩阵与行列式、谱理论、欧几里得结构等核心内容，还单独讨论了向量值与矩阵值函数的微积分、动力学、凸集、赋范线性空间、自伴随矩阵的本征值计算等特色专题，理论与应用相结合. 每章都有练习，并为部分练习提供解答. 书后还有辛矩阵、快速傅里叶变换、洛伦兹群、若尔当标准形等 16 个附录. 与上一版相比，此次修订版对出现的错误进行了更正.

本书是可供高年级本科生和研究生使用的优秀教材，同时是面向数学教师和相关研究人员的优秀参考书.

◆ 著 [美] 彼得·拉克斯（Peter Lax）
译 傅莺莺 沈复兴
责任编辑 谢婷婷
责任印制 胡 南

◆ 人民邮电出版社出版发行 北京市丰台区成寿寺路 11 号
邮编 100164 电子邮件 315@ptpress.com.cn
网址 https://www.ptpress.com.cn
大厂回族自治县聚鑫印刷有限责任公司印刷

◆ 开本：700 × 1000 1/16
印张：19.75 2025 年 1 月第 2 版
字数：365 千字 2025 年 1 月河北第 1 次印刷

著作权合同登记号 图字：01-2021-1726 号

定价：89.80 元

读者服务热线：(010)84084456-6009 印装质量热线：(010)81055316

反盗版热线：(010)81055315

广告经营许可证：京东市监广登字 20170147 号

版 权 声 明

译者序

彼得·拉克斯（Peter Lax）教授原籍匈牙利，自 1958 年开始就一直在美国纽约大学从事教学与研究工作，是美国国家科学院院士、纽约大学柯朗数学研究所前所长. 他在纯数学与应用数学的诸多领域都有极其卓越的建树，被公认为当代顶尖的数学家和数学教育家之一. 2005 年，拉克斯凭借其“在偏微分方程的理论研究和在应用中所做的奠基性贡献，以及对计算该类方程的结果做出的不懈努力”荣获世界数学最高荣誉的阿贝尔奖. 拉克斯教授一生致力于数学教育，独立撰写或与他人合著教材逾 20 部. 正如授予他阿贝尔奖的挪威科学与文学院所言，他“在数学领域有着相当深远的影响，这不仅表现在他的研究贡献里，而且他的著作、他对教育事业付出的毕生心血以及他在培养年轻一代数学家时体现出的孜孜不倦的精神，都在世界数学领域留下了不可磨灭的影响”.

本书的第 1 版是拉克斯唯一一本专门介绍线性代数的著作. 在书中，他以分析的眼光、理论联系应用的观点讲述线性代数，为读者展开了一片新的视野，为线性代数教学的改革揭开了新的篇章.《美国数学月刊》这样评价道：“（这本书）推荐给教师、研究人员以及学生阅读. 事实上，它在每个数学人的书架上都应该占有一席之地.”

第 2 版在秉承第 1 版风格的前提下，进一步丰富了内容，全面覆盖了线性方程组、矩阵、向量空间、博弈论、数值分析等内容，并根据最新的研究进展补充了自伴随矩阵本征值的 QR 算法等内容. 此外，为了提高原书作为教材的实用性，第 2 版从学生的角度出发，扩充了第 1 版中前面章节的内容，增加了练习，并且补充了部分练习的答案. 总体说来，经过修订，第 2 版更加精练厚实，是可供高年级本科生和研究生使用的优秀教材，同时是数学教师、数学研究人员的一本很好的参考书，还是计算机工程技术人员的一本理想的工具书.

人民邮电出版社曾于 2009 年引进该书，使我们有幸向国内广大师生介绍并一同分享这本教材. 此次为修订版. 本书前言以及第 12 章至第 18 章由沈复兴翻译，其余部分由傅莺莺翻译，最后由傅莺莺统稿. 在翻译过程中，北京师范大学物理学系马永革教授和北京工商大学人工智能学院徐登辉教授对第 11 章中物理名词的译法提出了宝贵建议，北京师范大学数学科学学院 2004 级研究生刘文新、2005 级研究生马鑫和李永强与 2006 级研究生田巧丽帮助校对了部分书稿，人民邮电出版社编辑为译本做了大量工作，在此一并表示感谢.

由于译者水平有限，书中难免有疏漏和不妥之处. 敬请广大师生、同行专家批评指正.

译　者

2023 年 9 月

第 2 版前言

本书沿袭了第 1 版的框架，力图呈现线性代数作为线性空间和线性映射的理论与应用的全貌. 为便于理解与计算，书中将向量看成阵列、将映射看成矩阵——这不过是还其原貌而已.

一旦掌握了足够多的线性代数知识，你就会发现，如果能将一个数学问题化为线性代数问题，那么问题多半能迎刃而解. 由此可见，扎实深厚的线性代数背景对学生非常重要. 事实上，合格的本科教学应该为高年级学生开设线性代数提高课程，这正是我编写本书的初衷. 此次所做的相当一部分修订也力求使本书更适用于教学，这方面的修订包括：补充了第 1 版，尤其是前面章节中过于简短的叙述，增加了练习并且补充了部分练习的答案.

除此之外，第 2 版还增加了相当一部分新内容，例如给出了利用单位球的紧致性判定赋范线性空间维数有限的准则. 新增一章专门讨论求自伴随矩阵本征值的 QR 算法，补充了将自伴随矩阵化为三对角矩阵的豪斯霍尔德（Householder）算法，较详细地介绍了戴夫特（Deift）、南达（Nanda）和托梅（Tomei）将收敛的 QR 算法推广至连续户田（Toda）流的工作，给出了描述当时间趋于无穷时户田流的渐近行为的莫泽（Moser）定理.

本书在第 1 版 8 个附录的基础上又增加了 8 个新的附录，其中，附录 I 介绍了快速傅里叶（Fourier）变换，附录 J 利用矩阵的舒尔（Schur）分解证明了谱半径定理，并且概述了矩阵值解析函数理论，附录 K 介绍了洛伦兹（Lorentz）群，附录 L 是有限维空间紧致性判定的一个有趣的应用，附录 M 说明了换位子的特征，附录 N 给出了李雅普诺夫（Lyapunov）稳定性判定法的一个证明，附录 O 介绍了如何构造矩阵的若尔当（Jordan）标准形，附录 P 给出了卡尔 · 皮尔西（Carl Pearcy）关于矩阵数值域的哈尔莫斯（Halmos）猜想的一个极为精致的证明.

最后是我的一点希望，我始终认为高中数学应该囊括线性代数中最基本的内容，比如只含两三个分量的向量、标量积、向量积、用矩阵描述旋转及其几何应用. 当前高中数学课程的改革已经迫在眉睫了.

在此次修订过程中，我有幸得到雷 · 米夏勒克（Ray Michalek）的大力帮助，与艾伯特 · 诺维科夫（Albert Novikoff）和查利 · 佩斯金（Charlie Peskin）的交谈也让我受益匪浅，在此深表谢意. 我还要感谢罗杰 · 霍恩（Roger Horn）、贝雷斯福德 · 帕雷特（Beresford Parlett）和杰里 · 加斯旦（Jerry Kazdan）提出了很多很好的意见，感谢杰弗里 · 瑞安（Jeffrey Ryan）帮助完成校对.

彼得 · 拉克斯于美国纽约

第 1 版前言

本书是在我多年来为纽约大学柯朗数学研究所一年级研究生授课讲稿的基础上整理而成的. 除了面向新入学的研究生，这门课程也向通过资格考试的本科生开放，间或也有一些非常优秀的高中生来听课，其中就有艾伦 · 埃德尔曼（Alan Edelman），我为能第一个教他线性代数而备感荣幸. 与这门课程一样，本书的内容除极少部分以外，其余都只需要读者了解线性代数的基础知识，并没有很高的要求.

50 年前，线性代数的研究几近沉寂. 然而在过去的 50 年中，以高速计算机和超大内存的诞生为契机，线性代数的许多新思想、新方法空前爆发，其中包括如何求解线性方程组、如何实现最小二乘法、如何处理线性不等式以及如何求矩阵的本征值等. 线性代数也由此走向了数值数学舞台的中心. 当然，这就对我们今天如何讲授线性代数产生了深远的影响，其中有好的一面，也有不好的一面.

许多学生学习线性代数的目的仅仅是应用，因此在线性代数课程中引入新的数值方法有一定的好处，它能将新鲜有趣的素材以及新的实际应用带进课堂. 不过，将应用和算法带到前台也会模糊线性代数的理论结构，这是我不愿意看到的. 我认为，将学生与埃米 · 诺特（Emmy Noether）和埃米尔 · 阿廷（Emil Artin）所创建的线性代数理论的伊甸园分隔开来，对学生来说是一种莫大的损失. 我编写本书的第一个目的就是希望在一定程度上纠正这种不平衡.

我编写本书的第二个目的是希望展示丰富多彩的解析成果以及它们的一些应用，包括矩阵不等式、本征值估计和行列式估计等. 这些对分析学家和物理学家来说漂亮且十分有用的线性代数内容常常被教材所忽略.

在编写过程中，对于定理证明的处理，我尽量选用简短且具有启发性的证法. 如果同一个问题有两种解决思路，我也尽可能都列出来.

全书的内容从目录一览即知. 下面我对材料的选取和处理略作说明. 前 4 章介绍了线性空间和线性变换的抽象理论. 为了避免使用未加说明的概念，这部分的证明采用线性结构，还特别引入商空间作为维数计算的工具. 此外，为了让这部分较枯燥的内容变得生动有趣，我加入了一些重要的应用，例如多项式的求积公式、多项式插值、求解离散拉普拉斯（Laplace）方程的狄利克雷（Dirichlet）问题.

在第 5 章中，行列式被赋予了几何意义——有序单形带符号的体积，由此即可推得行列式的基本代数性质.

第 6 章给出了复方阵的谱理论. 本征向量和广义本征向量完备性的证明没有用到本征方程，只依赖于多项式代数的可除理论. 用同样的方法证得，矩阵 $\boldsymbol{A}$ 和矩阵 $\boldsymbol{B}$ 相似，当且仅当对任意复数 k 和任意正整数 m，$(\boldsymbol{A}-k\boldsymbol{I})^m$ 与 $(\boldsymbol{B}-k\boldsymbol{I})^m$ 的零空间都具有相同的维数. 这个命题的证明引出了若尔当标准形的概念.

第 7 章中第一次出现了欧几里得结构. 第 8 章中，我用它推导出自伴随矩阵的谱理论. 书中给出了两种证明：一种基于一般矩阵的谱理论，另一种利用了本征向量和本征值的特征. 费希尔（Fischer）的最小最大原理也在这一章中介绍.

第 9 章介绍了单变量向量值、矩阵值函数的微积分，这是在本科生教材中不常见到的重要内容. 这一章最重要的结果是非退化可微矩阵函数的本征值和单位本征向量的连续性及可微性特征，此外还对“错开交叉”（avoided crossings）的奇特现象作了简要叙述和解释.

本书第 1 版前 9 章，或者严格地说前 8 章，构成线性代数的核心理论. 后 8 章讨论的则是一些专题，可以根据教师和学生的兴趣进行取舍. 对此我只作非常简要的评论.

第 10 章可以说是由矩阵不等式、矩阵本征值不等式以及矩阵行列式不等式汇成的一曲交响乐，其中许多证明要用到微积分知识.

第 11 章用来弥补一般课程中往往缺失的力学内容，展示了如何利用矩阵描述空间运动. 借助矩阵，刚体运动的角速度、流体向量场的散度和旋度都有极为自然的表示. 此外，利用对称矩阵本征值的单调相关性可知，当增大物理系统中各质点的受力，并减小质点质量时，该系统的所有质点的固有频率都增大.

第 12 章至第 14 章都围绕凸集概念展开. 第 12 章从度规函数和支撑函数的角度描述了凸集，这部分的主要内容有：利用哈恩–巴拿赫（Hahn-Banach）过程证明了超平面分离定理，证明了极点的喀拉氏定理并由此推出双随机矩阵的柯尼希–伯克霍夫（König-Birkhoff）定理，给出并证明了关于凸集的交的黑利（Helly）定理.

第 13 章讨论了线性不等式，推出了法卡斯–闵可夫斯基（Farkas-Minkowski）定理并由此证明了对偶定理，最后介绍了对偶定理的两个常见的应用——经济学中的最小最大–最大最小问题，以及冯 · 诺依曼（von Neumann）关于双人零和博弈的最小最大定理.

第 14 章是关于赋范线性空间的，除点到线性子空间的距离的对偶特征之外，其余内容并没有很大难度. 对赋范线性空间之间的线性映射的讨论放在第 15 章.

第 16 章针对所有元素都是正数的矩阵给出了一个非常漂亮的定理——佩龙（Perron）定理. 这一章还介绍了马尔可夫（Markov）链渐近问题的经典应用，最后证明了非负矩阵本征值的弗罗贝尼乌斯（Frobenius）定理.

第 17 章讨论了迭代求解形如 $\boldsymbol{Ax} = \boldsymbol{b}$（其中 $\boldsymbol{A}$ 为正定的自伴随矩阵）的线性方程组的几种方法：推出了一个变分公式，同时对最速下降法予以分析；接下来还给出了基于切比雪夫（Chebyshev）多项式的两种迭代法，以及基于正交多项式的共轭梯度法.

对于未能单列一章介绍自伴随矩阵本征值的数值计算，我感到非常遗憾，因为最近我发现这个问题与一些看似无关的论题之间存在着惊人的联系.

第 1 版书后共有 8 个附录，补充了一些不适合放入教材正文的内容. 这些结果很惊人或者很重要，有必要写进来以引起学生的关注，它们包括：可以显式求值的特殊行列式、普法夫（Pfaff）定理、辛矩阵、张量积、格、快速矩阵乘法的施特拉森（Strassen）算法、格尔什戈林（Gershgorin）圆盘定理以及本征值的重数. 除此之外，还有一些论题是本应该归入附录却未能实现的，包括贝克–坎贝尔–豪斯多夫（Baker-Campbell-Hausdorff）公式、克赖斯（Kreiss）矩阵定理、数值域以及三对角矩阵的逆.

书中有很多练习，其中少数是普通的题目，大部分需要认真思考，还有一些需要计算.

书中采用的记号是新古典主义记号. 我喜欢用由 4 个字母组成的单词，比如“into”（到内）、“onto”（到上）以及“1-to-1”（一一对应），而不用来自诺曼（Norman）词源的多音节词. 书中每个证明的结尾都用一个空白方格标记.

我所参考的文献包括常见的参考书，以及一些新近出版的教材，另外还包括柯朗（Courant）和希尔伯特（Hilbert）合著的《数学物理方法》, 1924 年的德文原版第 1 卷. 几代数学家和物理学家，包括作者本人，第一次学习线性代数就是从这本书的第 1 章开始的.

感谢纽约大学柯朗数学研究所的同事以及怀俄明大学的迈伦 · 艾伦（Myron Allen）阅读本书手稿，提出宝贵意见，并在他们的班级里试讲. 我还要感谢康妮 · 恩格尔（Connie Engle）和贾尼丝 · 万特（Janice Want）细致地录入本书内容.

我从理查德 · 贝尔曼（Richard Bellman）的名著《矩阵分析导引》（*Introduction to Matrix Analysis*）中学到很多，它对本书的影响是巨大的. 为此，也为了我们自 1945 年开始一直保持至 1984 年他逝世那一刻的友谊，我谨以此书缅怀理查德 · 贝尔曼.

彼得 · 拉克斯于美国纽约

目　录

第 1 章　预备知识

本章主要介绍抽象线性空间的基本概念和记号，以扭转人们总把向量当作由分量构成的阵列这一习惯认识. 然而，我要指出，抽象线性空间的概念并不比由阵列形式的向量所构成的空间更宽泛. 那么，将线性空间的概念抽象化，其目的何在?

首先，抽象化的结果允许我们用简单的记号来表示阵列. 于是在讨论线性空间时，我们可以把向量作为最基本的单位，而不用关心它由哪些分量构成. 这种抽象观点还使许多结果的证明更为简单、明了.

其次，在许多有实际意义的向量空间中，元素往往不能写成若干个分量构成的阵列. 以一个 n 阶线性常微分方程为例，它的解集构成一个 n 维向量空间，但它们并不以阵列形式呈现.

即便向量空间中的元素以数的阵列形式给出，其子空间中的元素也不一定能够自然地解释为阵列. 例如，由各分量之和为零的全体向量所构成的子空间就是这样.

最后，将向量空间抽象化的观点对研究无限维空间十分必要. 尽管本书仅限于讨论有限维空间，但是抽象化的思想对于今后学习泛函分析非常重要.

线性代数主要研究向量的两种基本运算——向量加法和数（标量）乘. 令人惊叹的是，仅凭如此简单的工具便可构造出各式各样的复杂的数学结构. 更为人称道的是，线性代数不仅给出许多漂亮的结果，而且还为众多的数学问题（包括应用数学）提供了最生动贴切的表述.

域 K 上的线性空间 X 是定义了下列两种运算的数学对象.

第一种运算是*加法*，记作 $+$，例如

$$\boldsymbol{x}+\boldsymbol{y}. \tag{1}$$

加法运算满足*交换律*

$$\boldsymbol{x}+\boldsymbol{y}=\boldsymbol{y}+\boldsymbol{x} \tag{2}$$

和*结合律*

$$\boldsymbol{x}+(\boldsymbol{y}+\boldsymbol{z})=(\boldsymbol{x}+\boldsymbol{y})+\boldsymbol{z}. \tag{3}$$

可以构造一个群，其中零元素记作 $\mathbf{0}$，

$$\boldsymbol{x} + \mathbf{0} = \boldsymbol{x}, \tag{4}$$

加法的逆运算记作 $-$：

$$\boldsymbol{x} + (-\boldsymbol{x}) \equiv \boldsymbol{x} - \boldsymbol{x} = \mathbf{0}. \tag{5}$$

练习 1 证明：向量加法中的零元素唯一.

第二种运算是域 K 中的元素 k 与 X 中的元素 $\boldsymbol{x}$ 之间的乘法：

$$k\boldsymbol{x}.$$

乘法运算的结果是一个向量，即 X 中的一个元素.

用 K 中元素进行数乘的运算满足结合律

$$k(a\boldsymbol{x}) = (ka)\boldsymbol{x} \tag{6}$$

和分配律

$$k(\boldsymbol{x} + \boldsymbol{y}) = k\boldsymbol{x} + k\boldsymbol{y}, \tag{7}$$

以及

$$(a + b)\boldsymbol{x} = a\boldsymbol{x} + b\boldsymbol{x}. \tag{8}$$

假设用 K 中的单位（记作 1）进行数乘，其效果相当于恒同映射

$$1\boldsymbol{x} = \boldsymbol{x}. \tag{9}$$

以上就是线性代数的公理，下面我们来证明一些推论.

在式 (8) 中令 $b = 0$，由练习 1 可知，对任意 $\boldsymbol{x}$ 有

$$0\boldsymbol{x} = \mathbf{0}. \tag{10}$$

在式 (8) 中令 $a = 1$ 和 $b = -1$，由式 (9) 和式 (10) 可知，对任意 $\boldsymbol{x}$ 有

$$(-1)\boldsymbol{x} = -\boldsymbol{x}.$$

练习 2 证明：全体分量都为零的向量是传统的向量加法中的零元素.

本书旨在讨论代数在分析中的应用，因此书中的域 K 表示实数域 $\mathbb{R}$ 或者复数域 $\mathbb{C}$.

线性空间的一个有趣的例子是满足下列微分方程的所有函数 $\boldsymbol{x}(t)$ 构成的集合：

$$\frac{\mathrm{d}^2}{\mathrm{d}t^2}\boldsymbol{x} + \boldsymbol{x} = \mathbf{0}.$$

该微分方程的任意两个解之和仍是方程的一个解，任意解的常数倍也是方程的一个解. 这就表明，该微分方程的解集构成一个线性空间.

上述方程有其实际的物理背景：将弹簧一端固定，另一端与质点相连，方程的解恰好描述了质点的运动. 一旦给定了初始位置 $\boldsymbol{x}(0) = \boldsymbol{p}$ 和初始速度 $\frac{\mathrm{d}}{\mathrm{d}t}\boldsymbol{x}(0) =$

$\boldsymbol{v}$，质点在任意时刻 t 的运动状态就被完全确定了．因此方程的解又可以用数对 $(\boldsymbol{p},\boldsymbol{v})$ 来表示．

同一个方程的解，既可看作函数，又可看成数对，两种表述之间的关系是线性的．若 $(\boldsymbol{p},\boldsymbol{v})$ 和 $(\boldsymbol{q},\boldsymbol{w})$ 分别是解 $\boldsymbol{x}(t)$ 和 $\boldsymbol{y}(t)$ 的初值条件，则 $(\boldsymbol{p}+\boldsymbol{q},\boldsymbol{v}+\boldsymbol{w})=(\boldsymbol{p},\boldsymbol{v})+(\boldsymbol{q},\boldsymbol{w})$ 是解 $\boldsymbol{x}(t)+\boldsymbol{y}(t)$ 的初值条件．类似地，$(k\boldsymbol{p},k\boldsymbol{v})=k(\boldsymbol{p},\boldsymbol{v})$ 是解 $k\boldsymbol{x}(t)$ 的初值条件．

将这种联系抽象出来，得到同构的概念．

定义　如果同一个域上两个线性空间之间的一一映射保向量加法及数乘运算，则称该映射为**同构**（**isomorphism**）．

同构是线性代数的一个基本概念．如果仅仅依赖线性空间所提供的运算，我们无法分辨同构的线性空间．如前所述，两个线性空间有可能形式完全不同，但彼此同构．

线性空间的例子

(i) 全体行向量 $(a_1,\cdots,a_n)$（$a_j\in K$）所构成的集合，加法和数乘都依分量定义．这个空间常记作 K^n．

(ii) 全体定义在实数轴 $K=\mathbb{R}$ 上的实值函数 $f(x)$ 所构成的集合．

(iii) 全体定义在任一集合 S 上且取值在 K 中的函数所构成的集合．

(iv) 全体系数取自 K 且次数小于 n 的多项式所构成的集合．

练习 3　证明：(i) 和 (iv) 同构．

练习 4　证明：若 S 仅含 n 个元素，则 (i) 和 (iii) 同构．

练习 5　证明：若 $K=\mathbb{R}$，$S\subseteq\mathbb{R}$ 且 S 仅含 n 个不同的元素，则 (iii) 和 (iv) 同构．

定义　假设 Y 是线性空间 X 的子集，如果 Y 中元素的和与数乘仍属于 Y，则称 Y 为**子空间**（**subspace**）．

子空间的例子

(a) X 同例 (i)，Y 是首分量与末分量均为零的全体向量 $(0,a_2,\cdots,a_{n-1},0)$ 所构成的集合．

(b) X 同例 (ii)，Y 是全体以 π 为周期的周期函数所构成的集合．

(c) X 同例 (iii)，Y 是 S 上的全体常函数所构成的集合．

(d) X 同例 (iv)，Y 是全体偶多项式所构成的集合．

定义 线性空间 X 的两个子集 Y 和 Z 的**和**（**sum**），记作 $Y+Z$，是全体形如 $\boldsymbol{y}+\boldsymbol{z}$（$\boldsymbol{y}\in Y, \boldsymbol{z}\in Z$）的向量所构成的集合.

练习 6 证明：若 Y 和 Z 均为 X 的线性子空间，则 $Y+Z$ 也是.

定义 线性空间 X 的两个子集 Y 和 Z 的**交**（**intersection**），记作 $Y\cap Z$，是 Y 和 Z 的所有公共向量 $\boldsymbol{x}$ 所构成的集合.

练习 7 证明：若 Y 和 Z 均为 X 的线性子空间，则 $Y\cap Z$ 也是.

练习 8 证明：由线性空间 X 的零元素构成的集合 $\{\mathbf{0}\}$ 是 X 的一个子空间，称作**平凡子空间**（**trivial subspace**）.

定义 线性空间 X 中的向量 $\boldsymbol{x}_1,\cdots,\boldsymbol{x}_j$ 的一个**线性组合**（**linear combination**）是具有下列形式的一个向量：

$$k_1\boldsymbol{x}_1+\cdots+k_j\boldsymbol{x}_j,\quad k_1,\cdots,k_j\in K.$$

练习 9 证明：$\boldsymbol{x}_1,\cdots,\boldsymbol{x}_j$ 的全体线性组合所构成的集合是 X 的一个子空间，并且是包含 $\boldsymbol{x}_1,\cdots,\boldsymbol{x}_j$ 的 X 的最小的子空间. 这个子空间称为**由 $\boldsymbol{x}_1,\cdots,\boldsymbol{x}_j$ 张成的子空间**（**subspace spanned by $\boldsymbol{x}_1,\cdots,\boldsymbol{x}_j$**）.

定义 如果任意 $\boldsymbol{x}\in X$ 都可以表示成 X 中的向量 $\boldsymbol{x}_1,\cdots,\boldsymbol{x}_m$ 的线性组合，则称 $\boldsymbol{x}_1,\cdots,\boldsymbol{x}_m$ **张成**（**span**）整个空间 X.

定义 如果 $\boldsymbol{x}_1,\cdots,\boldsymbol{x}_j$ 之间存在非平凡的线性关系，即满足

$$k_1\boldsymbol{x}_1+\cdots+k_j\boldsymbol{x}_j=\mathbf{0},$$

其中，$k_1,\cdots,k_j$ 不全为零，则称 $\boldsymbol{x}_1,\cdots,\boldsymbol{x}_j$ **线性相关**（**linearly dependent**）.

定义 如果一组向量 $\boldsymbol{x}_1,\cdots,\boldsymbol{x}_j$ 不是线性相关的，则称它们**线性无关**（**linearly independent**）.

练习 10 证明：若向量 $\boldsymbol{x}_1,\cdots,\boldsymbol{x}_j$ 线性无关，则每个 $\boldsymbol{x}_i$ 都不是零向量.

引理 1 设向量 $\boldsymbol{x}_1,\cdots,\boldsymbol{x}_n$ 张成线性空间 X. 若 X 中的向量 $\boldsymbol{y}_1,\cdots,\boldsymbol{y}_j$ 线性无关，则

$$j\leqslant n.$$

证明 由于 $\boldsymbol{x}_1,\cdots,\boldsymbol{x}_n$ 张成 X，因此 X 中的任意向量都能写成 $\boldsymbol{x}_1,\cdots,\boldsymbol{x}_n$ 的线性组合. 特别地，对于 $\boldsymbol{y}_1$，有

$$\boldsymbol{y}_1=k_1\boldsymbol{x}_1+\cdots+k_n\boldsymbol{x}_n.$$

因为 $\boldsymbol{y}_1\neq\mathbf{0}$（见练习 10），所以上式中的 $k_1,\cdots,k_n$ 不全为零. 不妨设 $k_i\neq 0$，则 $\boldsymbol{x}_i$ 可以表示成 $\boldsymbol{y}_1$ 以及其余 $\boldsymbol{x}_s$ 的线性组合. 于是将原来 $\boldsymbol{x}_1,\cdots,\boldsymbol{x}_n$ 中的 $\boldsymbol{x}_i$ 替换为 $\boldsymbol{y}_1$ 后，得到的向量集仍可张成 X. 如果 $j\geqslant n$，将上述过程重复 $n-1$ 次，就

知 $\boldsymbol{y}_1,\cdots,\boldsymbol{y}_n$ 张成 X. 若 $j>n$，则 $\boldsymbol{y}_{n+1}$ 可以表示成 $\boldsymbol{y}_1,\cdots,\boldsymbol{y}_n$ 的线性组合，这与 $\boldsymbol{y}_1,\cdots,\boldsymbol{y}_j$ 线性无关矛盾. □

定义　如果 X 中的有限个向量张成 X 且线性无关，则称它们为 X 的一组**基**（**basis**）.

引理 2　由有限个向量 $\boldsymbol{x}_1,\cdots,\boldsymbol{x}_n$ 张成的线性空间 X 有基.

证明　如果 $\boldsymbol{x}_1,\cdots,\boldsymbol{x}_n$ 线性相关，则它们之间存在非平凡的线性关系，即存在某个 $\boldsymbol{x}_i$ 能表示成其余向量的线性组合. 从 $\boldsymbol{x}_1,\cdots,\boldsymbol{x}_n$ 中剔除 $\boldsymbol{x}_i$. 重复这一步骤，直至余下的 $\boldsymbol{x}_j$ 线性无关，显然它们仍能张成 X，因而构成 X 的一组基. □

定义　如果线性空间 X 有基，则称 X 是**有限维**（**finite dimensional**）线性空间.

一个有限维空间会有许许多多的基. 如果空间中的元素是包含 n 个分量的阵列，我们尤为关注其中一组特殊的基：构成这组基的每一个向量都恰好有一个分量为 1，其余分量均为 0.

定理 3[①]　有限维线性空间 X 的全体基都包含相同数目的向量. 这个数称作 X 的**维数**（**dimension**），记作

$$\dim X.$$

证明　设 $\boldsymbol{x}_1,\cdots,\boldsymbol{x}_n$ 和 $\boldsymbol{y}_1,\cdots,\boldsymbol{y}_m$ 为 X 的两组不同的基. 根据引理 1 以及基的定义，有 $m\leqslant n$，同时还有 $n\leqslant m$. 故 $n=m$. □

我们定义单个元素 $\mathbf{0}$ 所构成的平凡空间的维数为零.

定理 4　有限维线性空间 X 中每一组线性无关的向量 $\boldsymbol{y}_1,\cdots,\boldsymbol{y}_j$ 都能扩充成 X 的一组基.

证明　如果 $\boldsymbol{y}_1,\cdots,\boldsymbol{y}_j$ 不能张成 X，则 X 中存在 $\boldsymbol{x}_1$ 无法表示成 $\boldsymbol{y}_1,\cdots,\boldsymbol{y}_j$ 的线性组合. 将 $\boldsymbol{x}_1$ 添加到 $\boldsymbol{y}_1,\cdots,\boldsymbol{y}_j$ 中去. 重复这一步骤，直至这些向量张成 X. 整个过程至多有 $n=\dim X$ 步，否则 X 包含多于 n 个线性无关的向量，这与 X 的维数为 n 矛盾. □

定理 4 实际上表明，从已有的一组线性无关的向量出发，有多种方式构造线性空间的基.

定理 5　(a) 有限维线性空间 X 的任一子空间 Y 仍是有限维的.

(b) 任一子空间 Y 在 X 中都存在一个补空间，即存在另一子空间 Z，使得任意 $\boldsymbol{x}\in X$ 都能唯一地分解为

$$\boldsymbol{x}=\boldsymbol{y}+\boldsymbol{z},\quad \boldsymbol{y}\in Y,\quad \boldsymbol{z}\in Z, \tag{11}$$

① 在本书中，每章的引理与定理合并编号. ——编者注

并且

$$\dim X = \dim Y + \dim Z. \tag{11$'$}$$

证明 我们可以从 Y 的任意一个非零向量 $\boldsymbol{y}_1$ 开始，构造 Y 的一组基：若 Y 中的另一向量 $\boldsymbol{y}_2$ 与 $\boldsymbol{y}_1$ 线性无关，则将 $\boldsymbol{y}_2$ 添加进来，如此下去，只要 Y 中存在与已有向量线性无关的新向量，我们就将其添加进来. 根据引理 1，这些 $\boldsymbol{y}_i$ 的数目不能超过 X 的维数. 由于 Y 的极大线性无关向量组 $\boldsymbol{y}_1,\cdots,\boldsymbol{y}_j$ 能够张成 Y，因此它构成 Y 的一组基. 根据定理 4，这个集合可以通过添加向量 $\boldsymbol{z}_{j+1},\cdots,\boldsymbol{z}_n$ 来扩充成 X 的一组基. 令 Z 为由 $\boldsymbol{z}_{j+1},\cdots,\boldsymbol{z}_n$ 张成的空间，则显然 Y 与 Z 互为补空间，并且

$$\dim X = n = j + (n-j) = \dim Y + \dim Z. \qquad \square$$

定义 若 X 的子空间 Y 和 Z 互为补空间，则称 X 为 Y 和 Z 的**直和**（**direct sum**）. 一般地，设 $Y_1,\cdots,Y_m$ 为 X 的子空间，如果任意 $\boldsymbol{x}\in X$ 都可以唯一地表示成

$$\boldsymbol{x} = \boldsymbol{y}_1 + \cdots + \boldsymbol{y}_m, \quad \boldsymbol{y}_j \in Y_j, \tag{12}$$

则称 X 为 $Y_1,\cdots,Y_m$ 的直和，记作

$$X = Y_1 \oplus \cdots \oplus Y_m.$$

练习 11 证明：若 X 是有限维线性空间，并且是 $Y_1,\cdots,Y_m$ 的直和，则

$$\dim X = \sum \dim Y_j. \tag{12$'$}$$

定义 n 维线性空间的 $n-1$ 维子空间称为**超平面**（**hyperplane**）.

练习 12 证明：域 K 上的任意有限维线性空间 X 都同构于 K^n，其中 $n=\dim X$，且当 $n>1$ 时，这种同构不唯一.

域 K 上的任意 n 维线性空间都同构于 K^n，这就表明相同域上、相同维数的任意两个线性空间都同构.

注记 上述同构的构造方法有很多，不唯一.

下面即将定义的概念——模子空间同余——是研究线性代数的一个非常有用的工具.

定义 设 X 为一个线性空间，Y 为其子空间，$\boldsymbol{x}_1,\boldsymbol{x}_2$ 是 X 中的两个向量. 如果 $\boldsymbol{x}_1-\boldsymbol{x}_2\in Y$，则称 $\boldsymbol{x}_1,\boldsymbol{x}_2$ **模 Y 同余**（**congruent modulo Y**），记作

$$\boldsymbol{x}_1 \equiv \boldsymbol{x}_2 \mod Y.$$

模 Y 同余是一种等价关系，即满足以下性质.

(i) 对称性：若 $\boldsymbol{x}_1\equiv\boldsymbol{x}_2$，则 $\boldsymbol{x}_2\equiv\boldsymbol{x}_1$.

(ii) 自反性：对任意 $\boldsymbol{x} \in X$，有 $\boldsymbol{x} \equiv \boldsymbol{x}$.

(iii) 传递性：若 $\boldsymbol{x}_1 \equiv \boldsymbol{x}_2$ 且 $\boldsymbol{x}_2 \equiv \boldsymbol{x}_3$，则 $\boldsymbol{x}_1 \equiv \boldsymbol{x}_3$.

练习 13　证明上面的 (i)~(iii). 此外，若 $\boldsymbol{x}_1 \equiv \boldsymbol{x}_2$，则对任意标量 k 都有 $k\boldsymbol{x}_1 \equiv k\boldsymbol{x}_2$.

依照同余关系，我们可以将 X 中的元素划分成模 Y 的同余类. 向量 $\boldsymbol{x}$ 所在的同余类由全体与 $\boldsymbol{x}$ 同余的向量构成，记作 $\{\boldsymbol{x}\}$.

练习 14　证明两个同余类相等或不交.

全体同余类构成的集合可以作为线性空间，其加法和数乘定义分别为

$$\{\boldsymbol{x}\} + \{\boldsymbol{z}\} = \{\boldsymbol{x} + \boldsymbol{z}\}$$

和

$$k\{\boldsymbol{x}\} = \{k\boldsymbol{x}\}.$$

$\boldsymbol{x}$ 所在的同余类与 $\boldsymbol{z}$ 所在的同余类之和为 $\boldsymbol{x} + \boldsymbol{z}$ 所在的同余类. 数乘运算的结果也类似.

练习 15　证明：以上定义的同余类加法与数乘运算不依赖于同余类中代表元的选取.

按照上述定义，同余类所构成的线性空间称为 X 模 Y 的**商空间**（**quotient space**），记作

$$X(\operatorname{mod} Y) \quad 或 \quad X/Y.$$

下面的例子很具启发性：设 X 为含 n 个分量的全体行向量 $(a_1, \cdots, a_n)$ 所构成的线性空间，Y 为前两个分量为零的全体行向量 $(0, 0, a_3, \cdots, a_n)$ 所构成的子空间. 两向量模 Y 同余，当且仅当它们的前两个分量对应相等. 因此，每个等价类都可以用一个仅含两个分量的向量来表示，这两个分量恰好是该等价类中全体向量的前两个公共分量.

该例表明，在构造商空间的过程中丢弃了与 Y 密切相关的那些分量所包含的信息. 所以，当我们无须关注这些信息时，构造商空间就成了简化问题的一个好方法.

下面的结果体现了商空间在计算子空间维数方面的重要作用.

定理 6　Y 是有限维线性空间 X 的子空间，则

$$\dim Y + \dim(X/Y) = \dim X. \tag{13}$$

证明 设 $\boldsymbol{y}_1,\cdots,\boldsymbol{y}_j$ 是 Y 的一组基，其中 $j=\dim Y$. 根据定理 4，通过添加 $\boldsymbol{x}_{j+1},\cdots,\boldsymbol{x}_n$（$n=\dim X$），可以将 Y 的这组基扩充为 X 的一组基. 我们断言

$$\{\boldsymbol{x}_{j+1}\},\cdots,\{\boldsymbol{x}_n\} \tag{13$'$}$$

是 X/Y 的一组基. 为证明这一点，只需验证 $\{\boldsymbol{x}_{j+1}\},\cdots,\{\boldsymbol{x}_n\}$ 满足以下两个性质：

(i) $\{\boldsymbol{x}_{j+1}\},\cdots,\{\boldsymbol{x}_n\}$ 张成 X/Y；

(ii) $\{\boldsymbol{x}_{j+1}\},\cdots,\{\boldsymbol{x}_n\}$ 线性无关.

(i) 由于 $\boldsymbol{y}_1,\cdots,\boldsymbol{x}_n$ 是 X 的一组基，任意 $\boldsymbol{x}\in X$ 都可以表示为

$$\boldsymbol{x}=\sum a_i\boldsymbol{y}_i+\sum b_k\boldsymbol{x}_k,$$

因此

$$\{\boldsymbol{x}\}=\sum b_k\{\boldsymbol{x}_k\}.$$

(ii) 假设 $\sum c_k\{\boldsymbol{x}_k\}=\{\boldsymbol{0}\}$，则存在 $\boldsymbol{y}\in Y$，使得

$$\sum c_k\boldsymbol{x}_k=\boldsymbol{y}.$$

以 $\sum d_i\boldsymbol{y}_i$ 表示 $\boldsymbol{y}$，即得

$$\sum c_k\boldsymbol{x}_k-\sum d_i\boldsymbol{y}_i=\boldsymbol{0}.$$

由于 $\boldsymbol{y}_1,\cdots,\boldsymbol{x}_n$ 是 X 的一组基，因此是线性无关的，故全体 c_k,d_i均为零.

综合 (i)(ii)，有

$$\dim(X/Y)=\#\boldsymbol{x}_k=n-j.$$

故

$$\dim Y+\dim(X/Y)=j+n-j=n=\dim X.$$ □

练习 16 设 X 为所有次数小于 n 的多项式 $p(t)$ 所构成的线性空间，Y 为所有在 $t_1,\cdots,t_j$（$j<n$）处取零值的多项式构成的集合.

(i) 证明 Y 是 X 的子空间.

(ii) 求 $\dim Y$.

(iii) 求 $\dim(X/Y)$.

下面的结论是定理 6 的一个推论.

推论 6′ 设 Y 是有限维线性空间 X 的一个子空间. 如果 Y 的维数等于 X 的维数，则 Y 就是 X 本身.

练习 17 证明推论 6′.

定理 7　设 X 为有限维线性空间，U 和 V 是 X 的两个子空间，且

$$X = U + V.$$

记 U 和 V 的交为 W，即

$$W = U \cap V.$$

则

$$\dim X = \dim U + \dim V - \dim W. \tag{14}$$

证明　若 U, V 的交 W 是平凡空间 $\{\mathbf{0}\}$，则 $\dim W = 0$，此时式 (14) 就是定理 5 中的式 $(11)'$. 现在我们利用商空间的概念将一般情形化简为 $\dim W = 0$ 的情形.

令 $U_0 = U/W, V_0 = V/W$，则 $U_0 \cap V_0 = \{\{\mathbf{0}\}\}$，因此 $X_0 = X/W$ 满足

$$X_0 = U_0 + V_0.$$

根据式 $(11)'$ 有

$$\dim X_0 = \dim U_0 + \dim V_0. \tag{14$'$}$$

连续三次运用定理 6 的式 (13)，得到

$$\begin{aligned}\dim X_0 &= \dim X - \dim W,\\ \dim U_0 &= \dim U - \dim W,\\ \dim V_0 &= \dim V - \dim W.\end{aligned}$$

代入式 $(14)'$ 即得式 (14).　□

定义　相同域上两个线性空间的**笛卡儿和**（**Cartesian sum**）是全体向量对 $(\boldsymbol{x}_1, \boldsymbol{x}_2)$（$\boldsymbol{x}_1 \in X_1, \boldsymbol{x}_2 \in X_2$）所构成的集合，可以依分量定义其上的加法和数乘. 笛卡儿和也记作

$$X_1 \oplus X_2.$$

容易验证 $X_1 \oplus X_2$ 确实是一个线性空间.

练习 18　证明：$\dim X_1 \oplus X_2 = \dim X_1 + \dim X_2$.

练习 19　设 X 为一个线性空间，Y 是 X 的子空间. 证明 $Y \oplus X/Y$ 与 X 同构.

注记　本书中最常出现的线性空间是我们熟悉的 $\mathbb{R}^n$ 和 $\mathbb{C}^n$，它们分别是由包含 n 个实分量和 n 个复分量的向量 $(a_1, \cdots, a_n)$ 所构成的空间.

到目前为止，我们只有一种判断线性空间 X 维数有限的方法，即找出能够张成 X 的有限个向量. 我们将在第 7 章中给出欧几里得空间维数是否有限的另一判别法，并在第 14 章中将该判别法推广至全体赋范线性空间.

我们已经知道一组向量线性相关、线性无关的定义，但还没有介绍如何判定. 下面看一个具体例子.

判断下面 4 个向量

$$\begin{pmatrix}1\\1\\0\\1\end{pmatrix},\begin{pmatrix}1\\-1\\1\\1\end{pmatrix},\begin{pmatrix}2\\1\\1\\3\end{pmatrix},\begin{pmatrix}2\\-1\\0\\3\end{pmatrix}$$

是否线性相关，即是否存在 4 个不全为零的数 k_1,k_2,k_3,k_4，使得

$$k_1\begin{pmatrix}1\\1\\0\\1\end{pmatrix}+k_2\begin{pmatrix}1\\-1\\1\\1\end{pmatrix}+k_3\begin{pmatrix}2\\1\\1\\3\end{pmatrix}+k_4\begin{pmatrix}2\\-1\\0\\3\end{pmatrix}=\begin{pmatrix}0\\0\\0\\0\end{pmatrix}.$$

上述向量方程等价于以下 4 个标量方程:

$$\begin{aligned}k_1+k_2+2k_3+2k_4&=0,\\k_1-k_2+k_3-k_4&=0,\\k_2+k_3&=0,\\k_1+k_2+3k_3+3k_4&=0.\end{aligned}\tag{15}$$

第 3 章和第 4 章集中讨论了这类线性方程组的求解问题，给出了寻找方程组全部解的一个算法.

练习 20 在下列 $\mathbb{R}^n$ 中的向量 $\boldsymbol{x}=(x_1,\cdots,x_n)$ 构成的集合中，哪些是 $\mathbb{R}^n$ 的子空间？说明理由.

(a) 全体满足 $x_1\geqslant 0$ 的向量.

(b) 全体满足 $x_1+x_2=0$ 的向量.

(c) 全体满足 $x_1+x_2+1=0$ 的向量.

(d) 全体满足 $x_1=0$ 的向量.

(e) 全体满足 x_1 是整数的向量.

练习 21 设 U,V,W 是有限维线性空间 X 的子空间. 结论

$$\begin{aligned}\dim(U+V+W)=\ &\dim U+\dim V+\dim W\\&-\dim(U\cap V)-\dim(U\cap W)-\dim(V\cap W)\\&+\dim(U\cap V\cap W)\end{aligned}$$

是否正确？如果正确，请给出证明；否则举一反例.

第 2 章 对偶

对偶空间是在抽象线性空间概念的基础上二次抽象的结果. 初次接触抽象线性空间的读者难免会怀疑引入这一新概念的必要性. 不过，我希望本章末尾给出的结果能让这些读者认识到，对偶空间不但是一个在实际背景中自然产生的概念，而且有助于我们快速推导出一系列有趣的结果. 第 14 章介绍的赋范线性空间的对偶就是一个典型的例子.

此外，在研究无限维赋范线性空间时，对偶也是必不可少的部分.

设 X 为域 K 上的线性空间. l 是定义在 X 上的标量值函数，即

$$l:\ X \to K.$$

如果对任意 $\boldsymbol{x}, \boldsymbol{y} \in X$，都有

$$l(\boldsymbol{x}+\boldsymbol{y}) = l(\boldsymbol{x}) + l(\boldsymbol{y}), \tag{1}$$

且对任意 $\boldsymbol{x} \in X, k \in K$，都有

$$l(k\boldsymbol{x}) = kl(\boldsymbol{x}), \tag{1$'$}$$

则称 l 是线性的. 注意，反复运用上面两条性质即得

$$l(k_1\boldsymbol{x}_1 + \cdots + k_n\boldsymbol{x}_n) = k_1 l(\boldsymbol{x}_1) + \cdots + k_n l(\boldsymbol{x}_n). \tag{1$''$}$$

两个线性函数之和依逐点加法定义，即

$$(l+m)(\boldsymbol{x}) = l(\boldsymbol{x}) + m(\boldsymbol{x}). \tag{2}$$

函数的数乘运算也可类似定义. 容易验证，任意两个线性函数之和以及任一线性函数的数乘仍然是线性函数. 于是，线性空间 X 上的全体线性函数本身构成一个线性空间，称为 X 的对偶，记作 X'.

例 1 设 $X = \{[0,1]$ 上的连续函数 $f\}$，则对任意点 $s_1 \in [0,1]$，由

$$l(f) = f(s_1)$$

定义的函数是线性函数. 同样，由

$$l(f) = \sum_{j=1}^{n} k_j f(s_j)$$

定义的函数也是线性函数，其中 s_j 是取自 $[0,1]$ 的任意点，k_j 是任意标量. 类似还有

$$l(f) = \int_0^1 f(s)\mathrm{d}s.$$

例 2 设 $X=\{[0,1]$ 上的可微函数 $f\}$，则对任意 $s\in[0,1]$，由

$$l(f)=\sum_{j=1}^{n}a_j\partial^j f(s)$$

定义的函数是线性函数，其中 ∂^j 表示 j 阶导数.

定理 1 设 X 是一个 n 维线性空间，且 X 中的元素 $\boldsymbol{x}$ 都可以表示成由 n 个标量构成的阵列：

$$\boldsymbol{x}=(c_1,\cdots,c_n). \tag{3}$$

X 上的加法和数乘分别依分量定义. 设 $a_1,\cdots,a_n$ 为 n 个标量，由

$$l(\boldsymbol{x})=a_1c_1+\cdots+a_nc_n \tag{4}$$

定义的函数 l 是 $\boldsymbol{x}$ 的线性函数. 反过来，每个 $\boldsymbol{x}$ 的线性函数 l 都可以表示成上述形式.

证明 显然式 (4) 定义的 $l(\boldsymbol{x})$ 是 $\boldsymbol{x}$ 的线性函数，反方向的证明也并不难. 设 l 是定义在 X 上的线性函数. 令 $\boldsymbol{x}_j$ 为第 j 个分量为 1、其余分量为 0 的向量. 根据式 (3)，$\boldsymbol{x}$ 可以表示成

$$\boldsymbol{x}=c_1\boldsymbol{x}_1+\cdots+c_n\boldsymbol{x}_n.$$

令 $a_j=l(\boldsymbol{x}_j)$，则由式 $(1)''$ 可知 l 具有式 (4) 的形式. □

定理 1 表明，若将 X 中的向量看成由 n 个标量构成的阵列，则 X' 中的元素也可以相应地看成由 n 个标量构成的阵列. 并且由式 (4) 可知，两个线性函数之和可以表示成对应的两阵列之和.

类似地，l 数乘以某一标量也可以表示成用同一标量数乘以对应的列. 综上所述，我们得到下面的定理.

定理 2 有限维线性空间 X 的对偶 X' 也是一个有限维线性空间，且

$$\dim X'=\dim X.$$

重新观察式 (4)，其右端对称地依赖于 $\boldsymbol{x}$ 的向量表示 $(c_1,\cdots,c_n)$ 和 l 的向量表示 $\boldsymbol{l}=(a_1,\cdots,a_n)$. 于是我们利用标量积的记号重写该式左端，使之关于 $\boldsymbol{x}$ 和 l 对称：

$$(l,\boldsymbol{x})\equiv(\boldsymbol{l},\boldsymbol{x})=l(\boldsymbol{x}), \tag{5}$$

我们将其称作积，因为它是 l 和 $\boldsymbol{x}$ 的双线性函数：固定 l 时，它是 $\boldsymbol{x}$ 的线性函数；固定 $\boldsymbol{x}$ 时，它是 l 的线性函数.

由于 X' 是线性空间，因此 X' 上的全体线性函数构成了它自身的对偶 X''. 显然，对于固定的 $\boldsymbol{x}$，$(l,\boldsymbol{x})$ 就是 X' 上的一个线性函数. 此外，根据定理 1，X' 上的全体线性函数都具有这一形式. 这就证明了下面的定理.

定理 3　由式 (5) 定义的双线性函数 $(l, \boldsymbol{x})$ 建立了 X'' 与 X 之间的一个自然同构.

练习 1　任给 X 中的非零向量 $\boldsymbol{x}_1$，证明：存在线性函数 l，使得

$$l(\boldsymbol{x}_1) \neq 0.$$

定义　设 Y 为 X 的子空间. 由在 Y 上取值为零，即满足

$$l(\boldsymbol{y}) = 0, \quad \text{对任意 } \boldsymbol{y} \in Y \tag{6}$$

的全体线性函数 l 构成的集合称为子空间 Y 的**零化子**（**annihilator**），记作 $Y^{\perp}$.

练习 2　证明：$Y^{\perp}$ 是 X' 的子空间.

定理 4　设 Y 为有限维空间 X 的子空间，$Y^{\perp}$ 是 Y 的零化子，则

$$\dim Y^{\perp} + \dim Y = \dim X. \tag{7}$$

证明　我们希望建立 $Y^{\perp}$ 与 (X/Y) 的对偶 $(X/Y)'$ 之间的自然同构. 任给 $l \in Y^{\perp}$，如下定义 $L \in (X/Y)'$：对 X/Y 中的任意同余类 $\{\boldsymbol{x}\}$，定义

$$L\{\boldsymbol{x}\} = l(\boldsymbol{x}). \tag{8}$$

由式 (6) 可知 L 的定义合理，即不依赖于同余类中代表元 $\boldsymbol{x}$ 的选取.

反过来，对于 $L \in (X/Y)'$，式 (8) 定义了 X 上满足式 (6) 的一个线性函数 l. 显然，l 与 L 之间的这一对应是一一映射，并且是同构. 由于同构的线性空间具有相同的维数，因此

$$\dim Y^{\perp} = \dim(X/Y)'.$$

根据定理 2，有 $\dim(X/Y)' = \dim(X/Y)$，又根据第 1 章定理 6，有 $\dim(X/Y) = \dim X - \dim Y$，故定理 4 得证. □

$Y^{\perp}$ 的维数称作 X 的子空间 Y 的余维数. 根据定理 4，有

$$\dim Y^{\perp} + \dim Y = \dim X.$$

由于 $Y^{\perp}$ 是 X' 的子空间，因此其零化子 $Y^{\perp\perp}$ 是 X'' 的子空间.

定理 5　若按照式 (5) 将 X'' 等同于 X，则对有限维空间 X 的任一子空间 Y，都有

$$Y^{\perp\perp} = Y.$$

证明　根据 Y 的零化子的定义 (6)，任意 $\boldsymbol{y} \in Y$ 都属于 $Y^{\perp}$ 的零化子 $Y^{\perp\perp}$. 为证明 Y 就是 $Y^{\perp\perp}$，我们对 X' 及其子空间 $Y^{\perp}$ 应用式 (7)：

$$\dim Y^{\perp\perp} + \dim Y^{\perp} = \dim X'. \tag{7$'$}$$

由 $\dim X' = \dim X$，对照式 (7) 和式 $(7)'$ 即得

$$\dim Y^{\perp\perp} = \dim Y.$$

故 Y 是 $Y^{\perp\perp}$ 的子空间且与 $Y^{\perp\perp}$ 有相同维数. 再由第 1 章推论 $6'$ 可知 $Y = Y^{\perp\perp}$. □

下面介绍的概念非常有用:

定义 设 X 是一有限维线性空间，S 是 X 的**子集**（**subset**）. 由在 S 的全体向量 $\boldsymbol{s}$ 上取值为零，即满足

$$l(\boldsymbol{s}) = 0, \quad 对任意\ \boldsymbol{s} \in S$$

的全体线性函数 l 构成的集合称为 S 的**零化子**（**annihilator**），记作 $S^{\perp}$.

定理 6 设 Y 为 X 中包含 S 的最小的子空间，则

$$S^{\perp} = Y^{\perp}.$$

练习 3 证明定理 6.

形式主义者认为，整个数学无非是逻辑上的同义反复. 对于这一看法，相信读者在阅读第 2 章时会和我一样有所感悟. 然而，本章的这些结果尽管看似平凡，却有着十分有趣的应用.

定理 7 设 I 是实轴上的区间，$t_1, \cdots, t_n$ 是 n 个不同的点，则存在 n 个数 $m_1, \cdots, m_n$，使得**求积公式**（**quadrature formula**）

$$\int_I p(t)\mathrm{d}t = m_1 p(t_1) + \cdots + m_n p(t_n) \tag{9}$$

对任意次数小于 n 的多项式 p 都成立.

证明 记 X 为全体次数小于 n 的多项式 $p(t) = a_0 + a_1 t + \cdots + a_{n-1}t^{n-1}$ 构成的空间. 因为 X 与 $(a_0, a_1, \cdots, a_{n-1})$ 所构成的空间 $\mathbb{R}^n$ 同构，所以 $\dim X = n$. 定义线性函数 l_j 为

$$l_j(p) = p(t_j), \tag{10}$$

则 l_j 属于 X 的对偶空间. 我们断言 $l_1, \cdots, l_n$ 线性无关. 假设 $l_1, \cdots, l_n$ 之间存在线性关系:

$$c_1 l_1 + \cdots + c_n l_n = 0. \tag{11}$$

根据 l_j 的定义，式 (11) 意味着，对任意次数小于 n 的多项式 p，有

$$c_1 p(t_1) + \cdots + c_n p(t_n) = 0. \tag{12}$$

定义多项式 q_k 为乘积

$$q_k(t) = \prod_{j \neq k}(t - t_j).$$

显然，q_k 的次数为 $n-1$，并且在点 t_j（$j \neq k$）处取值为零. 由于这些 t_j 互不相等，因此 q_k 在点 t_k 处取值不为零. 在式 (12) 中令 $p = q_k$，因为 $j \neq k$ 时有 $q_k(t_j) = 0$，所以 $c_k q_k(t_k) = 0$；又因为 $q_k(t_k)$ 不为零，故 c_k 必为零. 这就表明所有的系数 c_k 都为零，即线性关系 (11) 是平凡的. 于是 l_j（$j = 1, \cdots, n$）在 X' 中线性无关. 根据定理 2，$\dim X' = \dim X = n$. 因此这些 l_j 构成 X' 的一组基，即任意 X 上的线性函数 l 都可以表示成 l_j 的线性组合

$$l = m_1 l_1 + \cdots + m_n l_n.$$

p 在 I 上的积分是 p 的线性函数，因而它也可以表示为上述形式. 这就证明：任给 n 个不同的点 $t_1, \cdots, t_n$，存在形如式 (9) 的一个公式，它对任意次数小于 n 的多项式都成立. □

练习 4 在定理 7 中，令 $I = [-1, 1]$，$n = 3$，且 3 个点分别为 $t_1 = -a$，$t_2 = 0$，$t_3 = a$.

(i) 求系数 m_1, m_2, m_3，使得式 (9) 对任意次数小于 3 的多项式都成立.

(ii) 证明：若 $a > \sqrt{1/3}$，则 3 个系数都大于零.

(iii) 证明：若 $a = \sqrt{3/5}$，则式 (9) 对任意次数小于 6 的多项式都成立.

练习 5 在定理 7 中，令 $I = [-1, 1]$，$n = 4$，且 4 个点分别为 $-a, -b, b, a$.

(i) 求系数 m_1, m_2, m_3, m_4，使得式 (9) 对任意次数小于 4 的多项式都成立.

(ii) a, b 取何值时，系数都大于零?

练习 6 设 $\mathcal{P}_2$ 为全体次数不大于 2 的实系数多项式

$$p(x) = a_0 + a_1 x + a_2 x^2$$

构成的线性空间，ξ_1, ξ_2, ξ_3 是 3 个互不相等的实数，定义

$$l_j(p) = p(\xi_j), \quad j = 1, 2, 3.$$

(a) 证明：l_1, l_2, l_3 是 $\mathcal{P}_2$ 上线性无关的线性函数.

(b) 证明：l_1, l_2, l_3 构成对偶空间 $\mathcal{P}_2'$ 的一组基.

(c) (1) 设 $\{\boldsymbol{e}_1, \cdots, \boldsymbol{e}_n\}$ 是向量空间 V 的一组基，证明：存在对偶空间 V' 中的线性函数 $\{l_1, \cdots, l_n\}$，使得

$$l_i(\boldsymbol{e}_j) = \begin{cases} 1, & \text{当 } i = j \text{ 时}, \\ 0, & \text{当 } i \neq j \text{ 时}. \end{cases}$$

证明：$\{l_1, \cdots, l_n\}$ 是 V' 的一组基，称作**对偶基**.

(2) 求 $\mathcal{P}_2$ 中的多项式 $p_1(x), p_2(x), p_3(x)$，使得 l_1, l_2, l_3 是 $\mathcal{P}_2'$ 的对偶基.

练习 7 设 W 是 $\mathbb{R}^4$ 中由 $(1, 0, -1, 2)$ 和 $(2, 3, 1, 1)$ 张成的子空间，则 W 的零化子包含哪些线性函数 $l(x) = c_1 x_1 + c_2 x_2 + c_3 x_3 + c_4 x_4$?

第 3 章　线性空间

本章将矩阵抽象地看成一个线性空间到另一个线性空间的线性映射. 当然, 这种抽象不能推导出更多结论, 那么其优势何在?

首先, 是简化记号: 对于映射, 我们通常用极其简单的符号, 而非数的矩形阵列来表示. 这种抽象的观点还可以简化许多证明, 例如矩阵乘法结合律的证明, 以及矩阵的列秩等于行秩的证明.

其次, 与本章介绍的前两个应用实例一样, 大多数重要映射不以矩阵形式给出.

最后, 将矩阵抽象成线性映射的观点对研究无限维空间十分必要. 此时, 若把映射视作无限维矩阵, 将给进一步研究带来许多问题; 而若仅仅把它视为一个抽象的概念, 问题将会迎刃而解.

集合 X 到集合 U 的映射是定义在 X 上、取值在 U 内的一个函数

$$f(\boldsymbol{x}) = \boldsymbol{u}.$$

在本章中, 我们讨论一类非常特殊的映射.

(i) 域空间 X 和目标空间 U 都是相同域上的线性空间.

(ii) 映射 $\boldsymbol{T}: X \to U$ 如果是可加的, 即对任意 $\boldsymbol{x}, \boldsymbol{y} \in X$, 有

$$\boldsymbol{T}(\boldsymbol{x}+\boldsymbol{y}) = \boldsymbol{T}(\boldsymbol{x}) + \boldsymbol{T}(\boldsymbol{y}),$$

并且是齐次的, 即对任意 $\boldsymbol{x} \in X$ 和 $k \in K$, 有

$$\boldsymbol{T}(k\boldsymbol{x}) = k\boldsymbol{T}(\boldsymbol{x}),$$

则称作是线性的. 记 $\boldsymbol{T}$ 在 $\boldsymbol{x}$ 处的值为乘积 $\boldsymbol{T}\boldsymbol{x}$, 于是可加性就是分配律:

$$\boldsymbol{T}(\boldsymbol{x}+\boldsymbol{y}) = \boldsymbol{T}\boldsymbol{x} + \boldsymbol{T}\boldsymbol{y}.$$

线性映射又称为线性变换或线性算子. 下面是线性映射的一些例子.

例 1　任意一个同构.

例 2　$X = U = s$ 的次数小于 n 的全体多项式构成的线性空间, $\boldsymbol{T} = \mathrm{d}/\mathrm{d}s$.

例 3　$X = U = \mathbb{R}^2$, $\boldsymbol{T}$ 表示绕原点的角度为 θ 的旋转.

例 4　X 为任意线性空间, U 为一维空间 K, $\boldsymbol{T}$ 是 X 上的任意一个线性函数.

例 5　$X = U =$ 可微函数, $\boldsymbol{T}$ 是线性微分算子.

例 6　$X=U=C^0(\mathbb{R})$，$(\boldsymbol{T}f)(x)=\int_{-1}^{1}f(y)(x-y)^2\mathrm{d}y$.

例 7　$X=\mathbb{R}^n$，$U=\mathbb{R}^m$，$\boldsymbol{u}=\boldsymbol{Tx}$ 定义为：

$$u_i=\sum_{j=1}^{n}t_{ij}x_j,\quad i=1,\cdots,m,$$

其中，$\boldsymbol{u}=(u_1,\cdots,u_m)$，$\boldsymbol{x}=(x_1,\cdots,x_n)$.

定理 1　(a) X 的子空间在线性映射 $\boldsymbol{T}$ 下的像是 U 的子空间.

(b) U 的子空间的原像，即 X 中被 $\boldsymbol{T}$ 映射到该子空间内的全体向量构成的集合，是 X 的子空间.

练习 1　证明定理 1.

定义　X 在 $\boldsymbol{T}$ 下的像称为 $\boldsymbol{T}$ 的**值域**（**range**），记作 $R_{\boldsymbol{T}}$. 根据定理 1(a)，$R_{\boldsymbol{T}}$ 是 U 的子空间.

定义　$\boldsymbol{T}$ 的**零空间**（**null space**）是 X 中被 $\boldsymbol{T}$ 映射到 $\boldsymbol{0}$，即满足 $\boldsymbol{Tx}=\boldsymbol{0}$ 的 $\boldsymbol{x}$ 构成的集合，记作 $N_{\boldsymbol{T}}$. 根据定理 1(b)，$N_{\boldsymbol{T}}$ 是 X 的子空间.

下面给出的线性映射基本定理，在讨论线性映射时十分常用.

定理 2　设 $\boldsymbol{T}:X\to U$ 是一个线性映射，则

$$\dim N_{\boldsymbol{T}}+\dim R_{\boldsymbol{T}}=\dim X.$$

证明　由于 $\boldsymbol{T}$ 将 $N_{\boldsymbol{T}}$ 映射为 $\boldsymbol{0}$, 因此当 $\boldsymbol{x}_1,\boldsymbol{x}_2$ 模 $N_{\boldsymbol{T}}$ 同余时，有 $\boldsymbol{Tx}_1=\boldsymbol{Tx}_2$. 故可以定义 $\boldsymbol{T}$ 为在商空间 $X/N_{\boldsymbol{T}}$ 上的函数：

$$\boldsymbol{T}\{\boldsymbol{x}\}=\boldsymbol{Tx},$$

则 $\boldsymbol{T}$ 是 $X/N_{\boldsymbol{T}}$ 与 $R_{\boldsymbol{T}}$ 之间的同构. 因为同构的空间具有相同的维数，所以

$$\dim(X/N_{\boldsymbol{T}})=\dim R_{\boldsymbol{T}}.$$

根据第 1 章定理 6，有 $\dim(X/N_{\boldsymbol{T}})=\dim X-\dim N_{\boldsymbol{T}}$，结合上式即证得定理 2. □

推论 A　若 $\dim U<\dim X$，则存在 $\boldsymbol{x}\neq\boldsymbol{0}$ 使得 $\boldsymbol{T}x=\boldsymbol{0}$.

证明　由于 $\dim R_{\boldsymbol{T}}\leqslant\dim U<\dim X$，因此根据定理 2，有 $\dim N_{\boldsymbol{T}}>0$，即 $N_{\boldsymbol{T}}$ 中包含非零向量. □

推论 B　若 $\dim U=\dim X$ 且 $\boldsymbol{x}=\boldsymbol{0}$ 是唯一满足 $\boldsymbol{Tx}=\boldsymbol{0}$ 的向量，则

$$R_{\boldsymbol{T}}=U.$$

证明 由题设可知 $N_{\boldsymbol{T}}=\{\boldsymbol{0}\}$, 故 $\dim N_{\boldsymbol{T}}=0$. 再利用定理 2 以及假设 $\dim U=\dim X$，有

$$\dim R_{\boldsymbol{T}}=\dim X=\dim U.$$

根据第 1 章推论 6′，若子空间的维数等于整个空间的维数，则它就是整个空间，因此 $R_{\boldsymbol{T}} = U$. □

与其他定理相比，定理 2 及其推论有着极其广泛的应用. 我们首先利用它们来证明几个具体的结论.

推论 A′ 设 $X = \mathbb{R}^n, U = \mathbb{R}^m, m < n$，$\boldsymbol{T}$ 为例 7 所示的任意 $\mathbb{R}^n$ 到 $\mathbb{R}^m$ 的映射. 因为 $m = \dim U < \dim X = n$，所以根据推论 A，线性方程组

$$\sum_{j=1}^{n} t_{ij} x_j = 0, \quad i = 1, \cdots, m \tag{1}$$

有一个非平凡解，即至少有一个 $x_j \neq 0$ 的解.

推论 B′ 设 $X = \mathbb{R}^n, U = \mathbb{R}^n$，$\boldsymbol{T}$ 由

$$\sum_{j=1}^{n} t_{ij} x_j = u_i, \quad i = 1, \cdots, n \tag{2}$$

给出. 若齐次线性方程组

$$\sum_{j=1}^{n} t_{ij} x_j = 0, \quad i = 1, \cdots, n \tag{3}$$

只有平凡解 $x_1 = \cdots = x_n = 0$，则对任意 $u_1, \cdots, u_n$，非齐次线性方程组 (2) 都有解. 并且因为齐次方程组 (3) 只有平凡解，所以 (2) 的解唯一.

注记　我们可以对方程的个数 m 进行归纳，直接证明推论 A′：先用一个方程将未知量 x_j 表示成其余未知量的线性组合，再用这个表达式替换其余方程中的 x_j，从而方程的数目减少一个，未知量的个数也同时减 1.

不过，若方程个数与未知量个数较大，应用上述方法时存在很大的缺陷，因为我们必须首先选择待消去的一个未知量和一个方程，以使消去后的方程组便于讨论. 第 4 章将继续讨论这个问题.

应用 1 设 X 是由次数小于 n 的全体复系数多项式 $p(s)$ 构成的空间，$U = \mathbb{C}^n$. 任取 n 个互不相等的复数 $s_1, \cdots, s_n$，定义线性映射 $\boldsymbol{T} : X \to U$ 为

$$\boldsymbol{T}p = (p(s_1), \cdots, p(s_n)).$$

我们断言 $N_{\boldsymbol{T}}$ 是平凡的. 这是因为，若 $\boldsymbol{T}p = \mathbf{0}$，则 $p(s_1) = \cdots = p(s_n) = 0$，即 p 在 $s_1, \cdots, s_n$ 处取值为零，但是次数小于 n 的多项式 p 不可能有 n 个不同的零点，除非 $p \equiv 0$. 因此，根据推论 B，$\boldsymbol{T}$ 的值域就是整个 U，即 p 在 $s_1, \cdots, s_n$ 处可以取到任意值.

应用 2 设 X 是由次数小于 n 的全体实系数多项式 $p(s)$ 构成的空间，$U = \mathbb{R}^n$. 在实轴上任取 n 个两两不交的区间 $S_1, \cdots, S_n$，定义 $\bar{p}_j$ 为 p 在 S_j 上的平

均值:

$$\bar{p}_j = \frac{1}{|S_j|}\int_{S_j} p(s)\mathrm{d}s, \quad |S_j| = S_j \text{ 的长度}. \tag{4}$$

定义线性映射 $\boldsymbol{T}: X \to U$ 为

$$\boldsymbol{T}p = (\bar{p}_1, \cdots, \bar{p}_n).$$

我们断言 $\boldsymbol{T}$ 的零空间是平凡的. 这是因为, 若 $\bar{p}_j = 0$, 则 p 在 S_j 内的取值变了号, 因而一定在 S_j 内某点处取值为零; 再由 S_j 两两不交可知, p 有 n 个不同的零点, 这对于一个次数小于 n 的多项式来说是不可能的. 因此, 根据推论 B, $\boldsymbol{T}$ 的值域就是整个 U, 即 p 在区间 $S_1, \cdots, S_n$ 上的平均值可以取到任意值.

应用 3 为求平面内某有界闭区域 G 上的拉普拉斯方程

$$\Delta u = u_{xx} + u_{yy} = 0 \tag{5}$$

(其中 u 在 G 的边界上的取值已知) 的近似数值解, 我们可以利用一张覆盖 G 的网格来近似 G, 并且用中心差分替代二阶偏导:

$$\begin{aligned} u_{xx} &\approx \frac{u_W - 2u_O + u_E}{h^2}, \\ u_{yy} &\approx \frac{u_N - 2u_O + u_S}{h^2}, \end{aligned} \tag{6}$$

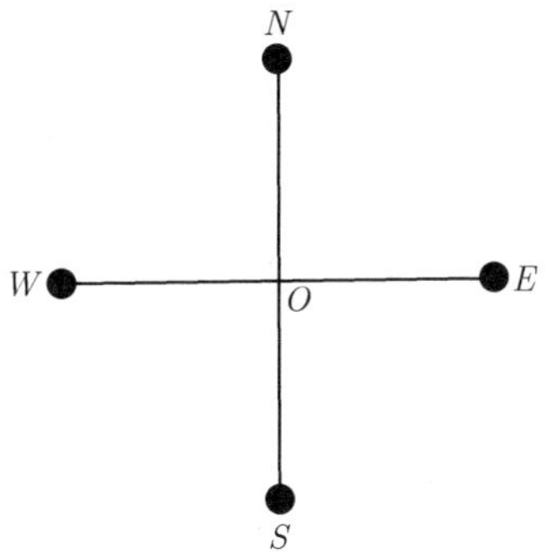

其中, h 表示网格中每一小格的宽度. 将式 (6) 代入式 (5), 即得

$$u_O = \frac{u_W + u_N + u_E + u_S}{4}. \tag{7}$$

上式建立了 u 在区域 G 内部每个格点 O 处的取值 u_O 与 u 在 O 的 4 个相邻格点处的取值之间的关系. 若 O 的某个相邻格点落在 G 外部, 则令 u 在该点处的取值等于 u 在距之最近的边界点处的取值. 于是, 由式 (7) 构造出一个形如式 (2) 且包含 n 个方程、n 个未知量的方程组, 其中 n 为 G 内部格点的数目.

我们断言, 对应的齐次线性方程组只有平凡解, 即对任意格点都有 $u = 0$. 事实上, 考虑齐次线性方程组就相当于将边界值设置为零. 任取齐次方程组的一个解，令 $u_{\max}$ 为 u 在 G 内全体格点处的最大值. 假设 $u_{\max}$ 在 O 处取到，则由式 (7) 可知，在 O 的 4 个相邻格点处均有 $u=u_{\max}$. 重复这一过程，我们最终将找到某格点的一个相邻格点，它落在区域 G 之外，则 u 在该点处的取值为 $u_{\max}$. 而 u 在这些点处的取值为 0，因此有 $u_{\max}=0$. 同理，可以证明 $u_{\min}=0$. 综合两式，即知齐次方程组的每个解在所有格点处的取值都是 0. 最后，根据推论 B′，任给一组边界值，由式 (7) 所确定的方程组都有唯一解.

练习 2　设

$$\sum_{j=1}^{n} t_{ij}x_j = u_i, \quad i=1,\cdots,m$$

为一个超定线性方程组，即其中方程的数目 m 大于未知量 $x_1,\cdots,x_n$ 的个数 n. 假定这个方程组有唯一解，证明：可以从这 m 个方程中选取 n 个，使之唯一确定方程组的解.

现在来讨论线性映射的代数本质，即考察线性映射的加法和数乘. 设 $\boldsymbol{T}$ 和 $\boldsymbol{S}$ 都是 X 到 U 的线性映射，现在定义它们的和 $\boldsymbol{T}+\boldsymbol{S}$，方法是确定 $\boldsymbol{T}+\boldsymbol{S}$ 在每个 $\boldsymbol{x}\in X$ 处的取值：

$$(\boldsymbol{T}+\boldsymbol{S})(\boldsymbol{x}) = \boldsymbol{T}\boldsymbol{x}+\boldsymbol{S}\boldsymbol{x}.$$

显然，这样定义的 $\boldsymbol{T}+\boldsymbol{S}$ 仍然是 X 到 U 的线性映射. 类似地，可以定义 $k\boldsymbol{T}$，它也是线性映射.

不难证明，按照上述定义，X 到 U 的全体线性映射本身构成一个线性空间，记作 $\mathcal{L}(X,U)$.

设 X,U,V 是任意集合，$\boldsymbol{T}$ 和 $\boldsymbol{S}$ 分别是 X 到 U 和 U 到 V 的映射，但不一定是线性映射. 定义 $\boldsymbol{T}$ 与 $\boldsymbol{S}$ 的复合为 X 到 V 的一个映射，它由 $\boldsymbol{T}$ 和 $\boldsymbol{S}$ 依次作用得到，即

$$V \xleftarrow{\boldsymbol{S}} U \xleftarrow{\boldsymbol{T}} X,$$

记作 $\boldsymbol{S}\circ\boldsymbol{T}$：

$$\boldsymbol{S}\circ\boldsymbol{T}(\boldsymbol{x}) = \boldsymbol{S}(\boldsymbol{T}(\boldsymbol{x})).$$

注意，复合运算满足结合律，即若 $\boldsymbol{R}$ 是 V 到 Z 的映射，则

$$\boldsymbol{R}\circ(\boldsymbol{S}\circ\boldsymbol{T}) = (\boldsymbol{R}\circ\boldsymbol{S})\circ\boldsymbol{T}.$$

定理 3　(i) 线性映射的复合仍是线性映射.

(ii) 复合运算对线性映射的加法满足分配律，即对任意 U 到 V 的映射 $\boldsymbol{R}$ 和 $\boldsymbol{S}$，以及 X 到 U 的映射 $\boldsymbol{P}$ 和 $\boldsymbol{T}$，有

$$(\boldsymbol{R}+\boldsymbol{S})\circ\boldsymbol{T} = \boldsymbol{R}\circ\boldsymbol{T}+\boldsymbol{S}\circ\boldsymbol{T}$$

和

$$S \circ (T + P) = S \circ T + S \circ P.$$

练习 3　证明定理 3.

线性映射的复合运算满足分配律和结合律，故又可将其写作乘积：

$$S \circ T \equiv ST.$$

注意，这种乘法通常不满足交换律，例如，当 ST 有定义时，TS 可能无定义，两者是否相等更无从谈起.

例 8　$X = U = V = s$ 的多项式，$T = \mathrm{d}/\mathrm{d}s$，$S =$ 乘以 s 的运算.

例 9　$X = U = V = \mathbb{R}^3$.

S : 绕 x_1 轴旋转 90 度.　　T : 绕 x_2 轴旋转 90 度.

练习 4　证明：例 8 和例 9 中的 S 和 T 都是线性映射，并且 $ST \neq TS$.

定义　如果一个线性映射是一一对应且到上的，即是同构，则称该映射**可逆**（**invertible**），其逆映射记作 T^{-1}.

练习 5　证明：若 T 是可逆映射，则 TT^{-1} 是恒同映射.

定理 4　(i) 可逆线性映射的逆仍是线性映射.

(ii) 若 S 和 T 均可逆且 ST 有定义，则 ST 也可逆，并且

$$(ST)^{-1} = T^{-1}S^{-1}.$$

练习 6　证明定理 4.

设 T 是 X 到 U 的线性映射，l 是 U 上的线性函数，即 $l \in U'$，则乘积（或者说复合）lT 是 X 到 K 的线性映射，即 $lT \in X'$. 将 lT 记作 m，则

$$m(x) = l(Tx). \tag{8}$$

这就将 U' 中的元素 l 对应到了 X' 中的一个元素 m. 根据式 (8)，这种对应是 U' 到 X' 的线性映射，称作 T 的转置，记作 T'.

采用第 2 章式 (5) 所给的线性函数在一点处的值的记号，可以将式 (8) 重写为

$$(m, x) = (l, Tx). \tag{8$'$}$$

又因为 $m = T'l$，上式还可以写为

$$(T'l, x) = (l, Tx). \tag{9}$$

练习 7　证明（假定下列映射均有意义）：

$$(ST)' = T'S', \quad (T + R)' = T' + R', \quad (T^{-1})' = (T')^{-1}.$$

例 10 $X=\mathbb{R}^n$, $U=\mathbb{R}^m$, $\boldsymbol{T}$ 的定义同例 7:

$$u_i=\sum_{j=1}^{n} t_{ij}x_j, \tag{10}$$

则 $U'=\mathbb{R}^m$ 且 $(\boldsymbol{l},\boldsymbol{u})=\sum_{i=1}^{m} l_iu_i$; $X'=\mathbb{R}^n$ 且 $(\boldsymbol{m},\boldsymbol{x})=\sum_{j=1}^{n} m_jx_j$. 由于 $\boldsymbol{u}=\boldsymbol{Tx}$, 因此根据式 (10) 可得

$$(\boldsymbol{l},\boldsymbol{u})=\sum_i l_iu_i=\sum_i\sum_j l_it_{ij}x_j=\sum_j\left(\sum_i l_it_{ij}\right)x_j=\sum_j m_jx_j=(\boldsymbol{m},\boldsymbol{x}),$$

其中 $\boldsymbol{m}=\boldsymbol{T}'\boldsymbol{l}$, 从而有

$$m_j=\sum_i l_it_{ij}. \tag{11}$$

练习 8 若以第 2 章式 (5) 的方式将 X'' 和 U'' 分别等同于 X 和 U, 则

$$\boldsymbol{T}''=\boldsymbol{T}.$$

我们将在第 4 章中说明，若将映射 $\boldsymbol{T}$ 解释为矩阵，则将 $\boldsymbol{T}$ 的列写成行即得到 $\boldsymbol{T}$ 的转置 $\boldsymbol{T}'$.

回顾第 2 章子空间的零化子这一概念，我们有下面的定理.

定理 5 $\boldsymbol{T}$ 的值域的零化子就是其转置的零空间:

$$R_{\boldsymbol{T}}^{\perp}=N_{\boldsymbol{T}'}. \tag{12}$$

证明 根据第 2 章中零化子的定义，值域 $R_{\boldsymbol{T}}$ 的零化子由定义在目标空间 U 上且满足

$$(\boldsymbol{l},\boldsymbol{u})=0,\quad 对任意\ \boldsymbol{u}\in R_{\boldsymbol{T}}$$

的全体线性函数 $\boldsymbol{l}$ 构成. 又因为 $R_{\boldsymbol{T}}$ 中的 $\boldsymbol{u}$ 都可以写成 $\boldsymbol{u}=\boldsymbol{Tx}$（$\boldsymbol{x}\in X$）的形式，所以上式可写为

$$(\boldsymbol{l},\boldsymbol{Tx})=0,\quad 对任意\ \boldsymbol{x}\in X.$$

根据式 (9)，可继续改写为

$$(\boldsymbol{T}'\boldsymbol{l},\boldsymbol{x})=0,\quad 对任意\ \boldsymbol{x}\in X.$$

这就表明，$\boldsymbol{l}\in R_{\boldsymbol{T}}^{\perp}$，当且仅当 $\boldsymbol{T}'\boldsymbol{l}=\boldsymbol{0}$，定理 5 得证. □

分别考察式 (12) 两端两个空间的零化子. 根据第 2 章定理 5，$R^{\perp}$ 的零化子就是 R 本身. 于是我们得到下面的定理.

定理 5′ $\boldsymbol{T}$ 的值域就是 $\boldsymbol{T}'$ 的零空间的零化子:

$$R_{\boldsymbol{T}}=N_{\boldsymbol{T}'}^{\perp}. \tag{12$'$}$$

式 (12)′ 描述了映射的值域的一个非常有用的特征. 下面我们给出定理 5 的另一个结论.

定理 6

$$\dim R_{\boldsymbol{T}}=\dim R_{\boldsymbol{T}'}. \tag{13}$$

证明 对 U 及其子空间应用第 2 章定理 4，得

$$\dim R_T^{\perp} + \dim R_T = \dim U.$$

接下来，对 $T' : U' \to X'$ 应用本章定理 2，得

$$\dim N_{T'} + \dim R_{T'} = \dim U'.$$

根据第 2 章定理 2，有 $\dim U = \dim U'$；根据本章定理 5，有 $R_T^{\perp} = N_{T'}$，所以 $\dim R_T^{\perp} = \dim N_{T'}$. 式 (13) 得证. □

下面的定理是定理 6 的一个简单结论.

定理 6′ 设 X 和 U 具有相同的维数，T 是 X 到 U 的线性映射，则

$$\dim N_T = \dim N_{T'}. \tag{13$'$}$$

证明 对 T 和 T' 分别应用定理 2，得到

$$\dim N_T = \dim X - \dim R_T,$$
$$\dim N_{T'} = \dim U' - \dim R_{T'}.$$

由于 $\dim X = \dim U = \dim U'$，从式 (13) 即推得式 (13)′. □

事实上，定理 6 是矩阵的列秩等于行秩这一结论的抽象形式，而直接证明这个结论是较为困难的.

现在我们讨论线性空间 X 到自身的线性映射，这是一类十分重要并且有趣的映射，所构成的映射类记作 $\mathcal{L}(X, X)$. 显然，任意两个 $\mathcal{L}(X, X)$ 中的映射可以进行加法和乘法（复合）以及数乘运算. 故 $\mathcal{L}(X, X)$ 是一个代数. 以下我们简单考察 $\mathcal{L}(X, X)$ 的代数性质.

注意，$\mathcal{L}(X, X)$ 是满足结合律、有单位元的非交换代数，其单位元为恒同映射 I，由 $Ix = x$ 定义. 零映射 0 则由 $0x = 0$ 定义. $\mathcal{L}(X, X)$ 中存在零因子，即存在映射对 S, T，使得乘积 $ST = 0$，但 S 和 T 均不等于 0. 例如，设 T 是有非平凡零空间 N_T 的非零映射，S 是值域 R_S 包含于 N_T 的非零映射，则有 $TS = 0$.

$\mathcal{L}(X, X)$ 中存在非零映射 D 满足 $D^2 = 0$. 例如，设 X 为次数小于 2 的多项式构成的线性空间，求导运算 D 是 X 到自身的映射. 任意次数小于 2 的多项式的二阶导都是零，故 $D^2 = 0$，但显然 $D \neq 0$.

练习 9 证明：若 $A \in \mathcal{L}(X, X)$ 是 $B \in \mathcal{L}(X, X)$ 的一个左逆，即 $AB = I$，则 A 也是 B 的右逆，即 $BA = I$.

根据定理 4，可逆映射的乘积仍可逆. 于是，$\mathcal{L}(X, X)$ 中的全体可逆元构成一个关于乘法的群. 这个群只与 X 的维数和域 K 有关，记作 $GL(n, K)$，其中 $n = \dim X$.

任给 $\mathcal{L}(X,X)$ 中的一个可逆元 $\boldsymbol{S}$，按照下列方式为 $\mathcal{L}(X,X)$ 中的每个 $\boldsymbol{M}$ 指派一个 $\boldsymbol{M}_{\boldsymbol{S}}$：

$$\boldsymbol{M}_{\boldsymbol{S}} = \boldsymbol{S}\boldsymbol{M}\boldsymbol{S}^{-1}. \tag{14}$$

我们称上述对应 $\boldsymbol{M} \to \boldsymbol{M}_{\boldsymbol{S}}$ 为相似变换，同时称 $\boldsymbol{M}$ 与 $\boldsymbol{M}_{\boldsymbol{S}}$ 相似.

定理 7 (a) 每个相似变换都是 $\mathcal{L}(X,X)$ 的一个自同构，即保向量加法、乘法以及数乘运算：

$$(k\boldsymbol{M})_{\boldsymbol{S}} = k\boldsymbol{M}_{\boldsymbol{S}}, \tag{15}$$

$$(\boldsymbol{M}+\boldsymbol{K})_{\boldsymbol{S}} = \boldsymbol{M}_{\boldsymbol{S}} + \boldsymbol{K}_{\boldsymbol{S}}, \tag{15$'$}$$

$$(\boldsymbol{M}\boldsymbol{K})_{\boldsymbol{S}} = \boldsymbol{M}_{\boldsymbol{S}}\boldsymbol{K}_{\boldsymbol{S}}. \tag{15$''$}$$

(b) 相似变换构成一个群，且

$$(\boldsymbol{M}_{\boldsymbol{S}})_{\boldsymbol{T}} = \boldsymbol{M}_{\boldsymbol{T}\boldsymbol{S}}. \tag{16}$$

证明 式 (15) 和式 (15)$'$ 是显然的. 为验证(15)$''$，直接利用定义 (14) 以及结合律可得

$$\boldsymbol{M}_{\boldsymbol{S}}\boldsymbol{K}_{\boldsymbol{S}} = \boldsymbol{S}\boldsymbol{M}\boldsymbol{S}^{-1}\boldsymbol{S}\boldsymbol{K}\boldsymbol{S}^{-1} = \boldsymbol{S}\boldsymbol{M}\boldsymbol{K}\boldsymbol{S}^{-1} = (\boldsymbol{M}\boldsymbol{K})_{\boldsymbol{S}}.$$

式 (16) 也可用类似方法证明，根据定义 (14) 以及结合律，有

$$(\boldsymbol{M}_{\boldsymbol{S}})_{\boldsymbol{T}} = \boldsymbol{T}(\boldsymbol{S}\boldsymbol{M}\boldsymbol{S}^{-1})\boldsymbol{T}^{-1} = \boldsymbol{T}\boldsymbol{S}\boldsymbol{M}(\boldsymbol{T}\boldsymbol{S})^{-1} = \boldsymbol{M}_{\boldsymbol{T}\boldsymbol{S}},$$

其中，$(\boldsymbol{T}\boldsymbol{S})^{-1} = \boldsymbol{S}^{-1}\boldsymbol{T}^{-1}$. □

定理 8 相似关系是一种等价关系，即满足以下性质.

(i) 自反性：$\boldsymbol{M}$ 与它本身相似.

(ii) 对称性：若 $\boldsymbol{M}$ 与 $\boldsymbol{K}$ 相似，则 $\boldsymbol{K}$ 与 $\boldsymbol{M}$ 相似.

(iii) 传递性：若 $\boldsymbol{M}$ 与 $\boldsymbol{K}$ 相似，且 $\boldsymbol{K}$ 与 $\boldsymbol{L}$ 相似，则 $\boldsymbol{M}$ 与 $\boldsymbol{L}$ 相似.

证明 (i) 在式 (14) 中令 $\boldsymbol{S} = \boldsymbol{I}$，即知 $\boldsymbol{M}$ 与它本身相似.

(ii) 若 $\boldsymbol{M}$ 与 $\boldsymbol{K}$ 相似，则

$$\boldsymbol{K} = \boldsymbol{S}\boldsymbol{M}\boldsymbol{S}^{-1}. \tag{14$'$}$$

在上式左右两端分别右乘以 $\boldsymbol{S}$、左乘以 $\boldsymbol{S}^{-1}$，即得 $\boldsymbol{K}$ 与 $\boldsymbol{M}$ 相似.

(iii) 若 $\boldsymbol{K}$ 与 $\boldsymbol{L}$ 相似，则存在可逆映射 $\boldsymbol{T}$，使得

$$\boldsymbol{L} = \boldsymbol{T}\boldsymbol{K}\boldsymbol{T}^{-1}, \tag{14$''$}$$

在式 (14)$'$ 的左右两端分别右乘以 $\boldsymbol{T}^{-1}$、左乘以 $\boldsymbol{T}$，即得

$$\boldsymbol{T}\boldsymbol{K}\boldsymbol{T}^{-1} = \boldsymbol{T}\boldsymbol{S}\boldsymbol{M}\boldsymbol{S}^{-1}\boldsymbol{T}^{-1}.$$

根据 (14)$''$，上式左端等于 $\boldsymbol{L}$，而右端可以写成

$$(\boldsymbol{T}\boldsymbol{S})\boldsymbol{M}(\boldsymbol{T}\boldsymbol{S})^{-1},$$

它显然与 $\boldsymbol{M}$ 相似. □

练习 10　证明：若 $\boldsymbol{M}$ 可逆且与 $\boldsymbol{K}$ 相似，则 $\boldsymbol{K}$ 也可逆，并且 $\boldsymbol{K}^{-1}$ 与 $\boldsymbol{M}^{-1}$ 相似.

$\mathcal{L}(X,X)$ 中的乘法不满足交换律，即 $\boldsymbol{AB}$ 与 $\boldsymbol{BA}$ 通常不相等，不过两者并非毫无关系.

定理 9　设 $\boldsymbol{A},\boldsymbol{B}$ 为 $\mathcal{L}(X,X)$ 中的线性映射，且两者中至少有一个可逆，则 $\boldsymbol{AB}$ 与 $\boldsymbol{BA}$ 相似.

练习 11　证明定理 9.

任给 $\mathcal{L}(X,X)$ 中的映射 $\boldsymbol{A}$，我们可以利用加法和乘法构造出所有关于 $\boldsymbol{A}$ 的多项式：

$$a_N\boldsymbol{A}^N + a_{N-1}\boldsymbol{A}^{N-1} + \cdots + a_0\boldsymbol{I}. \tag{17}$$

上式可以记作 $p(\boldsymbol{A})$，其中

$$p(s) = a_N s^N + \cdots + a_0. \tag{17$'$}$$

$\boldsymbol{A}$ 的全体多项式构成 $\mathcal{L}(X,X)$ 的一个交换子代数. 这个交换子代数在第 6 章和第 8 章介绍的谱理论中有很大用处.

在 X 到自身的线性映射中，有一类非常重要，这就是我们将介绍的投影.

定义　如果线性映射 $\boldsymbol{P}: X \to X$ 满足

$$\boldsymbol{P}^2 = \boldsymbol{P},$$

则称其为**投影**（**projection**）.

例 11　X 是向量 $\boldsymbol{x} = (a_1, a_2, \cdots, a_n)$ 构成的空间，$\boldsymbol{P}$ 由

$$\boldsymbol{Px} = (0, 0, a_3, \cdots, a_n)$$

定义，即 $\boldsymbol{P}$ 的作用是将 $\boldsymbol{x}$ 的前两个分量变为零.

练习 12　证明：上面定义的 $\boldsymbol{P}$ 是线性映射，并且是一个投影.

例 12　设 X 是区间 $[-1,1]$ 上全体连续函数所构成的空间，定义 $\boldsymbol{P}f$ 为 f 的偶分拆，即

$$(\boldsymbol{P}f)(x) = \frac{f(x) + f(-x)}{2}.$$

练习 13　证明：上面定义的 $\boldsymbol{P}$ 是线性映射，并且是一个投影.

定义　称 $\boldsymbol{AB} - \boldsymbol{BA}$ 为 X 到 X 的两个映射 $\boldsymbol{A}$ 与 $\boldsymbol{B}$ 的**换位子**（**commutator**）. 显然，若 X 到 X 的两个映射的换位子为零，则两者可交换.

定义　线性映射的值域的维数称为该映射的**秩**（**rank**）.

练习 14 设 $\boldsymbol{T}$ 是有限维向量空间到自身的一个线性映射，且秩为 1.

(a) 证明：存在唯一一个数 c，使得 $\boldsymbol{T}^2 = c\boldsymbol{T}$.

(b) 证明：若 $c \neq 1$，则 $\boldsymbol{I} - \boldsymbol{T}$ 可逆（$\boldsymbol{I}$ 表示恒同映射）.

练习 15 设 $\boldsymbol{T}$ 和 $\boldsymbol{S}$ 都是有限维向量空间到自身的线性映射. 证明：$\boldsymbol{ST}$ 的秩不大于 $\boldsymbol{S}$ 的秩，$\boldsymbol{ST}$ 的零空间的维数不大于 $\boldsymbol{S}$ 的零空间的维数与 $\boldsymbol{T}$ 的零空间的维数之和.

第 4 章　矩阵

第 3 章例 7 定义了一类映射 $\boldsymbol{T}:\mathbb{R}^n\to\mathbb{R}^m$，对任意 $\boldsymbol{x}\in\mathbb{R}^n$，像 $\boldsymbol{u}=\boldsymbol{T}\boldsymbol{x}$ 的第 i 个分量是根据下列公式由 $\boldsymbol{x}$ 的分量 x_j 得到的：

$$u_i=\sum_{j=1}^{n}t_{ij}x_j,\quad i=1,\cdots,m, \tag{1}$$

其中 t_{ij} 为标量. 这样定义的映射是线性的，反过来，有下面的定理.

定理 1　*任意一个 $\mathbb{R}^n$ 到 $\mathbb{R}^m$ 上的线性映射 $\boldsymbol{u}=\boldsymbol{T}\boldsymbol{x}$ 都可以写成式 (1) 的形式.*

证明　任意向量 $\boldsymbol{x}$ 都可以表示成单位向量 $\boldsymbol{e}_1,\cdots,\boldsymbol{e}_n$ 的线性组合，其中 $\boldsymbol{e}_j$ 的第 j 个分量为 1 且其余分量都为 0：

$$\boldsymbol{x}=\sum x_j\boldsymbol{e}_j. \tag{2}$$

因为 $\boldsymbol{T}$ 是线性映射，所以

$$\boldsymbol{u}=\boldsymbol{T}\boldsymbol{x}=\sum x_j\boldsymbol{T}\boldsymbol{e}_j. \tag{3}$$

记 $\boldsymbol{T}\boldsymbol{e}_j$ 的第 i 个分量为 t_{ij}，即

$$t_{ij}=(\boldsymbol{T}\boldsymbol{e}_j)_i. \tag{4}$$

由式 (3) 和式 (4) 即知，$\boldsymbol{u}$ 的第 i 个分量是

$$u_i=\sum x_jt_{ij},$$

它恰好是式 (1) 所给的形式. □

将式 (1) 中的 t_{ij} 按行和列写成下面矩形阵列的形式：

$$\begin{pmatrix} t_{11} & t_{12} & \cdots & t_{1n}\\ t_{21} & \cdots & \cdots & \vdots\\ \vdots & & & \vdots\\ t_{m1} & \cdots & \cdots & t_{mn}\end{pmatrix}. \tag{5}$$

这样的阵列称为 m *乘* n（$m\times n$）*矩阵*，其中 m 和 n 分别是矩阵的行数和列数. 行数和列数相等的矩阵称为*方阵*. t_{ij} 称为矩阵 $\boldsymbol{T}$ 的元素.

根据定理 1，$m\times n$ 矩阵与 $\mathbb{R}^n$ 到 $\mathbb{R}^m$ 上的线性映射一一对应. 于是，对于线性映射 $\boldsymbol{T}$，我们可以将其对应矩阵 $\boldsymbol{T}$ 在 (i,j) 的元素 t_{ij} 记作

$$\boldsymbol{T}_{ij}=(\boldsymbol{T})_{ij}.\text{①} \tag{5$'$}$$

① $(\boldsymbol{T})_{ij}$ 中的 $\boldsymbol{T}$ 表示线性映射. ——编者注

矩阵 $\boldsymbol{T}$ 可以看成由列向量构成的一行，或者是由行向量构成的一列，即

$$\boldsymbol{T}=(\boldsymbol{c}_1,\cdots,\boldsymbol{c}_n)=\begin{pmatrix}\boldsymbol{r}_1\\ \vdots\\ \boldsymbol{r}_m\end{pmatrix},\quad \boldsymbol{c}_j=\begin{pmatrix}t_{1j}\\ \vdots\\ t_{mj}\end{pmatrix},\quad \boldsymbol{r}_i=(t_{i1},\cdots,t_{in}). \tag{6}$$

由式 (4) 可知 $\boldsymbol{Te}_j$ 的第 i 个分量是 t_{ij}；又由式 (6) 可知，$\boldsymbol{c}_j$ 的第 i 个分量也是 t_{ij}. 于是

$$\boldsymbol{Te}_j=\boldsymbol{c}_j. \tag{7}$$

该式表明，将 t_{ij} 按照行、列顺序排成矩阵后，$\boldsymbol{e}_j$ 在 $\boldsymbol{T}$ 下的像就是 $\boldsymbol{T}$ 的列向量. 为一致起见，我们将 $U=\mathbb{R}^m$ 中的向量写成列向量的形式：

$$\boldsymbol{u}=\begin{pmatrix}u_1\\ \vdots\\ u_m\end{pmatrix}.$$

同时可将 $X=\mathbb{R}^n$ 中的向量写成列向量的形式：

$$\boldsymbol{x}=\begin{pmatrix}x_1\\ \vdots\\ x_n\end{pmatrix}.$$

如果 $\boldsymbol{l}$ 是 $\mathbb{R}^n$ 到 $\mathbb{R}$ 的线性映射，则 $\boldsymbol{l}$ 的矩阵表示实际上是一个由 n 个分量构成的行向量：

$$\boldsymbol{l}=(l_1,\cdots,l_n),\quad \boldsymbol{lx}=l_1x_1+\cdots+l_nx_n. \tag{8}$$

我们遵照式 (8)，定义行向量 $\boldsymbol{r}$ 与列向量 $\boldsymbol{x}$ 的乘积为分量按次序相乘再求和. 根据这个定义，式 (1) 可重写为

$$\boldsymbol{Tx}=\begin{pmatrix}\boldsymbol{r}_1\boldsymbol{x}\\ \vdots\\ \boldsymbol{r}_m\boldsymbol{x}\end{pmatrix}, \tag{9}$$

其中，$\boldsymbol{r}_1,\cdots,\boldsymbol{r}_m$ 是矩阵 $\boldsymbol{T}$ 的行向量. 显然，式 (9) 清楚地描述了矩阵在列向量上的作用.

第 3 章介绍了线性映射代数，因为矩阵实际上表示 $\mathbb{R}^n$ 到 $\mathbb{R}^m$ 的线性映射，所以相应地也存在矩阵代数.

设 $\boldsymbol{S},\boldsymbol{T}$ 是 $m\times n$ 矩阵，即表示 $\mathbb{R}^n$ 到 $\mathbb{R}^m$ 的映射，则两者之和 $\boldsymbol{T}+\boldsymbol{S}$ 表示对应的映射之和. 由式 (4) 可知，$\boldsymbol{T}+\boldsymbol{S}$ 的元素是 $\boldsymbol{T}$ 和 $\boldsymbol{S}$ 的对应位置元素之和，即

$$(\boldsymbol{T}+\boldsymbol{S})_{ij}=\boldsymbol{T}_{ij}+\boldsymbol{S}_{ij}.$$

接下来，我们要研究怎样利用式 (8) 和式 (9) 计算两矩阵之积的元素. 设 $\boldsymbol{T},\boldsymbol{S}$ 均为矩阵，且

$$\boldsymbol{T}:\mathbb{R}^n\to\mathbb{R}^m,\quad \boldsymbol{S}:\mathbb{R}^m\to\mathbb{R}^l.$$

由于 $\boldsymbol{T}$ 的目标空间等于 $\boldsymbol{S}$ 的域空间，因此乘积 $\boldsymbol{ST}$ 有意义. 对 $\boldsymbol{ST}$ 运用式 (7)，得到 $\boldsymbol{ST}$ 的第 j 列为 $\boldsymbol{STe}_j$. 再由式 (7) 可知 $\boldsymbol{Te}_j=\boldsymbol{c}_j$. 最后，以 $\boldsymbol{Te}_j$ 和 $\boldsymbol{S}$ 分别代替式 (9) 中的 $\boldsymbol{x}$ 和 $\boldsymbol{T}$，有

$$\boldsymbol{STe}_j=\boldsymbol{Sc}_j=\begin{pmatrix}\boldsymbol{s}_1\boldsymbol{c}_j\\ \vdots\\ \boldsymbol{s}_l\boldsymbol{c}_j\end{pmatrix},$$

其中，$\boldsymbol{s}_k$ 表示 $\boldsymbol{S}$ 的第 k 行. 这就推得下面的法则.

矩阵乘法法则 设 $\boldsymbol{T}$ 是 $m\times n$ 矩阵，$\boldsymbol{S}$ 是 $l\times m$ 矩阵，则乘积 $\boldsymbol{ST}$ 是 $l\times n$ 矩阵，其 (k,j) 元是 $\boldsymbol{S}$ 的第 k 行与 $\boldsymbol{T}$ 的第 j 列对应元素的乘积之和，即

$$(\boldsymbol{ST})_{kj}=\boldsymbol{s}_k\boldsymbol{c}_j,\tag{10}$$

其中，$\boldsymbol{s}_k$ 表示 $\boldsymbol{S}$ 的第 k 行，$\boldsymbol{c}_j$ 表示 $\boldsymbol{T}$ 的第 j 列. 将上式中的行与列展开成元素，即得

$$(\boldsymbol{ST})_{kj}=\sum_i \boldsymbol{S}_{ki}\boldsymbol{T}_{ij}.\tag{10$'$}$$

例 1 $\begin{pmatrix}1&2\\3&4\end{pmatrix}\begin{pmatrix}5&6\\7&8\end{pmatrix}=\begin{pmatrix}19&22\\43&50\end{pmatrix}.$

例 2 $\begin{pmatrix}1\\2\end{pmatrix}\begin{pmatrix}3&4\end{pmatrix}=\begin{pmatrix}3&4\\6&8\end{pmatrix}.$

例 3 $\begin{pmatrix}3&4\end{pmatrix}\begin{pmatrix}1\\2\end{pmatrix}=\begin{pmatrix}11\end{pmatrix}.$

例 4 $\begin{pmatrix}1&2\end{pmatrix}\begin{pmatrix}3&4\\5&6\end{pmatrix}=\begin{pmatrix}13&16\end{pmatrix}.$

例 5 $\begin{pmatrix}3&4\\5&6\end{pmatrix}\begin{pmatrix}1\\2\end{pmatrix}=\begin{pmatrix}11\\17\end{pmatrix}.$

例 6 $\begin{pmatrix}1&2\end{pmatrix}\begin{pmatrix}3&4\\5&6\end{pmatrix}\begin{pmatrix}1\\2\end{pmatrix}=\begin{pmatrix}1&2\end{pmatrix}\begin{pmatrix}11\\17\end{pmatrix}=\begin{pmatrix}45\end{pmatrix};$

$$\begin{pmatrix}1&2\end{pmatrix}\begin{pmatrix}3&4\\5&6\end{pmatrix}\begin{pmatrix}1\\2\end{pmatrix}=\begin{pmatrix}13&16\end{pmatrix}\begin{pmatrix}1\\2\end{pmatrix}=\begin{pmatrix}45\end{pmatrix}.$$

例 7 $\begin{pmatrix}5 & 6\\7 & 8\end{pmatrix}\begin{pmatrix}1 & 2\\3 & 4\end{pmatrix}=\begin{pmatrix}23 & 34\\31 & 46\end{pmatrix}.$

例 1 和例 7 表明，方阵的乘法不满足交换律. 例 6 表明矩阵乘法满足结合律.

练习 1 设 $\boldsymbol{A}$ 是任一 $n\times n$ 矩阵，$\boldsymbol{D}$ 是 $n\times n$ 对角矩阵：

$$\boldsymbol{D}_{ij}=\begin{cases}d_i, & \text{当 } i=j \text{ 时},\\ 0, & \text{当 } i\neq j \text{ 时}.\end{cases}$$

证明：$\boldsymbol{DA}$ 的第 i 行等于 d_i 乘以 $\boldsymbol{A}$ 的第 i 行，$\boldsymbol{AD}$ 的第 j 列等于 d_j 乘以 $\boldsymbol{A}$ 的第 j 列.

每个 $n\times n$ 矩阵 $\boldsymbol{A}$ 都表示一个 $\mathbb{R}^n$ 到 $\mathbb{R}^n$ 的映射，若该映射可逆，则称矩阵 $\boldsymbol{A}$ 可逆.

注记 矩阵乘法表示 $\mathbb{R}^n$ 到 $\mathbb{R}^m$ 以及 $\mathbb{R}^m$ 到 $\mathbb{R}^l$ 的两个线性映射的复合，而线性映射的复合满足结合律，因此矩阵乘法也满足结合律.

我们将含 n 个分量的行向量所构成的空间 $(\mathbb{R}^n)'$ 等同于含 n 个分量的列向量所构成的空间 $\mathbb{R}^n$ 的对偶.

对偶空间 $(\mathbb{R}^n)'$ 中的向量 $\boldsymbol{l}$ 在向量 $\boldsymbol{x}\in\mathbb{R}^n$ 上的作用，可用第 2 章式 (5) 中括号的记号表示，它实际上可以视为如式 (8) 的矩阵乘积：

$$(\boldsymbol{l},\boldsymbol{x})=l_1x_1+\cdots+l_nx_n. \tag{11}$$

设 $\boldsymbol{x}$、$\boldsymbol{T}$ 和 $\boldsymbol{l}$ 为下列线性映射，

$$\boldsymbol{l}:\mathbb{R}^m\to\mathbb{R},\quad \boldsymbol{T}:\mathbb{R}^n\to\mathbb{R}^m,\quad \boldsymbol{x}:\mathbb{R}\to\mathbb{R}^n.$$

根据结合律，有

$$(\boldsymbol{lT})\boldsymbol{x}=\boldsymbol{l}(\boldsymbol{Tx}). \tag{12}$$

将 $\boldsymbol{l}$ 和 $\boldsymbol{lT}$ 分别看作 $(\mathbb{R}^m)'$ 和 $(\mathbb{R}^n)'$ 中的元素，则根据式 (11)，式 (12) 可重写为

$$(\boldsymbol{lT},\boldsymbol{x})=(\boldsymbol{l},\boldsymbol{Tx}). \tag{13}$$

回忆第 3 章式 (9) 所定义的 $\boldsymbol{T}$ 的转置 $\boldsymbol{T}'$，有

$$(\boldsymbol{T}'\boldsymbol{l},\boldsymbol{x})=(\boldsymbol{l},\boldsymbol{Tx}). \tag{13$'$}$$

对照 (13) 与 (13)′ 可知，矩阵 $\boldsymbol{T}$ 从右侧作用于行向量等于矩阵 $\boldsymbol{T}$ 的转置从左侧作用于列向量.

为了将转置 $\boldsymbol{T}'$ 表示成作用在列向量上的矩阵，我们将其中的行变成列、列变成行，得到的新矩阵记作 $\boldsymbol{T}^{\mathrm{T}}$：

$$(\boldsymbol{T}^{\mathrm{T}})_{ij}=\boldsymbol{T}_{ji}. \tag{13$''$}$$

对于任意行向量 $\boldsymbol{r}=(r_1,\cdots,r_n)$，与之具有相同分量的列向量记作 $\boldsymbol{r}^{\mathrm{T}}$. 类似地，对于任意列向量 $\boldsymbol{c}$，与之具有相同分量的行向量记作 $\boldsymbol{c}^{\mathrm{T}}$.

以下，我们用矩阵的语言来描述线性映射 $\boldsymbol{T}$ 的值域. 将式 (7) $\boldsymbol{c}_j=\boldsymbol{T}\boldsymbol{e}_j$，代入式 (3) $\boldsymbol{T}\boldsymbol{x}=\sum x_j\boldsymbol{T}\boldsymbol{e}_j$，得到

$$\boldsymbol{u}=\boldsymbol{T}\boldsymbol{x}=x_1\boldsymbol{c}_1+\cdots+x_n\boldsymbol{c}_n.$$

这就给出了下面的定理.

定理 2　线性映射 $\boldsymbol{T}$ 的值域由其对应矩阵的列的全体线性组合构成.

上述空间的维数在老式教材中称为 $\boldsymbol{T}$ 的列秩，类似地还可以定义行秩. 式 $(13)''$ 表明，$\boldsymbol{T}$ 的行秩等于 $\boldsymbol{T}^{\mathrm{T}}$ 的列秩. 而根据第 3 章定理 6 可知，

$$\dim R_{\boldsymbol{T}}=\dim R_{\boldsymbol{T}^{\mathrm{T}}},$$

于是可以断定：矩阵的列秩与行秩相等.

练习 2　从其他教材中查阅矩阵行秩等于列秩的证明，并与上面给出的证明作比较.

现在讨论如何用矩阵表示线性映射 $\boldsymbol{T}:X\to U$. 第 1 章中，我们已知 X 与 $\mathbb{R}^n$ 同构，U 与 $\mathbb{R}^m$ 同构，其中 $n=\dim X, m=\dim U$. 事实上，X 与 $\mathbb{R}^n$ 的同构由 X 的一组基 $\boldsymbol{y}_1,\cdots,\boldsymbol{y}_n$ 以及对应 $\boldsymbol{y}_j\leftrightarrow\boldsymbol{e}_j$（$j=1,\cdots,n$）所确定. 设该同构为

$$\boldsymbol{B}:X\to\mathbb{R}^n. \tag{14}$$

类似地，设 U 与 $\mathbb{R}^m$ 的同构为

$$\boldsymbol{C}:U\to\mathbb{R}^m. \tag{14$'$}$$

显然，由于 X 和 U 的基不唯一，因此上述同构有多种取法. 我们可以任选一种同构来将 $\boldsymbol{T}$ 表示成 $\mathbb{R}^n$ 到 $\mathbb{R}^m$ 的映射，这样就得到了一个矩阵表示 $\boldsymbol{M}$：

$$\boldsymbol{M}=\boldsymbol{C}\boldsymbol{T}\boldsymbol{B}^{-1}. \tag{15}$$

若 $\boldsymbol{T}$ 是 X 到自身的映射，则在式 (14) 和式 $(14)'$ 中选取同一个同构，即取 $\boldsymbol{B}=\boldsymbol{C}$. 此时 $\boldsymbol{T}$ 的矩阵表示为

$$\boldsymbol{M}=\boldsymbol{B}\boldsymbol{T}\boldsymbol{B}^{-1}. \tag{15$'$}$$

如果另选一个同构，$\boldsymbol{T}$ 的矩阵表示会有何变化? 设 $\boldsymbol{C}$ 是 X 到 $\mathbb{R}^n$ 的另一个同构，$\boldsymbol{T}$ 的新的矩阵表示为 $\boldsymbol{N}=\boldsymbol{C}\boldsymbol{T}\boldsymbol{C}^{-1}$. 根据映射乘法的结合律以及式 $(15)'$，有

$$\boldsymbol{N}=\boldsymbol{C}\boldsymbol{T}\boldsymbol{C}^{-1}=\boldsymbol{C}\boldsymbol{B}^{-1}\boldsymbol{B}\boldsymbol{T}\boldsymbol{B}^{-1}\boldsymbol{B}\boldsymbol{C}^{-1}=\boldsymbol{S}\boldsymbol{M}\boldsymbol{S}^{-1}, \tag{16}$$

其中，$\boldsymbol{S}=\boldsymbol{C}\boldsymbol{B}^{-1}$. 因为 $\boldsymbol{B}$ 和 $\boldsymbol{C}$ 都是 X 到 $\mathbb{R}^n$ 的同构，所以 $\boldsymbol{C}\boldsymbol{B}^{-1}=\boldsymbol{S}$ 是 $\mathbb{R}^n$ 到 $\mathbb{R}^n$ 的同构，$\boldsymbol{S}$ 是 $n\times n$ 可逆矩阵.

满足式 (16) 所示关系的矩阵 $\boldsymbol{N}$ 和 $\boldsymbol{M}$ 称为相似矩阵. 根据前面的分析可知，相似矩阵描述的是空间上的同一个映射，只是选用的基不同而已. 基于这一点，我们有理由相信相似矩阵本质上具有相同的性质，这在第 6 章会详细论述.

我们可以将 $n \times n$ 矩阵 $\boldsymbol{A}$ 写成 2×2 的分块形式：

$$\boldsymbol{A} = \begin{pmatrix} \boldsymbol{A}_{11} & \boldsymbol{A}_{12} \\ \boldsymbol{A}_{21} & \boldsymbol{A}_{22} \end{pmatrix},$$

其中，$\boldsymbol{A}_{11}$ 是由 $\boldsymbol{A}$ 的前 k 行、前 k 列构成的子矩阵，$\boldsymbol{A}_{12}$ 是由 $\boldsymbol{A}$ 的前 k 行、后 $n-k$ 列构成的子矩阵，以此类推.

练习 3 证明：两个分块矩阵的乘积可以按下述方式进行计算：

$$\begin{pmatrix} \boldsymbol{A}_{11} & \boldsymbol{A}_{12} \\ \boldsymbol{A}_{21} & \boldsymbol{A}_{22} \end{pmatrix} \begin{pmatrix} \boldsymbol{B}_{11} & \boldsymbol{B}_{12} \\ \boldsymbol{B}_{21} & \boldsymbol{B}_{22} \end{pmatrix} = \begin{pmatrix} \boldsymbol{A}_{11}\boldsymbol{B}_{11} + \boldsymbol{A}_{12}\boldsymbol{B}_{21} & \boldsymbol{A}_{11}\boldsymbol{B}_{12} + \boldsymbol{A}_{12}\boldsymbol{B}_{22} \\ \boldsymbol{A}_{21}\boldsymbol{B}_{11} + \boldsymbol{A}_{22}\boldsymbol{B}_{21} & \boldsymbol{A}_{21}\boldsymbol{B}_{12} + \boldsymbol{A}_{22}\boldsymbol{B}_{22} \end{pmatrix}.$$

关于矩阵的逆，第 6 章和第 17 章将分别从理论和数值计算的角度展开讨论. 不可逆的矩阵称为奇异矩阵.

定义 对于 $i \neq j$，如果方阵 $\boldsymbol{I}$ 的元素 $\boldsymbol{I}_{ij} = 0$ 且 $\boldsymbol{I}_{jj} = 1$，则称 $\boldsymbol{I}$ 为**单位矩阵**（**unit matrix**）.

定义 对于 $i > j$，如果方阵 $\boldsymbol{T}$ 的元素 $\boldsymbol{T}_{ij} = 0$，则称 $\boldsymbol{T}$ 为**上三角矩阵**（**upper triangular matrix**）. 类似地，可以定义**下三角矩阵**（**lower triangular matrix**）.

定义 对于 $|i-j| > 1$，如果方阵 $\boldsymbol{T}$ 的元素 $\boldsymbol{T}_{ij} = 0$，则称 $\boldsymbol{T}$ 为**三对角矩阵**（**tridiagonal matrix**）.

练习 4 构造 2×2 矩阵 $\boldsymbol{A}, \boldsymbol{B}$，使得 $\boldsymbol{AB} = \boldsymbol{0}$，但 $\boldsymbol{BA} \neq \boldsymbol{0}$.

现在，我们介绍求解线性方程组的一种最重要也最古老的方法——高斯消元法. 以下列包含 4 个未知量 x_1, x_2, x_3, x_4 和 4 个线性方程的方程组为例：

$$\begin{aligned} x_1 + 2x_2 + 3x_3 - x_4 &= -2, \\ 2x_1 + 5x_2 + 4x_3 - 3x_4 &= 1, \\ 2x_1 + 3x_2 + 4x_3 + x_4 &= 1, \\ x_1 + 4x_2 + 2x_3 - 2x_4 &= 3. \end{aligned} \tag{17}$$

下面我们通过逐个消去未知量来求解该方程组. 首先，利用方程组 (17) 的第 1 个方程，从其余方程中消去 x_1. 为此，只需从第 2 个和第 3 个方程中减去第 1 个方程的 2 倍，分别得到

$$x_2 - 2x_3 - x_4 = 5, \tag{18$_1$}$$

$$-x_2 - 2x_3 + 3x_4 = 5. \tag{18$_2$}$$

从第 4 个方程中减去第 1 个方程，得到

$$2x_2 - x_3 - x_4 = 5. \tag{18$_3$}$$

然后，用同样的方法，可以从方程组 (18) 的 3 个方程中消去 x_2，得到

$$-4x_3 + 2x_4 = 10, \tag{19$_1$}$$

$$3x_3 + x_4 = -5. \tag{19$_2$}$$

最后，将 $(19)_1$ 乘以 $\frac{3}{4}$ 再加上 $(19)_2$，即可从方程组 (19) 中消去 x_3，得到

$$\frac{5}{2}x_4 = \frac{5}{2},$$

于是有

$$x_4 = 1. \tag{20$_4$}$$

接下来，我们反过来求其余未知量. 将 $(20)_4$ 给出的 x_4 的值代入方程 $(19)_1$，得到

$$-4x_3 + 2 = 10,$$

于是

$$x_3 = -2. \tag{20$_3$}$$

我们也可以利用 $(19)_2$ 解出 x_3 的值，结果相同.

将 $(20)_3$ 和 $(20)_4$ 给出的 x_3 和 x_4 的值代入方程组 (18)，比如代入至方程 $(18)_1$ 得到

$$x_2 + 4 - 1 = 5,$$

于是

$$x_2 = 2. \tag{20$_2$}$$

最后可以确定 x_1 的值，比如，将 x_2, x_3, x_4 的值代入方程组 (17) 的第 1 个方程，得到

$$x_1 + 4 - 6 - 1 = -2,$$

$$x_1 = 1. \tag{20$_1$}$$

练习 5 证明：(20) 所确定的 x_1, x_2, x_3, x_4 满足方程组 (17) 的 4 个方程.

注意，未知量的消去次序，以及选用哪一个方程进行消去，都是任意的. 我们后面还会提到这一点.

由含 n 个未知量的 n 个方程

$$\sum_{i=1}^{n} t_{ij}x_i = u_j, \quad j = 1, \cdots, n \tag{21}$$

所构成的方程组既可以有唯一解，又可以无解，还可以有无穷多解. 现在，我们利用高斯消元法求出方程组的全部解，或者判断其无解. 下面给出的例子无解或者有无穷多解.

$$
\begin{aligned}
x_1 + x_2 + 2x_3 + 3x_4 &= u_1,\\
x_1 + 2x_2 + 3x_3 + x_4 &= u_2,\\
2x_1 + x_2 + 2x_3 + 3x_4 &= u_3,\\
3x_1 + 4x_2 + 6x_3 + 2x_4 &= u_4.
\end{aligned}
\tag{22}
$$

从后 3 个方程中分别减去第 1 个方程的适当倍数，以消去其中的 x_1，得到

$$
\begin{aligned}
x_2 + x_3 - 2x_4 &= u_2 - u_1,\\
-x_2 - 2x_3 - 3x_4 &= u_3 - 2u_1,\\
x_2 - 7x_4 &= u_4 - 3u_1.
\end{aligned}
$$

利用上面第 1 个方程，从后 2 个方程中消去 x_2，得到

$$
\begin{aligned}
-x_3 - 5x_4 &= u_3 + u_2 - 3u_1,\\
-x_3 - 5x_4 &= u_4 - u_2 - 2u_1.
\end{aligned}
$$

最后 2 个方程相减即可消去 x_3，而 x_4 也刚好被消去，得到

$$
0 = u_4 - u_3 - 2u_2 + u_1. \tag{23}
$$

这就是方程组 (22) 有解的充分必要条件.

练习 6 选取满足式 (23) 的一组 u_1, u_2, u_3, u_4，求出方程组 (22) 的全部解.

方程组 (22) 也可以写成矩阵形式：

$$
\boldsymbol{M}\boldsymbol{x} = \boldsymbol{u}, \tag{22$'$}
$$

其中，$\boldsymbol{x}$ 和 $\boldsymbol{u}$ 分别是以 x_1, x_2, x_3, x_4 和 u_1, u_2, u_3, u_4 为分量的列向量，且

$$
\boldsymbol{M} = \begin{pmatrix} 1 & 1 & 2 & 3 \\ 1 & 2 & 3 & 1 \\ 2 & 1 & 2 & 3 \\ 3 & 4 & 6 & 2 \end{pmatrix}.
$$

练习 7 证明：$\boldsymbol{l} = (1, -2, -1, 1)$ 是 $\boldsymbol{M}$ 的一个左零化向量，即

$$
\boldsymbol{l}\boldsymbol{M} = \boldsymbol{0}.
$$

用 $\boldsymbol{l}$ 左乘以方程 (22)$'$ 的两端，利用练习 7 的结论，可得

$$
\boldsymbol{l}\boldsymbol{M}\boldsymbol{x} = \boldsymbol{l}\boldsymbol{u} = \boldsymbol{0},
$$

这就说明上式，即条件 (23)，是 (22)$'$ 有解的必要条件.

练习 8 用高斯消元法证明：练习 7 中 $\boldsymbol{M}$ 的左零化向量都是 $\boldsymbol{l}$ 的倍数，再利用第 3 章定理 5 说明条件 (23) 是方程组 (22) 有解的充分条件.

接下来，我们用高斯消元法证明第 3 章的推论 A′.

齐次线性方程组

$$\sum_{j=1}^{n} t_{ij}x_j = 0, \quad i = 1,\cdots,m \tag{24}$$

（其中方程个数 m 小于未知量个数 n）有非平凡解，即解中至少有一个 x_j 非零.

证明 选取 (24) 中的一个方程，将 x_1 表示成其余未知量的线性函数：

$$x_1 = l_1(x_2,\cdots,x_n). \qquad (25)_1$$

用 l_1 替换其余方程中的 x_1，再从中选取一个方程，将 x_2 表示成其余未知量的线性函数：

$$x_2 = l_2(x_3,\cdots,x_n). \qquad (25)_2$$

重复上述过程，直至表示出 x_m：

$$x_m = l_m(x_{m+1},\cdots,x_n). \qquad (25)_m$$

因为方程组只有 m 个方程，而 $m < n$，所以方程组的解只需满足方程 $(25)_1,\cdots,(25)_m$ 即可. 任取 $x_{m+1},\cdots,x_n$ 的值，利用方程 $(25)_m,(25)_{m-1},\cdots,(25)_1$，可以逐个确定 $x_m,x_{m-1},\cdots,x_1$ 的值.

如果上述过程进行到第 i 步时，余下的方程都不含 x_i，则可就此停止. 此时，令 $x_{i+1},\cdots,x_n$ 等于零，对 x_i 赋任意值，即可从方程 $(25)_{i-1},\cdots,(25)_1$ 中逐个确定 $x_{i-1},\cdots,x_1$ 的值. □

在本章结束之前，再来看看如何用高斯消元法求解含 n 个未知量 $x_1,\cdots,x_n$ 和 n 个方程的非齐次方程组

$$\sum_{j=1}^{n} t_{ij}x_j = u_i, \quad i = 1,\cdots,n. \tag{26}$$

利用第 1 个方程消去 x_1，将其表示为

$$x_1 = v_1 + l_1(x_2,\cdots,x_n). \qquad (27)_1$$

用 $v_1 + l_1$ 替换其余方程中的 x_1，然后再利用其中第 1 个方程表示出 x_2：

$$x_2 = v_2 + l_2(x_3,\cdots,x_n). \qquad (27)_2$$

重复上述过程，直至 $(n-1)$ 步后求得 x_n 的值. 最后，从方程 $(27)_{n-1},\cdots,(27)_1$ 中逐个确定 $x_{n-1},\cdots,x_1$ 的值.

然而，一旦原方程组第 1 个方程中 x_1 的系数 t_{11} 为零，上述过程便不能执行. 事实上，即便 t_{11} 不为零而仅仅是很小，那么利用第 1 个方程将 x_1 表示成其余未知量的线性函数也意味着要除以 t_{11}，这将导致方程 $(27)_1$ 的系数很大. 由于我们在计算过程中采用的都是有限位数的浮点运算，不可能完全精确，因此当我们将 $(27)_1$ 代入原方程组的其余方程时，系数 t_{ij}（$i > 1$）的误差将被放大很多.

针对上述情形，最自然的解决方法是另选一个方程和一个未知量 x_j 进行消去，使其系数 t_{ij} 相比其他系数不会太小. 这个方法称为*全主元消元法*，其计算量非常大. 一个折中的方法是仍然选择消去 x_1，只不过使用另一个方程进行消去，使 t_{i1} 与其余系数相比不会太小. 这个称为*部分主元消元法*的方法在实际应用中非常有效. [参阅由特雷费森（Trefethen）与鲍（Bau）合著的教材《数值线性代数》（*Numerical Linear Algebra*）.]

第 5 章　行列式和迹

本章将利用体积的本质来定义方阵的行列式. 根据初等几何知识, 体积的概念需要定义在长度、角度, 尤其是垂直等概念之上, 这其中有些概念我们直到第 8 章才会给出. 然而, 体积事实上与上述量无关, 只与某常数有关, 而一旦我们规定单位立方体的体积为 1, 那么这个常数也随之被确定.

在本章中, 我们从几何背景入手, 认识行列式的意义. $\mathbb{R}^n$ 中的单形是一个具有 $n+1$ 个顶点的多面体. 我们可以取其中一个顶点为原点, 并将其余顶点记作 $\boldsymbol{a}_1, \cdots, \boldsymbol{a}_n$. 我们称 $\mathbf{0}, \boldsymbol{a}_1, \cdots, \boldsymbol{a}_n$ 为一个*有序单形*的顶点, 其中顶点的次序很重要.

我们要讨论有序单形的两种几何属性——*定向*和*体积*. 如果有序单形 S 位于某个 $n-1$ 维子空间上, 则称其为*退化*的有序单形.

非退化的有序单形 $S = (\mathbf{0}, \boldsymbol{a}_1, \cdots, \boldsymbol{a}_n)$ 只可能有两种定向: 正定向或者负定向. 如果 S 可以连续且非退化地变形成*标准有序单形* $(\mathbf{0}, \boldsymbol{e}_1, \cdots, \boldsymbol{e}_n)$, 其中 $\boldsymbol{e}_j$ 是 $\mathbb{R}^n$ 的标准基中的第 j 个单位向量, 则称 S 是*正定向*的. 这里的所谓"连续且非退化地变形", 即指存在 t 的 n 个向量值函数 $\boldsymbol{a}_j(t)$ ($0 \leqslant t \leqslant 1$), 使得 (i) 对任意 t, $S(t) = (\mathbf{0}, \boldsymbol{a}_1(t), \cdots, \boldsymbol{a}_n(t))$ 都是非退化的有序单形; (ii) $\boldsymbol{a}_j(0) = \boldsymbol{a}_j, \boldsymbol{a}_j(1) = \boldsymbol{e}_j$. 否则称 S 是*负定向*的.

对于非退化的有序单形 S, 当其定向为正定向或负定向时, 分别定义 $O(S)$ 为 $+1$ 和 -1. 如果 S 是退化的单形, 则定义 $O(S)$ 为零.

单形的体积由下列初等公式给出:

$$\mathrm{Vol}(S) = \frac{1}{n}\,\mathrm{Vol}(\text{底})\,\text{高}, \tag{1}$$

其中, 底表示 S 的一个 $n-1$ 维面, 高表示底对面的顶点到底所在的超平面之间的距离.

一个更有用的概念是*带符号的体积*, 记作 $\sum(S)$, 其定义为

$$\sum(S) = O(S)\,\mathrm{Vol}(S). \tag{2}$$

因为 S 由其顶点所确定, 所以 $\sum(S)$ 是 $\boldsymbol{a}_1, \cdots, \boldsymbol{a}_n$ 的函数. 显然, 若 S 有 2 个顶点相同, 则 S 必为退化的单形, 因此我们有以下结论.

(i) 若存在 j 和 k, 有 $j \neq k$ 而 $\boldsymbol{a}_j = \boldsymbol{a}_k$, 则 $\sum(S) = 0$.

$\sum(S)$ 的另一个性质是当其余顶点固定时 $\sum(S)$ 对 $\boldsymbol{a}_j$ 的依赖性:

(ii) 当其余顶点 $\boldsymbol{a}_k$（$k \neq j$）固定时，$\sum(S)$ 是 $\boldsymbol{a}_j$ 的线性函数.

为验证 (ii)，我们将 (1)(2) 两式联立，得

$$\sum(S) = \frac{1}{n}\,\mathrm{Vol}(底)\,k, \tag{1$'$}$$

其中

$$k = O(S)\,高.$$

上式中的高是顶点 $\boldsymbol{a}_j$ 到底所在的超平面之间的距离. 当 $\boldsymbol{a}_j$ 位于超平面两侧时，$O(S)$ 取相反的符号，故称 k 为顶点 $\boldsymbol{a}_j$ 到底所在的超平面之间带符号的距离.

我们断言，当底固定后，k 是 $\boldsymbol{a}_j$ 的线性函数. 为证明这一点，我们引入笛卡儿坐标系，并且令第 1 个坐标轴与底垂直，其余坐标轴均位于底所在的超平面上. 根据笛卡儿坐标的定义，向量 $\boldsymbol{a}$ 的第 1 个坐标分量是 $\boldsymbol{a}$ 到其余坐标轴所张成的超平面之间带符号的距离，即 $k(\boldsymbol{a})$. 再由第 2 章定理 1 可知，$k(\boldsymbol{a})$ 是 $\boldsymbol{a}$ 的线性函数. 因此，由式 (1)$'$ 即得性质 (ii).

矩阵的行列式与有序单形带符号的体积之间存在下列经典公式：

$$\sum(S) = \frac{1}{n!}D(\boldsymbol{a}_1, \cdots, \boldsymbol{a}_n), \tag{3}$$

其中，D 表示以 $\boldsymbol{a}_1, \cdots, \boldsymbol{a}_n$ 为列的矩阵的行列式. 除了用上述公式定义行列式，我们也可以根据带符号的体积的几何性质推断出行列式的代数性质，从而确定行列式. 该方法最早由阿廷提出.

性质 (i) 若存在 i 和 j，有 $i \neq j$ 而 $\boldsymbol{a}_i = \boldsymbol{a}_j$，则 $D(\boldsymbol{a}_1, \cdots, \boldsymbol{a}_n) = 0$.

性质 (ii) $D(\boldsymbol{a}_1, \cdots, \boldsymbol{a}_n)$ 是其自变量的多重线性函数，即如果固定全体 $\boldsymbol{a}_i$（$i \neq j$），则 D 是自变量 $\boldsymbol{a}_j$ 的线性函数.

性质 (iii) 标准化：

$$D(\boldsymbol{e}_1, \cdots, \boldsymbol{e}_n) = 1. \tag{4}$$

D 的其他性质都可以用以上 3 条性质推得.

性质 (iv) $D(\boldsymbol{a}_1, \cdots, \boldsymbol{a}_n)$ 是其自变量的交错函数，即如果交换 $\boldsymbol{a}_i$ 和 $\boldsymbol{a}_j$，则 D 的值将改变符号.

证明 因为只交换了第 i, j 两个位置的自变量，所以不妨假设 D 只有这两个自变量. 令 $\boldsymbol{a}_i = \boldsymbol{a}, \boldsymbol{a}_j = \boldsymbol{b}$，利用性质 (i) 和性质 (ii) 有

$$\begin{aligned} D(\boldsymbol{a}, \boldsymbol{b}) &= D(\boldsymbol{a}, \boldsymbol{b}) + D(\boldsymbol{a}, \boldsymbol{a}) = D(\boldsymbol{a}, \boldsymbol{a}+\boldsymbol{b}) \\ &= D(\boldsymbol{a}, \boldsymbol{a}+\boldsymbol{b}) - D(\boldsymbol{a}+\boldsymbol{b}, \boldsymbol{a}+\boldsymbol{b}) \\ &= -D(\boldsymbol{b}, \boldsymbol{a}+\boldsymbol{b}) = -D(\boldsymbol{b}, \boldsymbol{a}) - D(\boldsymbol{b}, \boldsymbol{b}) \\ &= -D(\boldsymbol{b}, \boldsymbol{a}). \end{aligned}$$

□

性质 (v) 若 $\boldsymbol{a}_1, \cdots, \boldsymbol{a}_n$ 线性相关，则 $D(\boldsymbol{a}_1, \cdots, \boldsymbol{a}_n) = 0$.

证明 若 $\boldsymbol{a}_1, \cdots, \boldsymbol{a}_n$ 线性相关，则存在某个 $\boldsymbol{a}_i$，比如说 $\boldsymbol{a}_1$，可以表示成其余各项的线性组合：

$$\boldsymbol{a}_1 = k_2\boldsymbol{a}_2 + \cdots + k_n\boldsymbol{a}_n.$$

于是，根据性质 (ii) 有

$$\begin{aligned} D(\boldsymbol{a}_1, \cdots, \boldsymbol{a}_n) &= D(k_2\boldsymbol{a}_2 + \cdots + k_n\boldsymbol{a}_n, \boldsymbol{a}_2, \cdots, \boldsymbol{a}_n) \\ &= k_2 D(\boldsymbol{a}_2, \boldsymbol{a}_2, \cdots, \boldsymbol{a}_n) + \cdots + k_n D(\boldsymbol{a}_n, \boldsymbol{a}_2, \cdots, \boldsymbol{a}_n). \end{aligned}$$

再由性质 (i) 可知，最后一行中各项均为零. □

接下来我们介绍置换的概念. 一个置换是 n 个对象（比如 $1, 2, \cdots, n$）到自身的映射 p. 和所有其他函数一样，置换也可以进行复合. 置换是到上的，因而也是一一映射，所以可逆. 因此置换构成一个群，并且如果 $n \neq 2$，则这个群是非交换群.

将 $p(k)$ 记作 p_k，则 p 的作用可以简记为下表：

1	2	$\cdots$	n
p_1	p_2	$\cdots$	p_n

例 1 $p = \dfrac{1234}{2413}$，则

$$p^2 = \frac{1234}{4321}, \qquad p^{-1} = \frac{1234}{3142},$$
$$p^3 = \frac{1234}{3142}, \qquad p^4 = \frac{1234}{1234}.$$

现在定义置换的符号，记作 $\sigma(p)$. 设 $x_1, \cdots, x_n$ 是 n 个变量，其判别式定义为

$$P(x_1, \cdots, x_n) = \prod_{i<j}(x_i - x_j). \tag{5}$$

设 p 为任一置换，显然

$$P(p(x_1, \cdots, x_n)) = \prod_{i<j}(x_{p_i} - x_{p_j}),$$

它等于 $P(x_1, \cdots, x_n)$ 或者 $-P(x_1, \cdots, x_n)$.

定义 置换 p 的符号 $\sigma(p)$ 由下式定义：

$$P(p(x_1, \cdots, x_n)) = \sigma(p) P(x_1, \cdots, x_n). \tag{6}$$

置换的符号满足以下性质：

$$\begin{aligned} &\text{(a)} \qquad \sigma(p) = +1 \text{ 或 } -1; \\ &\text{(b)} \qquad \sigma(p_1 \circ p_2) = \sigma(p_1)\sigma(p_2). \end{aligned} \tag{7}$$

练习 1 证明性质 (a) 和性质 (b).

下面我们关注一类特殊的置换——对换. 对于下标 j,k（$j\neq k$），它满足

$$p(i)=i,\quad i\neq j \text{ 或 } k,$$
$$p(j)=k,$$
$$p(k)=j.$$

对换满足下列性质:

(c) 对换 t 的符号差是 -1，即

$$\sigma(t)=-1;\tag{8}$$

(d) 每一个置换 p 都可以写成一系列对换的复合，即

$$p=t_k\circ\cdots\circ t_1.\tag{9}$$

练习 2 证明性质 (c) 和性质 (d).

综合式 (7) 与 (8)、(9) 两式，可得

$$\sigma(p)=(-1)^k,\tag{10}$$

其中，k 为 p 的分解式 (9) 中因子的数目.

练习 3 证明：分解式 (9) 不唯一，但其因子个数 k 的奇偶性是确定的.

例 2 置换 $p=\dfrac{12345}{24513}$ 是对换 $t_1=\dfrac{12345}{12543}$、$t_2=\dfrac{12345}{21345}$ 和 $t_3=\dfrac{12345}{42315}$ 的乘积，即

$$p=t_3\circ t_2\circ t_1.$$

下面继续讨论函数 D，其自变量 $\boldsymbol{a}_j$ 是列向量

$$\boldsymbol{a}_j=\begin{pmatrix}a_{1j}\\ \vdots\\ a_{nj}\end{pmatrix},\quad j=1,\cdots,n,\tag{11}$$

也可以写为

$$\boldsymbol{a}_j=a_{1j}\boldsymbol{e}_j+\cdots+a_{nj}\boldsymbol{e}_n.\tag{11$'$}$$

根据性质 (ii)，D 是多重线性函数，于是有

$$\begin{aligned}D(\boldsymbol{a}_1,\cdots,\boldsymbol{a}_n)&=D(a_{11}\boldsymbol{e}_1+\cdots+a_{n1}\boldsymbol{e}_n,\boldsymbol{a}_2,\cdots,\boldsymbol{a}_n)\\&=a_{11}D(\boldsymbol{e}_1,\boldsymbol{a}_2,\cdots,\boldsymbol{a}_n)+\cdots+a_{n1}D(\boldsymbol{e}_n,\boldsymbol{a}_2,\cdots,\boldsymbol{a}_n).\end{aligned}\tag{12}$$

接下来，我们还可以将 $\boldsymbol{a}_2$ 表示成 $\boldsymbol{e}_1,\cdots,\boldsymbol{e}_n$ 的线性组合，进而得到一个类似于式 (12) 但包含 n^2 项的公式. 上述步骤重复 n 次，可以得到

$$D(\boldsymbol{a}_1,\cdots,\boldsymbol{a}_n)=\sum_f a_{f_1 1}a_{f_2 2}\cdots a_{f_n n}D(\boldsymbol{e}_{f_1},\cdots,\boldsymbol{e}_{f_n}),\tag{13}$$

其中的求和号表示对 $\{1,\cdots,n\}$ 到 $\{1,\cdots,n\}$ 的全体映射 f 求和. 如果映射 f 不是置换，则存在 i,j（$i\neq j$）使得 $f_i=f_j$，于是根据性质 (i) 有

$$D(\boldsymbol{e}_{f_1},\cdots,\boldsymbol{e}_{f_n})=0. \tag{14}$$

这就说明，式 (13) 中只需对全体置换 f 求和即可.

式 (9) 表明，每个置换都可以分解成 k 个对换. 根据性质 (iv)，对 D 的自变量做一次对换，D 的值将改变一次符号；对 D 的自变量做 k 次对换，D 的值将改变 k 次符号. 再由式 (10) 可知，对任意置换 p，有

$$D(\boldsymbol{e}_{p_1},\cdots,\boldsymbol{e}_{p_n})=\sigma(p)D(\boldsymbol{e}_1,\cdots,\boldsymbol{e}_n). \tag{15}$$

将式 (14) 和式 (15) 代入式 (13)，再由标准化公式 (4) 可得

$$D(\boldsymbol{a}_1,\cdots,\boldsymbol{a}_n)=\sum_p \sigma(p)a_{p_1 1}\cdots a_{p_n n}. \tag{16}$$

这样就用自变量的分量表示出了 D.

推导式 (16) 只用到了行列式的性质 (i)、性质 (ii) 和性质 (iii)，于是得到下面的定理.

定理 1　性质 (i)、性质 (ii) 和性质 (iii) 唯一地确定了 $\boldsymbol{a}_1,\cdots,\boldsymbol{a}_n$ 的一个函数——行列式.

练习 4　证明：由式 (16) 定义的 D 满足性质 (ii)、性质 (iii) 和性质 (iv).

练习 5　证明：如果域 K 的特征不等于 2，即 $1+1\neq 0$ 时，则性质 (iv) 蕴涵性质 (i).

定义　设 $\boldsymbol{A}$ 为 $n\times n$ 矩阵，其列向量记作 $\boldsymbol{a}_1,\cdots,\boldsymbol{a}_n$，即 $\boldsymbol{A}=(\boldsymbol{a}_1,\cdots,\boldsymbol{a}_n)$. $\boldsymbol{A}$ 的行列式记作 $\det\boldsymbol{A}$：

$$\det\boldsymbol{A}=D(\boldsymbol{a}_1,\cdots,\boldsymbol{a}_n), \tag{17}$$

其中，D 由式 (16) 定义.

由前文的推导可知，行列式满足性质 (i)～(v)，下面我们再补充一个重要的性质.

定理 2　设 $\boldsymbol{A}$ 和 $\boldsymbol{B}$ 均为 $n\times n$ 矩阵，则

$$\det(\boldsymbol{BA})=\det\boldsymbol{A}\det\boldsymbol{B}. \tag{18}$$

证明　由第 4 章式 (7) 可知，$\boldsymbol{BA}$ 的第 j 列为 $(\boldsymbol{BA})\boldsymbol{e}_j$，$\boldsymbol{A}$ 的第 j 列 $\boldsymbol{a}_j$ 为 $\boldsymbol{A}\boldsymbol{e}_j$，于是，$\boldsymbol{BA}$ 的第 j 列等于

$$(\boldsymbol{BA})\boldsymbol{e}_j=\boldsymbol{BA}\boldsymbol{e}_j=\boldsymbol{B}\boldsymbol{a}_j.$$

根据定义 (17)，有

$$\det(\boldsymbol{BA})=D(\boldsymbol{B}\boldsymbol{a}_1,\cdots,\boldsymbol{B}\boldsymbol{a}_n). \tag{19}$$

假设 $\det\boldsymbol{B}\neq 0$，我们定义下列函数 C：

$$C(\boldsymbol{a}_1,\cdots,\boldsymbol{a}_n)=\frac{\det(\boldsymbol{BA})}{\det\boldsymbol{B}}. \tag{20}$$

根据式 (19)，C 可以写为

$$C(\boldsymbol{a}_1,\cdots,\boldsymbol{a}_n)=\frac{D(\boldsymbol{Ba}_1,\cdots,\boldsymbol{Ba}_n)}{\det\boldsymbol{B}}. \tag{20$'$}$$

现在，我们根据 D 的性质来证明函数 C 也满足性质 (i)~(iii).

(i) 若存在 i 和 j，有 $i\neq j$ 而 $\boldsymbol{a}_i=\boldsymbol{a}_j$，则 $\boldsymbol{Ba}_i=\boldsymbol{Ba}_j$. 因为 D 满足性质 (i)，所以式 (20)$'$ 右端为零. 这说明 C 也满足性质 (i).

(ii) 因为 $\boldsymbol{Ba}_i$ 是 $\boldsymbol{a}_i$ 的线性函数，而 D 是多重线性函数，所以式 (20)$'$ 的右端也是多重线性函数，即 C 是 $\boldsymbol{a}_1,\cdots,\boldsymbol{a}_n$ 的多重线性函数，性质 (ii) 得证.

(iii) 在式 (20)$'$ 中，令 $\boldsymbol{a}_i=\boldsymbol{e}_i, i=1,\cdots,n$，即得

$$C(\boldsymbol{e}_1,\cdots,\boldsymbol{e}_n)=\frac{D(\boldsymbol{Be}_1,\cdots,\boldsymbol{Be}_n)}{\det\boldsymbol{B}}, \tag{21}$$

而 $\boldsymbol{Be}_i$ 恰为 $\boldsymbol{B}$ 的第 i 列 $\boldsymbol{b}_i$，因此式 (21) 右端等于

$$\frac{D(\boldsymbol{b}_1,\cdots,\boldsymbol{b}_n)}{\det\boldsymbol{B}}. \tag{22}$$

对 $\boldsymbol{B}$ 应用定义 (17) 即知，式 (22) 等于 1. 代入式 (21) 得 $C(\boldsymbol{e}_1,\cdots,\boldsymbol{e}_n)=1$，这就证得 C 满足性质 (iii).

根据定理 1，任何满足性质 (i)~(iii) 的函数 C 就是 D 本身. 于是

$$C(\boldsymbol{a}_1,\cdots,\boldsymbol{a}_n)=D(\boldsymbol{a}_1,\cdots,\boldsymbol{a}_n)=\det\boldsymbol{A}.$$

将该式代入式 (20) 即证得：当 $\det\boldsymbol{B}\neq 0$ 时，式 (18) 成立.

当 $\det\boldsymbol{B}=0$ 时，定义矩阵 $\boldsymbol{B}(t)$ 为

$$\boldsymbol{B}(t)=\boldsymbol{B}+t\boldsymbol{I}.$$

显然，$\boldsymbol{B}(0)=\boldsymbol{B}$. 由式 (16) 可知，$D(\boldsymbol{B}(t))$ 是一个 n 次多项式，且首项 t^n 的系数为 1. 因此，$D(\boldsymbol{B}(t))$ 至多在 t 的 n 个值处取值为零. 特别地，对所有在零附近但不为零的 t，都有 $D(\boldsymbol{B}(t))\neq 0$. 根据前面的讨论，对于 t 的这些值，有 $\det(\boldsymbol{B}(t)\boldsymbol{A})=\det\boldsymbol{A}\det\boldsymbol{B}(t)$. 令 t 趋于零，即得式 (18). □

推论 3 $n\times n$ 矩阵 $\boldsymbol{A}$ 可逆，当且仅当 $\det\boldsymbol{A}\neq 0$.

证明 假设 $\boldsymbol{A}$ 不可逆，则其值域是 $\mathbb{R}^n$ 的一个真子空间. 由于 $\boldsymbol{A}$ 的值域由其列的全体线性组合构成，因此 $\boldsymbol{A}$ 的列线性相关. 再根据性质 (v)，有 $\det\boldsymbol{A}=0$.

反过来，假设 $\boldsymbol{A}$ 可逆，其逆矩阵记作 $\boldsymbol{B}$，即

$$\boldsymbol{BA}=\boldsymbol{I}.$$

根据定理 2，有

$$\det \boldsymbol{B} \det \boldsymbol{A} = \det \boldsymbol{I}.$$

由性质 (iii) 可知 $D(\boldsymbol{I}) = 1$，所以 $\det \boldsymbol{I} = 1$，于是有

$$\det \boldsymbol{B} \det \boldsymbol{A} = 1,$$

这就证明 $\det \boldsymbol{A} \neq 0$. □

行列式的乘法性质有明显的几何意义：线性映射将任意单形映射到另一个单形，体积变为原来的 $|\det \boldsymbol{B}|$ 倍. 由于任意开集都是若干个单形的并，因此，任意开集在映射 $\boldsymbol{B}$ 下的像的体积都是原体积的 $|\det \boldsymbol{B}|$ 倍.

现在介绍行列式的另一个性质，这要用到下面的引理.

引理 4　设 $\boldsymbol{A}$ 为 $n \times n$ 矩阵，其第 1 列为 $\boldsymbol{e}_1$：

$$\boldsymbol{A} = \begin{pmatrix} 1 & \times & \times & \times \\ 0 & & & \\ \vdots & & \boldsymbol{A}_{11} & \\ 0 & & & \end{pmatrix}, \tag{23}$$

其中，$\boldsymbol{A}_{11}$ 表示由元素 a_{ij}（$i > 1, j > 1$）构成的 $(n-1) \times (n-1)$ 子矩阵，则

$$\det \boldsymbol{A} = \det \boldsymbol{A}_{11}. \tag{24}$$

证明　我们首先证明

$$\det \boldsymbol{A} = \det \begin{pmatrix} 1 & 0 & \cdots & 0 \\ 0 & & & \\ \vdots & & \boldsymbol{A}_{11} & \\ 0 & & & \end{pmatrix}. \tag{25}$$

由性质 (i) 和性质 (ii) 可知，将矩阵某一列的倍数加到另一列上，矩阵的行列式不变. 显然，可以将 $\boldsymbol{A}$ 的第 1 列乘以适当倍数加到其余各列上，最终得到式 (25) 右侧形式的矩阵.

现在，将

$$C(\boldsymbol{A}_{11}) = \det \begin{pmatrix} 1 & \boldsymbol{0} \\ \boldsymbol{0} & \boldsymbol{A}_{11} \end{pmatrix}$$

看成矩阵 $\boldsymbol{A}_{11}$ 的函数. 该函数显然满足性质 (i)～(iii)，于是 $C(\boldsymbol{A}_{11}) = \det \boldsymbol{A}_{11}$. 再结合式 (25)，即证得式 (24). □

练习 6　证明：$C(\boldsymbol{A}_{11})$ 满足性质 (i)～(iii).

推论 5　设矩阵 $\boldsymbol{A}$ 的第 j 列为 $\boldsymbol{e}_i$，则

$$\det \boldsymbol{A} = (-1)^{i+j} \det \boldsymbol{A}_{ij}, \tag{25$'$}$$

其中，$\boldsymbol{A}_{ij}$ 是从 $\boldsymbol{A}$ 中划去第 i 行和第 j 列所得的 $(n-1)\times(n-1)$ 矩阵，称作 $\boldsymbol{A}$ 的 (i,j) **子式**（**minor**）.

练习 7 利用引理 4 证明推论 5.

以下我们给出行列式按列展开的拉普拉斯公式.

定理 6 设 $\boldsymbol{A}$ 为任意 $n\times n$ 矩阵，j 为 1 到 n 的任意指标，则

$$\det \boldsymbol{A} = \sum_i (-1)^{i+j} a_{ij} \det \boldsymbol{A}_{ij}. \tag{26}$$

证明 为简化记号，不妨令 $j=1$. 将 $\boldsymbol{a}_1$ 写成标准单位向量的线性组合：

$$\boldsymbol{a}_1 = a_{11}\boldsymbol{e}_1 + \cdots + a_{n1}\boldsymbol{e}_n.$$

根据行列式的多重线性，有

$$\begin{aligned}\det \boldsymbol{A} &= D(\boldsymbol{a}_1,\cdots,\boldsymbol{a}_n)\\ &= D(a_{11}\boldsymbol{e}_1+\cdots+a_{n1}\boldsymbol{e}_n,\boldsymbol{a}_2,\cdots,\boldsymbol{a}_n)\\ &= a_{11}D(\boldsymbol{e}_1,\boldsymbol{a}_2,\cdots,\boldsymbol{a}_n)+\cdots+a_{n1}D(\boldsymbol{e}_n,\boldsymbol{a}_2,\cdots,\boldsymbol{a}_n).\end{aligned}$$

由推论 5，即证得式 (26). □

下面，我们将利用行列式表示方程组

$$\boldsymbol{A}\boldsymbol{x} = \boldsymbol{u} \tag{27}$$

的解，其中，$\boldsymbol{A}$ 为 $n\times n$ 可逆矩阵. 记

$$\boldsymbol{x} = \sum x_j \boldsymbol{e}_j.$$

由第 4 章式 (7) 可知，$\boldsymbol{A}\boldsymbol{e}_j$ 等于 $\boldsymbol{A}$ 的第 j 列 $\boldsymbol{a}_j$. 因此，式 (27) 等价于

$$\sum x_j \boldsymbol{a}_j = \boldsymbol{u}. \tag{27$'$}$$

现在考察将 $\boldsymbol{A}$ 的第 k 列替换成 $\boldsymbol{u}$ 后所得的矩阵 $\boldsymbol{A}_k$：

$$\begin{aligned}\boldsymbol{A}_k &= (\boldsymbol{a}_1,\cdots,\boldsymbol{a}_{k-1},\boldsymbol{u},\boldsymbol{a}_{k+1},\cdots,\boldsymbol{a}_n)\\ &= (\boldsymbol{a}_1,\cdots,\boldsymbol{a}_{k-1},\sum x_j\boldsymbol{a}_j,\boldsymbol{a}_{k+1},\cdots,\boldsymbol{a}_n).\end{aligned}$$

考虑上述矩阵的行列式，根据行列式的多重线性，有

$$\det \boldsymbol{A}_k = \sum_j x_j \det(\boldsymbol{a}_1,\cdots,\boldsymbol{a}_{k-1},\boldsymbol{a}_j,\boldsymbol{a}_{k+1},\cdots,\boldsymbol{a}_n).$$

再由行列式的性质 (i) 可知，上式右端各项中仅第 k 项非零，于是

$$\det \boldsymbol{A}_k = x_k \det \boldsymbol{A}.$$

又因为 $\boldsymbol{A}$ 可逆，$\det \boldsymbol{A} \neq 0$，所以

$$x_k = \frac{\det \boldsymbol{A}_k}{\det \boldsymbol{A}}. \tag{28}$$

根据 $\det \boldsymbol{A}_k$ 按第 k 列展开的拉普拉斯公式，有

$$\det \boldsymbol{A}_k = \sum_i (-1)^{i+k} u_i \det \boldsymbol{A}_{ik}.$$

最后，由式 (28) 可得

$$x_k = \sum_i (-1)^{i+k} \frac{\det \boldsymbol{A}_{ik}}{\det \boldsymbol{A}} u_i. \tag{29}$$

该式称作求解方程组 (27) 的克拉默（Cramer）法则.

现在我们用矩阵语言重新表述式 (29).

定理 7　*可逆矩阵* $\boldsymbol{A}$ *的逆矩阵* $\boldsymbol{A}^{-1}$ *满足*

$$(\boldsymbol{A}^{-1})_{ki} = (-1)^{i+k} \frac{\det \boldsymbol{A}_{ik}}{\det \boldsymbol{A}}. \tag{30}$$

证明　由 $\boldsymbol{A}$ 可逆可知，$\det \boldsymbol{A} \neq 0$. 考察 $\boldsymbol{A}^{-1}$ 作用于向量 $\boldsymbol{u}$ 上的结果，根据第 4 章式 (1)，有

$$(\boldsymbol{A}^{-1}\boldsymbol{u})_k = \sum_i (\boldsymbol{A}^{-1})_{ki} u_i. \tag{31}$$

将式 (30) 代入式 (31)，再对照式 (29)，即得

$$(\boldsymbol{A}^{-1}\boldsymbol{u})_k = x_k, \quad k = 1, \cdots, n, \tag{32}$$

即

$$\boldsymbol{A}^{-1}\boldsymbol{u} = \boldsymbol{x}.$$

这就说明，式 (30) 所定义的 $\boldsymbol{A}^{-1}$ 的确是方程组 (27) 中矩阵 $\boldsymbol{A}$ 的逆矩阵.　□

值得注意的是，$n > 3$ 时，式 (30) 并不是一种求逆矩阵的有效的数值算法.

练习 8　*证明：对任意方阵* $\boldsymbol{A}$，*有*

$$\det \boldsymbol{A}^{\mathrm{T}} = \det \boldsymbol{A}, \quad \text{其中 } \boldsymbol{A}^{\mathrm{T}} \text{ 是 } \boldsymbol{A} \text{ 的转置}. \tag{33}$$

提示　利用式 (16)，证明对任意置换 p 有 $\sigma(p) = \sigma(p^{-1})$.

练习 9　*设* p *是* n *个对象上的一个置换，定义其对应的***置换矩阵** $\boldsymbol{P}$ *为：*

$$P_{ij} = \begin{cases} 1, & \text{当 } j = p(i) \text{ 时}, \\ 0, & \text{当 } j \neq p(i) \text{ 时}. \end{cases} \tag{34}$$

证明 $\boldsymbol{P}$ *在向量* $\boldsymbol{x}$ *上的作用相当于置换* p *对* $\boldsymbol{x}$ *的分量的作用，并证明如果* p *和* q *是两个置换，*$\boldsymbol{P}$ *和* $\boldsymbol{Q}$ *为其对应的置换矩阵，则* $p \circ q$ *对应的置换矩阵恰为乘积* $\boldsymbol{PQ}$.

行列式是 $n \times n$ 矩阵上的一个重要的标量值函数，另一个重要的标量值函数是迹.

定义 方阵 $\boldsymbol{A}$ 的迹，记作 $\operatorname{tr}\boldsymbol{A}$，是其对角线元素之和：

$$\operatorname{tr}\boldsymbol{A}=\sum_i a_{ii}. \tag{35}$$

定理 8 (a) 矩阵的迹是线性函数，即

$$\operatorname{tr}k\boldsymbol{A}=k\operatorname{tr}\boldsymbol{A},\quad \operatorname{tr}(\boldsymbol{A}+\boldsymbol{B})=\operatorname{tr}\boldsymbol{A}+\operatorname{tr}\boldsymbol{B}.$$

(b) 矩阵的迹满足“交换律”，即对任意同阶方阵 $\boldsymbol{A}$ 和 $\boldsymbol{B}$，有

$$\operatorname{tr}(\boldsymbol{AB})=\operatorname{tr}(\boldsymbol{BA}). \tag{36}$$

证明 由定义 (35) 易证迹的线性性质. 为证明 (b)，我们利用矩阵乘法法则（见第 4 章式 (10)$'$），有

$$(\boldsymbol{AB})_{ii}=\sum_k a_{ik}b_{ki},$$

$$(\boldsymbol{BA})_{ii}=\sum_k b_{ik}a_{ki}.$$

于是

$$\operatorname{tr}(\boldsymbol{AB})=\sum_{i,k}a_{ik}b_{ki}=\sum_{i,k}b_{ik}a_{ki}=\operatorname{tr}(\boldsymbol{BA}),$$

其中，第二个等号成立的原因是下标 i,k 可以交换. □

回忆第 3 章末尾定义的相似的概念. 如果存在可逆矩阵 $\boldsymbol{S}$ 使得

$$\boldsymbol{A}=\boldsymbol{SBS}^{-1}, \tag{37}$$

则称矩阵 $\boldsymbol{A}$ 与 $\boldsymbol{B}$ 相似.

根据第 3 章定理 8，相似是一种等价关系，即满足以下性质.

(i) 自反性：$\boldsymbol{A}$ 与它本身相似.

(ii) 对称性：若 $\boldsymbol{A}$ 与 $\boldsymbol{B}$ 相似，则 $\boldsymbol{B}$ 与 $\boldsymbol{A}$ 相似.

(iii) 传递性：若 $\boldsymbol{A}$ 与 $\boldsymbol{B}$ 相似，且 $\boldsymbol{B}$ 与 $\boldsymbol{C}$ 相似，则 $\boldsymbol{A}$ 与 $\boldsymbol{C}$ 相似.

定理 9 相似矩阵具有相同的行列式和迹.

证明 利用定理 2，由式 (37) 可知

$$\begin{aligned}\det\boldsymbol{A}&=\det\boldsymbol{S}\det\boldsymbol{B}\det(\boldsymbol{S}^{-1})=\det\boldsymbol{B}\det\boldsymbol{S}\det(\boldsymbol{S}^{-1})\\&=\det\boldsymbol{B}\det(\boldsymbol{SS}^{-1})=\det\boldsymbol{B}\det\boldsymbol{I}=\det\boldsymbol{B}.\end{aligned}$$

为证明余下的部分，利用定理 8(b)，有

$$\operatorname{tr}\boldsymbol{A}=\operatorname{tr}(\boldsymbol{SBS}^{-1})=\operatorname{tr}((\boldsymbol{SB})\boldsymbol{S}^{-1})=\operatorname{tr}(\boldsymbol{S}^{-1}(\boldsymbol{SB}))=\operatorname{tr}\boldsymbol{B}.$$ □

我们知道，只要选定 n 维线性空间 X 的一组基，任意 X 到自身的线性映射 $\boldsymbol{T}$ 都可以表示成一个 $n\times n$ 矩阵. 对于选定的两组不同的基，得到的矩阵表示虽然不同，却是相似的. 因此，根据定理 9，我们可以定义线性映射 $\boldsymbol{T}$ 的行列式和迹分别为其矩阵表示的行列式和迹.

练习 10　设 $\boldsymbol{A}$ 为 $m\times n$ 矩阵，$\boldsymbol{B}$ 为 $n\times m$ 矩阵. 证明：

$$\operatorname{tr}\boldsymbol{AB}=\operatorname{tr}\boldsymbol{BA}.$$

练习 11　设 $\boldsymbol{A}$ 为 $n\times n$ 矩阵，$\boldsymbol{A}^{\mathrm{T}}$ 为其转置. 证明：

$$\operatorname{tr}\boldsymbol{AA}^{\mathrm{T}}=\sum_{i,j}a_{ij}^2.$$

上式右端平方和的平方根称为矩阵的欧几里得范数，或希尔伯特–施密特范数.

第 9 章的定理 4 将揭示行列式与迹之间的一个有趣的联系.

练习 12　证明：2×2 矩阵

$$\begin{pmatrix} a & b \\ c & d \end{pmatrix}$$

的行列式为 $D=ad-bc$.

练习 13　证明：上三角矩阵（主对角线下方元素均为零的矩阵）的行列式等于其对角线元素之积.

练习 14　先用高斯消元法将矩阵 $\boldsymbol{A}$ 化为上三角矩阵，再计算 $\det\boldsymbol{A}$，共需进行多少次乘法运算?

练习 15　利用公式 (16) 计算 $\det\boldsymbol{A}$，需要进行多少次乘法运算?

练习 16　证明：3×3 矩阵

$$\boldsymbol{A}=\begin{pmatrix} a & b & c \\ d & e & f \\ g & h & i \end{pmatrix}$$

的行列式可以按下述方法计算：照抄 $\boldsymbol{A}$ 的前两列，作为第 4 列和第 5 列，得到

$$\begin{pmatrix} a & b & c & a & b \\ d & e & f & d & e \\ g & h & i & g & h \end{pmatrix},$$

则

$$\det\boldsymbol{A}=aei+bfg+cdh-gec-hfa-idb,$$

即三条右对角线上元素乘积之和减去三条左对角线上元素乘积之和恰好等于 $\boldsymbol{A}$ 的行列式.

第 6 章　谱理论

谱理论旨在研究线性空间到自身的线性映射，其主要方法是将线性映射分解成基本的组成部分．先看一个有关周期运动稳定性的问题，注意我们是怎样利用谱理论解决该问题的．

假设我们所关注的系统的状态可以用 n 个参数来表示，记作 $\mathbb{R}^n$ 中的向量 $\boldsymbol{x}$. 然后假设一旦给定系统的初始状态，系统随时间的运动规律就可以唯一确定系统在未来时刻的状态．

记系统在初始时刻 $t=0$ 时的状态为 $\boldsymbol{x}$，它在 $t=1$ 时的状态由 $\boldsymbol{x}$ 确定，记为 $F(\boldsymbol{x})$．假定 F 可微，且系统在任意时刻的运动规律相同．那么，若系统在 $t=1$ 时的状态为 $\boldsymbol{z}$，则它在 $t=2$ 时的状态为 $F(\boldsymbol{z})$．一般地说，系统在 t 和 $t+1$ 两个时刻的状态之间存在映射 F.

设系统的初始状态为 $\boldsymbol{x}=\boldsymbol{0}$，且以 1 为周期运动，即 $t=1$ 时系统状态回到 $\boldsymbol{0}$．于是有

$$F(\boldsymbol{0})=\boldsymbol{0}, \tag{1}$$

如果系统自某一与零非常接近的状态 $\boldsymbol{h}$ 开始运动，并且当 t 趋于无穷时，系统的状态也趋于零，则称该周期运动是稳定的.

由于函数 F 可微，因此，当 $\boldsymbol{h}$ 很小时，$F(\boldsymbol{h})$ 可线性近似为

$$F(\boldsymbol{h})\approx \boldsymbol{A}\boldsymbol{h}. \tag{2}$$

为简单起见，我们假定 F 是线性函数，即

$$F(\boldsymbol{h})=\boldsymbol{A}\boldsymbol{h}, \tag{3}$$

其中，$\boldsymbol{A}$ 是 $n\times n$ 矩阵．若系统自状态 $\boldsymbol{h}$ 开始运动，则系统经过 N 个单位时间的状态为

$$\boldsymbol{A}^N\boldsymbol{h}. \tag{4}$$

下面我们将考察这些状态所构成的序列

$$\boldsymbol{h},\boldsymbol{A}\boldsymbol{h},\cdots,\boldsymbol{A}^N\boldsymbol{h},\cdots. \tag{5}$$

我们先以具体的数值为例，分析矩阵幂 $\boldsymbol{A}^N$ 可能呈现的变化趋势．令 $N=1024$，

则幂运算 $\boldsymbol{A}^N$ 相当于连续 10 次平方运算的效果.

情形	(a)	(b)
$\boldsymbol{A}$	$\begin{pmatrix}3 & 2\\ 1 & 4\end{pmatrix}$	$\begin{pmatrix}5 & 6.9\\ -3 & -4\end{pmatrix}$
$\boldsymbol{A}^{1024}$	$> 10^{700}$	$< 10^{-78}$

上述结果表明:

(a) 当 $N \to \infty$ 时, $\boldsymbol{A}^N \to \infty$;

(b) 当 $N \to \infty$ 时, $\boldsymbol{A}^N \to \mathbf{0}$, 即 $\boldsymbol{A}^N$ 的每个元素都趋于零.

现在我们从理论上讨论序列 (5) 的变化趋势. 假设存在向量 $\boldsymbol{h} \neq \mathbf{0}$, 使得 $\boldsymbol{Ah}$ 恰等于 $\boldsymbol{h}$ 的某个标量倍:

$$\boldsymbol{Ah} = a\boldsymbol{h}, \quad \text{其中 } a \text{ 为标量}, \ \boldsymbol{h} \neq \mathbf{0}. \tag{6}$$

则

$$\boldsymbol{A}^N\boldsymbol{h} = a^N\boldsymbol{h}. \tag{6_N}$$

于是, 此时序列 (5) 呈现下述变化趋势:

(i) 当 $|a| > 1$ 时, $\boldsymbol{A}^N\boldsymbol{h} \to \infty$;

(ii) 当 $|a| < 1$ 时, $\boldsymbol{A}^N\boldsymbol{h} \to \mathbf{0}$, 即 $\boldsymbol{A}^N$ 的每个元素都趋于零;

(iii) 当 $|a| = 1$ 时, 对任意 N 有 $\boldsymbol{A}^N\boldsymbol{h} = \boldsymbol{h}$.

上述分析正确的前提是条件 (6) 成立. 我们称满足 (6) 的向量 $\boldsymbol{h}$ 为 $\boldsymbol{A}$ 的本征向量, 并称 a 为 $\boldsymbol{A}$ 的本征值.

我们假定矩阵 $\boldsymbol{A}$ 有本征向量, 这是否过于牵强呢? 下面我们要证明, 复数域上的任何 $n \times n$ 矩阵都存在本征向量. 任取非零向量 $\boldsymbol{w}$, 构造如下 $n+1$ 个向量:

$$\boldsymbol{w}, \boldsymbol{Aw}, \cdots, \boldsymbol{A}^n\boldsymbol{w}.$$

由于 n 维空间中的 $n+1$ 个向量一定线性相关, 因此它们之间存在非平凡的线性关系:

$$\sum_{j=0}^{n} c_j \boldsymbol{A}^j \boldsymbol{w} = \mathbf{0},$$

其中, c_j 不全为零. 上式可以重写为

$$p(\boldsymbol{A})\boldsymbol{w} = \mathbf{0}, \tag{7}$$

其中, $p(t)$ 为多项式

$$p(t) = \sum_{j=0}^{n} c_j t^j.$$

而复数域上的任意多项式都可以写成线性因子的乘积:

$$p(t) = c\prod(x - a_j), \quad c \neq 0.$$

$p(\boldsymbol{A})$ 亦可类似分解，故式 (7) 可重写为

$$c\prod(\boldsymbol{A}-a_j\boldsymbol{I})\boldsymbol{w}=\boldsymbol{0}.$$

上式表明，矩阵乘积 $\prod(\boldsymbol{A}-a_j\boldsymbol{I})$ 将非零向量 $\boldsymbol{w}$ 映射为 $\boldsymbol{0}$，因而不可逆. 根据第 3 章定理 4，可逆矩阵的乘积仍为可逆矩阵，所以至少有一个 $\boldsymbol{A}-a_j\boldsymbol{I}$ 不可逆，该矩阵有非平凡的零空间. 令 $\boldsymbol{h}$ 为其零空间内的任一非零向量，则

$$(\boldsymbol{A}-a\boldsymbol{I})\boldsymbol{h}=\boldsymbol{0},\quad a=a_j. \tag{6$'$}$$

上式即为本征值方程 (6).

上述讨论只证明了任意矩阵 $\boldsymbol{A}$ 至少有一个本征值，但无法确定 $\boldsymbol{A}$ 有多少个本征值以及怎样计算它们. 下面我们换一种方法进行讨论.

式 (6)$'$ 表明 $\boldsymbol{h}$ 属于 $(\boldsymbol{A}-a\boldsymbol{I})$ 的零空间，因而 $(\boldsymbol{A}-a\boldsymbol{I})$ 不可逆. 而根据第 5 章推论 3 可知，矩阵 $(\boldsymbol{A}-a\boldsymbol{I})$ 不可逆，当且仅当其行列式为零：

$$\det(\boldsymbol{A}-a\boldsymbol{I})=0. \tag{8}$$

所以，式 (8) 是"a 为 $\boldsymbol{A}$ 的本征值"的必要条件. 事实上它也是充分条件，这是因为，若式 (8) 成立，则矩阵 $(\boldsymbol{A}-a\boldsymbol{I})$ 不可逆，根据第 3 章定理 1，其零空间中包含非零向量 $\boldsymbol{h}$，即式 (6)$'$ 成立，这就说明 $\boldsymbol{h}$ 是 $\boldsymbol{A}$ 的本征向量. 当我们利用第 5 章式 (16) 表示行列式时，式 (8) 即变成 a 的次数为 n 的方程，其中，$\boldsymbol{A}$ 为 $n\times n$ 矩阵. 此时式 (8) 的左端称为矩阵 $\boldsymbol{A}$ 的本征多项式，记作 $p_{\boldsymbol{A}}$.

例 1

$$\boldsymbol{A}=\begin{pmatrix}3&2\\1&4\end{pmatrix},$$

$$\begin{aligned}\det(\boldsymbol{A}-a\boldsymbol{I})&=\det\begin{pmatrix}3-a&2\\1&4-a\end{pmatrix}\\&=(3-a)(4-a)-2\\&=a^2-7a+10=0.\end{aligned}$$

该方程有两个根：

$$a_1=2,\quad a_2=5.$$

它们都是 $\boldsymbol{A}$ 的本征值，且都存在对应的本征向量：

$$(\boldsymbol{A}-a_1\boldsymbol{I})\boldsymbol{h}_1=\begin{pmatrix}1&2\\1&2\end{pmatrix}\boldsymbol{h}_1=\boldsymbol{0},$$

该方程显然被

$$\boldsymbol{h}_1=\begin{pmatrix}2\\-1\end{pmatrix}$$

及其任意标量倍所满足. 类似地, 有

$$(\boldsymbol{A}-a_2\boldsymbol{I})\boldsymbol{h}_2=\begin{pmatrix}-2 & 2\\ 1 & -1\end{pmatrix}\boldsymbol{h}_2=\boldsymbol{0},$$

该方程显然被

$$\boldsymbol{h}_2=\begin{pmatrix}1\\ 1\end{pmatrix}$$

及其任意标量倍所满足.

向量 $\boldsymbol{h}_1$ 并不是 $\boldsymbol{h}_2$ 的标量倍, 反之亦然. 因而两者线性无关, 故 $\mathbb{R}^2$ 中的任意向量 $\boldsymbol{h}$ 都可以表示成 $\boldsymbol{h}_1$ 和 $\boldsymbol{h}_2$ 的线性组合:

$$\boldsymbol{h}=b_1\boldsymbol{h}_1+b_2\boldsymbol{h}_2. \tag{9}$$

将 $\boldsymbol{A}^N$ 作用于式 (9), 则由式 $(6)_N$ 可知

$$\boldsymbol{A}^N\boldsymbol{h}=b_1a_1^N\boldsymbol{h}_1+b_2a_2^N\boldsymbol{h}_2. \tag{9_N}$$

因为 $a_1=2$, $a_2=5$, 所以 $a_1^N=2^N$ 和 $a_2^N=5^N$ 都趋于无穷. 因为 $\boldsymbol{h}_1$ 与 $\boldsymbol{h}_2$ 线性无关, 所以 $\boldsymbol{A}^N\boldsymbol{h}$ 趋于无穷, 当 b_1,b_2 同时为零时除外 (由式 (9) 可知此时有 $\boldsymbol{h}=\boldsymbol{0}$). 这就证明: 如果 $\boldsymbol{A}=\begin{pmatrix}3 & 2\\ 1 & 4\end{pmatrix}$ 且 $\boldsymbol{h}\neq\boldsymbol{0}$, 则当 $N\to\infty$ 时, 有 $\boldsymbol{A}^N\boldsymbol{h}\to\infty$, 即其中每个元素都趋于无穷. 此即情形 (a) 中的数值计算的结果, 实际上, 通过计算还有 $\boldsymbol{A}^N\sim 5^N$.

例 2 本例与前一个例子相比更有趣. 斐波那契 (Fibonacci) 数列 $f_0,f_1,\cdots$ 由下列递推式定义:

$$f_{n+1}=f_n+f_{n-1}, \tag{10}$$

其起始项为 $f_0=0$, $f_1=1$. 数列的前 10 项依次为

$$0,1,1,2,3,5,8,13,21,34,$$

它们呈现出快速递增的趋势. 下面我们构造 f_n 的一个公式, 以揭示其增长速度. 首先将递推式 (10) 重写成矩阵–向量的形式:

$$\begin{pmatrix}0 & 1\\ 1 & 1\end{pmatrix}\begin{pmatrix}f_{n-1}\\ f_n\end{pmatrix}=\begin{pmatrix}f_n\\ f_{n+1}\end{pmatrix}. \tag{$10'$}$$

通过递推, 可得

$$\begin{pmatrix}f_n\\ f_{n+1}\end{pmatrix}=\boldsymbol{A}^n\begin{pmatrix}f_0\\ f_1\end{pmatrix},\quad \boldsymbol{A}=\begin{pmatrix}0 & 1\\ 1 & 1\end{pmatrix}. \tag{11}$$

下面, 我们将利用 $\boldsymbol{A}$ 的本征值和本征向量来表示 $\boldsymbol{A}$ 的 n 次幂.

$$\det(\boldsymbol{A}-a\boldsymbol{I})=\det\begin{pmatrix}-a & 1\\ 1 & 1-a\end{pmatrix}=a^2-a-1.$$

故 $\boldsymbol{A}$ 的本征多项式的根为

$$a_1 = \frac{1+\sqrt{5}}{2}, \quad a_2 = \frac{1-\sqrt{5}}{2},$$

其中，a_1 是大于 1 的正数，a_2 是绝对值小于 1 的负数. 它们对应的本征向量满足下列方程：

$$\begin{pmatrix} -a_1 & 1 \\ 1 & 1-a_1 \end{pmatrix} \boldsymbol{h}_1 = \boldsymbol{0}, \quad \begin{pmatrix} -a_2 & 1 \\ 1 & 1-a_2 \end{pmatrix} \boldsymbol{h}_2 = \boldsymbol{0}.$$

将 $\boldsymbol{h}_1, \boldsymbol{h}_2$ 的第 1 个分量设为 1，由上述方程易解得

$$\boldsymbol{h}_1 = \begin{pmatrix} 1 \\ a_1 \end{pmatrix}, \quad \boldsymbol{h}_2 = \begin{pmatrix} 1 \\ a_2 \end{pmatrix}.$$

显然，它们的任意标量倍仍是本征向量.

接下来，我们将初始向量 $(f_0, f_1)^{\mathrm{T}} = (0, 1)^{\mathrm{T}}$ 表示成本征向量的线性组合：

$$\begin{pmatrix} 0 \\ 1 \end{pmatrix} = c_1 \boldsymbol{h}_1 + c_2 \boldsymbol{h}_2.$$

由第 1 个分量相等可知 $c_2 = -c_1$，再由第 2 个分量相等可得 $c_1 = \dfrac{1}{\sqrt{5}}$. 于是

$$\begin{pmatrix} f_0 \\ f_1 \end{pmatrix} = \frac{1}{\sqrt{5}} \boldsymbol{h}_1 - \frac{1}{\sqrt{5}} \boldsymbol{h}_2.$$

代入式 (11)，得

$$\begin{pmatrix} f_n \\ f_{n+1} \end{pmatrix} = \boldsymbol{A}^n \frac{1}{\sqrt{5}} (\boldsymbol{h}_1 - \boldsymbol{h}_2) = \frac{a_1^n}{\sqrt{5}} \boldsymbol{h}_1 - \frac{a_2^n}{\sqrt{5}} \boldsymbol{h}_2.$$

该向量方程的第 1 个分量为

$$f_n = \frac{a_1^n}{\sqrt{5}} - \frac{a_2^n}{\sqrt{5}}.$$

因为 $\dfrac{a_2^n}{\sqrt{5}}$ 的绝对值小于 $\dfrac{1}{2}$，且 f_n 为整数，所以上式可改写为

$$f_n = \text{与 } \frac{a_1^n}{\sqrt{5}} \text{ 最接近的整数}.$$

练习 1 计算 f_{32}.

我们继续讨论一般情形 (6) 和 (8). 矩阵 $\boldsymbol{A}$ 的本征多项式

$$p_{\boldsymbol{A}}(a) = \det(a\boldsymbol{I} - \boldsymbol{A})$$

是一个 n 次多项式，其首项 a^n 的系数为 1.

根据代数基本定理，复系数的 n 次多项式有 n 个复根，其中可能包含重根，本征多项式的重根数称为重数. $\boldsymbol{A}$ 的本征多项式的根就是 $\boldsymbol{A}$ 的本征值. 因此，为使本征多项式取到全部 n 个根，我们只对复数域上的线性映射讨论谱理论.

定理 1 矩阵 $\boldsymbol{A}$ 的不同本征值所对应的本征向量线性无关.

证明 设 $i \neq k$ 时有 $a_i \neq a_k$ 且

$$\boldsymbol{A}\boldsymbol{h}_j = a_j\boldsymbol{h}_j, \quad \boldsymbol{h}_j \neq \boldsymbol{0}. \tag{12}$$

假定这些 $\boldsymbol{h}_j$ 之间存在非平凡的线性关系，这样的线性关系可能不止一种. 由于 $\boldsymbol{h}_j \neq \boldsymbol{0}$，因此每种线性关系都至少包含两个本征向量. 设下列非平凡线性关系包含的本征向量个数最少，设为 m 个：

$$\sum_{j=1}^{m} b_j\boldsymbol{h}_j = \boldsymbol{0}, \quad b_j \neq 0. \tag{13}$$

令 $\boldsymbol{A}$ 作用于式 (13)，再根据式 (12)，有

$$\sum_{j=1}^{m} b_j\boldsymbol{A}\boldsymbol{h}_j = \sum_{j=1}^{m} b_j a_j\boldsymbol{h}_j = \boldsymbol{0}. \tag{13$'$}$$

用式 (13)$'$ 减去式 (13) 乘以 a_m，得

$$\sum_{j=1}^{m}(b_j a_j - b_j a_m)\boldsymbol{h}_j = \boldsymbol{0}. \tag{13$''$}$$

显然，上式中只有 $\boldsymbol{h}_m$ 的系数为零. 于是，我们得到 $m-1$ 个本征向量之间的一个非平凡线性关系，与 m 的最小性矛盾. □

由定理 1 易推得定理 2.

定理 2 如果 $n \times n$ 矩阵 $\boldsymbol{A}$ 的本征多项式有 n 个不同的根，则 $\boldsymbol{A}$ 有 n 个线性无关的本征向量.

在定理 2 所述情形下，矩阵的 n 个本征向量构成空间的一组基. 故 $\mathbb{C}^n$ 中的任意向量 $\boldsymbol{h}$ 都可以表示成本征向量的线性组合

$$\boldsymbol{h} = \sum_{j=1}^{n} b_j\boldsymbol{h}_j. \tag{14}$$

令 $\boldsymbol{A}^N$ 作用于式 (13)，再根据式 $(6)_N$，有

$$\sum_{j=1}^{m} b_j\boldsymbol{A}^N\boldsymbol{h}_j = \sum_{j=1}^{m} b_j a_j^N\boldsymbol{h}_j. \tag{14$'$}$$

该式可用于解决本章开头提出的稳定性问题.

练习 2 (a) 证明：如果矩阵 $\boldsymbol{A}$ 有 n 个不同的本征值 a_j，且每个 a_j 的绝对值都小于 1，则对任意 $\boldsymbol{h} \in \mathbb{C}^n$，有

$$\text{当 } N \to \infty \text{ 时，} \quad \boldsymbol{A}^N\boldsymbol{h} \to \boldsymbol{0},$$

即 $\boldsymbol{A}^N\boldsymbol{h}$ 的元素趋于零.

(b) 证明：如果 a_j 的绝对值都大于 1，则对任意 $\boldsymbol{h} \neq \boldsymbol{0}$，有

$$\text{当 } N \to \infty \text{ 时，} \quad \boldsymbol{A}^N\boldsymbol{h} \to \infty,$$

即 $\boldsymbol{A}^N\boldsymbol{h}$ 的元素趋于无穷.

矩阵 $\boldsymbol{A}$ 与其本征值之间存在两个极为简单却有用的关系.

定理 3 记 $\boldsymbol{A}$ 的本征值为 $a_1,\cdots,a_n$. 则

$$\sum a_i=\operatorname{tr}\boldsymbol{A},\quad \prod a_i=\det\boldsymbol{A}. \tag{15}$$

证明 我们断言，$\boldsymbol{A}$ 的本征多项式形如

$$p_{\boldsymbol{A}}(s)=s^n-(\operatorname{tr}\boldsymbol{A})s^{n-1}+\cdots+(-1)^n\det\boldsymbol{A}. \tag{15$'$}$$

由初等代数知识可知，多项式 $p_{\boldsymbol{A}}$ 可以分解为

$$p_{\boldsymbol{A}}(s)=\prod_{i=1}^{n}(s-a_i). \tag{16}$$

这就证明 $p_{\boldsymbol{A}}$ 中 s^{n-1} 的系数为 $-\sum a_i$，且常数项为 $(-1)^n\prod a_i$. 对照式 (15)′ 即得 (15).

为证明式 (15)′，我们首先利用第 5 章式 (16) 将行列式写成下列乘积之和：

$$\begin{aligned}p_{\boldsymbol{A}}(s)&=\det(s\boldsymbol{I}-\boldsymbol{A})\\&=\det\begin{pmatrix}s-a_{11}&-a_{12}&\cdots&-a_{1n}\\-a_{21}&s-a_{22}&&\\\vdots&&&\vdots\\-a_{n1}&&\cdots&s-a_{nn}\end{pmatrix}\\&=\sum_p\sigma(p)\prod_i(s\delta_{p_ii}-a_{p_ii}).\end{aligned}$$

显然，上式中包含 s^n 与 s^{n-1} 的项只来自对角线上元素的乘积：

$$\prod(s-a_{ii})=s^n-(\operatorname{tr}\boldsymbol{A})s^{n-1}+\cdots.$$

这就验证了式 (15)′ 的 n 次项与 $(n-1)$ 次项. 而式 (15)′ 的零次项 $p_{\boldsymbol{A}}(0)$ 为 $\det(-\boldsymbol{A})=(-1)^n\det\boldsymbol{A}$. 故式 (15)′ 得证，从而定理得证. □

练习 3 对于例 1 和例 2 所给的矩阵

$$\begin{pmatrix}3&2\\1&4\end{pmatrix}\quad\text{和}\quad\begin{pmatrix}0&1\\1&1\end{pmatrix},$$

验证本征值之和等于矩阵的迹，本征值之积等于矩阵的行列式.

回顾式 $(6)_N$：$\boldsymbol{A}^N\boldsymbol{h}=a^N\boldsymbol{h}$. 它表明，如果 a 是 $\boldsymbol{A}$ 的本征值，则 a^N 是 $\boldsymbol{A}^N$ 的本征值. 令 q 为多项式

$$q(s)=\sum q_Ns^N.$$

用 q_N 乘以式 $(6)_N$，并将结果累加可得

$$q(\boldsymbol{A})\boldsymbol{h}=q(a)\boldsymbol{h}. \tag{17}$$

下面的结论称作谱映射定理.

定理 4　(a) 设 q 为多项式，$\boldsymbol{A}$ 为方阵，且 a 是 $\boldsymbol{A}$ 的本征值，则 $q(a)$ 是 $q(\boldsymbol{A})$ 的本征值.

(b) $q(\boldsymbol{A})$ 的每个本征值都形如 $q(a)$，其中，a 是 $\boldsymbol{A}$ 的本征值.

证明　(a) 实为式 (17) 的另一种表述，二者都表明 $\boldsymbol{A}$ 和 $q(\boldsymbol{A})$ 有同样的本征向量.

为证明 (b)，设 b 为 $q(\boldsymbol{A})$ 的本征值，则 $q(\boldsymbol{A})-b\boldsymbol{I}$ 不可逆. 现在将 $q(s)-b$ 分解为

$$q(s)-b=c\prod(s-r_i).$$

以 $\boldsymbol{A}$ 代替 s 即得

$$q(\boldsymbol{A})-b\boldsymbol{I}=c\prod(\boldsymbol{A}-r_i\boldsymbol{I}).$$

由于 b 为 $q(\boldsymbol{A})$ 的本征值，上式左端不可逆，因此右端亦不可逆. 因为上式右端是矩阵乘积，所以至少有一个因子 $\boldsymbol{A}-r_i\boldsymbol{I}$ 不可逆，即存在某个 r_i 为 $\boldsymbol{A}$ 的本征值. 而 r_i 是 $q(s)-b$ 的根，故

$$q(r_i)=b.$$

从而 (b) 得证. □

特别地，若取 q 为 $\boldsymbol{A}$ 的本征多项式 $p_{\boldsymbol{A}}$，则 $p_{\boldsymbol{A}}(\boldsymbol{A})$ 的所有本征值都为零. 事实上，我们还有下面的定理.

定理 5［凯莱–哈密顿（Cayley-Hamilton）定理］　矩阵 $\boldsymbol{A}$ 满足其自身的本征多项式，即

$$p_{\boldsymbol{A}}(\boldsymbol{A})=\boldsymbol{0}. \tag{18}$$

证明　若 $\boldsymbol{A}$ 无相同本征值，则根据定理 2，$\boldsymbol{A}$ 有 n 个线性无关的本征向量 $\boldsymbol{h}_j$，$j=1,\cdots,n$. 对任意 $\boldsymbol{h}$ 运用式 (14)，在其两端同乘以 $p_{\boldsymbol{A}}(\boldsymbol{A})$ 即得

$$p_{\boldsymbol{A}}(\boldsymbol{A})\boldsymbol{h}=\sum p_{\boldsymbol{A}}(a_j)b_j\boldsymbol{h}_j=\sum\boldsymbol{0}=\boldsymbol{0}.$$

当 $\boldsymbol{A}$ 无相同本征值时，式 (18) 成立. 对于一般情形，需要用到下面的引理.

引理 6　设 $\boldsymbol{P},\boldsymbol{Q}$ 为两个矩阵系数多项式：

$$\boldsymbol{P}(s)=\sum\boldsymbol{P}_js^j,\quad \boldsymbol{Q}(s)=\sum\boldsymbol{Q}_ks^k.$$

乘积 $\boldsymbol{PQ}=\boldsymbol{R}$ 为

$$\boldsymbol{R}(s)=\sum\boldsymbol{R}_ls^l,\quad \boldsymbol{R}_l=\sum_{j+k=l}\boldsymbol{P}_j\boldsymbol{Q}_k.$$

如果 $\boldsymbol{A}$ 与 $\boldsymbol{Q}$ 的系数可交换，则

$$\boldsymbol{P}(\boldsymbol{A})\boldsymbol{Q}(\boldsymbol{A})=\boldsymbol{R}(\boldsymbol{A}). \tag{19}$$

引理的证明是显然的.

运用引理 6，设 $\boldsymbol{Q}(s)=s\boldsymbol{I}-\boldsymbol{A}$ 且 $\boldsymbol{P}(s)$ 为 $\boldsymbol{Q}(s)$ 的余子式构成的矩阵，即

$$\boldsymbol{P}_{ij}(s)=(-1)^{i+j}D_{ji}(s), \tag{20}$$

其中，$D_{ij}(s)$ 为 $\boldsymbol{Q}(s)$ 的 (i,j) 子式的行列式. 根据第 5 章式 (30)，有

$$\boldsymbol{P}(s)\boldsymbol{Q}(s)=\det\boldsymbol{Q}(s)\boldsymbol{I}=p_{\boldsymbol{A}}(s)\boldsymbol{I}, \tag{21}$$

其中，$p_{\boldsymbol{A}}(s)$ 为 $\boldsymbol{A}$ 的本征多项式. 显然 $\boldsymbol{A}$ 与 $\boldsymbol{Q}$ 的系数可交换，于是由引理 6，在式 (21) 中可令 $s=\boldsymbol{A}$，再由 $\boldsymbol{Q}(\boldsymbol{A})=\boldsymbol{0}$ 可知

$$p_{\boldsymbol{A}}(\boldsymbol{A})=\boldsymbol{0}.$$

这就证明了定理 5. □

下面我们考察本征多项式有重根的矩阵. 先看一些例子.

例 3 $\boldsymbol{A}=\boldsymbol{I}$,

$$p_{\boldsymbol{A}}(s)=\det(s\boldsymbol{I}-\boldsymbol{I})=(s-1)^n,$$

显然 1 是 n 重根. 因此，任意非零向量 $\boldsymbol{h}$ 都是 $\boldsymbol{A}$ 的本征向量.

例 4 $\boldsymbol{A}=\begin{pmatrix}3 & 2\\ -2 & -1\end{pmatrix}$，$\operatorname{tr}\boldsymbol{A}=2$，$\det\boldsymbol{A}=1$，由定理 3 可知

$$p_{\boldsymbol{A}}(s)=s^2-2s+1,$$

其根为 1，重数为 2. 方程

$$\boldsymbol{A}\boldsymbol{h}=\begin{pmatrix}3h_1+2h_2\\ -2h_1-h_2\end{pmatrix}=\begin{pmatrix}h_1\\ h_2\end{pmatrix}$$

的根是分量满足

$$h_1+h_2=0$$

的全体 $\boldsymbol{h}$，即 $\boldsymbol{h}=\begin{pmatrix}-1\\ 1\end{pmatrix}$ 的所有标量倍. 因此，本例中的 $\boldsymbol{A}$ 不存在两个线性无关的本征向量.

我们断言，如果 $\boldsymbol{A}$ 有唯一的本征值 a 及 n 个线性无关的本征向量，则 $\boldsymbol{A}=a\boldsymbol{I}$. 事实上，此时 $\mathbb{C}^n$ 中的任意向量都可以写成式 (14)，即表示成本征向量的线性组合. 用 $\boldsymbol{A}$ 乘以式 (14) 的两端，再由 $a_i=a(i=1,\cdots,n)$ 即得：对任意 $\boldsymbol{h}$，有

$$\boldsymbol{A}\boldsymbol{h}=a\boldsymbol{h},$$

于是 $\boldsymbol{A}=a\boldsymbol{I}$. 此外，对于每个满足 $\operatorname{tr}\boldsymbol{A}=2$ 且 $\det\boldsymbol{A}=1$ 的 2×2 矩阵 $\boldsymbol{A}$，1 都是其本征多项式的二重根. 这类矩阵构成一个含两个参量的矩阵族，其中仅 $\boldsymbol{A}=\boldsymbol{I}$ 有两个线性无关的本征向量. 一般地说，如果 $\boldsymbol{A}$ 的本征多项式有重根，那么 $\boldsymbol{A}$ 不一定有 n 个线性无关的本征向量.

为弥补这一缺憾，我们定义广义本征向量. 首先，我们定义 $\boldsymbol{A}$ 的一个广义本征向量 $\boldsymbol{f}$ 满足

$$(\boldsymbol{A}-a\boldsymbol{I})^2\boldsymbol{f}=\mathbf{0}. \tag{22}$$

我们证明，广义本征向量 $\boldsymbol{f}$ 被 $\boldsymbol{A}^N$ 作用后的形式与真正的本征向量被 $\boldsymbol{A}^N$ 作用后的形式一样简单. 令

$$(\boldsymbol{A}-a\boldsymbol{I})\boldsymbol{f}=\boldsymbol{h}. \tag{23}$$

用 $(\boldsymbol{A}-a\boldsymbol{I})$ 乘以式 (23) 的两端，再由式 (22) 可得

$$(\boldsymbol{A}-a\boldsymbol{I})\boldsymbol{h}=\mathbf{0}, \tag*{(23)$'$}$$

即 $\boldsymbol{h}$ 是 $\boldsymbol{A}$ 的一个真正的本征向量. 将式 (23) 和式 (23)$'$ 重写为

$$\boldsymbol{A}\boldsymbol{f}=a\boldsymbol{f}+\boldsymbol{h}, \tag{24}$$

$$\boldsymbol{A}\boldsymbol{h}=a\boldsymbol{h}. \tag*{(24)$'$}$$

用 $\boldsymbol{A}$ 乘以式 (24)，再由式 (24)$'$ 即得

$$\boldsymbol{A}^2\boldsymbol{f}=a\boldsymbol{A}\boldsymbol{f}+\boldsymbol{A}\boldsymbol{h}=a^2\boldsymbol{f}+2a\boldsymbol{h}.$$

上述过程重复 N 次，即得

$$\boldsymbol{A}^N\boldsymbol{f}=a^N\boldsymbol{f}+Na^{N-1}\boldsymbol{h}. \tag{25}$$

练习 4　对 N 使用归纳法，证明式 (25).

练习 5　证明：对任意多项式 q，有

$$q(\boldsymbol{A})\boldsymbol{f}=q(a)\boldsymbol{f}+q'(a)\boldsymbol{h}, \tag{26}$$

其中，q' 是 q 的导数，且 $\boldsymbol{f}$ 满足式 (22).

式 (25) 表明，如果 $|a|<1$ 且 $\boldsymbol{f}$ 是 $\boldsymbol{A}$ 的广义本征向量，则 $\boldsymbol{A}^N\boldsymbol{f}\to\mathbf{0}$.

下面我们将广义本征向量的概念一般化.

定义　如果 $\boldsymbol{f}\neq\mathbf{0}$ 且存在某个正整数 m 使得

$$(\boldsymbol{A}-a\boldsymbol{I})^m\boldsymbol{f}=\mathbf{0}, \tag{27}$$

则称 $\boldsymbol{f}$ 是 $\boldsymbol{A}$ 对应于本征值 a 的广义本征向量.

现在我们给出线性代数的一个基本结论.

定理 7 (谱定理)　设 $\boldsymbol{A}$ 为 $n\times n$ 复矩阵，则 $\mathbb{C}^n$ 中的任意向量都可以写成 $\boldsymbol{A}$ 的本征向量之和，其中，本征向量可以是广义本征向量.

该定理的证明需要用到以下一些代数结论.

引理 8　设 p 和 q 是两个复系数多项式且无公共零点，则存在另外两个多项式 a 和 b，使得

$$ap+bq\equiv 1. \tag{28}$$

证明　记形如 $ap+bq$ 的全体多项式的集合为 $\mathcal{P}$，则其中必存在次数最小的非零多项式，记作 d. 我们断言，d 整除 p 和 q. 否则，设 p 除以 d 余 r，即

$$r=p-md.$$

由于 $p,d\in\mathcal{P}$，因此 $p-md=r\in\mathcal{P}$. 而 r 是次数小于 d 的非零多项式，这与 d 的取法矛盾.

下面证明 d 为零次多项式. 如果 d 的次数大于零，则由代数基本定理可知，d 至少有一个根. 因为 d 整除 p 和 q，所以 d 的根必为 p,q 的公共零点，与假设矛盾，故 $\deg d=0$. 因为 $d\neq 0$，所以 $d\equiv$ 常数，不妨设 $d\equiv 1$，即证得式 (28). □

引理 9　设 p 和 q 同引理 8，$\boldsymbol{A}$ 为复方阵. 分别记 $p(\boldsymbol{A})$、$q(\boldsymbol{A})$ 和 $p(\boldsymbol{A})q(\boldsymbol{A})$ 的零空间为 N_p、N_q 和 N_{pq}，则 N_{pq} 等于 N_p 与 N_q 的直和：

$$N_{pq}=N_p\oplus N_q,\tag{29}$$

即任意 $\boldsymbol{x}\in N_{pq}$ 可以唯一地分解为

$$\boldsymbol{x}=\boldsymbol{x}_p+\boldsymbol{x}_q,\quad \boldsymbol{x}_p\in N_p,\ \boldsymbol{x}_q\in N_q.\tag{29$'$}$$

证明　令式 (28) 中的自变量为 $\boldsymbol{A}$，则有

$$a(\boldsymbol{A})p(\boldsymbol{A})+b(\boldsymbol{A})q(\boldsymbol{A})=\boldsymbol{I}.\tag{30}$$

等式两端同时作用在 $\boldsymbol{x}$ 上，得到

$$a(\boldsymbol{A})p(\boldsymbol{A})\boldsymbol{x}+b(\boldsymbol{A})q(\boldsymbol{A})\boldsymbol{x}=\boldsymbol{x}.\tag{31}$$

我们断言，若 $\boldsymbol{x}\in N_{pq}$，则式 (31) 左端第 1 项属于 N_q，第 2 项属于 N_p. 事实上，由于同一矩阵的多项式可交换，且 $\boldsymbol{x}$ 属于 $p(\boldsymbol{A})q(\boldsymbol{A})$ 的零空间，因此

$$q(\boldsymbol{A})a(\boldsymbol{A})p(\boldsymbol{A})\boldsymbol{x}=a(\boldsymbol{A})p(\boldsymbol{A})q(\boldsymbol{A})\boldsymbol{x}=\boldsymbol{0}.$$

这就证明了式 (31) 左端第 1 项属于 $q(\boldsymbol{A})$ 的零空间；类似可证第 2 项属于 $p(\boldsymbol{A})$ 的零空间. 故由式 (31) 可以得到分解式 (29)$'$.

为证明形如式 (29)$'$ 的分解唯一，我们做下述讨论：若有

$$\boldsymbol{x}=\boldsymbol{x}_p+\boldsymbol{x}_q=\boldsymbol{x}_p'+\boldsymbol{x}_q',$$

则

$$\boldsymbol{y}=\boldsymbol{x}_p-\boldsymbol{x}_p'=\boldsymbol{x}_q'-\boldsymbol{x}_q$$

同属于 N_p 和 N_q. 将式 (30) 作用于 $\boldsymbol{y}$ 上得到：

$$a(\boldsymbol{A})p(\boldsymbol{A})\boldsymbol{y}+b(\boldsymbol{A})q(\boldsymbol{A})\boldsymbol{y}=\boldsymbol{y}.$$

上式左端两项均为零，因此右端 $\boldsymbol{y}=\boldsymbol{0}$. 这就证明了 $\boldsymbol{x}_p=\boldsymbol{x}_p',\boldsymbol{x}_q=\boldsymbol{x}_q'$. □

推论 10　设 $p_1,\cdots,p_k$ 为多项式，其中任意两个都无公共零点. 记 $p_1(\boldsymbol{A})\cdots p_k(\boldsymbol{A})$ 的零空间为 $N_{p_1\cdots p_k}$，则

$$N_{p_1\cdots p_k}=N_{p_1}\oplus\cdots\oplus N_{p_k}.\tag{32}$$

练习 6 对 k 使用归纳法，证明式 (32).

定理 7 的证明 任取向量 $\boldsymbol{x}$，则 $n+1$ 个向量 $\boldsymbol{x}, \boldsymbol{A}\boldsymbol{x}, \boldsymbol{A}^2\boldsymbol{x}, \cdots, \boldsymbol{A}^n\boldsymbol{x}$ 必定线性相关，即存在次数不大于 n 的多项式 p，使得

$$p(\boldsymbol{A})\boldsymbol{x} = \boldsymbol{0}. \tag{33}$$

对 p 进行分解，上式可重写为

$$\prod(\boldsymbol{A} - r_j\boldsymbol{I})^{m_j}\boldsymbol{x} = \boldsymbol{0}, \tag{33$'$}$$

其中，r_j 为 p 的根，m_j 为 r_j 的重数. 如果 r_j 不是 $\boldsymbol{A}$ 的本征值，则 $\boldsymbol{A} - r_j\boldsymbol{I}$ 可逆. 而由于式 (33)$'$ 中的因子可交换，因此全体可逆因子可以移至最前端，余下不可逆因子中的 r_j 都是 $\boldsymbol{A}$ 的本征值. 若记

$$p_j(s) = (s - r_j)^{m_j}, \tag{34}$$

则式 (33)$'$ 可记作 $\prod p_j(\boldsymbol{A})\boldsymbol{x} = \boldsymbol{0}$，即 $\boldsymbol{x} \in N_{p_1\cdots p_k}$. 显然，任意两个 p_j 都无公共零点，所以根据推论 10，$\boldsymbol{x}$ 可以分解为 N_{p_j} 中的向量之和. 而由式 (34) 以及定义 (27) 可知，任意 $\boldsymbol{x}_j \in N_{p_j}$ 都是 $\boldsymbol{A}$ 的广义本征向量. 这样，我们就将 $\boldsymbol{x}$ 分解为 $\boldsymbol{A}$ 的广义本征向量之和，定理 7 得证. □

定理 5（凯莱–哈密顿定理）告诉我们，$\boldsymbol{A}$ 的本征多项式 $p_{\boldsymbol{A}}$ 满足 $p_{\boldsymbol{A}}(\boldsymbol{A}) = \boldsymbol{0}$. 记全体满足 $p(\boldsymbol{A}) = \boldsymbol{0}$ 的多项式 p 的集合为 $\mathcal{P}$. 显然，$\mathcal{P}$ 中任意两个多项式之和仍属于 $\mathcal{P}$；$\mathcal{P}$ 中任意多项式的倍数仍属于 $\mathcal{P}$. 令 m 为 $\mathcal{P}$ 中次数最小的一个非零多项式. 我们断言，$\mathcal{P}$ 中全体多项式都是 m 的倍数. 事实上，若 $p \in \mathcal{P}$ 不是 m 的倍数，则有

$$p = qm + r,$$

其中，余式 r 是次数小于 m 的非零多项式. 而 $r = p - qm \in \mathcal{P}$，这与 m 的取法矛盾. 显然，在允许相差常数倍的前提下，m 唯一. 令 $m_{\boldsymbol{A}} = m$ 的首项系数为 1，该多项式称作 $\boldsymbol{A}$ 的*极小多项式*.

为精确地给出极小多项式的定义，我们回到广义本征向量的定义 (27). 记 $(\boldsymbol{A} - a\boldsymbol{I})^m$ 的零空间为 $N_m = N_m(a)$，由 $\boldsymbol{A}$ 的广义本征向量构成，且随下标 m 的增大而增大，即

$$N_1 \subseteq N_2 \subseteq \cdots . \tag{35}$$

因为 N_m 都是有限维空间的子空间，所以 N_m 自某个下标起往后都相等. 令 $d = d(a)$ 为满足这一条件的最小下标，即

$$N_d = N_{d+1} = \cdots, \tag{35$'$}$$

但

$$N_{d-1} \neq N_d, \tag{35$''$}$$

$d(a)$ 称为本征值 a 的指数.

练习 7 证明：$\boldsymbol{A}$ 将 N_d 映射到其自身.

定理 11 设 $\boldsymbol{A}$ 为 $n\times n$ 矩阵，其本征值为 $a_1,\cdots,a_k$，其中，a_j 的指数为 d_j，则 $\boldsymbol{A}$ 的极小多项式 $m_{\boldsymbol{A}}$为

$$m_{\boldsymbol{A}}(s)=\prod_{i=1}^{k}(s-a_i)^{d_i}.$$

练习 8 证明定理 11.

记 $N_{d_j}(a_j)$ 为 $N^{(j)}$，则定理 7（谱定理）可以改写为

$$\mathbb{C}^n=N^{(1)}\oplus N^{(2)}\oplus\cdots\oplus N^{(k)}. \tag{36}$$

事实上，$N^{(j)}$ 的维数等于 $\boldsymbol{A}$ 的本征多项式的根 a_j 的重数. 这个命题的证明要用到微积分，因此放在第 9 章定理 11 中详述.

$\boldsymbol{A}$ 将每个子空间 $N^{(j)}$ 映射到其自身，我们称这样的子空间在 $\boldsymbol{A}$ 的作用下不变. 现在，我们研究 $\boldsymbol{A}$ 在每个子空间上的作用，它们由 $N_1,N_2,\cdots,N_d$ 的维数完全确定，如下面的定理所述.

定理 12 (i) 设矩阵 $\boldsymbol{A},\boldsymbol{B}$ 相似［见第 5 章式 (37)］，即

$$\boldsymbol{A}=\boldsymbol{S}\boldsymbol{B}\boldsymbol{S}^{-1}, \tag{37}$$

其中，$\boldsymbol{S}$ 为可逆矩阵，则 $\boldsymbol{A},\boldsymbol{B}$ 有相同的本征值：

$$a_1=b_1,\cdots,a_k=b_k. \tag{38}$$

此外，对任意的 j 和 m，零空间 $N_m(a_j)$ 和 $M_m(a_j)$ 有相同的维数：

$$\dim N_m(a_j)=\dim M_m(a_j), \tag{39}$$

其中，

$$N_m(a_j)=(\boldsymbol{A}-a_j\boldsymbol{I})^m \text{ 的零空间},$$
$$M_m(a_j)=(\boldsymbol{B}-a_j\boldsymbol{I})^m \text{ 的零空间}.$$

(ii) 反之，如果 $\boldsymbol{A}$ 和 $\boldsymbol{B}$ 有相同的本征值，且零空间的维数满足式 (39)，则 $\boldsymbol{A}$ 和 $\boldsymbol{B}$ 相似.

证明 (i) 的证明较容易. 若 $\boldsymbol{A}$ 与 $\boldsymbol{B}$ 相似，则 $\boldsymbol{A}-a\boldsymbol{I}$ 与 $\boldsymbol{B}-a\boldsymbol{I}$ 相似，它们的幂也相似，即

$$(\boldsymbol{A}-a\boldsymbol{I})^m=\boldsymbol{S}(\boldsymbol{B}-a\boldsymbol{I})^m\boldsymbol{S}^{-1}. \tag{40}$$

由于 $\boldsymbol{S}$ 是一一映射，因此上式中两个相似矩阵的零空间具有相同的维数，即证得式 (39). 而通过观察，也可得到式 (38).

反方向的证明在附录 O 中给出. □

定理 4、定理 7 和定理 12 是矩阵谱理论的基本结论. 注意，这些定理涉及的概念——本征值、本征向量、广义本征向量、指数——对于 $\mathbb{C}$ 上有限维线性空间 X 到自身的映射 $\boldsymbol{A}$ 仍然有意义. 对于这种抽象的 $\boldsymbol{A}$，上述三个定理的结论和证明仍然都成立.

抽象情形下的谱理论非常有用，比如我们可以利用它将定理 7 做以下重要的推广.

定理 13　设 X 为复数域上的有限维线性空间，$\boldsymbol{A}$ 和 $\boldsymbol{B}$ 是 X 到自身的两个可交换的线性映射，即

$$\boldsymbol{AB} = \boldsymbol{BA}, \tag{41}$$

则 X 有一组由 $\boldsymbol{A}$ 和 $\boldsymbol{B}$ 的公共本征向量与广义本征向量所构成的基.

证明 根据定理 7（谱定理）式 (36)，X 可以分解为 $\boldsymbol{A}$ 的广义本征空间的直和：

$$X = N^{(1)} \oplus \cdots \oplus N^{(k)},$$

其中，$N^{(j)}$ 是 $(\boldsymbol{A} - a_j\boldsymbol{I})^{d_j}$ 的零空间. 我们断言，$\boldsymbol{B}$ 将 $N^{(j)}$ 映射到 $N^{(j)}$. 事实上，由于 $\boldsymbol{B}$ 与 $\boldsymbol{A}$ 可交换，因此 $\boldsymbol{B}$ 与 $(\boldsymbol{A} - a\boldsymbol{I})^d$ 可交换：

$$\boldsymbol{B}(\boldsymbol{A} - a\boldsymbol{I})^d\boldsymbol{x} = (\boldsymbol{A} - a\boldsymbol{I})^d\boldsymbol{B}\boldsymbol{x}. \tag{42}$$

如果 $a = a_j$ 是本征值且 $\boldsymbol{x} \in N^{(j)}$，则式 (42) 左端等于 $\mathbf{0}$，于是右端等于 $\mathbf{0}$，即得 $\boldsymbol{Bx} \in N^{(j)}$. 再对映射 $\boldsymbol{B} : N^{(j)} \to N^{(j)}$ 运用谱定理，可以得到 $N^{(j)}$ 关于 $\boldsymbol{B}$ 的分解. 最后，将这些分解代入 $X = N^{(1)} \oplus \cdots \oplus N^{(k)}$，即证得定理 13. □

推论 14　若将定理 13 中的 $\boldsymbol{A}$ 和 $\boldsymbol{B}$ 改成任意多个两两可交换的线性映射，那么定理 13 仍然成立.

练习 9　证明推论 14.

第 3 章定义了线性映射 $\boldsymbol{A}$ 的转置 $\boldsymbol{A}'$. 若 $\boldsymbol{A}$ 为矩阵，即 $\boldsymbol{A}$ 为某 $\mathbb{C}^n \to \mathbb{C}^n$ 的映射，则 $\boldsymbol{A}$ 的转置 $\boldsymbol{A}^{\mathrm{T}}$ 可通过交换其行和列得到.

定理 15　任意方阵 $\boldsymbol{A}$ 都与其转置 $\boldsymbol{A}^{\mathrm{T}}$ 相似.

证明　根据第 3 章定理 6，$\boldsymbol{A}$（X 到自身的映射）与其转置 $\boldsymbol{A}'$（X' 到自身的映射）的零空间具有相同的维数. 而 $(\boldsymbol{A} - a\boldsymbol{I})$ 的转置就是 $(\boldsymbol{A}' - a\boldsymbol{I}')$，所以 $\boldsymbol{A}$ 与 $\boldsymbol{A}'$ 有相同的本征值，并且其本征空间有相同的维数.

又因为 $(\boldsymbol{A} - a\boldsymbol{I})^j$ 的转置是 $(\boldsymbol{A}' - a\boldsymbol{I}')^j$，所以它们的零空间有相同的维数. 于是，根据定理 12，$\boldsymbol{A}$ 和 $\boldsymbol{A}'$ 作为矩阵是相似的. □

定理 16　设 X 为 $\mathbb{C}$ 上的有限维线性空间，$\boldsymbol{A}$ 是 X 到 X 的线性映射. 记 X' 为 X 的对偶空间，$\boldsymbol{A}'$ 为 $\boldsymbol{A}$ 的转置. 令 a, b 为 $\boldsymbol{A}$ 的本征值且 $a \neq b$，$\boldsymbol{x}$ 为

$\boldsymbol{A}$ 对应于本征值 a 的本征向量，$\boldsymbol{l}$ 为 $\boldsymbol{A}'$ 对应于本征值 b 的本征向量. 则 $\boldsymbol{x}$ 和 $\boldsymbol{l}$ 彼此零化对方，即

$$(\boldsymbol{l}, \boldsymbol{x}) = 0. \tag{43}$$

证明　$\boldsymbol{A}$ 的转置由第 3 章式 (9) 所定义，对任意 $\boldsymbol{x} \in X, \boldsymbol{l} \in X'$，有

$$(\boldsymbol{A}'\boldsymbol{l}, \boldsymbol{x}) = (\boldsymbol{l}, \boldsymbol{A}\boldsymbol{x}).$$

特别地，令 $\boldsymbol{x}$ 和 $\boldsymbol{l}$ 分别为 $\boldsymbol{A}$ 和 $\boldsymbol{A}'$ 的本征向量，则有

$$\boldsymbol{A}\boldsymbol{x} = a\boldsymbol{x}, \quad \boldsymbol{A}'\boldsymbol{l} = b\boldsymbol{l},$$

于是有

$$b(\boldsymbol{l}, \boldsymbol{x}) = a(\boldsymbol{l}, \boldsymbol{x}).$$

由于 $a \neq b$，因此 $(\boldsymbol{l}, \boldsymbol{x})$ 必为零. □

定理 16 不论是对计算，还是对研究向量按本征向量展开时的性质都很有用.

定理 17　设映射 $\boldsymbol{A}$ 有 n 个不同的本征值 $a_1, \cdots, a_n$，且 $\boldsymbol{A}$ 对应于 $a_1, \cdots, a_n$ 的本征向量分别为 $\boldsymbol{x}_1, \cdots, \boldsymbol{x}_n$，$\boldsymbol{A}'$ 对应于 $a_1, \cdots, a_n$ 的本征向量分别为 $\boldsymbol{l}_1, \cdots, \boldsymbol{l}_n$.

(a) $(\boldsymbol{l}_i, \boldsymbol{x}_i) \neq 0,\ i = 1, \cdots, n.$

(b) 如果将 $\boldsymbol{x}$ 表示为本征向量之和，即

$$\boldsymbol{x} = \sum k_j \boldsymbol{x}_j, \tag{44}$$

则

$$k_i = (\boldsymbol{l}_i, \boldsymbol{x})/(\boldsymbol{l}_i, \boldsymbol{x}_i), \quad i = 1, \cdots, n. \tag{45}$$

练习 10　证明定理 17.

练习 11　考察例 2 的方程 $(10)'$ 中的矩阵

$$\begin{pmatrix} 0 & 1 \\ 1 & 1 \end{pmatrix}.$$

(a) 求该矩阵转置的本征向量.

(b) 利用 (44) 和 (45) 两式，将向量 $(0,1)^{\mathrm{T}}$ 写成该矩阵本征向量之和. 证明你的答案与例 2 中得到的展开式一致.

练习 12　例 1 中已经求得矩阵

$$\begin{pmatrix} 3 & 2 \\ 1 & 4 \end{pmatrix}$$

的本征值及其对应的本征向量：$a_1 = 2$，$\boldsymbol{h}_1 = \begin{pmatrix} 2 \\ -1 \end{pmatrix}$；$a_2 = 5$，$\boldsymbol{h}_2 = \begin{pmatrix} 1 \\ 1 \end{pmatrix}$.

试求该矩阵转置的本征向量 $\boldsymbol{l}_1$ 和 $\boldsymbol{l}_2$，并证明：

$$(\boldsymbol{l}_i, \boldsymbol{h}_j) \begin{cases} = 0, & \text{当 } i \neq j \text{ 时}, \\ \neq 0, & \text{当 } i = j \text{ 时}. \end{cases}$$

练习 13　证明：矩阵

$$A = \begin{pmatrix} 0 & 1 & 1 \\ 1 & 0 & 1 \\ 1 & 1 & 0 \end{pmatrix}$$

有一个本征值为 1. 该矩阵的其余两个本征值各是多少？

第 7 章　欧几里得结构

本章对欧几里得空间中距离的概念进行抽象化，不仅将其推广至一般情况，还揭示了距离概念的本质.

回顾欧几里得空间的基本结构：记 n 维欧几里得空间的原点为 $\mathbf{0}$，记向量 $\boldsymbol{x}$ 的*长度*为 $\|\boldsymbol{x}\|$，即 $\boldsymbol{x}$ 到原点的*距离*.

现在引入笛卡儿坐标系，记向量 $\boldsymbol{x}$ 的笛卡儿坐标为 $x_1, \cdots, x_n$. 反复利用勾股定理，可以用笛卡儿坐标表示 $\boldsymbol{x}$ 的长度：

$$\|\boldsymbol{x}\| = \sqrt{x_1^2 + \cdots + x_n^2}. \tag{1}$$

向量 $\boldsymbol{x}$ 和 $\boldsymbol{y}$ 的*标量积*，记作 $(\boldsymbol{x}, \boldsymbol{y})$，定义为

$$(\boldsymbol{x}, \boldsymbol{y}) = \sum x_j y_j. \tag{2}$$

显然，上述两个概念之间存在联系. 向量的长度可以表示为

$$\|\boldsymbol{x}\|^2 = (\boldsymbol{x}, \boldsymbol{x}). \tag{2$'$}$$

向量的标量积满足交换律

$$(\boldsymbol{x}, \boldsymbol{y}) = (\boldsymbol{y}, \boldsymbol{x}), \tag{3}$$

并且是双线性函数，即

$$\begin{aligned} (\boldsymbol{x} + \boldsymbol{u}, \boldsymbol{y}) &= (\boldsymbol{x}, \boldsymbol{y}) + (\boldsymbol{u}, \boldsymbol{y}), \\ (\boldsymbol{x}, \boldsymbol{y} + \boldsymbol{v}) &= (\boldsymbol{x}, \boldsymbol{y}) + (\boldsymbol{x}, \boldsymbol{v}). \end{aligned} \tag{3$'$}$$

根据标量积的代数性质，我们可以推导出下列恒等式：

$$(\boldsymbol{x} - \boldsymbol{y}, \boldsymbol{x} - \boldsymbol{y}) = (\boldsymbol{x}, \boldsymbol{x}) - 2(\boldsymbol{x}, \boldsymbol{y}) + (\boldsymbol{y}, \boldsymbol{y}).$$

根据式 (2)$'$，上式又可重写为

$$\|\boldsymbol{x} - \boldsymbol{y}\|^2 = \|\boldsymbol{x}\|^2 - 2(\boldsymbol{x}, \boldsymbol{y}) + \|\boldsymbol{y}\|^2, \tag{4}$$

其中，等式左端为 $\boldsymbol{x}$ 到 $\boldsymbol{y}$ 的距离的平方，右端第 1 项和第 3 项分别为 $\boldsymbol{x}$ 和 $\boldsymbol{y}$ 到 $\mathbf{0}$ 的距离的平方. 这三个量的几何意义很明显，在任何笛卡儿坐标系下都是相同的. 于是，根据式 (4)，由式 (2) 定义的标量积在笛卡儿坐标系下也有自身的几何意义. 选取适当的坐标轴，使得 $\boldsymbol{x}$ 与第一条坐标轴同向并且 $\boldsymbol{y}$ 位于前两条坐标轴张成的平面上，就可揭示 $(\boldsymbol{x}, \boldsymbol{y})$ 的几何意义.

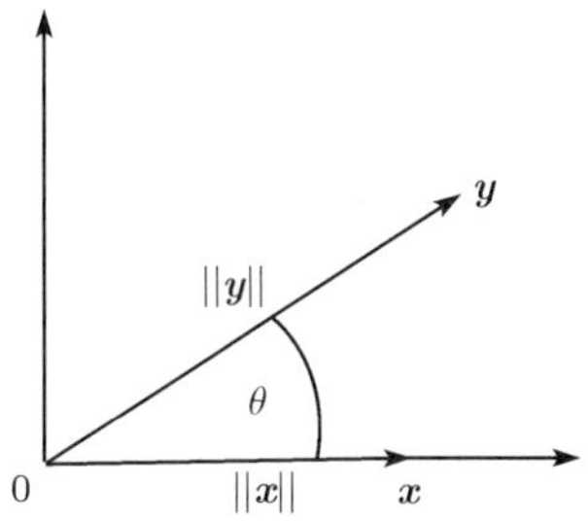

$\boldsymbol{x}, \boldsymbol{y}$ 在此坐标系下的坐标分别为 $\boldsymbol{x} = (\|\boldsymbol{x}\|, 0, \cdots, 0)$ 和 $\boldsymbol{y} = (\|\boldsymbol{y}\| \cos\theta, \cdots)$，则

$$(\boldsymbol{x}, \boldsymbol{y}) = \|\boldsymbol{x}\|\|\boldsymbol{y}\| \cos\theta, \tag{5}$$

其中，θ 为 $\boldsymbol{x}$ 与 $\boldsymbol{y}$ 之间的夹角.

$\mathbf{0}$、$\boldsymbol{x}$ 和 $\boldsymbol{y}$ 构成一个三角形，边长分别为 $a = \|\boldsymbol{x}\|, b = \|\boldsymbol{y}\|, c = \|\boldsymbol{x} - \boldsymbol{y}\|$，$\mathbf{0}$ 点处的夹角为 θ.

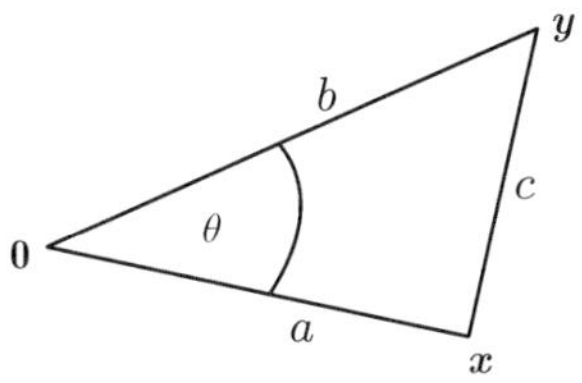

式 (4) 可以重写为

$$c^2 = a^2 + b^2 - 2ab\cos\theta. \tag{4$'$}$$

此即著名的余弦定理. 特别地，当 $\theta = \pi/2$ 时，此即勾股定理.

许多教材利用余弦定理来推导标量积公式 (5)，这从教育学方法来看并不妥当，因为即便学生曾经学过余弦定理，也很可能淡忘了.

下面，我们给出欧几里得空间公理化的抽象定义.

定义　设 X 为实数域上的线性空间，如果 X 上存在满足下列条件的二元实值函数，则称 X 具有欧几里得结构，同时称该函数为**标量积**（**scalar product**），记作 $(\boldsymbol{x}, \boldsymbol{y})$：

(i) $(\boldsymbol{x}, \boldsymbol{y})$ 为双线性函数，即当固定其中一个自变量时，$(\boldsymbol{x}, \boldsymbol{y})$ 是另一个自变量的线性函数；

(ii) $(\boldsymbol{x}, \boldsymbol{y})$ 具有对称性，即

$$(\boldsymbol{x}, \boldsymbol{y}) = (\boldsymbol{y}, \boldsymbol{x}); \tag{6}$$

(iii) 当 $\boldsymbol{x} \neq \mathbf{0}$ 时，$(\boldsymbol{x}, \boldsymbol{x})$ 恒正，即

$$(\boldsymbol{x}, \boldsymbol{x}) > 0, \quad \boldsymbol{x} \neq \mathbf{0}. \tag{7}$$

标量积又称作内积或者点积.

注意，式 (2) 定义的标量积满足上述公理. 反之，我们将证明：整个欧几里得几何都可以由这几条简单的公理推出.

定义 $\boldsymbol{x}$ 的欧几里得长度（或称范数）为

$$\|\boldsymbol{x}\|=(\boldsymbol{x},\boldsymbol{x})^{1/2}. \tag{8}$$

定义 在赋以欧几里得范数的线性空间中，向量 $\boldsymbol{x}$ 和向量 $\boldsymbol{y}$ 之间的距离定义为 $\|\boldsymbol{x}-\boldsymbol{y}\|$.

定理 1［施瓦茨（Schwarz）不等式］ 对任意 $\boldsymbol{x},\boldsymbol{y}$，有

$$|(\boldsymbol{x},\boldsymbol{y})|\leqslant\|\boldsymbol{x}\|\|\boldsymbol{y}\|. \tag{9}$$

证明 考察实变量 t 的函数 $q(t)$：

$$q(t)=\|\boldsymbol{x}+t\boldsymbol{y}\|^2. \tag{10}$$

根据定义 (8) 以及标量积的性质 (i) 和性质 (ii)，有

$$q(t)=\|\boldsymbol{x}\|^2+2t(\boldsymbol{x},\boldsymbol{y})+t^2\|\boldsymbol{y}\|^2. \tag{10$'$}$$

假定 $\boldsymbol{y}\neq\mathbf{0}$，令 $t=-(\boldsymbol{x},\boldsymbol{y})/\|\boldsymbol{y}\|^2$. 由式 (10) 可知，对任意 t 都有 $q(t)\geqslant 0$. 于是

$$\|\boldsymbol{x}\|^2-\frac{(\boldsymbol{x},\boldsymbol{y})^2}{\|\boldsymbol{y}\|^2}\geqslant 0.$$

即证得式 (9) 成立. 而 $\boldsymbol{y}=\mathbf{0}$ 的情形是显然的. □

注意，对于由式 (2) 定义的标量积 $(\boldsymbol{x},\boldsymbol{y})$，我们可按式 (5) 将其表示为 $\|\boldsymbol{x}\|\|\boldsymbol{y}\|\cos\theta$，显然也满足式 (9).

定理 2

$$\|\boldsymbol{x}\|=\max_{\|\boldsymbol{y}\|=1}(\boldsymbol{x},\boldsymbol{y}). \tag{11}$$

练习 1 证明定理 2.

定理 3 (三角不等式) 对任意 $\boldsymbol{x},\boldsymbol{y}$，有

$$\|\boldsymbol{x}+\boldsymbol{y}\|\leqslant\|\boldsymbol{x}\|+\|\boldsymbol{y}\|. \tag{12}$$

证明 根据标量积的代数性质可知，对于一切标量积，利用式 (4) 得到

$$\|\boldsymbol{x}+\boldsymbol{y}\|^2=\|\boldsymbol{x}\|^2+2(\boldsymbol{x},\boldsymbol{y})+\|\boldsymbol{y}\|^2, \tag{12$'$}$$

再利用施瓦茨不等式处理上式右端的中间项，命题得证. □

受式 (5) 启发，我们给出下面的定义.

定义 如果向量 $\boldsymbol{x},\boldsymbol{y}$ 满足

$$(\boldsymbol{x},\boldsymbol{y})=0, \tag{13}$$

则称 $\boldsymbol{x}$ 与 $\boldsymbol{y}$ **正交**（**orthogonal**）或**垂直**（**perpendicular**），记作 $\boldsymbol{x}\perp\boldsymbol{y}$.

若 $\boldsymbol{x},\boldsymbol{y}$ 正交，则由式 (12)′ 可以推出勾股定理：

$$\text{当 } \boldsymbol{x}\perp\boldsymbol{y} \text{ 时，} \|\boldsymbol{x}+\boldsymbol{y}\|^2=\|\boldsymbol{x}\|^2+\|\boldsymbol{y}\|^2. \tag{13$'$}$$

定义 设 X 是具有欧几里得结构的有限维线性空间，$\boldsymbol{x}^{(1)},\cdots,\boldsymbol{x}^{(n)}$ 是 X 的一组基. 如果 $\boldsymbol{x}^{(1)},\cdots,\boldsymbol{x}^{(n)}$ 满足

$$(\boldsymbol{x}^{(j)},\boldsymbol{x}^{(k)})=\begin{cases}0, & j\neq k,\\ 1, & j=k,\end{cases} \tag{14}$$

则称这组基是**标准正交的**（**orthonormal**）.

定理 4［格拉姆–施密特（Gram-Schmidt）方法］ 设 $\boldsymbol{y}^{(1)},\cdots,\boldsymbol{y}^{(n)}$ 是具有欧几里得结构的某个有限维线性空间的任意一组基，则存在对应的一组基 $\boldsymbol{x}^{(1)},\cdots,\boldsymbol{x}^{(n)}$，满足：

(i) $\boldsymbol{x}^{(1)},\cdots,\boldsymbol{x}^{(n)}$ 是标准正交基；

(ii) 对任意 k，$\boldsymbol{x}^{(k)}$ 都是 $\boldsymbol{y}^{(1)},\cdots,\boldsymbol{y}^{(k)}$ 的线性组合.

证明 利用递归方法进行证明. 假设已经构造符合条件的 $\boldsymbol{x}^{(1)},\cdots,\boldsymbol{x}^{(k-1)}$，令

$$\boldsymbol{x}^{(k)}=c\left(\boldsymbol{y}^{(k)}-\sum_{j=1}^{k-1}c_j\boldsymbol{x}^{(j)}\right),$$

其中，

$$c_l=(\boldsymbol{y}^{(k)},\boldsymbol{x}^{(l)}),\quad l=1,\cdots,k-1.$$

因为 $\boldsymbol{x}^{(1)},\cdots,\boldsymbol{x}^{(k-1)}$ 是标准正交的，所以容易验证，上面定义的 $\boldsymbol{x}^{(k)}$ 与 $\boldsymbol{x}^{(1)},\cdots,\boldsymbol{x}^{(k-1)}$ 都正交. 最后，可以选取 c 使得 $\|\boldsymbol{x}^k\|=1$. □

定理 4 保证具有欧几里得结构的有限维线性空间存在大量的标准正交基. 对于标准正交基 $\boldsymbol{x}^{(1)},\cdots,\boldsymbol{x}^{(n)}$，向量 $\boldsymbol{x}$ 可以写为

$$\boldsymbol{x}=\sum a_j\boldsymbol{x}^{(j)}. \tag{15}$$

取式 (15) 与 $\boldsymbol{x}^{(l)}$ 的标量积，根据正交的定义 (14)，有

$$(\boldsymbol{x},\boldsymbol{x}^{(l)})=a_l. \tag{16}$$

设 $\boldsymbol{y}$ 是 X 中的另一个向量，它可以表示为

$$\boldsymbol{y}=\sum b_k\boldsymbol{x}^{(k)}.$$

取 $\boldsymbol{y}$ 和 $\boldsymbol{x}$ 的标量积，则由定义 (14) 可知

$$(\boldsymbol{x},\boldsymbol{y})=\sum\sum a_jb_k(\boldsymbol{x}^{(j)},\boldsymbol{x}^{(k)})=\sum a_jb_j. \tag{17}$$

特别地，若令 $\boldsymbol{y}=\boldsymbol{x}$，则

$$\|\boldsymbol{x}\|^2=\sum a_j^2. \tag{17$'$}$$

方程 (17) 表明，由式 (16) 定义的映射

$$\boldsymbol{x} \to (a_1, \cdots, a_n)$$

将具有欧几里得结构的空间 X 映射到 $\mathbb{R}^n$，将 X 上的标量积映射到 $\mathbb{R}^n$ 上由式 (2) 所定义的标准标量积.

标量积是双线性映射——固定 $\boldsymbol{y}$ 时 $(\boldsymbol{x}, \boldsymbol{y})$ 是 $\boldsymbol{x}$ 的线性函数，固定 $\boldsymbol{x}$ 时 $(\boldsymbol{x}, \boldsymbol{y})$ 是 $\boldsymbol{y}$ 的线性函数，因而我们有下述定理.

定理 5　设 X 是具有欧几里得结构的有限维线性空间，X 上的任意线性函数 $l(\boldsymbol{x})$ 都形如

$$l(\boldsymbol{x}) = (\boldsymbol{x}, \boldsymbol{y}), \tag{18}$$

其中，$\boldsymbol{y} \in X$.

证明　设 $\boldsymbol{x}^{(1)}, \cdots, \boldsymbol{x}^{(n)}$ 是 X 的一组标准正交基，l 在 $\boldsymbol{x}^{(k)}$ 处的取值为

$$l(\boldsymbol{x}^{(k)}) = b_k.$$

令

$$\boldsymbol{y} = \sum b_k \boldsymbol{x}^{(k)}. \tag{19}$$

由标准正交性可知，$(\boldsymbol{x}^{(k)}, \boldsymbol{y}) = b_k$. 这就表明，当 $\boldsymbol{x} = \boldsymbol{x}^{(k)} (k = 1, 2, \cdots, n)$ 时，式 (18) 成立. 两个线性函数若在某组基的全体向量上取值相同，则必然在任意向量处取值相同. 定理得证. □

推论 5′　映射 $l \to \boldsymbol{y}$ 是欧几里得空间 X 与其对偶之间的同构.

定义　设 X 是具有欧几里得结构的有限维线性空间，Y 是 X 的子空间. Y 的**正交补**（**orthogonal complement**），记作 $Y^\perp$，由 X 中与 Y 的全体向量正交的向量构成，即

$$\text{若对任意 } \boldsymbol{y} \in Y, \text{ 都有 } (\boldsymbol{y}, \boldsymbol{z}) = 0, \text{ 则 } \boldsymbol{z} \in Y^\perp.$$

回忆第 2 章，我们用 $Y^\perp$ 表示全体在 Y 上取值为零的线性函数. 若通过式 (18) 将 X 及其对偶等同起来，则我们为 $Y^\perp$ 赋予的新含义便与原来的记法一致. 特别地，$Y^\perp$ 是 X 的一个子空间.

定理 6　对 X 的任意子空间 Y，有

$$X = Y \oplus Y^\perp, \tag{20}$$

即 X 中的任意向量 $\boldsymbol{x}$ 都可以唯一地分解为

$$\boldsymbol{x} = \boldsymbol{y} + \boldsymbol{y}^\perp, \quad \text{其中 } \boldsymbol{y} \in Y, \ \boldsymbol{y}^\perp \in Y^\perp. \tag{20′}$$

证明　首先证明形如式 (20)′ 的分解是唯一的. 假设还有

$$\boldsymbol{x} = \boldsymbol{z} + \boldsymbol{z}^\perp, \quad \boldsymbol{z} \in Y, \ \boldsymbol{z}^\perp \in Y^\perp.$$

对照式 (20)′ 有

$$\boldsymbol{y}-\boldsymbol{z}=\boldsymbol{z}^{\perp}-\boldsymbol{y}^{\perp}.$$

故 $\boldsymbol{y}-\boldsymbol{z}$ 同属于 Y 和 $Y^{\perp}$，从而 $\boldsymbol{y}-\boldsymbol{z}$ 与自身正交：

$$0=(\boldsymbol{y}-\boldsymbol{z},\boldsymbol{y}-\boldsymbol{z})=\|\boldsymbol{y}-\boldsymbol{z}\|^2.$$

而由范数的非负性可知，$\boldsymbol{y}-\boldsymbol{z}=\boldsymbol{0}$.

为证明形如式 (20)′ 的分解存在，我们构造 X 的一组标准正交基，其中，前 n 个向量取自 Y，其余向量取自 $Y^{\perp}$. 事实上，可以先选取 Y 的一组标准正交基，将其扩充为 X 的一组基，再利用定理 4 的方法对扩充出来的新向量进行标准正交化. 最后，向量 $\boldsymbol{x}$ 可以按式 (15) 进行分解，这个分解可以分为两部分：

$$\boldsymbol{x}=\sum_{j=1}^{n}a_j\boldsymbol{x}^{(j)}=\sum_{j=1}^{k}a_j\boldsymbol{x}^{(j)}+\sum_{j=k+1}^{n}a_j\boldsymbol{x}^{(j)}=\boldsymbol{y}+\boldsymbol{y}^{\perp}, \tag{21}$$

显然，上式中 $\boldsymbol{y}\in Y$，$\boldsymbol{y}^{\perp}\in Y^{\perp}$. □

在分解式 (20)′ 中，分量 $\boldsymbol{y}$ 称为 $\boldsymbol{x}$ 在 Y 上的正交投影，记作

$$\boldsymbol{y}=\boldsymbol{P}_Y\boldsymbol{x}. \tag{22}$$

定理 7　(i) $\boldsymbol{P}_Y$ 是线性映射；(ii) $\boldsymbol{P}_Y^2=\boldsymbol{P}_Y$.

证明　令 $\boldsymbol{w}$ 是 X 中与 $\boldsymbol{x}$ 无关的任一向量，且 $\boldsymbol{w}$ 可按式 (20)′ 分解为

$$\boldsymbol{w}=\boldsymbol{z}+\boldsymbol{z}^{\perp},\quad \boldsymbol{z}\in Y,\boldsymbol{z}^{\perp}\in Y^{\perp}.$$

将上式与式 (20)′ 相加，即得 $\boldsymbol{x}+\boldsymbol{w}$ 的分解式：

$$\boldsymbol{x}+\boldsymbol{w}=(\boldsymbol{y}+\boldsymbol{z})+(\boldsymbol{y}^{\perp}+\boldsymbol{z}^{\perp}).$$

这就表明 $\boldsymbol{P}_Y(\boldsymbol{x}+\boldsymbol{w})=\boldsymbol{P}_Y\boldsymbol{x}+\boldsymbol{P}_Y\boldsymbol{w}$. 类似地，还有 $\boldsymbol{P}_Y(k\boldsymbol{x})=k\boldsymbol{P}_Y\boldsymbol{x}$.

为证明 $\boldsymbol{P}_Y^2=\boldsymbol{P}_Y$，任取 $\boldsymbol{x}$ 按式 (20)′ 进行分解：$\boldsymbol{x}=\boldsymbol{y}+\boldsymbol{y}^{\perp}$. 而向量 $\boldsymbol{y}=\boldsymbol{P}_Y\boldsymbol{x}$ 无须进一步分解，直接有 $\boldsymbol{P}_Y\boldsymbol{y}=\boldsymbol{y}$. □

定理 8　设 Y 是欧几里得空间 X 的一个线性子空间，$\boldsymbol{x}$ 是 X 中的向量，则在 Y 的全体向量 $\boldsymbol{z}$ 中，$\boldsymbol{P}_Y\boldsymbol{x}$ 到 $\boldsymbol{x}$ 的欧几里得距离最近.

证明　将 $\boldsymbol{x}-\boldsymbol{z}$ 按式 (20)′ 分解，得到

$$\boldsymbol{x}-\boldsymbol{z}=\boldsymbol{y}-\boldsymbol{z}+\boldsymbol{y}^{\perp},\quad \boldsymbol{y}=\boldsymbol{P}_Y\boldsymbol{x},$$

其中，由 $\boldsymbol{y},\boldsymbol{z}\in Y$ 可知 $\boldsymbol{y}-\boldsymbol{z}\in Y$.

于是，根据勾股定理 (13)′，有

$$\|\boldsymbol{x}-\boldsymbol{z}\|^2=\|\boldsymbol{y}-\boldsymbol{z}\|^2+\|\boldsymbol{y}^{\perp}\|^2,$$

显然，当 $\boldsymbol{z}=\boldsymbol{y}$ 时，上式取得最小值. 而 $\|\boldsymbol{x}-\boldsymbol{z}\|$ 恰为向量 $\boldsymbol{x}$ 与 $\boldsymbol{z}$ 之间的距离，定理 8 得证. □

下面讨论欧几里得空间 X 到另一欧几里得空间 U 的线性映射. 可以将欧几里得空间及其对偶空间自然地等同起来，若 $\boldsymbol{A}$ 是 X 到 U 的一个线性映射，则 $\boldsymbol{A}$ 的转置将 U 映射到 X. 为加以区别，我们将欧几里得空间 X 到 U 的线性映射 $\boldsymbol{A}$ 的转置称为 $\boldsymbol{A}$ 的伴随，记作 $\boldsymbol{A}^*$（我们给出这样的定义还有另一个原因，本章末尾会予以说明）.

设 $\boldsymbol{A}$ 是欧几里得空间 X 到另一欧几里得空间 U 的线性映射，$\boldsymbol{A}^*$ 的完整定义如下.

任给 $\boldsymbol{u} \in U$，

$$l(\boldsymbol{x}) = (\boldsymbol{A}\boldsymbol{x}, \boldsymbol{u})$$

定义了 $\boldsymbol{x}$ 的一个线性函数. 根据定理 5，该函数可以表示为 $(\boldsymbol{x}, \boldsymbol{y})$ 的形式，其中 $\boldsymbol{y} \in X$. 即对任意 $\boldsymbol{x} \in X$，有

$$(\boldsymbol{x}, \boldsymbol{y}) = (\boldsymbol{A}\boldsymbol{x}, \boldsymbol{u}). \tag{23}$$

向量 $\boldsymbol{y}$ 显然依赖于 $\boldsymbol{u}$ 的选取，又因为标量积是双线性函数，所以 $\boldsymbol{y}$ 线性依赖于 $\boldsymbol{u}$. 不妨设 $\boldsymbol{y} = \boldsymbol{A}^*\boldsymbol{u}$，则式 (23) 可重写为

$$(\boldsymbol{x}, \boldsymbol{A}^*\boldsymbol{u}) = (\boldsymbol{A}\boldsymbol{x}, \boldsymbol{u}). \tag{23$'$}$$

注意 $\boldsymbol{A}^*$ 将 U 映射到 X，且上式左端的括号表示 X 中的标量积，而右端的括号表示 U 中的标量积.

下面的定理列出了伴随的基本性质.

定理 9 (i) 若 $\boldsymbol{A}, \boldsymbol{B}$ 均为 X 到 U 的线性映射，则

$$(\boldsymbol{A} + \boldsymbol{B})^* = \boldsymbol{A}^* + \boldsymbol{B}^*.$$

(ii) 若 $\boldsymbol{A}$ 为 X 到 U 的线性映射，$\boldsymbol{C}$ 为 U 到 V 的线性映射，则

$$(\boldsymbol{C}\boldsymbol{A})^* = \boldsymbol{A}^*\boldsymbol{C}^*.$$

(iii) 若 $\boldsymbol{A}$ 为 X 到 U 的一一映射，则

$$(\boldsymbol{A}^{-1})^* = (\boldsymbol{A}^*)^{-1}.$$

(iv) $(\boldsymbol{A}^*)^* = \boldsymbol{A}$.

证明 性质 (i) 显然可由式 (23)$'$ 推出. 性质 (ii) 可由下面两步得到：

$$(\boldsymbol{C}\boldsymbol{A}\boldsymbol{x}, \boldsymbol{v}) = (\boldsymbol{A}\boldsymbol{x}, \boldsymbol{C}^*\boldsymbol{v}) = (\boldsymbol{x}, \boldsymbol{A}^*\boldsymbol{C}^*\boldsymbol{v}).$$

利用性质 (ii)，再根据 $\boldsymbol{A}^{-1}\boldsymbol{A} = \boldsymbol{I}$（其中 $\boldsymbol{I}$ 为恒同映射），即得性质 (iii). 最后，根据标量积的对称性，式 (23)$'$ 又可写为

$$(\boldsymbol{u}, \boldsymbol{A}\boldsymbol{x}) = (\boldsymbol{A}^*\boldsymbol{u}, \boldsymbol{x}),$$

故性质 (iv) 得证. □

若令 $X=\mathbb{R}^n$，$U=\mathbb{R}^m$，设它们具有标准欧几里得结构，并且将 $\boldsymbol{A}$ 和 $\boldsymbol{A}^*$ 看作矩阵，则两者互为对方的转置.

下面给出伴随矩阵的一个重要应用.

很多时候我们无法直接测得 $x_1,\cdots,x_n$，但可以测得它们的某些线性组合

$$a_1x_1+\cdots+a_nx_n.$$

假设可以测得 m 个这样的线性组合，则可以构造矩阵方程

$$\boldsymbol{Ax}=\boldsymbol{p}, \tag{24}$$

其中，$p_1,\cdots,p_m$ 为各线性组合的测量值，$\boldsymbol{A}$ 为 $m\times n$ 矩阵. 我们需要检查测量值个数 m 是否大于我们所关心的未知量个数 n. 一旦 $m>n$，此时方程组为超定方程组，通常无解. 然而，无须担心，因为测量值本身就不是精确的，所以我们不可能要求方程组被精确地满足. 基于这一考虑，我们只需求出使 $\|\boldsymbol{Ax}-\boldsymbol{p}\|^2$ 取值最小的 $\boldsymbol{x}$ 即可，$\boldsymbol{x}$ 的这个值与真实值最为接近.

为保证求出的 $\boldsymbol{x}$ 值唯一，$\boldsymbol{A}$ 不能有非零的零化向量. 否则，若 $\boldsymbol{Ay}=\boldsymbol{0}$ 且 $\boldsymbol{x}=\boldsymbol{z}$ 使 $\|\boldsymbol{Ax}-\boldsymbol{p}\|^2$ 取值最小，则对任意 k，$\boldsymbol{x}=\boldsymbol{z}+k\boldsymbol{y}$ 都使 $\|\boldsymbol{Ax}-\boldsymbol{p}\|^2$ 取得最小值.

定理 10 设 $\boldsymbol{A}$ 为 $m\times n$（其中 $m>n$）矩阵且 $\boldsymbol{A}$ 仅有平凡零化向量 $\boldsymbol{0}$，则使 $\|\boldsymbol{Ax}-\boldsymbol{p}\|^2$ 取值最小的 $\boldsymbol{x}$ 恰好是满足下列方程的 $\boldsymbol{z}$：

$$\boldsymbol{A}^*\boldsymbol{Az}=\boldsymbol{A}^*\boldsymbol{p}. \tag{25}$$

证明 首先证明方程 (25) 有唯一解. 由于 $\boldsymbol{A}^*$ 的值域为 $\mathbb{R}^n$，因此该方程是含 n 个未知量、n 个方程的方程组. 根据第 3 章推论 B，该方程组有唯一解，当且仅当齐次方程组

$$\boldsymbol{A}^*\boldsymbol{Ay}=\boldsymbol{0} \tag{25$'$}$$

只有平凡解 $\boldsymbol{y}=\boldsymbol{0}$. 该齐次方程组确实只有平凡解 $\boldsymbol{y}=\boldsymbol{0}$. 事实上，考察式 (25)$'$ 与 $\boldsymbol{y}$ 的标量积，根据伴随的定义 (23)$'$，有 $0=(\boldsymbol{A}^*\boldsymbol{Ay},\boldsymbol{y})=(\boldsymbol{Ay},\boldsymbol{Ay})=\|\boldsymbol{Ay}\|^2$. 而范数非负，故 $\boldsymbol{Ay}=\boldsymbol{0}$，又因为 $\boldsymbol{A}$ 只有平凡零化向量，所以 $\boldsymbol{y}=\boldsymbol{0}$.

$\boldsymbol{A}$ 将 $\mathbb{R}^n$ 映射到 $\mathbb{R}^m$ 的 n 维子空间. 设 $\boldsymbol{z}$ 是 $\mathbb{R}^n$ 中的向量，并且满足 $\boldsymbol{Az}-\boldsymbol{p}$ 与 $\boldsymbol{A}$ 的值域正交. 我们断言，$\boldsymbol{x}=\boldsymbol{z}$ 使 $\|\boldsymbol{Ax}-\boldsymbol{p}\|^2$ 取值最小. 任取 $\boldsymbol{x}\in\mathbb{R}^n$，令 $\boldsymbol{y}=\boldsymbol{x}-\boldsymbol{z}$，则

$$\boldsymbol{Ax}-\boldsymbol{p}=\boldsymbol{A}(\boldsymbol{z}+\boldsymbol{y})-\boldsymbol{p}=\boldsymbol{Az}-\boldsymbol{p}+\boldsymbol{Ay}.$$

根据假设 $\boldsymbol{Az}-\boldsymbol{p}$ 与 $\boldsymbol{Ay}$ 正交，故由勾股定理可知

$$\|\boldsymbol{Ax}-\boldsymbol{p}\|^2=\|\boldsymbol{Az}-\boldsymbol{p}\|^2+\|\boldsymbol{Ay}\|^2,$$

这就表明，当 $\boldsymbol{x}=\boldsymbol{z}$ 时，$\|\boldsymbol{Ax}-\boldsymbol{p}\|^2$ 取得最小值.

为求 $\boldsymbol{z}$，我们将前面对 $\boldsymbol{z}$ 假定的条件写为

$$(\boldsymbol{A}\boldsymbol{z}-\boldsymbol{p},\boldsymbol{A}\boldsymbol{y})=0,\quad \text{对任意 } \boldsymbol{y}.$$

利用 $\boldsymbol{A}$ 的伴随，上式又可写为

$$(\boldsymbol{A}^*(\boldsymbol{A}\boldsymbol{z}-\boldsymbol{p}),\boldsymbol{y})=0,\quad \text{对任意 } \boldsymbol{y}.$$

注意，$\boldsymbol{A}^*$ 的值域为 $\mathbb{R}^n$. 由于上述条件对全体 $\boldsymbol{y}$ 都成立，因此 $\boldsymbol{A}^*(\boldsymbol{A}\boldsymbol{z}-\boldsymbol{p})=\boldsymbol{0}$，此即 $\boldsymbol{z}$ 的方程 (25). □

定理 11 式 (22) 所定义的正交投影映射 $\boldsymbol{P}_Y$ 是其自身的伴随，即

$$\boldsymbol{P}_Y^*=\boldsymbol{P}_Y.$$

练习 2 证明定理 11.

接下来，我们讨论下面的问题：一个欧几里得空间到其自身的哪些映射 $\boldsymbol{M}$ 保两点间的距离，即对任意 $\boldsymbol{x},\boldsymbol{y}$ 有

$$\|\boldsymbol{M}(\boldsymbol{x})-\boldsymbol{M}(\boldsymbol{y})\|=\|\boldsymbol{x}-\boldsymbol{y}\|? \tag{26}$$

满足该条件的映射称作等距映射. 根据定义，两个等距映射的复合仍是等距映射. 最简单的等距映射的例子是平移，例如：

$$\boldsymbol{M}(\boldsymbol{x})=\boldsymbol{x}+\boldsymbol{a},$$

其中，$\boldsymbol{a}$ 是某个固定的向量. 对任意等距映射，都存在某个平移，使得两者复合后得到的等距映射将零映射到零；反过来，任意等距映射都能分解成一个将零映射到零的等距映射与一个平移的复合.

定理 12 设 $\boldsymbol{M}$ 是某欧几里得空间到其自身的等距映射，且 $\boldsymbol{M}$ 将零映射到零：

$$\boldsymbol{M}(\boldsymbol{0})=\boldsymbol{0}, \tag{27}$$

则

(i) $\boldsymbol{M}$ 是线性映射；

(ii)
$$\boldsymbol{M}^*\boldsymbol{M}=\boldsymbol{I}; \tag{28}$$

(iii) 反过来，如果式 (28) 成立，且 $\boldsymbol{M}$ 是等距映射，则 $\boldsymbol{M}$ 可逆，其逆映射仍是等距映射；

(iv) $\det\boldsymbol{M}=\pm1$.

证明 在式 (26) 中令 $\boldsymbol{y}=\boldsymbol{0}$，再由式 (27) 可知

$$\|\boldsymbol{M}(\boldsymbol{x})\|=\|\boldsymbol{x}\|. \tag{29}$$

将 $\boldsymbol{M}$ 的作用记为 $'$，即

$$\boldsymbol{x}'=\boldsymbol{M}(\boldsymbol{x}),\quad \boldsymbol{y}'=\boldsymbol{M}(\boldsymbol{y}).$$

则式 (29) 就是

$$\|\boldsymbol{x}'\| = \|\boldsymbol{x}\|, \quad \|\boldsymbol{y}'\| = \|\boldsymbol{y}\|. \tag{29$'$}$$

由式 (26) 可知

$$\|\boldsymbol{x}' - \boldsymbol{y}'\| = \|\boldsymbol{x} - \boldsymbol{y}\|.$$

分别取上式两端的平方，然后按式 (4) 展开得

$$\|\boldsymbol{x}'\|^2 - 2(\boldsymbol{x}', \boldsymbol{y}') + \|\boldsymbol{y}'\|^2 = \|\boldsymbol{x}\|^2 - 2(\boldsymbol{x}, \boldsymbol{y}) + \|\boldsymbol{y}\|^2.$$

由式 (29)$'$ 可知

$$(\boldsymbol{x}', \boldsymbol{y}') = (\boldsymbol{x}, \boldsymbol{y}). \tag{30}$$

即证得 $\boldsymbol{M}$ 保标量积运算.

任取向量 $\boldsymbol{z}$，则 $\boldsymbol{z}' = \boldsymbol{M}(\boldsymbol{z})$，则两次运用展开式 (4) 可得

$$\|\boldsymbol{z}' - \boldsymbol{x}' - \boldsymbol{y}'\|^2 = \|\boldsymbol{z}'\|^2 + \|\boldsymbol{y}'\|^2 + \|\boldsymbol{x}'\|^2 - 2(\boldsymbol{z}', \boldsymbol{x}') - 2(\boldsymbol{z}', \boldsymbol{y}') + 2(\boldsymbol{x}', \boldsymbol{y}').$$

类似地，还有

$$\|\boldsymbol{z} - \boldsymbol{x} - \boldsymbol{y}\|^2 = \|\boldsymbol{z}\|^2 + \|\boldsymbol{y}\|^2 + \|\boldsymbol{x}\|^2 - 2(\boldsymbol{z}, \boldsymbol{x}) - 2(\boldsymbol{z}, \boldsymbol{y}) + 2(\boldsymbol{x}, \boldsymbol{y}).$$

根据式 (29)$'$ 和式 (30)，有

$$\|\boldsymbol{z}' - \boldsymbol{x}' - \boldsymbol{y}'\|^2 = \|\boldsymbol{z} - \boldsymbol{x} - \boldsymbol{y}\|^2.$$

令 $\boldsymbol{z} = \boldsymbol{x} + \boldsymbol{y}$，则上式右端为零，因而 $\|\boldsymbol{z}' - \boldsymbol{x}' - \boldsymbol{y}'\|^2 = 0$. 根据范数的非负性，有 $\boldsymbol{z}' - \boldsymbol{x}' - \boldsymbol{y}' = \boldsymbol{0}$，即证得定理 12(i).

为证明定理 12 (ii)，综合式 (30) 以及伴随恒等式 (23)$'$ 可知，对任意 $\boldsymbol{x}, \boldsymbol{y}$ 有

$$(\boldsymbol{M}\boldsymbol{x}, \boldsymbol{M}\boldsymbol{y}) = (\boldsymbol{x}, \boldsymbol{M}^*\boldsymbol{M}\boldsymbol{y}) = (\boldsymbol{x}, \boldsymbol{y}),$$

于是

$$(\boldsymbol{x}, \boldsymbol{M}^*\boldsymbol{M}\boldsymbol{y} - \boldsymbol{y}) = 0.$$

上式对一切 $\boldsymbol{x}$ 都成立，特别地，$\boldsymbol{M}^*\boldsymbol{M}\boldsymbol{y} - \boldsymbol{y}$ 与其自身正交，再由范数的非负性可知，对任意 $\boldsymbol{y}$ 有

$$\boldsymbol{M}^*\boldsymbol{M}\boldsymbol{y} - \boldsymbol{y} = \boldsymbol{0}.$$

注意上述推导过程是可逆的，因此性质 (ii) 得证.

由式 (29) 可知，$\boldsymbol{M}$ 的零空间仅包含零向量，故由第 3 章推论 B$'$ 可知，$\boldsymbol{M}$ 可逆. 显然 $\boldsymbol{M}^{-1}$ 也是等距映射，这就证得性质 (iii).

第 5 章方程 (33) 指出，对任意矩阵 $\boldsymbol{M}$ 都有 $\det \boldsymbol{M}^* = \det \boldsymbol{M}$. 于是，根据式 (28) 及行列式乘法法则 [见第 5 章式 (18)]，有 $(\det \boldsymbol{M})^2 = \det \boldsymbol{I} = 1$，故

$$\det \boldsymbol{M} = \pm 1. \tag{31}$$

这就证得定理 12(iv). □

定理 12 中性质 (iv) 的几何意义为：保距离的映射必然保体积.

定义 如果某矩阵将 $\mathbb{R}^n$ 映射到其自身，且为等距映射，则称该矩阵是**正交矩阵**（**orthogonal matrix**）.

全体同阶正交矩阵在矩阵乘法运算下构成一个群，这是因为等距映射的复合仍是等距映射，并且由定理 12(iii) 可知等距映射都可逆.

在上述矩阵中，行列式为 1 的正交矩阵构成一个子群，称为特殊正交群. 三维空间中行列式为 1 的正交矩阵的最典型的例子是旋转，见第 11 章.

练习 3 构造矩阵，使其对应的映射为 $\mathbb{R}^3$ 中点关于平面 $x_3 = 0$ 的反射. 证明：该矩阵的行列式为 -1.

练习 4 设 $\boldsymbol{R}$ 是 $\mathbb{R}^3$ 中点关于某平面的反射，证明以下结论.

(i) $\boldsymbol{R}$ 是等距映射.

(ii) $\boldsymbol{R}^2 = \boldsymbol{I}$.

(iii) $\boldsymbol{R}^* = \boldsymbol{R}$.

回忆第 4 章，矩阵乘积 $\boldsymbol{AB}$ 的 (i,j) 元等于 $\boldsymbol{A}$ 的第 i 行与 $\boldsymbol{B}$ 的第 j 列对应元素的乘积之和，$\boldsymbol{M}^*$ 的第 i 行是 $\boldsymbol{M}$ 的第 i 列的转置. 因此，除了用等式 $\boldsymbol{M}^*\boldsymbol{M} = \boldsymbol{I}$ 来描述正交矩阵，我们还有以下结论.

推论 12′ $\boldsymbol{M}$ 是正交矩阵，当且仅当 $\boldsymbol{M}$ 的列是两两正交的单位向量.

练习 5 证明：$\boldsymbol{M}$ 是正交矩阵，当且仅当 $\boldsymbol{M}$ 的行是两两正交的单位向量.

设 $\boldsymbol{A}$ 是欧几里得空间 X 到另一欧几里得空间 U 的线性映射，如何定义 $\boldsymbol{A}$ 的大小？在正规的微积分基础课程中，我们知道实数域的任何有界子集都存在最小的上界，称作上确界，记为 sup. $\boldsymbol{Ax}$ 的每个分量都是 $\boldsymbol{x}$ 的分量的线性组合，$\|\boldsymbol{Ax}\|^2$ 是 $\boldsymbol{x}$ 的分量的二次型，因而全体满足 $\|\boldsymbol{x}\|^2 = 1$ 的 $\|\boldsymbol{Ax}\|^2$ 构成一个有界数集.

定义
$$\|\boldsymbol{A}\| = \sup_{\|\boldsymbol{x}\|=1} \|\boldsymbol{Ax}\|, \tag{32}$$
其中，$\|\boldsymbol{Ax}\|$ 和 $\|\boldsymbol{x}\|$ 分别表示空间 U 和 X 中的范数. $\|\boldsymbol{A}\|$ 称为 $\boldsymbol{A}$ 的**范数**（**norm**）.

定理 13 设 $\boldsymbol{A}$ 是欧几里得空间 X 到另一欧几里得空间 U 的线性映射，$\|\boldsymbol{A}\|$ 为 $\boldsymbol{A}$ 的范数，则

(i)
$$\|\boldsymbol{Az}\| \leqslant \|\boldsymbol{A}\|\|\boldsymbol{z}\|, \quad \text{对任意 } \boldsymbol{z} \in X; \tag{33}$$

(ii)
$$\|\boldsymbol{A}\| = \sup_{\|\boldsymbol{x}\|=1, \|\boldsymbol{v}\|=1} (\boldsymbol{Ax}, \boldsymbol{v}). \tag{34}$$

证明 (i) 当 $\boldsymbol{z}$ 为单位向量时，由 $\|\boldsymbol{A}\|$ 的定义式 (32) 可知 (i) 成立. 对任意非零向量 $\boldsymbol{z}$，记 $\boldsymbol{z}=k\boldsymbol{x}$，其中 $\boldsymbol{x}$ 为单位向量. 由 $\|\boldsymbol{A}k\boldsymbol{x}\|=\|k\boldsymbol{A}\boldsymbol{x}\|=|k|\|\boldsymbol{A}\boldsymbol{x}\|$ 以及 $\|k\boldsymbol{x}\|=|k|\|\boldsymbol{x}\|$ 可知 (i) 亦成立. 对于 $\boldsymbol{z}=\boldsymbol{0}$，式 (33) 是显然的.

(ii) 根据定理 2，有

$$\|\boldsymbol{u}\|=\max_{\|\boldsymbol{v}\|=1}(\boldsymbol{u},\boldsymbol{v}).$$

在定义式 (32) 中令 $\boldsymbol{A}\boldsymbol{x}=\boldsymbol{u}$，即得式 (34). □

练习 6 证明：$|a_{ij}|\leqslant\|\boldsymbol{A}\|$.

定理 14 设 $\boldsymbol{A}$ 同定理 13，则有以下结论.

(i) 对任意标量 k 都有 $\|k\boldsymbol{A}\|=|k|\|\boldsymbol{A}\|$.

(ii) 设 $\boldsymbol{A}$ 和 $\boldsymbol{B}$ 均为 X 到 U 的线性映射，则

$$\|\boldsymbol{A}+\boldsymbol{B}\|\leqslant\|\boldsymbol{A}\|+\|\boldsymbol{B}\|. \tag{35}$$

(iii) 设 $\boldsymbol{A}$ 是 X 到 U 的线性映射，$\boldsymbol{C}$ 是 U 到 V 的线性映射，则

$$\|\boldsymbol{C}\boldsymbol{A}\|\leqslant\|\boldsymbol{C}\|\|\boldsymbol{A}\|. \tag{36}$$

(iv)

$$\|\boldsymbol{A}^*\|=\|\boldsymbol{A}\|. \tag{37}$$

证明 (i) 由 $\|k\boldsymbol{A}\boldsymbol{x}\|=|k|\|\boldsymbol{A}\boldsymbol{x}\|$ 可得.

(ii) 根据三角不等式 (12)，对任意 $\boldsymbol{x}\in X$，有

$$\|(\boldsymbol{A}+\boldsymbol{B})\boldsymbol{x}\|=\|\boldsymbol{A}\boldsymbol{x}+\boldsymbol{B}\boldsymbol{x}\|\leqslant\|\boldsymbol{A}\boldsymbol{x}\|+\|\boldsymbol{B}\boldsymbol{x}\|.$$

限定 $\|\boldsymbol{x}\|=1$，则上式左端的上确界为 $\|\boldsymbol{A}+\boldsymbol{B}\|$，而右端的上确界不大于上确界之和 $\|\boldsymbol{A}\|+\|\boldsymbol{B}\|$.

(iii) 根据不等式 (33)，有

$$\|\boldsymbol{C}\boldsymbol{A}\boldsymbol{x}\|\leqslant\|\boldsymbol{C}\|\|\boldsymbol{A}\boldsymbol{x}\|.$$

再次运用式 (33)，可得

$$\|\boldsymbol{C}\boldsymbol{A}\boldsymbol{x}\|\leqslant\|\boldsymbol{C}\|\|\boldsymbol{A}\|\|\boldsymbol{x}\|.$$

限定 $\|\boldsymbol{x}\|=1$，上式两端分别取上确界，即得式 (36).

(iv) 根据式 $(23)'$，有

$$(\boldsymbol{A}\boldsymbol{x},\boldsymbol{v})=(\boldsymbol{x},\boldsymbol{A}^*\boldsymbol{v}).$$

由于标量积是对称函数，因此

$$(\boldsymbol{A}\boldsymbol{x},\boldsymbol{v})=(\boldsymbol{A}^*\boldsymbol{v},\boldsymbol{x}).$$

上式两端对 $\boldsymbol{x}(\|\boldsymbol{x}\|=1)$ 和 $\boldsymbol{v}(\|\boldsymbol{v}\|=1)$ 取上确界，根据式 (34)，左端等于 $\|\boldsymbol{A}\|$，右端等于 $\|\boldsymbol{A}^*\|$. □

下面的结论非常有用.

定理 15　设 $\boldsymbol{A}$ 是有限维欧几里得空间 X 到其自身的可逆线性映射，$\boldsymbol{B}$ 是 X 到自身的另一线性映射，且 $\boldsymbol{B}$ 与 $\boldsymbol{A}$ 满足

$$\|\boldsymbol{A}-\boldsymbol{B}\|<1/\|\boldsymbol{A}^{-1}\|, \tag{38}$$

则 $\boldsymbol{B}$ 可逆.

证明　记 $\boldsymbol{A}-\boldsymbol{B}$ 为 $\boldsymbol{C}$，则 $\boldsymbol{B}=\boldsymbol{A}-\boldsymbol{C}$. 将 $\boldsymbol{B}$ 分解为

$$\boldsymbol{B}=\boldsymbol{A}(\boldsymbol{I}-\boldsymbol{A}^{-1}\boldsymbol{C})=\boldsymbol{A}(\boldsymbol{I}-\boldsymbol{S}),$$

其中，$\boldsymbol{S}=\boldsymbol{A}^{-1}\boldsymbol{C}$.

第 3 章已经证明，可逆映射的乘积仍可逆，因此只需证明 $\boldsymbol{I}-\boldsymbol{S}$ 可逆，即证 $\boldsymbol{I}-\boldsymbol{S}$ 的零空间是平凡的. 假若不然，设存在 $\boldsymbol{x}\neq\boldsymbol{0}$ 使得 $(\boldsymbol{I}-\boldsymbol{S})\boldsymbol{x}=\boldsymbol{0}$，则 $\boldsymbol{x}=\boldsymbol{S}\boldsymbol{x}$. 利用 $\boldsymbol{S}$ 的范数，有

$$\|\boldsymbol{x}\|=\|\boldsymbol{S}\boldsymbol{x}\|\leqslant\|\boldsymbol{S}\|\|\boldsymbol{x}\|.$$

而 $\boldsymbol{x}\neq\boldsymbol{0}$，由上式即得

$$1\leqslant\|\boldsymbol{S}\|. \tag{39}$$

然而，根据定理 14(iii)，有

$$\|\boldsymbol{S}\|=\|\boldsymbol{A}^{-1}\boldsymbol{C}\|\leqslant\|\boldsymbol{A}^{-1}\|\|\boldsymbol{C}\|<1,$$

其中，最后一步依据不等式 (38)：$\|\boldsymbol{C}\|=1/\|\boldsymbol{A}^{-1}\|$. 这与式 (39) 矛盾.　□

注记　上述证明需要用到 X 维数有限的条件，第 15 章定理 5 给出的证明则可以处理无限维的 X.

下面回忆微积分中的另一个概念.

收敛：设 $\{a_k\}$ 为一个序列，如果当 $k\to\infty$ 时 $|a_k-a|\to 0$，则称 $\{a_k\}$ 收敛于 a，记作

$$\lim a_k=a.$$

再回顾柯西序列的概念：柯西序列是满足当 $j,k\to\infty$ 时 $|a_k-a_j|\to 0$ 的序列. 实数的一个基本性质就是柯西序列均收敛.

实数的这一性质称作实数的完备性.

与实数有关的另一个基本概念是局部紧致性：实数域内的任意有界序列都包含收敛子列.

现在，我们要将实数的上述概念和结论推广至有限维欧几里得空间上的向量.

定义　设 $\{\boldsymbol{x}_k\}$ 是欧几里得空间 X 中的一个向量序列，如果当 $k\to\infty$ 时 $\|\boldsymbol{x}_k-\boldsymbol{x}\|\to 0$，则称 $\{\boldsymbol{x}_k\}$ 收敛于 $\boldsymbol{x}$ 或以 $\boldsymbol{x}$ 为极限，记作

$$\lim_{k\to\infty}\boldsymbol{x}_k=\boldsymbol{x}.$$

定理 16 如果欧几里得空间 X 中的向量序列 $\{\boldsymbol{x}_k\}$ 满足当 $k,j\to\infty$ 时 $\|\boldsymbol{x}_k-\boldsymbol{x}_j\|\to 0$，则称 $\{\boldsymbol{x}_k\}$ 为柯西序列.

(i) 有限维欧几里得空间中的柯西序列都有极限.

设 $\{\boldsymbol{x}_k\}$ 是欧几里得空间中的一个向量序列，如果存在实数 R，使得对任意 k 都有 $\|\boldsymbol{x}_k\|\leqslant R$，则称 $\{\boldsymbol{x}_k\}$ 有界.

(ii) 有限维欧几里得空间中的任意有界向量序列都包含收敛子列.

证明 (i) 设 $\boldsymbol{x},\boldsymbol{y}\in X$，$x_j$ 和 y_j 分别为 $\boldsymbol{x}$ 和 $\boldsymbol{y}$ 的第 j 个分量，则

$$|x_j-y_j|\leqslant\|\boldsymbol{x}-\boldsymbol{y}\|.$$

记 $\boldsymbol{x}_k$ 的第 j 个分量为 $x_{k,j}$. 由于 $\{\boldsymbol{x}_k\}$ 是柯西序列，因此 $\{x_{k,j}\}$ 也是柯西序列. 又根据实数的完备性，$\{x_{k,j}\}$ 必有极限 x_j. 令 $\boldsymbol{x}=(x_1,\cdots,x_n)$，根据标准欧几里得范数的定义 [见式 (1)]，有

$$\|\boldsymbol{x}_k-\boldsymbol{x}\|^2=\sum_{j=1}^{n}|x_{k,j}-x_j|^2. \tag{40}$$

这就证得 $\lim\boldsymbol{x}_k=\boldsymbol{x}$.

(ii) 因为 $|x_{k,j}|\leqslant\|\boldsymbol{x}_k\|$，所以对任意 k 都有 $|x_{k,j}|\leqslant R$. 根据实数的局部紧致性，存在 $\{x_{k,1}\}$ 的子列收敛于 x_1.

对于该子列的下标 k，我们又可从中选取无限多个，使其对应的序列 $\{x_{k,2}\}$ 收敛于 x_2，如此下去，我们最终可以构造 $\{\boldsymbol{x}_k\}$ 的子列，使得序列 $\{x_{k,j}\}$ 依次收敛于 x_j，$j=1,\cdots,n$，其中 n 是 X 的维数. 令 $\boldsymbol{x}=(x_1,\cdots,x_n)$，由式 (40) 可知，我们所构造的 $\{\boldsymbol{x}_k\}$ 的子列收敛于 $\boldsymbol{x}$. □

定理 16(ii) 表明，$\|\boldsymbol{A}\|$ 的定义式 (32) 中的上确界就是最大值，即

$$\|\boldsymbol{A}\|=\max_{\|\boldsymbol{x}\|=1}\|\boldsymbol{A}\boldsymbol{x}\|. \tag{32$'$}$$

由上确界的定义可知，任何小于 $\|\boldsymbol{A}\|$ 的数都不可能是 $\|\boldsymbol{A}\boldsymbol{x}\|(\|\boldsymbol{x}\|=1)$ 的上界. 于是，存在满足 $\|\boldsymbol{x}_k\|=1$ 的单位向量构成的序列 $\{\boldsymbol{x}_k\}$，使得

$$\lim_{k\to\infty}\|\boldsymbol{A}\boldsymbol{x}_k\|=\|\boldsymbol{A}\|.$$

根据定理 16，该序列存在收敛于 $\boldsymbol{x}$ 的子列，且当单位向量 $\boldsymbol{z}=\boldsymbol{x}$ 时，$\|\boldsymbol{A}\boldsymbol{z}\|$ 取得最大值.

定理 16(ii) 存在下列逆命题.

定理 17 设 X 是具有欧几里得结构且局部紧致的线性空间，即 X 中向量的任意有界序列 $\{\boldsymbol{x}_k\}$ 都有收敛子列，则 X 是有限维空间.

证明 我们证明：若 X 是无限维空间，则 X 非局部紧致. X 是无限维空间，意味着任给一组线性无关的向量 $\boldsymbol{y}_1,\cdots,\boldsymbol{y}_k$，都存在 $\boldsymbol{y}_{k+1}$ 不是 $\boldsymbol{y}_1,\cdots,\boldsymbol{y}_k$ 的线性

组合. 如此下去，我们可以构造无穷长的向量序列 $\boldsymbol{y}_1, \boldsymbol{y}_2, \cdots$，其中任意有限集 $\{\boldsymbol{y}_1, \cdots, \boldsymbol{y}_k\}$ 线性无关. 根据定理 4，运用格拉姆–施密特方法可得两两正交的单位向量 $\{\boldsymbol{x}_1, \cdots, \boldsymbol{x}_k\}$，其中每个向量都是 $\boldsymbol{y}_1, \cdots, \boldsymbol{y}_k$ 的线性组合. 这就得到无穷长的单位向量序列 $\boldsymbol{x}_1, \boldsymbol{x}_2, \cdots$，且对任意 $k \neq j$ 有

$$\|\boldsymbol{x}_k - \boldsymbol{x}_j\|^2 = \|\boldsymbol{x}_k\|^2 - 2(\boldsymbol{x}_k, \boldsymbol{x}_j) + \|\boldsymbol{x}_j\|^2 = 2.$$

这就表明，序列 $\{\boldsymbol{x}_k\}$ 虽然有界，但无收敛子列. □

定理 17 非常有用，是判断欧几里得空间维数是否有限的重要方法. 在第 14 章中，我们还会将这一结论推广至全体赋范线性空间.

附录 L 也给出了定理 17 的一个有趣应用.

定义 如果一个映射列 $\{\boldsymbol{A}_n\}$ 满足

$$\lim \|\boldsymbol{A}_n - \boldsymbol{A}\| = 0,$$

则称 $\{\boldsymbol{A}_n\}$ 收敛于 $\boldsymbol{A}$，或以 $\boldsymbol{A}$ 为极限.

练习 7 证明：$\{\boldsymbol{A}_n\}$ 收敛于 $\boldsymbol{A}$，当且仅当对任意 $\boldsymbol{x}$，$\boldsymbol{A}_n\boldsymbol{x}$ 收敛于 $\boldsymbol{A}\boldsymbol{x}$.

注记 练习 7 的结论在无限维线性空间中不成立.

在本章结束之前，我们简单介绍一下复欧几里得结构. 为给出复欧几里得空间的严格定义，我们需要将 $\mathbb{R}^n$ 中的标量积定义 (2) 替换为 $\mathbb{C}^n$ 中的标量积定义：

$$(\boldsymbol{x}, \boldsymbol{y}) = \sum x_i \bar{y}_i, \tag{41}$$

其中，$^-$ 表示复共轭. 矩阵伴随的定义同式 (23)′，但其解释在复数域中略有不同. 若

$$\boldsymbol{A} = (a_{ij}), \quad (\boldsymbol{A}\boldsymbol{x})_i = \sum_j a_{ij} x_j,$$

根据标量积的定义式 (41)，有

$$(\boldsymbol{A}\boldsymbol{x}, \boldsymbol{u}) = \sum_i \left(\sum_j a_{ij} x_j\right) \bar{u}_i,$$

也可写作

$$\sum_j x_j \left(\overline{\sum \bar{a}_{ij} u_i}\right),$$

即 $(\boldsymbol{A}\boldsymbol{x}, \boldsymbol{u}) = (\boldsymbol{x}, \boldsymbol{A}^*\boldsymbol{u})$，其中

$$(\boldsymbol{A}^*\boldsymbol{u})_j = \sum_i \bar{a}_{ij} u_i,$$

即矩阵 $\boldsymbol{A}$ 的伴随 $\boldsymbol{A}^*$ 等于其转置的复共轭.

下面，我们定义复欧几里得空间中的一些记号.

定义　设 X 为复数域上的线性空间，如果 X 上存在满足下列条件的二元复值函数,则称 X 具有复欧几里得结构,同时称该函数为**标量积**（**scalar product**），记作 $(\boldsymbol{x},\boldsymbol{y})$.

(i) $(\boldsymbol{x},\boldsymbol{y})$ 为双线性函数，即当固定其中一个自变量时，$(\boldsymbol{x},\boldsymbol{y})$ 是另一个自变量的线性函数.

(ii) $(\boldsymbol{x},\boldsymbol{y})$ 具有共轭对称性，即对任意 $\boldsymbol{x},\boldsymbol{y}$，有

$$\overline{(\boldsymbol{x},\boldsymbol{y})}=(\boldsymbol{y},\boldsymbol{x}) \tag{42}$$

注意，由共轭对称性可知，对任意 $\boldsymbol{x}$，$(\boldsymbol{x},\boldsymbol{x})$ 都是实数.

(iii) 当 $\boldsymbol{x}\neq\boldsymbol{0}$ 时，$(\boldsymbol{x},\boldsymbol{x})$ 恒正：

$$(\boldsymbol{x},\boldsymbol{x})>0,\ \boldsymbol{x}\neq\boldsymbol{0}.$$

复欧几里得空间的理论与实欧几里得空间类似，只有少许不同. 例如，由上述定义的 (i) 和 (ii) 两条可知，固定 $\boldsymbol{x}$ 时 $(\boldsymbol{x},\boldsymbol{y})$ 是 $\boldsymbol{y}$ 的斜线性函数，即标量积保 $\boldsymbol{y}$ 上的加法运算，且对任意复数 k 有

$$(\boldsymbol{x},k\boldsymbol{y})=\bar{k}(\boldsymbol{x},\boldsymbol{y}). \tag{43}$$

我们不再赘述复欧几里得空间的理论，仅仅指出它与实欧几里得空间理论的稍许不同. 对于复欧几里得空间，恒等式 (12)′ 应改为:

$$\|\boldsymbol{x}+\boldsymbol{y}\|^2=\|\boldsymbol{x}\|^2+(\boldsymbol{x},\boldsymbol{y})+(\boldsymbol{y},\boldsymbol{x})+\|\boldsymbol{y}\|^2=\|\boldsymbol{x}\|^2+2\operatorname{Re}(\boldsymbol{x},\boldsymbol{y})+\|\boldsymbol{y}\|^2, \tag{44}$$

其中，$\operatorname{Re}k$ 表示复数 k 的实部.

练习 8　证明复欧几里得空间的施瓦茨不等式.

练习 9　将定理 6 ~ 8 推广至复欧几里得空间，并证明.

设 $\boldsymbol{A}$ 是抽象复欧几里得空间到自身的线性映射，$\boldsymbol{A}$ 的伴随 $\boldsymbol{A}^*$ 仍按式 (23)′ 定义，即

$$(\boldsymbol{x},\boldsymbol{A}^*\boldsymbol{u})=(\boldsymbol{A}\boldsymbol{x},\boldsymbol{u}).$$

练习 10　将定理 9 推广至复欧几里得空间，并证明.

复欧几里得空间中等距映射的定义与实欧几里得空间中相同，即

$$\|\boldsymbol{M}\boldsymbol{x}\|=\|\boldsymbol{x}\|.$$

定义　复欧几里得空间到自身的等距线性映射称作**酉映射**（**unitary map**）.

练习 11　证明：酉映射 $\boldsymbol{M}$ 满足关系式

$$\boldsymbol{M}^*\boldsymbol{M} = \mathbf{1}. \tag{45}$$

反过来，任何满足式 (45) 的映射都是酉映射.

练习 12　证明：如果 $\boldsymbol{M}$ 是酉映射，则 $\boldsymbol{M}^{-1}$ 和 $\boldsymbol{M}^*$ 也是酉映射.

练习 13　证明：全体酉映射在乘法运算下构成一个群.

练习 14　证明：如果 $\boldsymbol{M}$ 是酉映射，则 $|\det \boldsymbol{M}| = 1$.

练习 15　设 X 是 $[-1, 1]$ 上的连续复值函数构成的空间，X 上的标量积定义为

$$(f, g) = \int_{-1}^{1} f(s)\bar{g}(s)\mathrm{d}s.$$

设 $m(s)$ 是绝对值等于 1 的连续函数，即 $|m(s)| = 1$，$-1 \leqslant s \leqslant 1$.

X 上的映射 $\boldsymbol{M}$ 定义为 m 的乘法运算，即

$$(\boldsymbol{M}f)(s) = m(s)f(s).$$

证明：$\boldsymbol{M}$ 是酉映射.

下面我们考虑将复欧几里得空间映射到自身的矩阵，给出其范数的一个简单而有用的下界. 该矩阵范数的定义同实欧几里得空间，由方程式 (32)′ 给出：

$$\|\boldsymbol{A}\| = \max_{\|\boldsymbol{x}\|=1} \|\boldsymbol{A}\boldsymbol{x}\|.$$

设 $\boldsymbol{A}$ 为任一复方阵，$\boldsymbol{h}$ 为 $\boldsymbol{A}$ 的一个长度为 1 的本征向量，a 为对应的本征值：

$$\boldsymbol{A}\boldsymbol{h} = a\boldsymbol{h}, \quad \|\boldsymbol{h}\| = 1.$$

则

$$\|\boldsymbol{A}\boldsymbol{h}\| = \|a\boldsymbol{h}\| = |a|.$$

由于 $\|\boldsymbol{A}\|$ 是 $\|\boldsymbol{A}\boldsymbol{x}\|$（$\|\boldsymbol{x}\| = 1$）的最大值，因此 $\|\boldsymbol{A}\| \geqslant |a|$. 该式对任意本征值都成立，于是有

$$\|\boldsymbol{A}\| \geqslant \max_i |a_i|, \tag{46}$$

其中，a_i 取遍 $\boldsymbol{A}$ 的全体本征值.

定义　设 $\boldsymbol{A}$ 为某线性空间到自身的线性映射，$\boldsymbol{A}$ 的**谱半径**（**spectral radius**）$r(\boldsymbol{A})$ 定义为

$$r(\boldsymbol{A}) = \max_j |a_j|, \tag{47}$$

其中，a_j 取遍 $\boldsymbol{A}$ 的全体本征值. 故式 (46) 又可写为

$$\|\boldsymbol{A}\| \geqslant r(\boldsymbol{A}). \tag{48}$$

注意，$\boldsymbol{A}$ 的幂的本征值就是 $\boldsymbol{A}$ 的本征值的幂：

$$\boldsymbol{A}^j\boldsymbol{h} = a^j\boldsymbol{h}.$$

将式 (48) 应用于 $\boldsymbol{A}^j$，有

$$\|\boldsymbol{A}^j\| \geqslant r(\boldsymbol{A})^j.$$

两边各开 j 次方即得

$$\|\boldsymbol{A}^j\|^{1/j} \geqslant r(\boldsymbol{A}). \tag{$(48)_j$}$$

定理 18 当 $j \to \infty$ 时，式 $(48)_j$ 趋于等式，即

$$\lim_{j\to\infty} \|\boldsymbol{A}^j\|^{1/j} = r(\boldsymbol{A}).$$

该定理的证明见附录 J.

设 $m \times n$ 实矩阵 $\boldsymbol{A} = (a_{ij})$ 将 $\mathbb{R}^n$ 映射到 $\mathbb{R}^m$，下面我们给出其范数的一个简单而有用的上界. 对任意 $\boldsymbol{x} \in \mathbb{R}^n$，令 $\boldsymbol{y} = \boldsymbol{A}\boldsymbol{x}$，则 $\boldsymbol{y} \in \mathbb{R}^m$，$\boldsymbol{y}$ 的分量均可用 $\boldsymbol{x}$ 的分量表示：

$$y_i = \sum_j a_{ij}x_j.$$

利用施瓦茨不等式处理上式右端的项，得

$$y_i^2 = \left(\sum_j a_{ij}x_j\right)^2 \leqslant \left(\sum_j a_{ij}^2\right)\left(\sum_j x_j^2\right).$$

令 $i = 1, \cdots, m$，将上述不等式相加，即得

$$\sum_i y_i^2 \leqslant \left(\sum_{i,j} a_{ij}^2\right)\sum_j x_j^2. \tag{49}$$

根据标准欧几里得范数的定义 [见式 (1)]，式 (49) 可以写作

$$\|\boldsymbol{y}\|^2 \leqslant \left(\sum_{i,j} a_{ij}^2\right)\|\boldsymbol{x}\|^2.$$

分别将上式两端开平方根，再由 $\boldsymbol{y} = \boldsymbol{A}\boldsymbol{x}$ 可得

$$\|\boldsymbol{A}\boldsymbol{x}\| \leqslant \left(\sum_{i,j} a_{ij}^2\right)^{1/2}\|\boldsymbol{x}\|. \tag{50}$$

矩阵 $\boldsymbol{A}$ 的范数定义为

$$\sup_{\|\boldsymbol{x}\|=1} \|\boldsymbol{A}\boldsymbol{x}\|.$$

由式 (50) 可知

$$\|\boldsymbol{A}\| \leqslant \left(\sum_{i,j} a_{ij}^2\right)^{1/2}, \tag{51}$$

这就是 $\|\boldsymbol{A}\|$ 的一个上界.

练习 16 类比式 (51)，证明以下不等式在复欧几里得空间中成立：

$$\|\boldsymbol{A}\| \leqslant \left(\sum_{i,j} |a_{ij}|^2\right)^{1/2}. \tag{51'}$$

练习 17 证明：

$$\sum_{i,j} |a_{ij}|^2 = \operatorname{tr} \boldsymbol{A}\boldsymbol{A}^*. \tag{52}$$

练习 18 证明：

$$\operatorname{tr} \boldsymbol{A}\boldsymbol{A}^* = \operatorname{tr} \boldsymbol{A}^*\boldsymbol{A}.$$

练习 19 求 2×2 矩阵

$$\boldsymbol{A} = \begin{pmatrix} 1 & 2 \\ 0 & 3 \end{pmatrix}$$

的范数的一个上界和一个下界.

数 $\left(\sum_{i,j} |a_{ij}|^2\right)^{1/2}$ 称为矩阵 $\boldsymbol{A}$ 的希尔伯特–施密特范数.

设 $\boldsymbol{T}$ 为 3×3 矩阵，其各列为 $\boldsymbol{x}, \boldsymbol{y}, \boldsymbol{z}$：

$$\boldsymbol{T} = (\boldsymbol{x}, \boldsymbol{y}, \boldsymbol{z}).$$

固定 $\boldsymbol{x}, \boldsymbol{y}$ 时，$\boldsymbol{T}$ 的行列式是 $\boldsymbol{z}$ 的线性函数：

$$\det(\boldsymbol{x}, \boldsymbol{y}, \boldsymbol{z}) = l(\boldsymbol{z}). \tag{53}$$

根据定理 5，任意线性函数都可以表示成标量积：

$$l(\boldsymbol{z}) = (\boldsymbol{w}, \boldsymbol{z}), \tag{54}$$

其中，$\boldsymbol{w}$ 是依赖于 $\boldsymbol{x}$ 和 $\boldsymbol{y}$ 的向量：

$$\boldsymbol{w} = \boldsymbol{w}(\boldsymbol{x}, \boldsymbol{y}).$$

综合式 (53) 和式 (54) 即得

$$\det(\boldsymbol{x}, \boldsymbol{y}, \boldsymbol{z}) = (\boldsymbol{w}(\boldsymbol{x}, \boldsymbol{y}), \boldsymbol{z}). \tag{55}$$

我们将 $\boldsymbol{w}$ 对 $\boldsymbol{x}, \boldsymbol{y}$ 的依赖性总结为下面的练习.

练习 20 (i) $\boldsymbol{w}$ 是 $\boldsymbol{x}$ 和 $\boldsymbol{y}$ 的双线性函数，于是可以将 $\boldsymbol{w}$ 写成 $\boldsymbol{x}, \boldsymbol{y}$ 的乘积，记作

$$\boldsymbol{w} = \boldsymbol{x} \times \boldsymbol{y},$$

称为向量积.

(ii) 证明向量积具有反对称性：

$$\boldsymbol{y} \times \boldsymbol{x} = -\boldsymbol{x} \times \boldsymbol{y}.$$

(iii) 证明：$\boldsymbol{x}\times\boldsymbol{y}$ 与 $\boldsymbol{x}$ 和 $\boldsymbol{y}$ 都正交.

(iv) 设 $\boldsymbol{R}$ 是 $\mathbb{R}^3$ 中的一个旋转，证明：

$$(\boldsymbol{R}\boldsymbol{x})\times(\boldsymbol{R}\boldsymbol{y})=\boldsymbol{R}(\boldsymbol{x}\times\boldsymbol{y}).$$

(v) 证明：

$$\|\boldsymbol{x}\times\boldsymbol{y}\|=\pm\|\boldsymbol{x}\|\|\boldsymbol{y}\|\sin\theta,$$

其中，θ 是 $\boldsymbol{x}$ 与 $\boldsymbol{y}$ 之间的夹角.

(vi) 证明：

$$\begin{pmatrix}1\\0\\0\end{pmatrix}\times\begin{pmatrix}0\\1\\0\end{pmatrix}=\begin{pmatrix}0\\0\\1\end{pmatrix}.$$

(vii) 利用第 5 章练习 16，证明：

$$\begin{pmatrix}a\\b\\c\end{pmatrix}\times\begin{pmatrix}d\\e\\f\end{pmatrix}=\begin{pmatrix}bf-ce\\cd-af\\ae-bd\end{pmatrix}.$$

练习 21 证明：对欧几里得空间中的任意两个向量 $\boldsymbol{u},\boldsymbol{v}$，都有

$$\|\boldsymbol{u}+\boldsymbol{v}\|^2+\|\boldsymbol{u}-\boldsymbol{v}\|^2=2\|\boldsymbol{u}\|^2+2\|\boldsymbol{v}\|^2. \tag{56}$$

第 8 章　欧几里得空间自伴随映射的谱理论

本章考察欧几里得空间到自身的自伴随映射 $\boldsymbol{A}$，即

$$\boldsymbol{A}^* = \boldsymbol{A}.$$

若 $\boldsymbol{A}$ 是实欧几里得空间上的映射，则 $\boldsymbol{A}$ 在标准正交系下的矩阵表示是对称矩阵，即满足 $\boldsymbol{A}_{ij} = \boldsymbol{A}_{ji}$，我们称这类映射为对称映射. 若 $\boldsymbol{A}$ 是复欧几里得空间上的映射，则 $\boldsymbol{A}$ 的矩阵表示是共轭对称的，即

$$\boldsymbol{A}_{ij} = \bar{\boldsymbol{A}}_{ji},$$

我们称这类映射为埃尔米特映射. 由第 7 章定理 11 可知，正交投影都是自伴随映射. 下面我们介绍另一大类自伴随映射. 我们将在第 11 章中看到，许多物理运动可以用自伴随矩阵描述.

定义　设 $\boldsymbol{M}$ 是欧几里得空间中的任一线性映射，定义 $\boldsymbol{M}$ 的自伴随部分为

$$\boldsymbol{M}_s = \frac{\boldsymbol{M} + \boldsymbol{M}^*}{2}. \tag{1}$$

练习 1　证明：

$$\mathrm{Re}(\boldsymbol{x}, \boldsymbol{M}\boldsymbol{x}) = (\boldsymbol{x}, \boldsymbol{M}_s\boldsymbol{x}). \tag{2}$$

设 $f(x_1, \cdots, x_n) = f(\boldsymbol{x})$ 是 n 个实变量 $x_1, \cdots, x_n$ 的二阶可微实值函数，其中 n 个变量简记为向量 $\boldsymbol{x}$. f 在 $\boldsymbol{a}$ 处的二阶泰勒近似为

$$f(\boldsymbol{a} + \boldsymbol{y}) = f(\boldsymbol{a}) + l(\boldsymbol{y}) + \frac{1}{2}q(\boldsymbol{y}) + \|\boldsymbol{y}\|^2\epsilon(\|\boldsymbol{y}\|), \tag{3}$$

其中，$\epsilon(d)$ 表示当 $d \to 0$ 时趋于 0 的函数，$l(\boldsymbol{y})$ 和 $q(\boldsymbol{y})$ 分别是 $\boldsymbol{y}$ 的线性函数和二次型. 注意，线性函数都形如（见第 7 章定理 5）

$$l(\boldsymbol{y}) = (\boldsymbol{y}, \boldsymbol{g}), \tag{4}$$

其中，$\boldsymbol{g}$ 是 f 在 $\boldsymbol{a}$ 处的梯度. 根据泰勒定理，有

$$g_j = \left.\frac{\partial f}{\partial x_j}\right|_{\boldsymbol{x}=\boldsymbol{a}}. \tag{5}$$

二次型 q 形如

$$q(\boldsymbol{y}) = \sum_{i,j} h_{ij} y_i y_j. \tag{6}$$

矩阵 (h_{ij}) 称作 f 的黑塞矩阵，根据泰勒定理，有

$$h_{ij} = \left.\frac{\partial^2}{\partial x_j \partial x_i} f\right|_{\boldsymbol{x}=\boldsymbol{a}}. \tag{7}$$

运用矩阵和欧几里得标量积的记号，我们可以将式 (3) 中的 q 写为

$$q(\boldsymbol{y}) = (\boldsymbol{y}, \boldsymbol{H}\boldsymbol{y}). \tag{8}$$

由定义式 (7) 以及二阶可微函数混合偏导相等可知，矩阵 $\boldsymbol{H}$ 是自伴随矩阵，即 $\boldsymbol{H}^* = \boldsymbol{H}$：

$$h_{ij} = h_{ji}. \tag{9}$$

设 $\boldsymbol{a}$ 是函数 f 的一个稳定点，即 f 的梯度 $\boldsymbol{g}$ 在 $\boldsymbol{a}$ 处取值为零. 泰勒公式 (3) 表明，f 在 $\boldsymbol{a}$ 点附近的行为由二次项所确定. 而考察函数在稳定点附近的行为不仅有其几何意义，对于动态系统的研究亦十分重要. 因此二次型在数学中占据十分重要的位置，而对称矩阵也成为线性代数研究的一个中心问题.

为研究二次型，常用的方法是引入新变量：

$$\boldsymbol{z} = \boldsymbol{L}\boldsymbol{y}, \tag{10}$$

其中，$\boldsymbol{L}$ 是可逆矩阵，q 在新变量 $\boldsymbol{z}$ 下的矩阵形式较原来更简洁.

定理 1 (a) 式 (6) 中的实二次型可以进行变量替换 (10)，使得 q 在新变量 $\boldsymbol{z}$ 下的矩阵表示是对角矩阵，即

$$q(\boldsymbol{L}^{-1}\boldsymbol{z}) = \sum_{i=1}^{n} d_i z_i^2. \tag{11}$$

(b) 引入新变量对角化 q 的方式通常不止一种，但不论哪种方式，式 (11) 中对角线元素 d_i 为正、负和零的数目都不变.

证明 (a) 的证明较简单，可以构造性地给出. 假设 q 的矩阵表示中对角线元素不全为零，不妨设 $h_{11} \neq 0$. 将全体包含 y_1 的项归类：

$$q(\boldsymbol{y}) = h_{11}y_1^2 + \sum_{j=2}^{n} h_{1j}y_1y_j + \sum_{i,j=2}^{n} h_{ij}y_iy_j.$$

由于 $\boldsymbol{H}$ 是对称矩阵，$h_{j1} = h_{1j}$，因此 q 可以写作

$$h_{11}\left(y_1 + h_{11}^{-1}\sum_{j=2}^{n} h_{1j}y_j\right)^2 - h_{11}^{-1}\left(\sum_{j=2}^{n} h_{1j}y_j\right)^2.$$

令

$$y_1 + h_{11}^{-1}\sum_{j=2}^{n} h_{1j}y_j = z_1, \tag{12}$$

则

$$q(\boldsymbol{y}) = h_{11}z_1^2 + q_2(\boldsymbol{y}), \tag{13}$$

其中，q_2 只依赖于 $y_2, \cdots, y_n$.

如果 q 的矩阵表示中对角线元素都为零，但非对角线元素不全为零，不妨设 $h_{12}=h_{21}\neq 0$，则可以引入新变量 y_1+y_2 和 y_1-y_2 以替换 y_1,y_2，那么，q 在新变量下的矩阵表示中对角线元素不全为零.

如果 q 的矩阵表示中全体元素都为零，则 $q(\boldsymbol{y})\equiv 0$，定理无须证明.

现在对变量个数 n 进行归纳，由式 (13) 可知，如果含 $n-1$ 个变量的二次型 q_2 能够化为式 (11) 的形式，则 q 亦可. 事实上由式 (12) 可知，如果 $y_2,\cdots,y_n$ 左乘以某个可逆矩阵等于 $z_2,\cdots,z_n$，则必存在可逆矩阵使得全体 $\boldsymbol{y}$ 左乘以该矩阵等于全体 $\boldsymbol{z}$. □

练习 2 编写程序实现上述对角化 q 的算法.

下面证明定理 1(b). 分别记式 (11) 中正项、负项和零的数目为 p_+、p_- 和 p_0. 观察 q 在 $\mathbb{R}^n$ 的子空间 S 上的行为，如果

$$q(\boldsymbol{u})>0,\quad 对任意\ \boldsymbol{u}\in S,\ \boldsymbol{u}\neq\boldsymbol{0}, \tag{14}$$

则称 q 在 S 上正定.

引理 2 $\mathbb{R}^n$ 的使 q 正定的最大子空间的维数是 p_+，即

$$p_+=\max\dim S,\quad q\ 在\ S\ 上正定. \tag{15}$$

类似地，

$$p_-=\max\dim S,\quad q\ 在\ S\ 上负定. \tag{15$'$}$$

证明 假设 q 在坐标 $z_1,\cdots,z_n$ 下可以表示为式 (11)，对下标适当排序使得 $d_1,\cdots,d_p$ 大于零，$p=p_+$，其余均小于或等于零. 定义 $\mathbb{R}^n$ 的子空间 S_+ 是由全体满足坐标 $z_{p+1}=\cdots=z_n=0$ 的向量所张成的空间. 显然 $\dim S_+=p_+$，并且 q 在 S_+ 上正定. 这就证明 p_+ 小于或等于式 (15) 右端. 下面证明等号成立. 设 S 为 $\mathbb{R}^n$ 的任意维数大于 p_+ 的子空间. 对任意 $\boldsymbol{u}\in S$，定义 $P_{\boldsymbol{u}}$ 为前 p_+ 个分量与 $\boldsymbol{u}$ 相同而其余分量为零的向量. 这就得到 S 到 $\mathbb{R}^n$ 的另一子空间的映射 $\boldsymbol{P}$，其目标空间的维数 p_+ 小于域空间的维数. 于是，根据第 3 章定理 2 的推论 A，$\boldsymbol{P}$ 的零空间包含非零向量 $\boldsymbol{y}$. 根据 $\boldsymbol{P}$ 的定义，$\boldsymbol{y}$ 的前 p_+ 个 z 坐标分量为零. 故由式 (11) 可知 $q(\boldsymbol{y})\leqslant 0$，因此 q 在 S 上不是正定的. 式 (15) 得证，式 (15)$'$ 的证明是类似的. □

引理 2 表明 p_+,p_- 由二次型 q 本身确定，与式 (11) 中变量的选取无关. 由 $p_++p_-+p_0=n$，定理 1(b) 得证. □

定理 1(b) 常称作惯性律.

练习 3 证明：

$$p_++p_0=\max\dim S,\quad 在\ S\ 上恒有\ q\geqslant 0,$$
$$p_-+p_0=\max\dim S,\quad 在\ S\ 上恒有\ q\leqslant 0.$$

利用式 (8)，我们可以用矩阵的语言来解释定理 1. 此时为简便起见，我们不采用式 (10)，而是用 $\boldsymbol{z}$ 来表示 $\boldsymbol{y}$. 用 $\boldsymbol{L}^{-1}$ 乘以式 (10)，即得

$$\boldsymbol{y} = \boldsymbol{M}\boldsymbol{z}, \tag{16}$$

其中，$\boldsymbol{L}^{-1}$ 简记为 $\boldsymbol{M}$. 将式 (16) 代入式 (8)，再利用 $\boldsymbol{M}$ 的伴随即得

$$q(\boldsymbol{y}) = (\boldsymbol{y}, \boldsymbol{H}\boldsymbol{y}) = (\boldsymbol{M}\boldsymbol{z}, \boldsymbol{H}\boldsymbol{M}\boldsymbol{z}) = (\boldsymbol{z}, \boldsymbol{M}^*\boldsymbol{H}\boldsymbol{M}\boldsymbol{z}). \tag{17}$$

显然，q 在 $\boldsymbol{z}$ 下可以表示为式 (11)，当且仅当 $\boldsymbol{M}^*\boldsymbol{H}\boldsymbol{M}$ 是对角矩阵. 于是，定理 1(a) 可以如下表述.

定理 3　任给实自伴随矩阵 $\boldsymbol{H}$，存在实可逆矩阵 $\boldsymbol{M}$，使得

$$\boldsymbol{M}^*\boldsymbol{H}\boldsymbol{M} = \boldsymbol{D}, \tag{18}$$

其中，$\boldsymbol{D}$ 为对角矩阵.

在很多实际应用中，如何进行变量替换可保证新旧变量的欧几里得长度不变，即 $\|\boldsymbol{y}\|^2 = \|\boldsymbol{z}\|^2$，这个问题至关重要. 对于式 (16) 中的 $\boldsymbol{M}$，这意味着 $\boldsymbol{M}$ 是等距矩阵. 根据第 7 章式 (28)，这当且仅当 $\boldsymbol{M}$ 是正交矩阵，即满足

$$\boldsymbol{M}^*\boldsymbol{M} = \boldsymbol{I}. \tag{19}$$

任意实值二次型，都可以通过变量的等距变换进行对角化——这是线性代数，甚至整个数学领域的一个基本定理. 用矩阵的语言来说，对任意实对称矩阵 $\boldsymbol{H}$，都存在实可逆矩阵 $\boldsymbol{M}$，使得式 (18) 和式 (19) 同时成立.

我们将给出这一重要结论的两种证明. 第一种证明以第 6 章一般矩阵谱理论的结论为基础，特别讨论了复欧几里得空间中的自伴随映射.

回忆第 7 章中映射伴随的定义，设 $\boldsymbol{H}$ 是复欧几里得空间 X 到自身的一个线性映射，$\boldsymbol{H}$ 的伴随 $\boldsymbol{H}^*$ 满足：对任意向量 $\boldsymbol{x}, \boldsymbol{y}$ 都有

$$(\boldsymbol{H}\boldsymbol{x}, \boldsymbol{y}) = (\boldsymbol{x}, \boldsymbol{H}^*\boldsymbol{y}), \tag{20}$$

其中，括号 $(,)$ 为第 7 章末尾介绍的共轭对称标量积. 如果 $\boldsymbol{H}^* = \boldsymbol{H}$，则称线性映射 $\boldsymbol{H}$ 是自伴随的. 若 $\boldsymbol{H}$ 是自伴随的，则式 (20) 即变为

$$(\boldsymbol{H}\boldsymbol{x}, \boldsymbol{y}) = (\boldsymbol{x}, \boldsymbol{H}\boldsymbol{y}). \tag{20$'$}$$

定理 4　复欧几里得空间 X 到自身的自伴随映射 $\boldsymbol{H}$ 只有实本征值，且存在一组由 $\boldsymbol{H}$ 的本征向量构成的 X 的标准正交基.

证明　根据谱理论的主要结论——第 6 章定理 7——$\boldsymbol{H}$ 的本征向量与广义本征向量张成 X. 为从第 6 章定理 7 推得本章定理 4，我们需要证明自伴随映射 $\boldsymbol{H}$ 满足下列性质：

(a) $\boldsymbol{H}$ 只有实本征值；

(b) $\boldsymbol{H}$ 没有广义本征向量，只有真正的本征向量；

(c) $\boldsymbol{H}$ 的对应于不同本征值的本征向量相互正交.

下面分别证明.

(a) 若 $a+\mathrm{i}b$ 是 $\boldsymbol{H}$ 的本征值，则 $\mathrm{i}b$ 是自伴随映射 $\boldsymbol{H}-a\boldsymbol{I}$ 的本征值，于是只需证明自伴随映射没有纯虚数的本征值 $\mathrm{i}b$. 假若不然，设 $\boldsymbol{z}$ 为其对应的本征向量：

$$\boldsymbol{H}\boldsymbol{z}=\mathrm{i}b\boldsymbol{z}.$$

上式两端分别与 $\boldsymbol{z}$ 作标量积，得

$$(\boldsymbol{H}\boldsymbol{z},\boldsymbol{z})=(\mathrm{i}b\boldsymbol{z},\boldsymbol{z})=\mathrm{i}b(\boldsymbol{z},\boldsymbol{z}). \tag{21}$$

在式 $(20)'$ 中令 $\boldsymbol{x}=\boldsymbol{y}=\boldsymbol{z}$，则有

$$(\boldsymbol{H}\boldsymbol{z},\boldsymbol{z})=(\boldsymbol{z},\boldsymbol{H}\boldsymbol{z}). \tag{21$'$}$$

由于标量积运算共轭对称，因此式 $(21)'$ 两端共轭，而它们本身相等，故 $(\boldsymbol{H}\boldsymbol{z},\boldsymbol{z})$，即式 (21) 左端为实数. 于是式 (21) 右端亦为实数. 因为 $(\boldsymbol{z},\boldsymbol{z})$ 为正实数，所以必定有 $b=0$，这就证得 (a).

(b) 设 $\boldsymbol{z}$ 是 $\boldsymbol{H}$ 的广义本征向量，不妨设对应的本征值为 0，否则可用 $\boldsymbol{H}-a\boldsymbol{I}$ 代替 $\boldsymbol{H}$，于是 $\boldsymbol{z}$ 满足

$$\boldsymbol{H}^d\boldsymbol{z}=\boldsymbol{0}. \tag{22}$$

下面证明 $\boldsymbol{z}$ 是 $\boldsymbol{H}$ 的真正的本征向量，即

$$\boldsymbol{H}\boldsymbol{z}=\boldsymbol{0}. \tag{22$'$}$$

首先讨论 $d=2$ 的情形：

$$\boldsymbol{H}^2\boldsymbol{z}=\boldsymbol{0}. \tag{23}$$

上式两端分别与 $\boldsymbol{z}$ 作标量积，得

$$(\boldsymbol{H}^2\boldsymbol{z},\boldsymbol{z})=0. \tag{23$'$}$$

在式 $(20)'$ 中令 $\boldsymbol{x}=\boldsymbol{H}\boldsymbol{z},\boldsymbol{y}=\boldsymbol{z}$，则有

$$(\boldsymbol{H}^2\boldsymbol{z},\boldsymbol{z})=(\boldsymbol{H}\boldsymbol{z},\boldsymbol{H}\boldsymbol{z})=\|\boldsymbol{H}\boldsymbol{z}\|^2.$$

由式 $(23)'$ 可知 $\|\boldsymbol{H}\boldsymbol{z}\|=0$，再由其非负性可知 $\boldsymbol{H}\boldsymbol{z}=\boldsymbol{0}$.

现在对 d 进行归纳，将式 (22) 重写为

$$\boldsymbol{H}^2\boldsymbol{H}^{d-2}\boldsymbol{z}=\boldsymbol{0}.$$

记 $\boldsymbol{H}^{d-2}\boldsymbol{z}$ 为 $\boldsymbol{w}$，上式即 $\boldsymbol{H}^2\boldsymbol{w}=\boldsymbol{0}$. 根据前面的讨论有 $\boldsymbol{H}\boldsymbol{w}=\boldsymbol{0}$. 于是，由 $\boldsymbol{w}$ 的定义可知

$$\boldsymbol{H}^{d-1}\boldsymbol{z}=\boldsymbol{0}.$$

这就完成了归纳的步骤，从而 (b) 得证.

(c) 考察 $\boldsymbol{H}$ 的两个本征值 a 和 b ($a \neq b$):

$$\boldsymbol{H x}=a\boldsymbol{x}, \quad \boldsymbol{H y}=b\boldsymbol{y}.$$

上面两式分别与 $\boldsymbol{y},\boldsymbol{x}$ 作标量积，因为 b 是实数，所以有

$$(\boldsymbol{H x}, \boldsymbol{y})=a(\boldsymbol{x}, \boldsymbol{y}), \quad(\boldsymbol{x}, \boldsymbol{H y})=b(\boldsymbol{x}, \boldsymbol{y}).$$

由式 (20)′ 可知，上两式左端相等，于是右端也相等. 然而，由于 $a \neq b$，因此必定有 $(\boldsymbol{x}, \boldsymbol{y})=0$，这就证得 (c). □

定义　$\boldsymbol{H}$ 的全体本征值构成的集合称作 $\boldsymbol{H}$ 的**谱** (**spectrum**).

下面我们要给出定理 4 的一个结论: 实二次型可以通过等距变换实现对角化. 利用定理 3 所给的矩阵公式，这个结论可以如下表述.

定理 4′ (谱表示定理)　对任意实自伴随矩阵 $\boldsymbol{H}$，存在正交矩阵 $\boldsymbol{M}$，使得

$$\boldsymbol{M}^{*} \boldsymbol{H} \boldsymbol{M}=\boldsymbol{D}, \tag{24}$$

其中，$\boldsymbol{D}$ 为对角矩阵且对角线元素为 $\boldsymbol{H}$ 的本征值，$\boldsymbol{M}$ 满足 $\boldsymbol{M}^{*} \boldsymbol{M}=\boldsymbol{I}$.

证明　设 $\boldsymbol{f}$ 是 $\boldsymbol{H}$ 的本征向量，且满足

$$\boldsymbol{H f}=a \boldsymbol{f}. \tag{25}$$

由于 $\boldsymbol{H}$ 是实矩阵，又由性质 (a) 可知本征值 a 是实数，因此根据式 (25)，$\boldsymbol{f}$ 的实部和虚部都是 $\boldsymbol{H}$ 的本征向量. 基于这一事实，我们可以从 $\boldsymbol{H}$ 的每个本征空间 N_a 中选取一组由实本征向量构成的标准正交基. 根据性质 (c)，对应于不同本征值的本征向量相互正交，这就得到 X 的一组由 $\boldsymbol{H}$ 的实本征向量 $\boldsymbol{f}_i$ 构成的标准正交基. X 中的任意向量 $\boldsymbol{y}$ 都可以表示为这些本征向量的线性组合:

$$\boldsymbol{y}=\sum z_j \boldsymbol{f}_j. \tag{25$'$}$$

由于 $\boldsymbol{y}$ 是实向量，因此 z_j 是实数. 记 $\boldsymbol{z}$ 为以 z_j 为分量的向量: $\boldsymbol{z}=(z_1, \cdots, z_n)$. 因为 $\{\boldsymbol{f}_j\}$ 构成标准正交基，所以

$$\|\boldsymbol{y}\|^2=\sum z_j^2=\|\boldsymbol{z}\|^2. \tag{26}$$

将 $\boldsymbol{H}$ 作用在式 (25)′ 两端，再利用式 (25)，得到

$$\boldsymbol{H y}=\sum z_j a_j \boldsymbol{f}_j. \tag{25$''$}$$

将式 (25)′ 和式 (25)″ 代入式 (8)，二次型可以表示为

$$q(\boldsymbol{y})=(\boldsymbol{y}, \boldsymbol{H y})=\sum a_j z_j^2. \tag{26$'$}$$

这就说明新变量 $\boldsymbol{z}$ 的引入实现了 q 的对角化. 式 (26) 表明新向量与原向量的长度相等. 记从 $\boldsymbol{z}$ 到 $\boldsymbol{y}$ 的变换为 $\boldsymbol{M}$:

$$\boldsymbol{y}=\boldsymbol{M z}.$$

将上式代入式 (26)′，即得

$$q(\boldsymbol{y})=(\boldsymbol{y},\boldsymbol{H}\boldsymbol{y})=(\boldsymbol{M}\boldsymbol{z},\boldsymbol{H}\boldsymbol{M}\boldsymbol{z})=(\boldsymbol{z},\boldsymbol{M}^*\boldsymbol{H}\boldsymbol{M}\boldsymbol{z}).$$

再根据式 (26)′，有 $\boldsymbol{M}^*\boldsymbol{H}\boldsymbol{M}=\boldsymbol{D}$，即证得式 (24). 定理 4′ 证毕. □

将式 (24) 两端分别左乘以 $\boldsymbol{M}$、右乘以 $\boldsymbol{M}^*$. 由于 $\boldsymbol{M}$ 是等距映射，$\boldsymbol{M}\boldsymbol{M}^*=\boldsymbol{I}$，因此

$$\boldsymbol{H}=\boldsymbol{M}\boldsymbol{D}\boldsymbol{M}^*. \tag{24$'$}$$

练习 4 证明：$\boldsymbol{M}$ 的列是 $\boldsymbol{H}$ 的本征向量.

现在，我们换一种方式叙述定理 4——自伴随映射的谱定理. 定理 4 断言，整个空间 X 可以分解为两两正交的本征空间：

$$X=N^{(1)}\oplus\cdots\oplus N^{(k)}, \tag{27}$$

其中，$N^{(j)}$ 由对应于 $\boldsymbol{H}$ 的实本征值 a_j 的全体本征向量构成，对任意 $j\neq i$ 有 $a_j\neq a_i$. 于是，X 中的任意向量 $\boldsymbol{x}$ 都能被唯一地分解为下列和式：

$$\boldsymbol{x}=\boldsymbol{x}^{(1)}+\cdots+\boldsymbol{x}^{(k)}, \tag{27$'$}$$

其中，$\boldsymbol{x}^{(j)}\in N^{(j)}$. 因为 $N^{(j)}$ 由本征向量构成，所以将 $\boldsymbol{H}$ 作用在式 (27)′ 上即得

$$\boldsymbol{H}\boldsymbol{x}=a_1\boldsymbol{x}^{(1)}+\cdots+a_k\boldsymbol{x}^{(k)}. \tag{28}$$

注意，式 (27)′ 中的每个 $\boldsymbol{x}^{(j)}$ 都是 $\boldsymbol{x}$ 的函数，不妨将这种依赖关系记作

$$\boldsymbol{x}^{(j)}=\boldsymbol{P}_j(\boldsymbol{x}).$$

又因为 $N^{(j)}$ 是 X 的线性子空间，所以 $\boldsymbol{x}^{(j)}$ 线性依赖于 $\boldsymbol{x}$，即 $\boldsymbol{P}_j$ 是线性映射. 于是，式 (27)′ 和式 (28) 可重写为

$$\boldsymbol{I}=\sum\boldsymbol{P}_j, \tag{29}$$

$$\boldsymbol{H}=\sum a_j\boldsymbol{P}_j. \tag{30}$$

断言 映射 $\boldsymbol{P}_j$ 满足下列性质.

(a)
$$\boldsymbol{P}_j\boldsymbol{P}_k=\boldsymbol{0},\ \text{对任意 } j\neq k;\quad \boldsymbol{P}_j^2=\boldsymbol{P}_j. \tag{31}$$

(b) 每个 $\boldsymbol{P}_j$ 都是自伴随映射：

$$\boldsymbol{P}_j^*=\boldsymbol{P}_j. \tag{32}$$

证明 (a) 根据 $\boldsymbol{P}_j$ 的定义容易推得式 (31).

(b) 根据 $\boldsymbol{x}$ 的展开式 (27)′，将 $\boldsymbol{y}$ 类似地展开，得到

$$(\boldsymbol{P}_j\boldsymbol{x},\boldsymbol{y})=(\boldsymbol{x}^{(j)},\boldsymbol{y})=\left(\boldsymbol{x}^{(j)},\sum_i\boldsymbol{y}^{(i)}\right)=\sum_i(\boldsymbol{x}^{(j)},\boldsymbol{y}^{(i)})=(\boldsymbol{x}^{(j)},\boldsymbol{y}^{(j)}).$$

上式最后一步利用了 $j\neq i$ 时 $N^{(j)}$ 与 $\boldsymbol{x}^{(i)}$ 的正交性. 同理还有

$$(\boldsymbol{x},\boldsymbol{P}_j\boldsymbol{y})=(\boldsymbol{x}^{(j)},\boldsymbol{y}^{(j)}).$$

联立上两式，得到

$$(\boldsymbol{P}_j\boldsymbol{x},\boldsymbol{y})=(\boldsymbol{x},\boldsymbol{P}_j\boldsymbol{y}).$$

对照式 (20)，即知 $\boldsymbol{P}_j$ 是自伴随映射，从而式 (32) 得证. □

回忆第 7 章，满足 $\boldsymbol{P}^2=\boldsymbol{P}$ 的自伴随算子 $\boldsymbol{P}$ 称作正交投影. 形如式 (29) 且 $\boldsymbol{P}_j$ 满足式 (31) 的分解称为单位分解，式 (30) 则称为 $\boldsymbol{H}$ 的谱分解.

定理 4 还可以如下表述.

定理 5　设 X 为复欧几里得空间，$\boldsymbol{H}:X\to X$ 为自伴随线性映射，则存在满足 (29)、(31)、(32) 的单位分解，且由此可以确定 $\boldsymbol{H}$ 的谱分解 (30).

谱定理的这种表述方式有助于定义自伴随算子函数，特别是为无限维空间的情形提供了参照.

将式 (30) 两端平方，再利用 $\boldsymbol{P}_j$ 的性质 (31)，可得

$$\boldsymbol{H}^2=\sum a_j^2\boldsymbol{P}_j.$$

利用归纳法，对任意自然数 m，有

$$\boldsymbol{H}^m=\sum a_j^m\boldsymbol{P}_j.$$

因此，对任意多项式 p，有

$$p(\boldsymbol{H})=\sum p(a_j)\boldsymbol{P}_j. \tag{33}$$

设 $f(a)$ 是定义在 $\boldsymbol{H}$ 的谱上的实值函数，我们仿照式 (33) 定义 $f(\boldsymbol{H})$:

$$f(\boldsymbol{H})=\sum f(a_j)\boldsymbol{P}_j. \tag{33$'$}$$

例如，

$$\mathrm{e}^{\boldsymbol{H}}=\sum \mathrm{e}^{a_j}\boldsymbol{P}_j.$$

关于此部分更详尽的介绍见第 9 章.

以下我们给出定理 5 的一系列简单结论.

定理 6　设 $\boldsymbol{H}$ 和 $\boldsymbol{K}$ 是可交换的自伴随矩阵，即

$$\boldsymbol{H}^*=\boldsymbol{H},\quad \boldsymbol{K}^*=\boldsymbol{K},\quad \boldsymbol{HK}=\boldsymbol{KH}.$$

则 $\boldsymbol{H}$ 和 $\boldsymbol{K}$ 有相同的谱分解，即存在满足 (29)、(31)、(32) 的正交投影，使式 (30) 成立，并且

$$\sum b_j\boldsymbol{P}_j=\boldsymbol{K}. \tag{30$'$}$$

证明　设 N 为 $\boldsymbol{H}$ 的一个本征空间，则对任意 $\boldsymbol{x}\in N$ 有

$$\boldsymbol{Hx}=a\boldsymbol{x}.$$

将 $\boldsymbol{K}$ 作用在上式两边，得

$$\boldsymbol{KHx}=a\boldsymbol{Kx}.$$

由于 $\boldsymbol{H}$ 和 $\boldsymbol{K}$ 可交换，因此上式可写为

$$\boldsymbol{HKx} = a\boldsymbol{Kx},$$

这就说明 $\boldsymbol{Kx}$ 是 $\boldsymbol{H}$ 的本征向量．因此，$\boldsymbol{K}$ 将 N 映射到自身．显然，$\boldsymbol{K}$ 限制在 N 上仍是自伴随的，于是可以得到 $\boldsymbol{K}$ 在 N 上的谱分解．最后，将 $\boldsymbol{H}$ 每个本征空间上的谱分解复合，就得到 $\boldsymbol{H}$ 和 $\boldsymbol{K}$ 的联合谱分解．□

定理 6 的结论可以推广到任意有限个两两可交换的自伴随映射．

定义　若欧几里得空间到自身的线性映射 $\boldsymbol{A}$ 满足

$$\boldsymbol{A}^* = -\boldsymbol{A},$$

则称 $\boldsymbol{A}$ 为**反自伴随**（**anti-self-adjoint**）映射．

根据伴随的定义和标量积的共轭对称性，复欧几里得空间到自身的线性映射 $\boldsymbol{M}$ 满足

$$(\mathrm{i}\boldsymbol{M})^* = -\mathrm{i}\boldsymbol{M}^*. \tag{34}$$

特别地，如果 $\boldsymbol{A}$ 是反自伴随映射，则 $\mathrm{i}\boldsymbol{A}$ 是自伴随映射，从而可以运用定理 4．这就得到了下面的定理 7．

定理 7　设 $\boldsymbol{A}$ 是复欧几里得空间到自身的反自伴随映射，则

(a) $\boldsymbol{A}$ 的本征值都是纯虚数；

(b) 存在一组由 $\boldsymbol{A}$ 的本征向量构成的标准正交基．

下面我们介绍一类映射，自伴随映射、反自伴随映射和酉映射都是这类映射的特例．

定义　若复欧几里得空间到自身的映射 $\boldsymbol{N}$ 与其伴随可交换，即

$$\boldsymbol{NN}^* = \boldsymbol{N}^*\boldsymbol{N},$$

则称 $\boldsymbol{N}$ 为**正规**（**normal**）映射．

定理 8　设 $\boldsymbol{N}$ 是正规映射，则存在一组由 $\boldsymbol{N}$ 的本征向量构成的标准正交基．

证明　若 $\boldsymbol{N}$ 与 $\boldsymbol{N}^*$ 可交换，则

$$\boldsymbol{H} = \frac{\boldsymbol{N}+\boldsymbol{N}^*}{2} \quad \text{和} \quad \boldsymbol{A} = \frac{\boldsymbol{N}-\boldsymbol{N}^*}{2} \tag{35}$$

亦可交换．显然，$\boldsymbol{H}$ 和 $\boldsymbol{A}$ 分别是自伴随映射和反自伴随映射．对 $\boldsymbol{H}$ 和 $\boldsymbol{K} = \mathrm{i}\boldsymbol{A}$ 运用定理 6，可知 $\boldsymbol{H}, \boldsymbol{K}$ 有相同的谱分解，于是存在一组由 $\boldsymbol{H}, \boldsymbol{A}$ 的公共本征向量构成的标准正交基．然而，根据式 (35)，有

$$\boldsymbol{N} = \boldsymbol{H} + \boldsymbol{A}, \tag{35$'$}$$

因此这组基中的向量也是 $\boldsymbol{N}$ 的本征向量，同样，也是 $\boldsymbol{N}^*$ 的本征向量．□

下面介绍定理 8 的一个应用．

定理 9　设 $\boldsymbol{U}$ 是复欧几里得空间到自身的酉映射，即 $\boldsymbol{U}$ 是等距线性映射，则

(a) 存在一组由 $\boldsymbol{U}$ 的真正的本征向量构成的标准正交基；

(b) $\boldsymbol{U}$ 的本征值都是绝对值等于 1 的复数.

证明　根据第 7 章式 (42)，等距映射 $\boldsymbol{U}$ 满足 $\boldsymbol{U}^*\boldsymbol{U}=\boldsymbol{I}$，即 $\boldsymbol{U}^*$ 是 $\boldsymbol{U}$ 的左逆. 我们曾在第 3 章（见第 3 章定理 1 的推论 B）证明有左逆的映射必可逆，且其左逆亦是右逆：$\boldsymbol{U}\boldsymbol{U}^*=\boldsymbol{I}$. 故 $\boldsymbol{U}$ 与 $\boldsymbol{U}^*$ 可交换，从而 $\boldsymbol{U}$ 是正规映射，运用定理 8 即证得 (a). 为证明 (b)，令 $\boldsymbol{f}$ 是 $\boldsymbol{U}$ 的本征向量，其对应的本征值为 u，即 $\boldsymbol{U}\boldsymbol{f}=u\boldsymbol{f}$. 于是 $\|\boldsymbol{U}\boldsymbol{f}\|=\|u\boldsymbol{f}\|=|u|\|\boldsymbol{f}\|$，由于 $\boldsymbol{U}$ 是等距映射，因此 $|u|=1$. □

前面，我们利用一般线性映射的谱分解给出了自伴随映射谱分解定理的第一种证明，其中用到了代数中复根的存在性基本定理，并进一步证明了这些根都是实根. 然而，是否可以不借助代数基本定理来证明自伴随映射的谱分解呢? 我们的回答是肯定的. 事实上，下面给出的新证明在许多方面优于第一种证法. 它不仅避开了代数基本定理，而且在讨论实对称映射时也无须涉及复数. 这种证法还很好地描述了本征值，对我们估计本征值十分有用，这一点将在第 10 章系统介绍. 此外，最为重要的是，新证法甚至可以推广到无限维空间上.

定理 4 的第二种证法　首先假定 X 有一组由 $\boldsymbol{H}$ 的本征向量构成的标准正交基. 根据式 (26) 和式 (26)′，有

$$\frac{(\boldsymbol{x},\boldsymbol{H}\boldsymbol{x})}{(\boldsymbol{x},\boldsymbol{x})}=\frac{\sum a_i z_i^2}{\sum z_i^2}. \tag{36}$$

调整下标，使得 a_i 按从小到大的次序排列：

$$a_1\leqslant a_2\leqslant\cdots\leqslant a_n. \tag{36$'$}$$

由式 (36)′ 可知，当 $z_1\neq 0$ 且 $z_i=0$（$i=2,\cdots,n$）时，式 (36) 取值最小. 所以

$$a_1=\min_{\boldsymbol{x}\neq\boldsymbol{0}}\frac{(\boldsymbol{x},\boldsymbol{H}\boldsymbol{x})}{(\boldsymbol{x},\boldsymbol{x})}. \tag{37}$$

同理，

$$a_n=\max_{\boldsymbol{x}\neq\boldsymbol{0}}\frac{(\boldsymbol{x},\boldsymbol{H}\boldsymbol{x})}{(\boldsymbol{x},\boldsymbol{x})}. \tag{37$'$}$$

显然，上述最小值和最大值分别在 a_1 和 a_n 所对应的本征向量 $\boldsymbol{x}=\boldsymbol{f}$ 处取得.

下面，我们不用式 (36)，直接证明最小值问题 (37) 有解且解为 $\boldsymbol{H}$ 的本征向量. 然后根据这一事实，归纳地证明 $\boldsymbol{H}$ 的本征向量可以张成整个空间.

式 (36) 中的商式称作 $\boldsymbol{H}$ 的瑞利商，简记为 $R=R_{\boldsymbol{H}}$. 分子记为 q [见式 (6)]，分母记为 p，则有

$$R(\boldsymbol{x})=\frac{q(\boldsymbol{x})}{p(\boldsymbol{x})}=\frac{(\boldsymbol{x},\boldsymbol{H}\boldsymbol{x})}{(\boldsymbol{x},\boldsymbol{x})}.$$

由于 $\boldsymbol{H}$ 是自伴随映射，因此由式 $(21)'$ 可知 R 为实值函数. 此外，R 是 $\boldsymbol{x}$ 的零阶齐次函数，即对任意标量 k，有

$$R(k\boldsymbol{x}) = R(\boldsymbol{x}).$$

于是，为求 $R(\boldsymbol{x})$ 的最大值和最小值，只需限制在单位球面 $\|\boldsymbol{x}\| = 1$ 上考虑. 第 7 章定理 16 已经证明：在有限维欧几里得空间 X 中，单位球面上的任意向量序列都有收敛子列. 故 $R(\boldsymbol{x})$ 在单位球面上某点，设 $\boldsymbol{f}$ 处，取得最小值. 设 $\boldsymbol{g}$ 为 $\boldsymbol{f}$ 之外的任意向量，t 为实变量，则 $R(\boldsymbol{f}+t\boldsymbol{g})$ 是 t 的两个二次型之商.

利用 $\boldsymbol{H}$ 的自伴随性和标量积的共轭对称性，可将 $R(\boldsymbol{f}+t\boldsymbol{g})$ 写作

$$R(\boldsymbol{f}+t\boldsymbol{g}) = \frac{(\boldsymbol{f},\boldsymbol{Hf}) + 2t\operatorname{Re}(\boldsymbol{g},\boldsymbol{Hf}) + t^2(\boldsymbol{g},\boldsymbol{Hg})}{(\boldsymbol{f},\boldsymbol{f}) + 2t\operatorname{Re}(\boldsymbol{g},\boldsymbol{f}) + t^2(\boldsymbol{g},\boldsymbol{g})} = \frac{q(t)}{p(t)}. \tag{38}$$

由于 R 在 $\boldsymbol{f}$ 处取得最小值，因此 $R(\boldsymbol{f}+t\boldsymbol{g})$ 在 $t=0$ 处取得最小值. 根据微积分基础知识，$R(\boldsymbol{f}+t\boldsymbol{g})$ 在该处的导数为零：

$$\left.\frac{\mathrm{d}}{\mathrm{d}t}R(\boldsymbol{f}+t\boldsymbol{g})\right|_{t=0} = \dot{R} = \frac{\dot{q}p - q\dot{p}}{p^2} = 0.$$

因为 $\|\boldsymbol{f}\| = 1$，所以 $p=1$，记 $R(\boldsymbol{f}) = \min R$ 为 a，上式可以重写为

$$\dot{R} = \dot{q} - a\dot{p} = 0. \tag{38$'$}$$

根据式 (38)，我们有

$$\dot{q}(\boldsymbol{f}+t\boldsymbol{g})\,|_{t=0} = 2\operatorname{Re}(\boldsymbol{g},\boldsymbol{Hf}),$$
$$\dot{p}(\boldsymbol{f}+t\boldsymbol{g})\,|_{t=0} = 2\operatorname{Re}(\boldsymbol{g},\boldsymbol{f}).$$

代入式 $(38)'$ 得

$$2\operatorname{Re}(\boldsymbol{g},\boldsymbol{Hf}-a\boldsymbol{f}) = 0.$$

以 $\mathrm{i}\boldsymbol{g}$ 代替 $\boldsymbol{g}$，则对任意 $\boldsymbol{g} \in X$，有

$$2(\boldsymbol{g},\boldsymbol{Hf}-a\boldsymbol{f}) = 0. \tag{39}$$

注意，式 (39) 对全体向量 $\boldsymbol{g}$ 都成立，而与全体向量正交的向量只有零向量，故

$$\boldsymbol{Hf} - a\boldsymbol{f} = \boldsymbol{0}, \tag{39$'$}$$

即 $\boldsymbol{f}$ 是 $\boldsymbol{H}$ 对应于本征值 a 的本征向量.

下面对 X 的维数 n 进行归纳，以证明存在 $\boldsymbol{H}$ 的一组相互正交的本征向量，它们能够张成 X. 考虑 $\boldsymbol{f}$ 的正交补 X_1，即任意 $\boldsymbol{x} \in X_1$，都有

$$(\boldsymbol{x},\boldsymbol{f}) = 0. \tag{39$''$}$$

显然 $\dim X_1 = \dim X - 1$. 我们断言 $\boldsymbol{H}$ 将 X_1 映射到自身，即对任意 $\boldsymbol{x} \in X_1$ 都有 $(\boldsymbol{Hx},\boldsymbol{f}) = 0$. 事实上，根据 $\boldsymbol{H}$ 的自伴随性和式 $(39)''$，有

$$(\boldsymbol{Hx},\boldsymbol{f}) = (\boldsymbol{x},\boldsymbol{Hf}) = (\boldsymbol{x},a\boldsymbol{f}) = a(\boldsymbol{x},\boldsymbol{f}) = 0.$$

$\boldsymbol{H}$ 限制到 X_1 上仍是自伴随映射，因为 $\dim X_1 = n-1$，所以由归纳假设可知，存在 $\boldsymbol{H}$ 的一组相互正交的本征向量，它们能够张成 X_1. 显然，这些向量以及 $\boldsymbol{f}$ 是 $\boldsymbol{H}$ 的一组相互正交且能张成 X 的本征向量. 不用归纳法，此处还可以递归地完成证明：仿照最初在 X 上讨论最小值问题，我们可以考虑 X_1 上的最小值问题，即限定 $\boldsymbol{x}$ 为 X_1 中非零向量时，

$$\frac{(\boldsymbol{x}, \boldsymbol{Hx})}{(\boldsymbol{x}, \boldsymbol{x})}$$

在何处取得最小值. 根据前面的讨论，设最小值在 X_1 中的向量 $\boldsymbol{x} = \boldsymbol{f}_2$ 处取得，其中，$\boldsymbol{f}_2$ 是 $\boldsymbol{H}$ 对应于本征值 a_2 的本征向量，而 a_2 是 $\boldsymbol{H}$ 的除 a_1 之外的最小的本征值：

$$\boldsymbol{H}\boldsymbol{f}_2 = a_2 \boldsymbol{f}_2.$$

继续上述步骤，我们即可得到 $\boldsymbol{H}$ 的一组本征向量，它们能够张成 X，其中，第 j 个向量对应于按升序排列的第 j 个本征值. □

以上算法中，本征值是根据一系列条件逐渐加强的最小值问题，按照从小到大的次序计算出来的. 下面我们介绍费希尔给出的方法，它不依赖于已求得的本征值及其对应的本征向量，而是直接描述第 j 个本征值.

定理 10　设 $\boldsymbol{H}$ 是有限维实欧几里得空间 X 上的实对称线性映射，$\boldsymbol{H}$ 的本征值从小到大依次为 $a_1, \cdots, a_n$，则

$$a_j = \min_{\dim S = j} \max_{\boldsymbol{x} \in S, \boldsymbol{x} \neq \boldsymbol{0}} \frac{(\boldsymbol{x}, \boldsymbol{Hx})}{(\boldsymbol{x}, \boldsymbol{x})}, \tag{40}$$

其中，S 为 X 的线性子空间.

注记　式 (40) 称作最小最大原理.

证明　我们要证明：对 X 的任意满足 $\dim S = j$ 的线性子空间 S，都有

$$\max_{\boldsymbol{x} \in S} \frac{(\boldsymbol{x}, \boldsymbol{Hx})}{(\boldsymbol{x}, \boldsymbol{x})} \geqslant a_j. \tag{41}$$

为证明这一结论，只需找出 S 中的某个向量 $\boldsymbol{x} \neq \boldsymbol{0}$，使得

$$\frac{(\boldsymbol{x}, \boldsymbol{Hx})}{(\boldsymbol{x}, \boldsymbol{x})} \geqslant a_j. \tag{42}$$

显然，这个 $\boldsymbol{x}$ 应该满足以下 $j-1$ 个线性条件：

$$(\boldsymbol{x}, \boldsymbol{f}_i) = 0, \quad i = 1, \cdots, j-1, \tag{43}$$

其中，$\boldsymbol{f}_i$ 是 $\boldsymbol{H}$ 的第 i 个本征值所对应的本征向量. 根据第 3 章定理 1 的推论 A，每个 j 维子空间 S 都包含满足式 (43) 中 $j-1$ 个线性条件的非零向量 $\boldsymbol{x}$. 因此，在 $\boldsymbol{x}$ 按 $\boldsymbol{H}$ 的本征向量展开的式 $(25)'$ 中，前 $j-1$ 个本征向量的系数为零，即

式 (36) 中，对任意 $i < j$，有 $z_i = 0$. 于是，根据式 (36)，式 (42) 对于该 $\boldsymbol{x}$ 成立，即证得式 (41).

为完成定理 10 的证明，我们还需要找到一个 j 维子空间 S，使得对任意 $\boldsymbol{x} \in S$，都有

$$a_j \geqslant \frac{(\boldsymbol{x}, \boldsymbol{H}\boldsymbol{x})}{(\boldsymbol{x}, \boldsymbol{x})}. \tag{44}$$

显然，S 可以是由 $\boldsymbol{f}_1, \cdots, \boldsymbol{f}_j$ 张成的空间，其中的每个向量都形如 $\sum_{i=1}^{j} z_i \boldsymbol{f}_i$. 因为对任意 $i \leqslant j$ 都有 $a_i \leqslant a_j$，所以由式 (36) 可得不等式 (44). □

上述演算指出了瑞利商的两个重要性质.

(i) $\boldsymbol{H}$ 的每个本征向量 $\boldsymbol{h}$ 都是 $R_{\boldsymbol{H}}$ 的*稳定点*，即当 $\boldsymbol{x}$ 取值为 $\boldsymbol{H}$ 的本征向量时，$R_{\boldsymbol{H}}$ 的一阶导数为零. 反过来，$R_{\boldsymbol{H}}$ 的稳定点都是 $\boldsymbol{H}$ 的本征向量.

(ii) 瑞利商在本征向量 $\boldsymbol{f}$ 处的取值等于 $\boldsymbol{H}$ 的对应本征值：

$$R_{\boldsymbol{H}}(\boldsymbol{f}) = a, \quad 其中\ \boldsymbol{H}\boldsymbol{f} = a\boldsymbol{f}.$$

由上述性质可以得到下列重要推论.

设 $\boldsymbol{g}$ 是 $\boldsymbol{f}$ 的一个近似，误差为 ϵ，即

$$\|\boldsymbol{g} - \boldsymbol{f}\| \leqslant \epsilon, \tag{45}$$

则 $R_{\boldsymbol{H}}(\boldsymbol{g})$ 是本征值 a 的一个近似，其误差为 $o(\epsilon^2)$：

$$|R_{\boldsymbol{H}}(\boldsymbol{g}) - a| \leqslant o(\epsilon^2). \tag{45$'$}$$

该结论是函数 $R_{\boldsymbol{H}}(\boldsymbol{x})$ 在点 $\boldsymbol{x} = \boldsymbol{f}$ 附近泰勒近似的一个直接推论.

估计式 (45)$'$ 对于运用数值方法计算矩阵本征值十分有用.

现在我们给出一个关于自伴随映射的本征值的很好的推广. 设 X 是一个实欧几里得空间或复欧几里得空间，考虑 X 上的两个自伴随映射 $\boldsymbol{H}$ 和 $\boldsymbol{M}$，其中，$\boldsymbol{M}$ 是*正定的*.

定义 *我们称欧几里得空间 X 到自身的自伴随映射 $\boldsymbol{M}$ 是*正定的（**positive**），*前提是对 X 中的任意非零向量 $\boldsymbol{x}$，有 $(\boldsymbol{x}, \boldsymbol{M}\boldsymbol{x}) > 0$.*

由上述定义及标量积的性质可知，恒同映射 $\boldsymbol{I}$ 是正定的. 除此之外还有许多正定的映射，我们将在第 10 章系统地研究.

我们得到瑞利商的一种推广形式：

$$R_{\boldsymbol{H},\boldsymbol{M}}(\boldsymbol{x}) = \frac{(\boldsymbol{x}, \boldsymbol{H}\boldsymbol{x})}{(\boldsymbol{x}, \boldsymbol{M}\boldsymbol{x})}. \tag{46}$$

注意，当 $\boldsymbol{M} = \boldsymbol{I}$ 时，上式就是瑞利商. 仿照前面对瑞利商的讨论，我们考察广义瑞利商的最小值问题：求非零向量 $\boldsymbol{x}$，使得 $R_{\boldsymbol{H},\boldsymbol{M}}(\boldsymbol{x})$ 取得最小值

$$\min \frac{(\boldsymbol{x}, \boldsymbol{H}\boldsymbol{x})}{(\boldsymbol{x}, \boldsymbol{M}\boldsymbol{x})}. \tag{47}$$

练习 5 (a) 证明：最小值问题 (47) 有非平凡解 $\boldsymbol{f}$.

(b) 证明：最小值问题 (47) 的非平凡解 $\boldsymbol{f}$ 满足方程

$$\boldsymbol{H}\boldsymbol{f} = b\boldsymbol{M}\boldsymbol{f}, \tag{48}$$

其中，标量 b 是式 (47) 中取到的最小值.

(c) 证明：约束最小值问题

$$\min_{(\boldsymbol{y},\boldsymbol{M}\boldsymbol{f})=0} \frac{(\boldsymbol{y},\boldsymbol{H}\boldsymbol{y})}{(\boldsymbol{y},\boldsymbol{M}\boldsymbol{y})} \tag{47$'$}$$

有非平凡解 $\boldsymbol{g}$.

(d) 证明：最小值问题 $(47)'$ 的解 $\boldsymbol{g}$ 满足方程

$$\boldsymbol{H}\boldsymbol{g} = c\boldsymbol{M}\boldsymbol{g}, \tag{48$'$}$$

其中，标量 c 是式 $(47)'$ 中取到的最小值.

定理 11 设 X 是有限维欧几里得空间，$\boldsymbol{H},\boldsymbol{M}$ 是 X 到自身的两个自伴随映射，且 $\boldsymbol{M}$ 是正定的. 则存在 X 的一组基 $\boldsymbol{f}_1,\cdots,\boldsymbol{f}_n$，其中，$\boldsymbol{f}_i$ 满足

$$\boldsymbol{H}\boldsymbol{f}_i = b_i\boldsymbol{M}\boldsymbol{f}_i, \quad b_i \text{ 是实数}, \tag{49}$$

且

$$(\boldsymbol{f}_i,\boldsymbol{M}\boldsymbol{f}_j) = 0, \quad \text{对任意 } i \neq j.$$

练习 6 证明定理 11.

练习 7 仿照式 (40)，用最小最大原理给出定理 11 中的实数 b_i.

下面的结论非常有用，它是定理 11 的一个直接推论.

定理 11′ 设 $\boldsymbol{H},\boldsymbol{M}$ 是自伴随映射且 $\boldsymbol{M}$ 是正定的，则 $\boldsymbol{M}^{-1}\boldsymbol{H}$ 的全体本征值都是实数. 如果 $\boldsymbol{H}$ 也是正定的，则 $\boldsymbol{M}^{-1}\boldsymbol{H}$ 的全体本征值都是正数.

练习 8 证明定理 11′.

练习 9 举例说明若 $\boldsymbol{M}$ 不正定，则定理 11′ 的结论不成立.

设 $\boldsymbol{A}$ 是欧几里得空间 X 到自身的线性映射，第 7 章式 $(32)'$ 定义了 $\boldsymbol{A}$ 的范数为

$$\|\boldsymbol{A}\| = \max_{\|\boldsymbol{x}\|=1} \|\boldsymbol{A}\boldsymbol{x}\|.$$

如果 $\boldsymbol{A}$ 是正规的，即 $\boldsymbol{A}$ 与其伴随可交换，则 $\boldsymbol{A}$ 的范数可以如下表示.

定理 12 设 $\boldsymbol{N}$ 是欧几里得空间 X 到自身的正规映射，则

$$\|\boldsymbol{N}\| = \max |n_j|, \tag{50}$$

其中，n_j 是 $\boldsymbol{N}$ 的本征值.

练习 10 证明定理 12. [提示：利用定理 8.]

练习 11 定义 $\mathbb{C}^n$ 上的循环移位映射 $\boldsymbol{S}$ 为

$$\boldsymbol{S}(a_1, a_2, \cdots, a_n) = (a_n, a_1, \cdots, a_{n-1}).$$

(a) 证明：$\boldsymbol{S}$ 在欧几里得范数下是等距映射.

(b) 求 $\boldsymbol{S}$ 的本征值与本征向量.

(c) 验证 $\boldsymbol{S}$ 的本征向量相互正交.

注记 $\boldsymbol{v}$ 按 $\boldsymbol{S}$ 的本征向量展开的展开式称作 $\boldsymbol{v}$ 的有限傅里叶变换，详见附录 I.

定理 13 设 $\boldsymbol{A}$ 是有限维欧几里得空间 X 到另一有限维欧几里得空间 U 的线性映射，$\boldsymbol{A}$ 的范数 $\|\boldsymbol{A}\|$ 等于 $\boldsymbol{A}^*\boldsymbol{A}$ 的最大本征值的平方根.

证明 $\|\boldsymbol{A}\boldsymbol{x}\|^2 = (\boldsymbol{A}\boldsymbol{x}, \boldsymbol{A}\boldsymbol{x}) = (\boldsymbol{x}, \boldsymbol{A}^*\boldsymbol{A}\boldsymbol{x})$. 根据施瓦茨不等式，$(\boldsymbol{x}, \boldsymbol{A}^*\boldsymbol{A}\boldsymbol{x}) \leqslant \|\boldsymbol{x}\|\|\boldsymbol{A}^*\boldsymbol{A}\boldsymbol{x}\|$. 因此，对于单位向量 $\boldsymbol{x}$ 有 $\|\boldsymbol{x}\| = 1$，从而

$$\|\boldsymbol{A}\boldsymbol{x}\|^2 \leqslant \|\boldsymbol{A}^*\boldsymbol{A}\boldsymbol{x}\|. \tag{51}$$

$\boldsymbol{A}^*\boldsymbol{A}$ 是自伴随映射，根据式 $(37)'$ 有

$$\max_{\|\boldsymbol{x}\|=1} \|\boldsymbol{A}^*\boldsymbol{A}\boldsymbol{x}\| = a_{\max},$$

其中，$a_{\max}$ 是 $\boldsymbol{A}^*\boldsymbol{A}$ 的最大的本征值. 结合式 (51)，有 $\|\boldsymbol{A}\|^2 \leqslant a_{\max}$. 为证明等号成立，只需令 $\boldsymbol{x} = \boldsymbol{f}$ 为 $\boldsymbol{A}^*\boldsymbol{A}$ 对应于 $a_{\max}$ 的单位本征向量，则有 $\boldsymbol{A}^*\boldsymbol{A}\boldsymbol{f} = a_{\max}\boldsymbol{f}$. 此时施瓦茨不等式取到等号，从而式 (51) 中等号成立. □

练习 12 (i) 求矩阵

$$\boldsymbol{A} = \begin{pmatrix} 1 & 2 \\ 0 & 3 \end{pmatrix}$$

在标准欧几里得空间中的范数.

(ii) 试比较 $\|\boldsymbol{A}\|$ 的值与第 7 章练习 19 所求的 $\|\boldsymbol{A}\|$ 的上界与下界.

练习 13 求矩阵

$$\boldsymbol{A} = \begin{pmatrix} 1 & 0 & -1 \\ 2 & 3 & 0 \end{pmatrix}$$

在 $\mathbb{R}^2$ 和 $\mathbb{R}^3$ 的标准欧几里得空间中的范数.

第 9 章　向量值函数、矩阵值函数的微积分学

本章第 1 节将建立向量值函数、矩阵值函数的微积分学. 要达到这一目的，有两条途径：一是指定某组基，将向量和矩阵用其分量和元素来表示，然后运用数值函数的微积分知识；二是在线性空间的背景下重建微积分. 我们选择第二条途径，因为它更简单并且直接从概念入手，不过在必要时，我们也保留考察向量、矩阵的分量或元素的权利.

下文中的数域既可能是实数域，也可能是复数域. 第 7 章给出了向量长度和矩阵范数的定义 [见式 (1) 和式 (32)]，于是我们可以如下定义序列收敛.

(i) $\mathbb{R}^n$ 中的一个向量序列 $\boldsymbol{x}_k$ 收敛于向量 $\boldsymbol{x}$，前提是

$$\lim_{k\to\infty}\|\boldsymbol{x}_k-\boldsymbol{x}\|=0.$$

(ii) 一个 $n\times n$ 矩阵序列 $\boldsymbol{A}_k$ 收敛于 $\boldsymbol{A}$，前提是

$$\lim_{k\to\infty}\|\boldsymbol{A}_k-\boldsymbol{A}\|=0.$$

我们也可以不借助向量长度和矩阵范数而直接定义向量序列和矩阵序列的收敛. 比如，对于向量序列，可以要求 $\boldsymbol{x}_k$ 的每个分量都收敛于 $\boldsymbol{x}$ 的对应分量；对于矩阵序列，可以要求 $\boldsymbol{A}_k$ 的每个元素都收敛于 $\boldsymbol{A}$ 的对应元素. 不过，引入向量长度和矩阵范数的记号使定义简洁明了，并且有助于证明. 第 14 章和第 15 章将对这两个概念作详细介绍.

第 1 节　概述

设 $\boldsymbol{x}(t)$ 是实变量 t 的向量值函数，$t\in(0,1)$. 如果

$$\lim_{t\to t_0}\|\boldsymbol{x}(t)-\boldsymbol{x}(t_0)\|=0, \tag{1}$$

则称 $\boldsymbol{x}(t)$ 在 t_0 处连续. 如果

$$\lim_{h\to 0}\left\|\frac{\boldsymbol{x}(t_0+h)-\boldsymbol{x}(t_0)}{h}-\dot{\boldsymbol{x}}(t_0)\right\|=0, \tag{1$'$}$$

则称 $\boldsymbol{x}$ 在 t_0 处可微且导数为 $\dot{\boldsymbol{x}}(t_0)$. 这里我们以点号表示导数，即

$$\dot{\boldsymbol{x}}(t)=\frac{\mathrm{d}}{\mathrm{d}t}\boldsymbol{x}(t).$$

矩阵值函数的连续、可微可以类似定义.

下面关于导数的基本定理对向量值函数和矩阵值函数仍然成立.

定理 1 若对任意 $t \in (0,1)$ 都有 $\dot{\boldsymbol{x}}(t)=\boldsymbol{0}$，则 $\boldsymbol{x}(t)$ 是常值函数.

练习 1 证明向量值函数的导数基本定理，即定理 1.

[提示：证明对任意向量 $\boldsymbol{y}$，$(\boldsymbol{x}(t),\boldsymbol{y})$ 都是常数.]

下面讨论**求导法则**，首先是线性性质.

(i) 两个可微函数之和仍可微，且

$$\frac{\mathrm{d}}{\mathrm{d}t}(\boldsymbol{x}+\boldsymbol{y})=\frac{\mathrm{d}}{\mathrm{d}t}\boldsymbol{x}+\frac{\mathrm{d}}{\mathrm{d}t}\boldsymbol{y}.$$

(ii) 可微函数的任意常数倍仍可微，且

$$\frac{\mathrm{d}}{\mathrm{d}t}(k\boldsymbol{x}(t))=k\frac{\mathrm{d}}{\mathrm{d}t}\boldsymbol{x}(t).$$

矩阵值函数也有类似性质.

(iii) $$\frac{\mathrm{d}}{\mathrm{d}t}(\boldsymbol{A}(t)+\boldsymbol{B}(t))=\frac{\mathrm{d}}{\mathrm{d}t}\boldsymbol{A}(t)+\frac{\mathrm{d}}{\mathrm{d}t}\boldsymbol{B}(t).$$

(iv) 若 $\boldsymbol{A}$ 与 t 无关，则

$$\frac{\mathrm{d}}{\mathrm{d}t}\boldsymbol{A}\boldsymbol{B}(t)=\boldsymbol{A}\frac{\mathrm{d}}{\mathrm{d}t}\boldsymbol{B}(t).$$

上述性质的证明与数值函数的情形相同.

对向量值函数和矩阵值函数而言，导数的线性性质有更深一层的含义：设 l 是定义在 $\mathbb{R}^n$ 上的某指定线性函数，$\boldsymbol{x}(t)$ 是可微的向量值函数，则 $l(\boldsymbol{x}(t))$ 也是可微函数，且

$$\frac{\mathrm{d}}{\mathrm{d}t}l(\boldsymbol{x}(t))=l\left(\frac{\mathrm{d}}{\mathrm{d}t}\boldsymbol{x}(t)\right). \tag{2}$$

对于定义在矩阵上的线性函数，上面的结论也成立，例如第 5 章式 (35) 定义的迹. 因此，对任意可微的矩阵值函数 $\boldsymbol{A}(t)$，有

$$\frac{\mathrm{d}}{\mathrm{d}t}\operatorname{tr}(\boldsymbol{A}(t))=\operatorname{tr}\left(\frac{\mathrm{d}}{\mathrm{d}t}\boldsymbol{A}(t)\right). \tag{2$'$}$$

向量值函数和矩阵值函数乘积的求导法则（常称作莱布尼茨法则）与初等微积分一致. 不过，由于此时乘积的种类至少有 5 种，因此我们得到 5 种法则.

乘积求导法则

(i) 标量值函数与向量值函数的乘积：

$$\frac{\mathrm{d}}{\mathrm{d}t}[k(t)\boldsymbol{x}(t)]=\left(\frac{\mathrm{d}k}{\mathrm{d}t}\right)\boldsymbol{x}(t)+k(t)\frac{\mathrm{d}}{\mathrm{d}t}\boldsymbol{x}(t).$$

(ii) 矩阵值函数与向量值函数的乘积：

$$\frac{\mathrm{d}}{\mathrm{d}t}[\boldsymbol{A}(t)\boldsymbol{x}(t)]=\left(\frac{\mathrm{d}}{\mathrm{d}t}\boldsymbol{A}(t)\right)\boldsymbol{x}(t)+\boldsymbol{A}(t)\frac{\mathrm{d}}{\mathrm{d}t}\boldsymbol{x}(t).$$

(iii) 两个矩阵值函数的乘积：

$$\frac{\mathrm{d}}{\mathrm{d}t}[\boldsymbol{A}(t)\boldsymbol{B}(t)] = \left[\frac{\mathrm{d}}{\mathrm{d}t}\boldsymbol{A}(t)\right]\boldsymbol{B}(t) + \boldsymbol{A}(t)\left[\frac{\mathrm{d}}{\mathrm{d}t}\boldsymbol{B}(t)\right].$$

(iv) 标量值函数与矩阵值函数的乘积：

$$\frac{\mathrm{d}}{\mathrm{d}t}[k(t)\boldsymbol{A}(t)] = \left[\frac{\mathrm{d}k}{\mathrm{d}t}\right]\boldsymbol{A}(t) + k(t)\frac{\mathrm{d}}{\mathrm{d}t}\boldsymbol{A}(t).$$

(v) 两个向量值函数的标量积：

$$\frac{\mathrm{d}}{\mathrm{d}t}(\boldsymbol{y}(t), \boldsymbol{x}(t)) = \left(\frac{\mathrm{d}}{\mathrm{d}t}\boldsymbol{y}(t), \boldsymbol{x}(t)\right) + \left(\boldsymbol{y}(t), \frac{\mathrm{d}}{\mathrm{d}t}\boldsymbol{x}(t)\right).$$

上述法则的证明与数值函数的情形相同.

矩阵值函数的逆的求导法则与初等微积分中的反函数求导法则类似，只有微小的差别.

定理 2 设 $\boldsymbol{A}(t)$ 是可微且可逆的矩阵值函数，则 $\boldsymbol{A}^{-1}(t)$ 也可微，且

$$\frac{\mathrm{d}}{\mathrm{d}t}\boldsymbol{A}^{-1} = -\boldsymbol{A}^{-1}\left(\frac{\mathrm{d}}{\mathrm{d}t}\boldsymbol{A}\right)\boldsymbol{A}^{-1}. \tag{3}$$

证明 易证下面的等式成立：

$$\boldsymbol{A}^{-1}(t+h) - \boldsymbol{A}^{-1}(t) = \boldsymbol{A}^{-1}(t+h)[\boldsymbol{A}(t) - \boldsymbol{A}(t+h)]\boldsymbol{A}^{-1}(t).$$

两边同除以 h，再令 $h \to 0$，即得式 (3). □

练习 2 利用乘积求导法则 (iii) 证明式 (3).

微积分学的链式法则是指，若 f 和 a 都是可微的标量值函数，则复合函数 $f(a(t))$ 亦可微，且

$$\frac{\mathrm{d}}{\mathrm{d}t}f(a(t)) = f'(a)\frac{\mathrm{d}a}{\mathrm{d}t}, \tag{4}$$

其中，f' 表示 f 的导函数. 然而，链式法则对矩阵值函数并不成立. 令 $f(a) = a^2$，根据乘积求导法则，有

$$\frac{\mathrm{d}}{\mathrm{d}t}\boldsymbol{A}^2 = \boldsymbol{A}\frac{\mathrm{d}}{\mathrm{d}t}\boldsymbol{A} + \left(\frac{\mathrm{d}}{\mathrm{d}t}\boldsymbol{A}\right)\boldsymbol{A},$$

显然不同于式 (4). 一般地，我们断言，对任意正整数幂 k，有

$$\frac{\mathrm{d}}{\mathrm{d}t}\boldsymbol{A}^k = \dot{\boldsymbol{A}}\boldsymbol{A}^{k-1} + \boldsymbol{A}\dot{\boldsymbol{A}}\boldsymbol{A}^{k-2} + \cdots + \boldsymbol{A}^{k-1}\dot{\boldsymbol{A}}. \tag{5}$$

这很容易利用归纳法进行证明：记

$$\boldsymbol{A}^k = \boldsymbol{A}\boldsymbol{A}^{k-1},$$

然后运用乘积求导法则，得

$$\frac{\mathrm{d}}{\mathrm{d}t}\boldsymbol{A}^k = \dot{\boldsymbol{A}}\boldsymbol{A}^{k-1} + \boldsymbol{A}\frac{\mathrm{d}}{\mathrm{d}t}\boldsymbol{A}^{k-1}.$$

定理 3 设 p 是任一多项式，$\boldsymbol{A}(t)$ 是取值为方阵的可微函数，记 $\boldsymbol{A}$ 对 t 的导数为 $\dot{\boldsymbol{A}}$.

(a) 如果存在 t 的某个取值使 $\boldsymbol{A}(t)$ 与 $\dot{\boldsymbol{A}}(t)$ 可交换，则对 t 成立形如式 (4) 的链式法则：

$$\frac{\mathrm{d}}{\mathrm{d}t}p(\boldsymbol{A}) = p'(\boldsymbol{A})\dot{\boldsymbol{A}}. \tag{6}$$

(b) 即使 $\boldsymbol{A}(t)$ 与 $\dot{\boldsymbol{A}}(t)$ 不可交换，仍有下列迹的链式法则成立：

$$\frac{\mathrm{d}}{\mathrm{d}t}\operatorname{tr} p(\boldsymbol{A}) = \operatorname{tr}(p'(\boldsymbol{A})\dot{\boldsymbol{A}}). \tag{6$'$}$$

证明 假设 $\boldsymbol{A}$ 与 $\dot{\boldsymbol{A}}$ 可交换，则式 (5) 可写为

$$\frac{\mathrm{d}}{\mathrm{d}t}\boldsymbol{A}^k = k\boldsymbol{A}^{k-1}\dot{\boldsymbol{A}}.$$

该式即式 (6) 取 $p(s) = s^k$ 时的特例．由于多项式是幂的线性组合，因此根据导数运算的线性性质，易知式 (6) 对任意多项式都成立.

若 $\boldsymbol{A}$ 与 $\dot{\boldsymbol{A}}$ 不可交换，则考虑式 (5) 的迹．根据第 5 章定理 8，矩阵的迹满足交换律，故

$$\operatorname{tr}(\boldsymbol{A}^j\dot{\boldsymbol{A}}\boldsymbol{A}^{k-j-1}) = \operatorname{tr}(\boldsymbol{A}^{k-j-1}\boldsymbol{A}^j\dot{\boldsymbol{A}}) = \operatorname{tr}(\boldsymbol{A}^{k-1}\dot{\boldsymbol{A}}).$$

进而有

$$\operatorname{tr}\frac{\mathrm{d}}{\mathrm{d}t}\boldsymbol{A}^k = k\operatorname{tr}(\boldsymbol{A}^{k-1}\dot{\boldsymbol{A}}).$$

因为迹与求导运算可交换 [见式 (2)$'$]，所以当 $p(s) = s^k$ 时，式 (6)$'$ 成立．同样，该结论也可以推广到任意多项式. □

下面我们将乘积求导法则推广到复线性函数 $\boldsymbol{M}(a_1, \cdots, a_k)$．设 $\boldsymbol{x}_1, \cdots, \boldsymbol{x}_k$ 是可微的向量值函数，则 $\boldsymbol{M}(\boldsymbol{x}_1, \cdots, \boldsymbol{x}_k)$ 亦可微，且

$$\frac{\mathrm{d}}{\mathrm{d}t}\boldsymbol{M}(\boldsymbol{x}_1, \cdots, \boldsymbol{x}_k) = \boldsymbol{M}(\dot{\boldsymbol{x}}_1, \boldsymbol{x}_2, \cdots, \boldsymbol{x}_k) + \cdots + \boldsymbol{M}(\boldsymbol{x}_1, \cdots, \boldsymbol{x}_{k-1}, \dot{\boldsymbol{x}}_k). \tag{7}$$

证明非常直接：因为 $\boldsymbol{M}$ 是复线性函数，所以

$$\begin{aligned}
&\boldsymbol{M}(\boldsymbol{x}_1(t+h), \cdots, \boldsymbol{x}_k(t+h)) - \boldsymbol{M}(\boldsymbol{x}_1(t), \cdots, \boldsymbol{x}_k(t)) \\
&\quad= \boldsymbol{M}(\boldsymbol{x}_1(t+h) - \boldsymbol{x}_1(t), \boldsymbol{x}_2(t+h), \cdots, \boldsymbol{x}_k(t+h)) \\
&\qquad+ \boldsymbol{M}(\boldsymbol{x}_1(t), \boldsymbol{x}_2(t+h) - \boldsymbol{x}_2(t), \boldsymbol{x}_3(t+h), \cdots, \boldsymbol{x}_k(t+h)) \\
&\qquad+ \cdots + \boldsymbol{M}(\boldsymbol{x}_1(t), \cdots, \boldsymbol{x}_{k-1}(t), \boldsymbol{x}_k(t+h) - \boldsymbol{x}_k(t)).
\end{aligned}$$

将上式除以 h，再令 $h \to 0$ 即得式 (7).

式 (7) 的一个重要应用是对第 5 章定义的行列式函数 D 有

$$\frac{\mathrm{d}}{\mathrm{d}t}D(\boldsymbol{x}_1, \cdots, \boldsymbol{x}_n) = D(\dot{\boldsymbol{x}}_1, \boldsymbol{x}_2, \cdots, \boldsymbol{x}_n) + \cdots + D(\boldsymbol{x}_1, \cdots, \boldsymbol{x}_{n-1}, \dot{\boldsymbol{x}}_n). \tag{8}$$

上式的结果是用矩阵 $\boldsymbol{X}$ 的列来表示的，现在我们重写该式，将结果用 $\boldsymbol{X}$ 本身表示. 假设 $\boldsymbol{X}(0)=\boldsymbol{I}$，则 $\boldsymbol{x}_j(0)=\boldsymbol{e}_j$，并且容易求得 $t=0$ 时，式 (8) 右端各行列式的值：

$$
\begin{aligned}
D(\dot{\boldsymbol{x}}_1(0),\boldsymbol{e}_2,\cdots,\boldsymbol{e}_n)&=\dot{x}_{11}(0),\\
D(\boldsymbol{e}_1,\dot{\boldsymbol{x}}_2(0),\boldsymbol{e}_3,\cdots,\boldsymbol{e}_n)&=\dot{x}_{22}(0),\\
&\vdots\\
D(\boldsymbol{e}_1,\cdots,\boldsymbol{e}_{n-1},\dot{\boldsymbol{x}}_n(0))&=\dot{x}_{nn}(0).
\end{aligned}
$$

代入式 (8) 即得：若 $\boldsymbol{X}(t)$ 是可微的矩阵值函数且 $\boldsymbol{X}(0)=\boldsymbol{I}$，则

$$\frac{\mathrm{d}}{\mathrm{d}t}\det\boldsymbol{X}(t)\bigg|_{t=0}=\operatorname{tr}\dot{\boldsymbol{X}}(0). \tag{8$'$}$$

设 $\boldsymbol{Y}(t)$ 是取值为方阵且可逆的可微函数，定义 $\boldsymbol{X}(t)=\boldsymbol{Y}(0)^{-1}\boldsymbol{Y}(t)$，即

$$\boldsymbol{Y}(t)=\boldsymbol{Y}(0)\boldsymbol{X}(t), \tag{9}$$

则显然有 $\boldsymbol{X}(0)=\boldsymbol{I}$，故可以应用式 (8)$'$. 考虑式 (9) 的行列式，根据行列式的乘法法则，有

$$\det\boldsymbol{Y}(t)=\det\boldsymbol{Y}(0)\det\boldsymbol{X}(t). \tag{9$'$}$$

将式 (9) 和式 (9)$'$ 代入式 (8)$'$，得到

$$[\det\boldsymbol{Y}(0)]^{-1}\ \frac{\mathrm{d}}{\mathrm{d}t}\det\boldsymbol{Y}(t)\bigg|_{t=0}=\operatorname{tr}[\boldsymbol{Y}^{-1}(0)\dot{\boldsymbol{Y}}(0)].$$

上式可重写为

$$\frac{\mathrm{d}}{\mathrm{d}t}\ln\det\boldsymbol{Y}(t)\bigg|_{t=0}=\operatorname{tr}[\boldsymbol{Y}^{-1}(t)\dot{\boldsymbol{Y}}(t)]_{t=0}.$$

由于该式不依赖于取值 $t=0$，因此其对任意 t 都成立.

定理 4　设 $\boldsymbol{Y}(t)$ 是取值为方阵的可微函数，若 t 的取值使 $\boldsymbol{Y}(t)$ 可逆，则

$$\frac{\mathrm{d}}{\mathrm{d}t}\ln\det\boldsymbol{Y}(t)=\operatorname{tr}[\boldsymbol{Y}^{-1}(t)\dot{\boldsymbol{Y}}(t)]. \tag{10}$$

该定理的重要意义在于建立了行列式与迹之间的联系.

至此，我们给出了当 f 为多项式时矩阵函数 $f(\boldsymbol{A})$ 的定义. 下面的例子中，f 并非多项式，但也能够定义 $f(\boldsymbol{A})$. 令 $f(s)=\mathrm{e}^s$，它由泰勒级数

$$\mathrm{e}^s=\sum_{k=0}^{\infty}\frac{s^k}{k!} \tag{11}$$

定义. 我们断言 $\mathrm{e}^{\boldsymbol{A}}$ 也可以利用泰勒级数来定义，其中 $\boldsymbol{A}$ 是方阵，即

$$\mathrm{e}^{\boldsymbol{A}}=\sum_{k=0}^{\infty}\frac{\boldsymbol{A}^k}{k!}. \tag{11$'$}$$

级数收敛性的证明与 s 为标量值的情形类似，只需证明级数部分和之差趋于零. 记第 m 个部分和为 $e_m(\boldsymbol{A})$：

$$e_m(\boldsymbol{A})=\sum_{k=0}^{m}\frac{\boldsymbol{A}^k}{k!}. \tag{12}$$

则

$$e_m(\boldsymbol{A})-e_l(\boldsymbol{A})=\sum_{k=l+1}^{m}\frac{\boldsymbol{A}^k}{k!}. \tag{13}$$

根据第 7 章定理 14 推导出的矩阵范数的乘法与加法不等式，有

$$\|e_m(\boldsymbol{A})-e_l(\boldsymbol{A})\|\leqslant\sum_{k=l+1}^{m}\frac{\|\boldsymbol{A}\|^k}{k!}. \tag{13$'$}$$

到此便将问题归结至数项级数的情形，我们显然可以对上式右端进行估计，从而断言：若范数 $\|\boldsymbol{A}\|$ 小于任何预先给定的常数，则当 l 和 m 趋于无穷时，式 (13) 右端一致收敛于零.

矩阵指数函数具有标量指数函数的部分性质，但非全部.

定理 5 (a) 如果 $\boldsymbol{A}$ 和 $\boldsymbol{B}$ 是可交换的方阵，则 $\mathrm{e}^{\boldsymbol{A}+\boldsymbol{B}}=\mathrm{e}^{\boldsymbol{A}}\mathrm{e}^{\boldsymbol{B}}$.

(b) 如果 $\boldsymbol{A}$ 和 $\boldsymbol{B}$ 不可交换，则通常有 $\mathrm{e}^{\boldsymbol{A}+\boldsymbol{B}}\neq\mathrm{e}^{\boldsymbol{A}}\mathrm{e}^{\boldsymbol{B}}$.

(c) 如果 $\boldsymbol{A}(t)$ 对 t 可微，则 $\mathrm{e}^{\boldsymbol{A}(t)}$ 也对 t 可微.

(d) 如果对 t 的某个取值有 $\boldsymbol{A}(t)$ 与 $\dot{\boldsymbol{A}}(t)$ 可交换，则 $(\mathrm{d}/\mathrm{d}t)\mathrm{e}^{\boldsymbol{A}}=\mathrm{e}^{\boldsymbol{A}}\dot{\boldsymbol{A}}$.

(e) 如果 $\boldsymbol{A}$ 是反自伴随矩阵，即有 $\boldsymbol{A}^*=-\boldsymbol{A}$，则 $\mathrm{e}^{\boldsymbol{A}}$ 是酉矩阵.

证明 根据 $\mathrm{e}^{\boldsymbol{A}+\boldsymbol{B}}$ 的定义式 (11)$'$ 即可推得性质 (a)，注意，由 $\boldsymbol{A},\boldsymbol{B}$ 可交换知 $(\boldsymbol{A}+\boldsymbol{B})^k$ 可以表示为 $\sum\binom{k}{j}\boldsymbol{A}^j\boldsymbol{B}^{k-j}$.

性质 (a) 的证明中矩阵可交换的条件不能少，因此 (b) 看起来是对的. 我们不直接证明 (b)，只举例说明：

$$\boldsymbol{A}=\begin{pmatrix}0&1\\0&0\end{pmatrix},\quad \boldsymbol{B}=\begin{pmatrix}0&0\\1&0\end{pmatrix}.$$

显然 $\boldsymbol{A}^2=\boldsymbol{0},\boldsymbol{B}^2=\boldsymbol{0}$，于是根据式 (11)$'$，有

$$\mathrm{e}^{\boldsymbol{A}}=\boldsymbol{I}+\boldsymbol{A}=\begin{pmatrix}1&1\\0&1\end{pmatrix},\quad \mathrm{e}^{\boldsymbol{B}}=\boldsymbol{I}+\boldsymbol{B}=\begin{pmatrix}1&0\\1&1\end{pmatrix}.$$

简单运算后可得

$$\mathrm{e}^{\boldsymbol{A}}\mathrm{e}^{\boldsymbol{B}}=\begin{pmatrix}2&1\\1&1\end{pmatrix},\quad \mathrm{e}^{\boldsymbol{B}}\mathrm{e}^{\boldsymbol{A}}=\begin{pmatrix}1&1\\1&2\end{pmatrix},$$

两个乘积结果不同，说明至少有一个不等于 $\mathrm{e}^{\boldsymbol{A}+\boldsymbol{B}}$，而事实上两个都不等于 $\mathrm{e}^{\boldsymbol{A}+\boldsymbol{B}}$.

练习 3　计算

$$e^{\boldsymbol{A}+\boldsymbol{B}} = \exp\begin{pmatrix} 0 & 1 \\ 1 & 0 \end{pmatrix}.$$

为证明性质 (c)，我们运用矩阵值函数求导的一个重要性质：设 $\{\boldsymbol{E}_m(t)\}$ 是一个定义在某区间上的可微的矩阵值函数列，且满足

(i) $\boldsymbol{E}_m(t)$ 一致收敛于函数 $\boldsymbol{E}(t)$，

(ii) 导函数 $\dot{\boldsymbol{E}}_m(t)$ 一致收敛于函数 $\boldsymbol{F}(t)$，

则 $\boldsymbol{E}$ 可微，且 $\dot{\boldsymbol{E}} = \boldsymbol{F}$.

练习 4　证明上述结论.

对 $\boldsymbol{E}_m(t) = e_m(\boldsymbol{A}(t))$ 运用上述结论. 已知 $\boldsymbol{E}_m(t)$ 一致收敛于 $e^{\boldsymbol{A}(t)}$，类似可证 $\dot{\boldsymbol{E}}_m(t)$ 收敛.

练习 5　给出 $\dot{\boldsymbol{E}}_m(t)$ 收敛的详细证明.

对式 $(11)'$ 逐项求导可具体求出 $(\mathrm{d}/\mathrm{d}t)e^{\boldsymbol{A}(t)}$，从而证得定理 5(d).

为证明性质 (e)，我们从 $e^{\boldsymbol{A}}$ 的定义式 $(11)'$ 出发. 因为伴随运算是线性且连续的，所以我们可对式 $(11)'$ 中的无穷级数逐项取伴随：

$$\left(e^{\boldsymbol{A}}\right)^* = \sum_{k=0}^{\infty}\left(\frac{\boldsymbol{A}^k}{k!}\right)^* = \sum_{k=0}^{\infty}\frac{(\boldsymbol{A}^*)^k}{k!} = e^{\boldsymbol{A}^*} = e^{-\boldsymbol{A}}.$$

利用性质 (a)，有

$$(e^{\boldsymbol{A}})^* e^{\boldsymbol{A}} = e^{-\boldsymbol{A}} e^{\boldsymbol{A}} = e^{\boldsymbol{0}} = \boldsymbol{I}.$$

根据第 7 章式 (45)，上式表明 $e^{\boldsymbol{A}}$ 是酉矩阵. □

练习 6　对 $\boldsymbol{Y}(t) = e^{\boldsymbol{A}t}$ 运用式 (10)，证明 $\det e^{\boldsymbol{A}} = e^{\operatorname{tr}\boldsymbol{A}}$.

练习 7　证明：$e^{\boldsymbol{A}}$ 的本征值都形如 e^a，其中 a 是 $\boldsymbol{A}$ 的本征值. [提示：利用第 6 章定理 4 及下文定理 6.]

需要提醒读者的是，我们在第 8 章中已经对自伴随矩阵 $\boldsymbol{H}$ 定义了 $f(\boldsymbol{H})$，其中 f 是一大类函数，见式 $(33)'$.

第 2 节　矩阵的单本征值

本节讨论矩阵本征值对矩阵的依赖关系，这里数域统一取作 $\mathbb{C}$.

定理 6　矩阵的本征值是矩阵的连续函数，具体表现为：若 $\{\boldsymbol{A}_m\}$ 是一个收敛的方阵列，即 $\boldsymbol{A}_m$ 的元素收敛于 $\boldsymbol{A}$ 对应位置上的元素，则 $\boldsymbol{A}_m$ 的本征值所构成的集合收敛于 $\boldsymbol{A}$ 的本征值所构成的集合. 换言之，对任意 $\epsilon > 0$，存在 k，使得对任意 $m > k$，$\boldsymbol{A}_m$ 的本征值都包含在以 $\boldsymbol{A}$ 的本征值为中心、以 ϵ 为半径的圆内.

证明 $\boldsymbol{A}_m$ 的本征值是本征多项式 $p_m(s)=\det(s\boldsymbol{I}-\boldsymbol{A}_m)$ 的根. 由于 $\boldsymbol{A}_m$ 收敛于 $\boldsymbol{A}$，因此 $\boldsymbol{A}_m$ 的任意元素都收敛于 $\boldsymbol{A}$ 中对应位置的元素，于是 p_m 的系数收敛于 p 的系数. 因为多项式的根是系数的连续函数，所以定理 6 得证. □

现在考察矩阵本征值对矩阵依赖关系的可微性，其结论有多种表示形式，下面的定理就是其中之一.

定理 7 设 $\boldsymbol{A}(t)$ 是实自变量 t 的取值为方阵的可微函数，且 $\boldsymbol{A}(0)$ 有一个重数为 1 的本征值 a_0，即 a_0 是 $\boldsymbol{A}(0)$ 的本征多项式的单根. 则当 t 很小时，存在 $\boldsymbol{A}(t)$ 的本征值 $a(t)$，$a(t)$ 对 t 可微且 $a(0)=a_0$.

证明 $\boldsymbol{A}(t)$ 的本征多项式

$$p(s,t)=\det\left(s\boldsymbol{I}-\boldsymbol{A}(t)\right)$$

是 s 的一个 n 阶多项式，其系数都是 t 的可微函数. 由于 a_0 是 $\boldsymbol{A}(0)$ 的本征多项式的单根，因此

$$p(a_0,0)=0,\quad \left.\frac{\partial}{\partial s}p(s,0)\right|_{s=a_0}\neq 0.$$

综上，根据隐函数定理，$p(s,t)=0$ 在 $t=0$ 的某邻域内有解 $s=a(t)$ 且 $a(t)$ 对 t 可微. □

下面我们将进一步说明，在定理 7 的前提下，我们甚至可以选取 $a(t)$ 所对应的本征向量使之对 t 可微. 这里之所以强调“可以选取”，是因为对应于指定本征值的本征向量之间只相差一个标量倍，因此如果在选定的本征值之上强加一个对 t 不可微的标量函数 $k(t)$，则势必破坏其对 t 的可微性（甚至连续性）.

定理 8 设 $\boldsymbol{A}(t)$ 是 t 的可微的矩阵值函数，$a(t)$ 是 $\boldsymbol{A}(t)$ 的重数为 1 的本征值，则可以选取 $\boldsymbol{A}(t)$ 的对应于 $a(t)$ 的本征向量 $\boldsymbol{h}(t)$，使 $\boldsymbol{h}(t)$ 对 t 可微.

证明 定理的证明需要用到下面的引理.

引理 9 设 $\boldsymbol{A}$ 是 $n\times n$ 矩阵，p 是 $\boldsymbol{A}$ 的本征多项式且 a 是 p 的单根，则至少存在 $\boldsymbol{A}-a\boldsymbol{I}$ 的一个 $(n-1)\times(n-1)$ 主子式，其行列式不为零. 这里，$\boldsymbol{A}-a\boldsymbol{I}$ 划去第 i 行、第 i 列后得到的矩阵称为 $\boldsymbol{A}-a\boldsymbol{I}$ 的第 i 个主子式.

证明 由于所讨论的是 $\boldsymbol{A}-a\boldsymbol{I}$，因此不妨假设题设中的本征值 $a=0$. 于是，由 0 是 $p(s)$ 的单根可知 $p(0)=0$ 且 $(\mathrm{d}p/\mathrm{d}s)(0)\neq 0$. 为求出 p 的导数，记 $\boldsymbol{A}$ 的列为 $\boldsymbol{c}_1,\cdots,\boldsymbol{c}_n$，记单位列向量为 $\boldsymbol{e}_1,\cdots,\boldsymbol{e}_n$，则

$$s\boldsymbol{I}-\boldsymbol{A}=(s\boldsymbol{e}_1-\boldsymbol{c}_1,s\boldsymbol{e}_2-\boldsymbol{c}_2,\cdots,s\boldsymbol{e}_n-\boldsymbol{c}_n).$$

根据行列式的求导公式 (8)，有

$$\frac{\mathrm{d}p}{\mathrm{d}s}(0)=\left.\frac{\mathrm{d}}{\mathrm{d}s}\det\left(s\boldsymbol{I}-\boldsymbol{A}\right)\right|_{s=0}$$

$$= \det(\boldsymbol{e}_1, -\boldsymbol{c}_2, \cdots, -\boldsymbol{c}_n) + \cdots + \det(-\boldsymbol{c}_1, -\boldsymbol{c}_2, \cdots, -\boldsymbol{c}_{n-1}, \boldsymbol{e}_n).$$

对上式右端各项应用第 5 章的引理 4 可知，$(\mathrm{d}p/\mathrm{d}s)(0)$ 等于全体 $(n-1)\times(n-1)$ 主子式的行列式之和乘以 $(-1)^{n-1}$. 而 $(\mathrm{d}p/\mathrm{d}s)(0) \neq 0$，故至少存在 $\boldsymbol{A}-a\boldsymbol{I}$ 的一个主子式，其行列式不为零. □

设矩阵 $\boldsymbol{A}$ 同引理 9，其本征值 $a=0$，则至少存在 $\boldsymbol{A}$ 的一个 $(n-1)\times(n-1)$ 主子式，设为第 i 个，其行列式不为零. 我们断言，对 $\boldsymbol{A}$ 的对应于 a 的本征向量 $\boldsymbol{h}$，其第 i 个分量不为零. 记从 $\boldsymbol{h}$ 中划去第 i 个分量所得的向量为 $\boldsymbol{h}^{(i)}$，记 $\boldsymbol{A}$ 的第 i 个主子式为 $\boldsymbol{A}_{ii}$，则 $\boldsymbol{h}^{(i)}$ 满足

$$\boldsymbol{A}_{ii}\boldsymbol{h}^{(i)} = \boldsymbol{0}. \tag{14}$$

由于 $\boldsymbol{A}_{ii}$ 的行列式不为零，因此根据第 5 章推论 3，$\boldsymbol{A}_{ii}$ 可逆. 于是由式 (14) 可知 $\boldsymbol{h}^{(i)} = \boldsymbol{0}$. 若 $\boldsymbol{h}$ 的第 i 个分量为零，则 $\boldsymbol{h}=\boldsymbol{0}$，这与本征向量不为零矛盾. 现在，已知 $\boldsymbol{h}$ 的第 i 个分量不为零，为了标准化 $\boldsymbol{h}$，可设第 i 个分量等于 1. 对于余下的分量，我们有非齐次方程组

$$\boldsymbol{A}_{ii}\boldsymbol{h}^{(i)} = \boldsymbol{c}^{(i)}, \tag{14$'$}$$

其中，$\boldsymbol{c}^{(i)}$ 是用 -1 乘以 $\boldsymbol{A}$ 的第 i 列后再划去第 i 个分量所得的向量. 于是

$$\boldsymbol{h}^{(i)} = \boldsymbol{A}_{ii}^{-1}\boldsymbol{c}^{(i)}. \tag{15}$$

显然，定理 8 中的 $\boldsymbol{A}(0)$ 和 $a(0)$ 满足引理 9 的假设，故至少存在一个矩阵 $\boldsymbol{A}_{ii}(0)$ 可逆. 又因为 $\boldsymbol{A}(t)$ 是 t 的连续函数，所以根据定理 6，当 t 很小时 $\boldsymbol{A}_{ii}(t)-a(t)\boldsymbol{I}$ 也可逆. 当 t 取值很小时，令 $\boldsymbol{h}(t)$ 的第 i 个分量为 1，$\boldsymbol{h}$ 的其余分量则为

$$\boldsymbol{h}^{i}(t) = \boldsymbol{A}_{ii}^{-1}(t)\boldsymbol{c}^{i}(t). \tag{16}$$

因为上式右端各项对 t 都可微，所以 $\boldsymbol{h}^{i}(t)$ 对 t 可微. 这就证得定理 8. □

现在，我们将引理 9 的结论推广到本征多项式有重根的情形，并证明下面的引理.

引理 10 设 $\boldsymbol{A}$ 是 $n\times n$ 矩阵，p 是 $\boldsymbol{A}$ 的本征多项式且 a 是 p 的重数为 k 的根，则 $\boldsymbol{A}-a\boldsymbol{I}$ 的零空间的维数至多为 k.

证明 不失一般性，设 $a=0$. 0 是 p 的 k 重根表明

$$p(0) = \cdots = \frac{\mathrm{d}^{k-1}}{\mathrm{d}s^{k-1}}p(0) = 0, \quad \frac{\mathrm{d}^k}{\mathrm{d}s^k}p(0) \neq 0.$$

与前面引理 9 的证明类似，我们求 $\det(s\boldsymbol{I}-\boldsymbol{A})$ 的 k 阶导数. 将 p 在 0 点处的 k 阶导数表示成全体 $(n-k)\times(n-k)$ 主子式的行列式之和. 因为 p 在 0 点处的 k 阶导数不为零，所以这些主子式中至少有一个行列式不为零，不妨设为从 $\boldsymbol{A}$ 中划去第 $1,\cdots,k$ 行和第 $1,\cdots,k$ 列所得的主子式，记为 $\boldsymbol{A}^{(k)}$. 下面证明：除零向

量以外，$\boldsymbol{A}$ 的零空间 N 中不含前 k 个分量均为零的向量．假若不然，设 $\boldsymbol{h}$ 是前 k 个分量均为零的向量且 $\boldsymbol{h} \in N$，记从 $\boldsymbol{h}$ 中划去前 k 个分量所得的向量为 $\boldsymbol{h}^{(k)}$．由于 $\boldsymbol{A}\boldsymbol{h} = \boldsymbol{0}$，因此删减后的向量 $\boldsymbol{h}^{(k)}$ 满足方程

$$\boldsymbol{A}^{(k)}\boldsymbol{h}^{(k)} = \boldsymbol{0}. \tag{17}$$

由于 $\det \boldsymbol{A}^{(k)} \neq 0$，因此 $\boldsymbol{A}^{(k)}$ 可逆，于是由式 (17) 可知 $\boldsymbol{h}^{(k)} = \boldsymbol{0}$．因为从 $\boldsymbol{h}$ 中划去的分量都为零，所以 $\boldsymbol{h} = \boldsymbol{0}$，矛盾．

我们断定 $\dim N \leqslant k$．事实上，若 N 的维数大于 k，则根据第 3 章定理 1 的推论 A，存在 N 中的非零向量 $\boldsymbol{h}$ 满足 k 个线性条件 $h_1 = 0, \cdots, h_k = 0$．而前面已经证明这是不可能的，故 $\dim N \leqslant k$．□

引理 10 可用于证明定理 11，这个定理在第 6 章曾经提到．

定理 11　设 $\boldsymbol{A}$ 是 $n \times n$ 矩阵，p 是 $\boldsymbol{A}$ 的本征多项式且 a 是 p 的重数为 k 的根，则 $\boldsymbol{A}$ 的对应于 a 的广义本征向量所张成空间的维数等于 k．

证明　在第 6 章中，我们已知广义本征向量所张成的空间就是 $(\boldsymbol{A} - a\boldsymbol{I})^d$ 的零空间，其中，d 为本征值 a 的指数．不妨设 $a = 0$．$\boldsymbol{A}^d$ 的本征多项式 p_d 可以用 $\boldsymbol{A}$ 的本征多项式 p 表示为

$$s\boldsymbol{I} - \boldsymbol{A}^d = \prod_{j=0}^{d-1}(s^{1/d}\boldsymbol{I} - \omega^j \boldsymbol{A}),$$

其中，ω 是 d 次本原单位根．考虑上式的行列式，根据行列式的乘法性质有

$$\begin{aligned} p_d(s) &= \det(s\boldsymbol{I} - \boldsymbol{A}^d) = \prod_{j=0}^{d-1} \det(s^{1/d}\boldsymbol{I} - \omega^j \boldsymbol{A}) \\ &= \pm \prod_{j=0}^{d-1} \det(\omega^{-j}s^{1/d}\boldsymbol{I} - \boldsymbol{A}) = \pm \prod_{j=0}^{d-1} p(\omega^{-j}s^{1/d}). \end{aligned} \tag{18}$$

因为 $a = 0$ 是 p 的 k 重根，所以当 s 趋于零时有

$$p(s) \sim \text{常数}\, s^k.$$

再由式 (18) 可知，当 s 趋于零时有

$$p_d(s) \sim \text{常数}\, s^k,$$

故 0 也是 p_d 的 k 重根．根据引理 10，$\boldsymbol{A}^d$ 的零空间的维数至多为 k．

下面证明 $\boldsymbol{A}^d$ 的零空间的维数就是 k．记 p 的根为 $a_1, \cdots, a_j$，其重数分别为 $k_1, \cdots, k_j$．由于多项式 p 的次数为 n，因此根据代数基本定理，有

$$\sum k_i = n. \tag{19}$$

设 N_i 为 $\boldsymbol{A}$ 的对应于本征值 a_i 的广义本征向量所张成的空间．根据第 6 章定理 7（谱定理），任意向量都可以写成广义本征向量之和，即 $\mathbb{C}^n = N_1 \oplus \cdots \oplus N_j$，于是有

$$n = \sum \dim N_i. \tag{20}$$

注意，N_i 是 $(\boldsymbol{A}-a_i\boldsymbol{I})^{d_i}$ 的零空间，而前面已证得

$$\dim N_i \leqslant k_i. \tag{21}$$

代入式 (20) 即得

$$n \leqslant \sum k_i.$$

最后，对照式 (19)，我们即可断定不等式 (21) 中必取等号. □

下面我们要介绍，当本征值 $a(t)$ 是矩阵值函数 $\boldsymbol{A}(t)$ 的本征多项式的单根时，如何求 $a(t)$ 的导数及对应本征向量 $\boldsymbol{h}(t)$ 的导数. 首先写出本征向量方程

$$\boldsymbol{A}\boldsymbol{h} = a\boldsymbol{h}. \tag{22}$$

在第 5 章我们已知矩阵 $\boldsymbol{A}$ 的转置 $\boldsymbol{A}^{\mathrm{T}}$ 与 $\boldsymbol{A}$ 具有相同的行列式，因而有相同的本征多项式. 因此若 a 是 $\boldsymbol{A}$ 的本征值，则 a 也是 $\boldsymbol{A}^{\mathrm{T}}$ 的本征值:

$$\boldsymbol{A}^{\mathrm{T}}\boldsymbol{l} = a\boldsymbol{l}. \tag{22$'$}$$

由于 a 是 $\boldsymbol{A}^{\mathrm{T}}$ 的本征多项式的单根，因此由定理 11 可知，满足式 $(22)'$ 的全体本征向量所构成的空间是一维空间，且 $\boldsymbol{A}^{\mathrm{T}}$ 无广义本征向量.

现在求式 (22) 对 t 的导数:

$$\dot{\boldsymbol{A}}\boldsymbol{h} + \boldsymbol{A}\dot{\boldsymbol{h}} = \dot{a}\boldsymbol{h} + a\dot{\boldsymbol{h}}. \tag{23}$$

将 $\boldsymbol{l}$ 作用于式 (23)，得

$$(\boldsymbol{l}, \dot{\boldsymbol{A}}\boldsymbol{h}) + (\boldsymbol{l}, \boldsymbol{A}\dot{\boldsymbol{h}}) = \dot{a}(\boldsymbol{l}, \boldsymbol{h}) + a(\boldsymbol{l}, \dot{\boldsymbol{h}}). \tag{23$'$}$$

根据第 3 章转置的定义式 (9)，上式左端第二项可以写作 $(\boldsymbol{A}^{\mathrm{T}}\boldsymbol{l}, \dot{\boldsymbol{h}})$. 再由式 $(22)'$ 可知，该项又可写作 $a(\boldsymbol{l}, \dot{\boldsymbol{h}})$，即与上式右端第二项相同. 从上式左右两端消去第二项，即得

$$(\boldsymbol{l}, \dot{\boldsymbol{A}}\boldsymbol{h}) = \dot{a}(\boldsymbol{l}, \boldsymbol{h}). \tag{24}$$

我们断言 $(\boldsymbol{l}, \boldsymbol{h}) \neq 0$，于是由式 (24) 可以确定 $\dot{a}$. 假若 $(\boldsymbol{l}, \boldsymbol{h}) = 0$，则可以证明方程

$$(\boldsymbol{A}^{\mathrm{T}} - a\boldsymbol{I})\boldsymbol{m} = \boldsymbol{l} \tag{25}$$

有一个解是 $\boldsymbol{m}$. 事实上，根据第 3 章定理 $5'$，$\boldsymbol{T} = \boldsymbol{A}^{\mathrm{T}} - a\boldsymbol{I}$ 的值域中的向量恰好是被 $\boldsymbol{T}^{\mathrm{T}} = \boldsymbol{A} - a\boldsymbol{I}$ 的零空间中的向量——$\boldsymbol{A}$ 的对应于本征值 a 的本征向量，即 $\boldsymbol{h}$ 的全体标量倍——所零化的向量. 由于 $(\boldsymbol{l}, \boldsymbol{h}) = 0$，因此 $\boldsymbol{l}$ 属于 $\boldsymbol{A}^{\mathrm{T}} - a\boldsymbol{I}$ 的值域，即方程 (25) 有一个解 $\boldsymbol{m}$. 又因为 $\boldsymbol{A}^{\mathrm{T}}$ 无广义本征向量，所以 $\boldsymbol{m}$ 不是 $\boldsymbol{A}^{\mathrm{T}}$ 的广义本征向量.

至此我们可由式 (24) 求出 $\dot{a}$，而 $\dot{\boldsymbol{h}}$ 则可由式 (23) 求出，先将该式整理为

$$(\boldsymbol{A} - a\boldsymbol{I})\dot{\boldsymbol{h}} = (\dot{a} - \dot{\boldsymbol{A}})\boldsymbol{h}. \tag{26}$$

仍根据第 3 章定理 5′，若式 (26) 右端能被 $\boldsymbol{A}^{\mathrm{T}}-a\boldsymbol{I}$ 的零空间所零化，则该式有解 $\dot{\boldsymbol{h}}$. $\boldsymbol{A}^{\mathrm{T}}-a\boldsymbol{I}$ 的零空间显然由 $\boldsymbol{l}$ 的全体标量倍构成，且 $\boldsymbol{l}$ 零化式 (26) 右端，当且仅当 $\boldsymbol{l}$ 满足式 (24). 注意式 (26) 不能唯一确定 $\dot{\boldsymbol{h}}$，还依赖于 $\boldsymbol{h}$ 的一个系数. 这个结果是合理的，因为本征向量 $\boldsymbol{h}(t)$ 本来也不是唯一的，所以在确定 $\boldsymbol{h}(t)$ 时，我们选取了一个对 t 可微的标量因子（系数）.

第 3 节　矩阵的多重本征值

下面我们讨论重数大于 1 的本征值. 对于一般的矩阵，广义本征向量往往不可避免，分析起来较为复杂，因此我们只考虑自伴随矩阵，它们没有广义本征向量. 不过，即便 $\boldsymbol{A}$ 是自伴随矩阵，为了保证当 $\boldsymbol{A}(t)$ 是 t 的可微函数时，$\boldsymbol{A}$ 的本征向量连续依赖于参数 t，我们仍需添加其他条件. 下面是一个 2×2 矩阵的例子：

$$\boldsymbol{A}=\begin{pmatrix} b & c \\ c & d \end{pmatrix},$$

其中，b、c、d 都是 t 的函数且 $c(0)=0$，$b(0)=d(0)=1$. 于是 $\boldsymbol{A}(0)=\boldsymbol{I}$ 且 1 是 $\boldsymbol{A}$ 的 2 重本征值.

$\boldsymbol{A}$ 的本征值 a 是 $\boldsymbol{A}$ 的本征多项式的根，即

$$a=\frac{b+d\pm\sqrt{(b-d)^2+4c^2}}{2}.$$

记本征向量 $\boldsymbol{h}$ 为 $\binom{x}{y}$，则本征值方程 $\boldsymbol{A}\boldsymbol{h}=a\boldsymbol{h}$ 的第一个分量为 $bx+cy=ax$，即

$$\frac{y}{x}=\frac{a-b}{c}.$$

将 $(d-b)/c$ 简记为 k，则上式可写为

$$\frac{y}{x}=\frac{a-b}{c}=\frac{k+\sqrt{k^2+4}}{2}.$$

令 $k(t)=\sin(t^{-1}), c(t)=\exp(-|t|^{-1})$，且 $b=1, d=1+ck$. 则显然 $\boldsymbol{A}(t)$ 中的元素都是 C^{∞} 中的函数，而当 $t\to 0$ 时 y/x 不连续.

定理 12 给出了本征向量随参数连续变化的附加条件. 为了验证这些条件，下面我们改变一下单本征值情形下的处理顺序：先求本征值和本征向量的导数，然后证明附加条件后本征值和本征向量的确可微.

设 $\boldsymbol{A}(t)$ 是实变量 t 的可微函数，其取值均为自伴随矩阵. 假设 a_0 是 $t=0$ 时函数值 $\boldsymbol{A}(0)$ 的本征值，且重数 $k>1$，即 a_0 是 $\boldsymbol{A}(0)$ 的本征方程的 k 重根. 根据定理 11，$\boldsymbol{A}(0)$ 的对应于本征值 a_0 的广义本征向量所张成空间的维数为 k. 而 $\boldsymbol{A}(0)$ 是自伴随矩阵，无广义本征向量，故满足 $\boldsymbol{A}(0)\boldsymbol{h}=a_0\boldsymbol{h}$ 的本征向量 $\boldsymbol{h}$ 构成一个 k 维空间，记作 N.

取 $\boldsymbol{A}(t)$ 的本征向量 $\boldsymbol{h}(t)$ 和本征值 $a(t)$，其中 $a(0)=a_0$，并且假定 $\boldsymbol{h}(t)$ 和 $a(t)$ 都是 t 的可微函数. 则 $\boldsymbol{h}$ 和 a 对 t 的导数满足式 (23)，令 $t=0$:

$$\dot{\boldsymbol{A}}\boldsymbol{h}+\boldsymbol{A}\dot{\boldsymbol{h}}=\dot{a}\boldsymbol{h}+a\dot{\boldsymbol{h}}. \tag{27}$$

回忆第 8 章谱分解中用到的投影算子［见式 (29)~(32)］，记向量在 $\boldsymbol{A}$ 的本征空间 N 上的正交投影为 $\boldsymbol{P}$. 由于 $\boldsymbol{A}$ 的本征向量相互正交，因此［根据第 8 章式 (29)~(32)］有

$$\boldsymbol{P}\boldsymbol{A}=a\boldsymbol{P}. \tag{28}$$

此外，N 中的本征向量 $\boldsymbol{h}$ 满足

$$\boldsymbol{P}\boldsymbol{h}=\boldsymbol{h}. \tag{28$'$}$$

将 $\boldsymbol{P}$ 作用于式 (27) 两端，得

$$\boldsymbol{P}\dot{\boldsymbol{A}}\boldsymbol{h}+\boldsymbol{P}\boldsymbol{A}\dot{\boldsymbol{h}}=\dot{a}\boldsymbol{P}\boldsymbol{h}+a\boldsymbol{P}\dot{\boldsymbol{h}}.$$

利用式 (28) 和式 (28)$'$，有

$$\boldsymbol{P}\dot{\boldsymbol{A}}\boldsymbol{P}\boldsymbol{h}+a\boldsymbol{P}\dot{\boldsymbol{h}}=\dot{a}\boldsymbol{h}+a\boldsymbol{P}\dot{\boldsymbol{h}}.$$

注意上式左、右两端的第二项相等，消去后即得

$$\boldsymbol{P}\dot{\boldsymbol{A}}\boldsymbol{P}\boldsymbol{h}=\dot{a}\boldsymbol{h}. \tag{29}$$

由于 $\boldsymbol{A}(t)$ 是自伴随矩阵，因此 $\dot{\boldsymbol{A}}$ 也是. 此外又知 $\boldsymbol{P}$ 是自伴随矩阵，故 $\boldsymbol{P}\dot{\boldsymbol{A}}\boldsymbol{P}$ 是自伴随矩阵. 显然 $\boldsymbol{P}\dot{\boldsymbol{A}}\boldsymbol{P}$ 将 N 映射到 N，于是由式 (29) 可以断定：$\dot{a}(0)$ 是 $\boldsymbol{P}\dot{\boldsymbol{A}}\boldsymbol{P}$ 的本征值，$\boldsymbol{h}(0)$ 是其本征向量.

定理 12　设 $\boldsymbol{A}(t)$ 是实变量 t 的可微函数，其取值均为自伴随矩阵. 设 a_0 是 $t=0$ 时函数值 $\boldsymbol{A}(0)$ 的本征值，且重数 $k>1$. 记 $\boldsymbol{A}(0)$ 的对应于本征值 a_0 的本征空间为 N，记向量在 N 上的正交投影为 $\boldsymbol{P}$. 假设 N 到自身的自伴随映射 $\boldsymbol{P}\dot{\boldsymbol{A}}(0)\boldsymbol{P}$ 有 k 个不同的本征值 $d_i, i=1,\cdots,k$，$\boldsymbol{w}_i$ 为各本征值对应的单位本征向量，则当 t 很小时，$\boldsymbol{A}(t)$ 有 k 个本征值 $a_j(t), j=1,\cdots,k$，它们都在 a_0 附近，且满足：

(i) $a_j(t)$ 是 t 的可微函数，且当 $t\to 0$ 时 $a_j(t)\to a_0$；

(ii) $t\neq 0$ 时，$a_j(t)$ 互不相同；

(iii) 对应的本征向量 $\boldsymbol{h}_j(t)$ 满足

$$\boldsymbol{A}(t)\boldsymbol{h}_j(t)=a_j(t)\boldsymbol{h}_j(t), \tag{30}$$

我们可以对 $\boldsymbol{h}_j(t)$ 进行标准化，使得当 $t\to 0$ 时 $\boldsymbol{h}_j(t)\to\boldsymbol{w}_j$.

证明　当 t 很小时，$\boldsymbol{A}(t)$ 的本征多项式与 $\boldsymbol{A}(0)$ 的本征多项式差异很小. 根据假设，$\boldsymbol{A}(0)$ 的本征多项式有 k 重根 a_0，于是当 $t\to 0$ 时 $\boldsymbol{A}(t)$ 的本征多项式

在 a_0 附近恰有 k 个根. 这些根就是 $\boldsymbol{A}(t)$ 的本征值 $a_j(t)$. 根据第 8 章定理 4，我们可以选取对应的本征向量，使之构成一组标准正交基. □

引理 13 当 $t \to 0$ 时，单位本征向量 $\boldsymbol{h}_j(t)$ 与本征空间 N 之间的距离趋于零.

证明 利用向量在 N 上的正交投影 $\boldsymbol{P}$，引理的结论可以表述为

$$\lim_{t\to 0}\|(\boldsymbol{I}-\boldsymbol{P})\boldsymbol{h}_j(t)\|=0, \quad j=1,\cdots,k. \tag{31}$$

下面我们证明该式. 因为当 $t \to 0$ 时有 $\boldsymbol{A}(t) \to \boldsymbol{A}(0)$ 且 $a_j(t) \to a_0$，又因为 $\|\boldsymbol{h}_j(t)\|=1$，所以由式 (30) 可得

$$\boldsymbol{A}(0)\boldsymbol{h}_j(t)=a_0\boldsymbol{h}_j(t)+\boldsymbol{\epsilon}(t), \tag{32}$$

其中，$\boldsymbol{\epsilon}(t)$ 是当 $t \to 0$ 时趋于零的某向量值函数. 因为 N 由 $\boldsymbol{A}(0)$ 的本征向量构成，且 $\boldsymbol{P}$ 将任意向量投影到 N 上，所以

$$\boldsymbol{A}(0)\boldsymbol{P}\boldsymbol{h}_j(t)=a_0\boldsymbol{P}\boldsymbol{h}_j(t). \tag{32$'$}$$

用式 (32) 减去式 (32)$'$，得

$$\boldsymbol{A}(0)(\boldsymbol{I}-\boldsymbol{P})\boldsymbol{h}_j(t)=a_0(\boldsymbol{I}-\boldsymbol{P})\boldsymbol{h}_j(t)+\boldsymbol{\epsilon}(t). \tag{33}$$

现在假设式 (31) 不成立，则存在正数 d 及序列 $t \to 0$，使得 $\|(\boldsymbol{I}-\boldsymbol{P})\boldsymbol{h}_j(t)\|>d$. 由第 7 章所学可知，存在 t 的子列使得 $(\boldsymbol{I}-\boldsymbol{P})\boldsymbol{h}_j(t)$ 收敛于极限 $\boldsymbol{h}$ 且 $\|\boldsymbol{h}\| \geqslant d$. 根据式 (33)，$\boldsymbol{h}$ 满足

$$\boldsymbol{A}(0)\boldsymbol{h}=a_0\boldsymbol{h}. \tag{33$'$}$$

这就说明 $\boldsymbol{h}$ 属于本征空间 N.

此外，由于 $(\boldsymbol{I}-\boldsymbol{P})\boldsymbol{h}_j(t)$ 均与 N 正交，因此其极限 $\boldsymbol{h}$ 亦然，这与 $\boldsymbol{h} \in N$ 矛盾. 从而式 (31) 得证. □

我们继续证明 $\boldsymbol{h}_j(t)$ 的连续性及 $a_j(t)$ 的可微性. 用式 (30) 减去式 (32)$'$ 再除以 t，利用莱布尼茨重排有

$$\frac{\boldsymbol{A}(t)-\boldsymbol{A}(0)}{t}\boldsymbol{h}(t)+\boldsymbol{A}(0)\frac{\boldsymbol{h}(t)-\boldsymbol{P}\boldsymbol{h}(t)}{t}=\frac{a(t)-a(0)}{t}\boldsymbol{h}(t)+a(0)\frac{\boldsymbol{h}(t)-\boldsymbol{P}\boldsymbol{h}(t)}{t}.$$

注意，为避免混乱，上式中略去了下标 j. 现在将 $\boldsymbol{P}$ 作用于上式两端，根据式 (28) 有 $\boldsymbol{P}\boldsymbol{A}(0)=a\boldsymbol{P}$，又因为 $\boldsymbol{P}^2=\boldsymbol{P}$，所以用 $\boldsymbol{P}$ 作用后上式两端的第 2 项均为零. 于是有

$$\boldsymbol{P}\frac{\boldsymbol{A}(t)-\boldsymbol{A}(0)}{t}\boldsymbol{h}(t)=\frac{a(t)-a(0)}{t}\boldsymbol{P}\boldsymbol{h}(t). \tag{34}$$

由假设可知 $\boldsymbol{A}$ 可微，即

$$\frac{\boldsymbol{A}(t)-\boldsymbol{A}(0)}{t}=\dot{\boldsymbol{A}}(0)+\boldsymbol{\epsilon}(t),$$

此外，根据式 (31) 有 $\boldsymbol{h}(t)=\boldsymbol{P}\boldsymbol{h}(t)+\boldsymbol{\epsilon}(t)$. 代入式 (34)，再利用 $\boldsymbol{P}^2=\boldsymbol{P}$ 可得

$$\boldsymbol{P}\dot{\boldsymbol{A}}(0)\boldsymbol{P}\ \boldsymbol{P}\boldsymbol{h}(t)=\frac{a(t)-a(0)}{t}\boldsymbol{P}\boldsymbol{h}(t)+\boldsymbol{\epsilon}(t). \tag{35}$$

根据假设，N 上的自伴随映射 $\boldsymbol{P}\dot{\boldsymbol{A}}(0)\boldsymbol{P}$ 有 k 个本征值 d_i，其对应的本征向量 $\boldsymbol{w}_i$ 满足

$$\boldsymbol{P}\dot{\boldsymbol{A}}(0)\boldsymbol{P}\boldsymbol{w}_i=d_i\boldsymbol{w}_i,\quad i=1,\cdots,k.$$

将 $\boldsymbol{P}\boldsymbol{h}(t)$ 按上述本征向量展开，得

$$\boldsymbol{P}\boldsymbol{h}(t)=\sum x_i\boldsymbol{w}_i, \tag{36}$$

其中，x_i 是 t 的函数. 将上式代入式 (35) 有

$$\sum x_i\left(d_i-\frac{a(t)-a(0)}{t}\right)\boldsymbol{w}_i=\boldsymbol{\epsilon}(t). \tag{35$'$}$$

因为 $\{\boldsymbol{w}_i\}$ 构成 N 的一组标准正交基，所以我们可以用分量表示式 (36) 左端的范数：

$$\|\boldsymbol{P}\boldsymbol{h}(t)\|^2=\sum|x_i|^2.$$

根据式 (31)，$\|\boldsymbol{P}\boldsymbol{h}(t)-\boldsymbol{h}(t)\|$ 趋于零，而 $\|\boldsymbol{h}(t)\|^2=1$，故

$$\|\boldsymbol{P}\boldsymbol{h}(t)\|^2=\sum|x_i(t)|^2=1-\epsilon(t), \tag{37}$$

其中，$\epsilon(t)$ 是当 $t\to 0$ 时趋于零的某标量值函数. 根据式 (35)$'$ 有

$$\sum\left|d_i-\frac{a(t)-a(0)}{t}\right|^2|x_i(t)|^2=\epsilon(t). \tag{37$'$}$$

综合式 (37) 和式 (37)$'$ 即知，当 t 很小时，存在下标 j 满足

$$\begin{aligned}
&\text{(i)} && \left|d_j-\frac{a(t)-a(0)}{t}\right|\leqslant\epsilon(t),\\
&\text{(ii)} && |x_i(t)|\leqslant\epsilon(t),\quad i\neq j,\\
&\text{(iii)} && |x_j(t)|=1-\epsilon(t).
\end{aligned} \tag{38}$$

由于 $t\neq 0$ 时 $x_i(t)$ 是 t 的连续函数，因此根据式 (38) 可以断定，当 t 很小时，下标 j 与 t 无关.

对本征向量进行标准化 $\|\boldsymbol{h}(t)\|=1$ 时有一个绝对值为 1 的因子尚未确定，选取该因子使得 $|x_j|$ 和 x_j 都在 1 附近：

$$x_i=1-\epsilon(t). \tag{38$'$}$$

现在综合式 (31)、(36)、$(38)_{\text{(ii)}}$ 以及 (38)$'$ 可得

$$\|\boldsymbol{h}(t)-\boldsymbol{w}_j\|\leqslant\epsilon(t). \tag{39}$$

注意本征向量 $\boldsymbol{h}(t)$ 是 k 个标准正交本征向量之一. 由于两个相异的正交单位向量与同一个向量 $\boldsymbol{w}_j$ 的距离不可能都小于 ϵ，因此不同的本征向量 $\boldsymbol{h}_j(t)$ 必对应于不同的 $\boldsymbol{w}_j$.

不等式 (39) 表明，通过标准化，当 $t \to 0$ 时 $\boldsymbol{h}_j(t) \to \boldsymbol{w}_j$. 不等式 $(38)_{(\mathrm{i})}$ 表明，$a_j(t)$ 在 $t=0$ 处可微且导数为 d_j. 于是，当 t 很小但不等于 0 时，$\boldsymbol{A}(t)$ 存在与 a_0 相近的本征值，这就结束了定理 12 的证明. □

第 4 节 解析矩阵值函数

关于本征向量的可微性还有许多结论，比如高阶导数的存在性问题. 这些结论通常远比定理 12 复杂，我们不予讨论，不过其中，雷利希（Rellich）的一个发现十分简洁. 设 $\boldsymbol{A}(t)$ 是 t 的一个解析函数：

$$\boldsymbol{A}(t)=\sum_{i=0}^{\infty} \boldsymbol{A}_i t^i, \tag{40}$$

其中，$\boldsymbol{A}_i$ 是自伴随矩阵，则 $\boldsymbol{A}(t)$ 的本征多项式也是 t 的解析函数. 本征方程

$$p(s,t)=0$$

将 s 定义为 t 的函数. 当 t 取值在 p 的单根附近时，根 $a(t)$ 是 t 的正则解析函数；当 t 取值在 p 的重根附近时，根 $a(t)$ 有代数奇点且可以表示成 t 的分式幂级数：

$$a(t)=\sum_{i=0}^{\infty} r_i t^{i/k}. \tag{40$'$}$$

此外，由第 8 章定理 4 可知，对于实变量 t，矩阵 $\boldsymbol{A}(t)$ 是自伴随矩阵，因而其本征值均为实数. 而对于实变量 t，其分式幂有复数值，所以式 $(40)'$ 中只有 t 的整数幂的项，即本征值 $a(t)$ 是 t 的正则解析函数.

第 5 节 错开交叉

在本章结束前我们要特别指出，即便矩阵值函数的取值是自伴随矩阵，我们也必须小心处理多重本征值. 这就引出一个问题：对于 t 的某个取值，$\boldsymbol{A}(t)$ 有多重本征值的可能性有多大? 答案是“可能性不大”. 为找出更确切的答案，我们先看下面的数值试验.

固定 n，随机选取两个 $n \times n$ 实对称矩阵 $\boldsymbol{B}$ 和 $\boldsymbol{M}$. 定义 $\boldsymbol{A}(t)$ 为

$$\boldsymbol{A}(t)=\boldsymbol{B}+t\boldsymbol{M}. \tag{41}$$

集中选取多个 t 值，分别计算 $\boldsymbol{A}(t)$ 的本征值，我们会发现下面的现象：当 t 逼近 t 的某个取值时，两个邻近的本征值 $a_1(t)$ 和 $a_2(t)$ 越来越接近，但在几乎要交叉的时候各自转向、彼此远离.

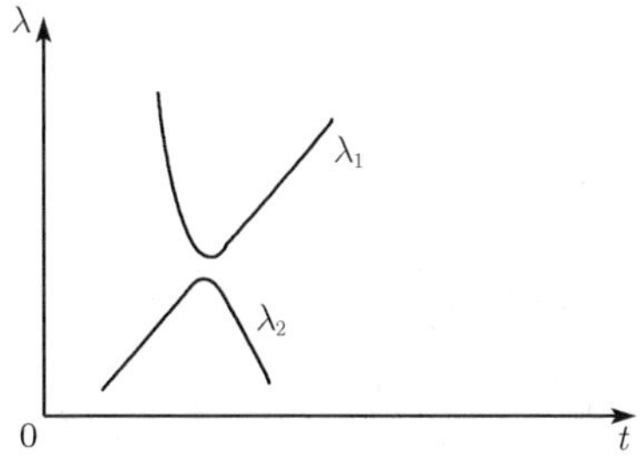

物理学家早期研究量子力学时发现了该现象，称其为错开交叉. 维格纳（Wigner）与冯 · 诺依曼解释了其成因，该现象的形成与所选取的具有多重本征值的实对称矩阵的大小有关，产生该现象的矩阵在物理学中称为退化矩阵.

全体 $n\times n$ 实对称矩阵构成一个 $N=n(n+1)/2$ 维线性空间. 当然，我们也可以利用本征向量与本征值计算确定该空间所需的参数个数，即空间的维数. 回忆第 8 章可知本征值都是实数，如果本征值互不相等，则可以选取长度为 1 的相互正交的本征向量构成一组标准正交基. 第 1 个本征向量对应于最大的本征值，有 $n-1$ 个参数；第 2 个本征向量由于必须与第 1 个本征向量正交，因此有 $n-2$ 个参数；以此类推，第 $n-1$ 个本征向量有 1 个参数；最后一个本征向量在因子为 ± 1 的情况下被唯一确定，没有参数. 因此，以上参数共计 $(n-1)+(n-2)+\cdots+1=n(n-1)/2$ 个. 再加上本征值的个数 n，所以参数总数为 $n(n-1)/2+n=n(n+1)/2=N$，与前面一致.

以下继续讨论退化矩阵，假定某矩阵有两个相等的本征值，其余本征值既互不相同也不同于前两个. 则最大的单本征值对应的本征向量有 $n-1$ 个参数，大小次之的单本征值对应的本征向量有 $n-2$ 个参数，以此类推，最小的单本征值对应的本征向量有 2 个参数，余下的本征空间则被唯一确定. 以上参数共计 $(n-1)+(n-2)+\cdots+2=(n(n-1))/2-1$ 个，再加上不同本征值的个数 $n-1$，所以参数总数为 $(n(n-1))/2-1+n-1=(n(n+1))/2-2=N-2$.

这就解释了本征值错开交叉的原因：N 维空间中的直线或者曲线通常都不与含 $N-2$ 个参数的曲面相交.

练习 8　(a) 证明：全体自伴随 $n\times n$ 复矩阵构成实数域上的 $N=n^2$ 维线性空间.

(b) 证明：具有 1 个 2 重本征值和 $n-2$ 个单本征值的全体自伴随 $n\times n$ 复矩阵所构成的集合由 $N-3$ 个实参数确定.

练习 9　在式 (41) 中随机选取两个自伴随 10×10 矩阵 $\boldsymbol{M}$ 和 $\boldsymbol{B}$，利用软件（MATLAB、MAPLE 等）计算 $\boldsymbol{B}+t\boldsymbol{M}$ 的本征值（t 的函数），并选取适当的区间绘图.

本书英文版封面（如下图所示）上的图像即为含 1 个参数的 12×12 自伴随矩阵族的本征值图像，由戴维 · 村木（David Muraki）计算得到.

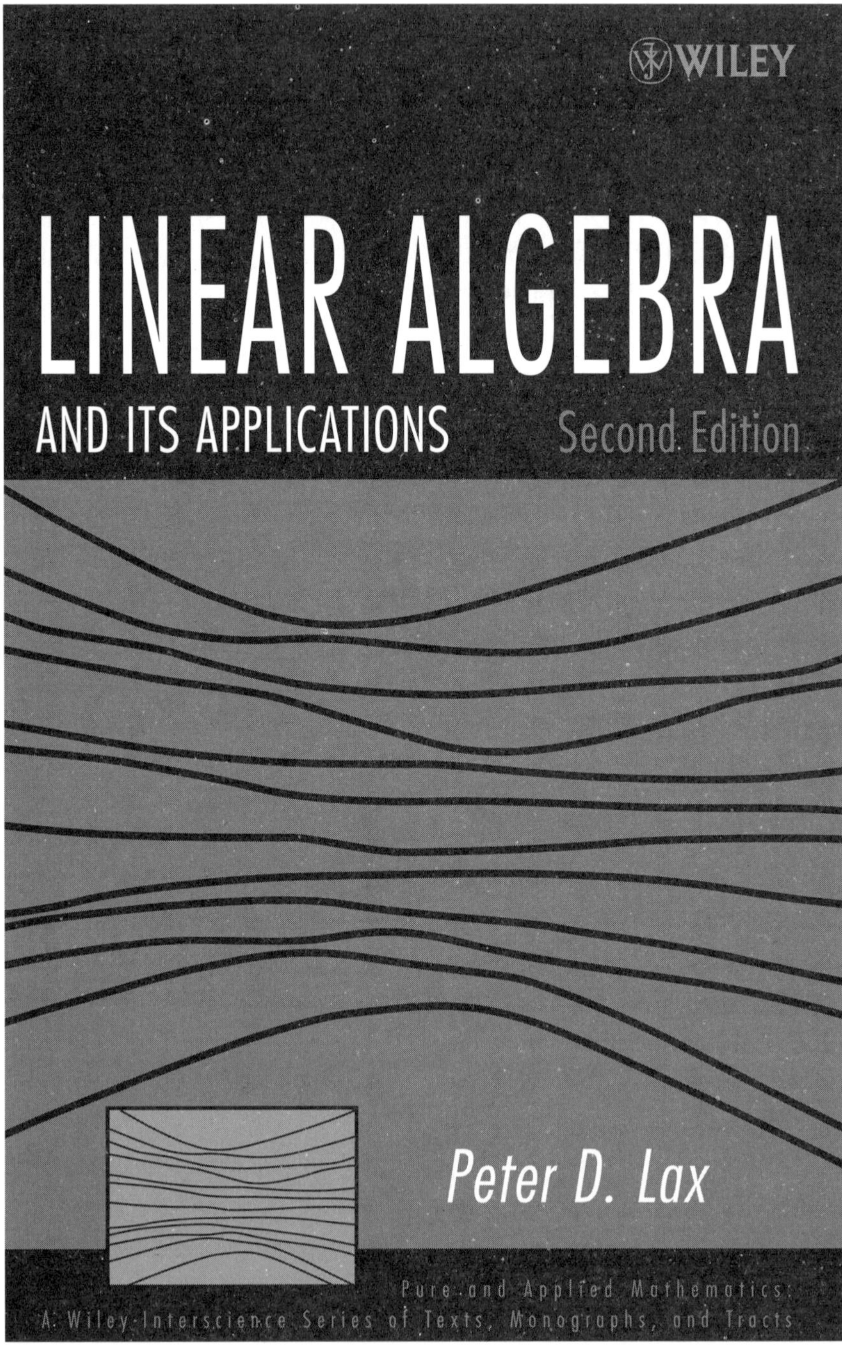

第 10 章　矩阵不等式

本章研究欧几里得空间到自身的自伴随正定映射：第 1 节给出正定映射的基本性质及关系 $\boldsymbol{A} < \boldsymbol{B}$ 的性质，并予以证明；第 2 节推导若干关于正定矩阵行列式的不等式；第 3 节借助偏序 $\boldsymbol{A} < \boldsymbol{B}$ 考察矩阵本征值对矩阵的依赖关系；第 4 节阐述了如何将欧几里得空间到自身的任一映射分解为自伴随映射与酉映射的乘积.

第 1 节　正定映射

回忆第 8 章中关于正定映射的定义.

定义　我们称实（复）欧几里得空间到自身的自伴随线性映射 $\boldsymbol{H}$ 是**正定的**（**positive**），前提是

$$(\boldsymbol{x}, \boldsymbol{H}\boldsymbol{x}) > 0, \quad \text{对任意 } \boldsymbol{x} \neq \boldsymbol{0}. \tag{1}$$

若 $\boldsymbol{H}$ 是正定的，则记 $\boldsymbol{H} > \boldsymbol{0}$ 或 $\boldsymbol{0} < \boldsymbol{H}$.

我们称自伴随映射 $\boldsymbol{K}$ 是**半正定的**（**nonnegative**），前提是对应的二次型满足

$$(\boldsymbol{x}, \boldsymbol{K}\boldsymbol{x}) \geqslant 0, \quad \text{对任意 } \boldsymbol{x}. \tag{2}$$

若 $\boldsymbol{K}$ 是半正定的，则记 $\boldsymbol{K} \geqslant \boldsymbol{0}$ 或 $\boldsymbol{0} \leqslant \boldsymbol{K}$.

正定映射的基本性质如下列定理所述.

定理 1　(i) 恒同映射 $\boldsymbol{I}$ 是正定的.

(ii) 若 $\boldsymbol{M}, \boldsymbol{N}$ 是正定的，则和 $\boldsymbol{M} + \boldsymbol{N}$ 是正定的且对任意正数 a，$a\boldsymbol{M}$ 也是正定的.

(iii) 若 $\boldsymbol{H}$ 正定且 $\boldsymbol{Q}$ 可逆，则

$$\boldsymbol{Q}^*\boldsymbol{H}\boldsymbol{Q} > \boldsymbol{0}. \tag{3}$$

(iv) $\boldsymbol{H}$ 是正定的，当且仅当其本征值均大于零.

(v) 正定映射均可逆.

(vi) 正定映射有一个唯一确定的正定的平方根.

(vii) 在全体自伴随映射所构成的空间中，全体正定映射构成的集合是开集.

(viii) 在全体自伴随映射所构成的空间中，全体正定映射构成的集合的边界点是非正定的半正定映射.

证明 性质 (i) 可由标量积的非负性推得，性质 (ii) 也是显然的. 为证明性质 (iii)，我们将 $\boldsymbol{Q}^*\boldsymbol{H}\boldsymbol{Q}$ 所对应的二次型写为

$$(\boldsymbol{x}, \boldsymbol{Q}^*\boldsymbol{H}\boldsymbol{Q}\boldsymbol{x}) = (\boldsymbol{Q}\boldsymbol{x}, \boldsymbol{H}\boldsymbol{Q}\boldsymbol{x}) = (\boldsymbol{y}, \boldsymbol{H}\boldsymbol{y}), \tag{3$'$}$$

其中 $\boldsymbol{y} = \boldsymbol{Q}\boldsymbol{x}$. 由于 $\boldsymbol{Q}$ 可逆，因此当 $\boldsymbol{x} \neq \boldsymbol{0}$ 时有 $\boldsymbol{y} \neq \boldsymbol{0}$，再由式 (1) 即知式 (3)$'$ 右端大于零.

现在证明性质 (iv)，设 $\boldsymbol{h}$ 是 $\boldsymbol{H}$ 的本征向量，a 为对应的本征值，即 $\boldsymbol{H}\boldsymbol{h} = a\boldsymbol{h}$. 该式两端分别与 $\boldsymbol{h}$ 作标量积，得

$$(\boldsymbol{h}, \boldsymbol{H}\boldsymbol{h}) = a(\boldsymbol{h}, \boldsymbol{h}).$$

显然仅当 $a > 0$ 时 $\boldsymbol{H}$ 正定，这就证得正定映射的本征值大于零.

反过来，根据第 8 章定理 4，存在由自伴随映射 $\boldsymbol{H}$ 的本征向量所构成的一组标准正交基. 记这些本征向量及其对应的本征值分别为 $\boldsymbol{h}_j$ 和 a_j，则

$$\boldsymbol{H}\boldsymbol{h}_j = a_j\boldsymbol{h}_j. \tag{4}$$

任意向量 $\boldsymbol{x}$ 都可以表示为 $\boldsymbol{h}_j$ 的线性组合：

$$\boldsymbol{x} = \sum x_j\boldsymbol{h}_j. \tag{4$'$}$$

因为 $\boldsymbol{h}_j$ 是本征向量，所以

$$\boldsymbol{H}\boldsymbol{x} = \sum x_j a_j\boldsymbol{h}_j. \tag{4$''$}$$

又因为 $\boldsymbol{h}_j$ 构成一组标准正交基，所以

$$(\boldsymbol{x}, \boldsymbol{x}) = \sum |x_j|^2, \quad (\boldsymbol{x}, \boldsymbol{H}\boldsymbol{x}) = \sum a_j|x_j|^2. \tag{5}$$

由式 (5) 可知：若 a_j 都大于零，则 $\boldsymbol{H}$ 必正定.

根据式 (5)，我们还可以将不等式 (1) 加强为：若 $\boldsymbol{H}$ 是正定的，则

$$(\boldsymbol{x}, \boldsymbol{H}\boldsymbol{x}) \geqslant a\|\boldsymbol{x}\|^2, \quad \text{对任意 } \boldsymbol{x}, \tag{5$'$}$$

其中，a 是 $\boldsymbol{H}$ 的最小的本征值.

(v) 不可逆映射都有零化向量，即对应于本征值零的本征向量. 而性质 (iv) 已经表明：若 $\boldsymbol{H}$ 正定，则其本征值都大于零，故 $\boldsymbol{H}$ 可逆.

(vi) 设 $\boldsymbol{H}$ 正定，已知存在由其本征向量所构成的一组标准正交基. 将 $\boldsymbol{x}$ 按式 (4)$'$ 展开，定义 $\sqrt{\boldsymbol{H}}$ 为

$$\sqrt{\boldsymbol{H}}\boldsymbol{x} = \sum x_j\sqrt{a_j}\boldsymbol{h}_j, \tag{6}$$

其中，$\sqrt{a_j}$ 是 a_j 的正平方根. 对照式 (4)$''$ 可知 $(\sqrt{\boldsymbol{H}})^2 = \boldsymbol{H}$. 显然，式 (6) 定义的 $\sqrt{\boldsymbol{H}}$ 的本征值均为正数，故由性质 (iv) 可知其正定.

(vii) 设 $\boldsymbol{H}$ 为任一正定映射，$\boldsymbol{N}$ 是与 $\boldsymbol{H}$ 距离小于 a 的任一自伴随映射：

$$\|\boldsymbol{N}-\boldsymbol{H}\|<a,$$

其中，a 是 $\boldsymbol{H}$ 的最小的本征值. 我们断言 $\boldsymbol{N}$ 可逆. 记 $\boldsymbol{M}=\boldsymbol{N}-\boldsymbol{H}$，则前面的假设可写作 $\|\boldsymbol{M}\|<a$. 于是对 X 中的任意非零向量 $\boldsymbol{x}$，有

$$\|\boldsymbol{M}\boldsymbol{x}\|<a\|\boldsymbol{x}\|.$$

根据施瓦茨不等式，对 $\boldsymbol{x}\neq\boldsymbol{0}$ 有

$$|(\boldsymbol{x},\boldsymbol{M}\boldsymbol{x})|\leqslant\|\boldsymbol{x}\|\|\boldsymbol{M}\boldsymbol{x}\|<a\|\boldsymbol{x}\|^2.$$

综合上式及式 (5)′，对 $\boldsymbol{x}\neq\boldsymbol{0}$ 有

$$(\boldsymbol{x},\boldsymbol{N}\boldsymbol{x})=(\boldsymbol{x},(\boldsymbol{H}+\boldsymbol{M})\boldsymbol{x})=(\boldsymbol{x},\boldsymbol{H}\boldsymbol{x})+(\boldsymbol{x},\boldsymbol{M}\boldsymbol{x})>a\|\boldsymbol{x}\|^2-a\|\boldsymbol{x}\|^2=0.$$

这就表明 $\boldsymbol{H}+\boldsymbol{M}=\boldsymbol{N}$ 是正定的.

(viii) 根据边界的定义，边界点 $\boldsymbol{K}$ 是一个正定映射列 $\{\boldsymbol{H}_n\}$ 的极限：

$$\lim_{n\to\infty}\boldsymbol{H}_n=\boldsymbol{K}.$$

根据施瓦茨不等式，对任意 $\boldsymbol{x}$ 有

$$\lim_{n\to\infty}(\boldsymbol{x},\boldsymbol{H}_n\boldsymbol{x})=(\boldsymbol{x},\boldsymbol{K}\boldsymbol{x}).$$

由于 $\boldsymbol{H}_n$ 正定，且各项为正的数列其极限必非负，因此 $\boldsymbol{K}\geqslant\boldsymbol{0}$. 此外，$\boldsymbol{K}$ 不是正定映射，否则由性质 (vii) 可知 $\boldsymbol{K}$ 不是边界点. □

练习 1 正定映射有多少个平方根?

半正定映射也具有与定理 1 类似的若干性质.

练习 2 仿照定理 1 的性质 (i)、(ii)、(iii)、(iv) 和 (vi)，写出并证明半正定映射的基本性质.

在正定概念的基础上，我们可以为欧几里得空间到自身的自伴随映射定义偏序.

定义 设 $\boldsymbol{M},\boldsymbol{N}$ 是欧几里得空间到自身的自伴随映射，如果 $\boldsymbol{N}-\boldsymbol{M}$ 是正定的，即

$$\boldsymbol{0}<\boldsymbol{N}-\boldsymbol{M},\tag{7$'$}$$

则称 $\boldsymbol{M}$ 小于 $\boldsymbol{N}$，记作

$$\boldsymbol{M}<\boldsymbol{N}\quad\text{或}\quad\boldsymbol{N}>\boldsymbol{M}.\tag{7}$$

$\boldsymbol{M}\leqslant\boldsymbol{N}$ 可以类似定义.

下列性质是定理 1 的直接推论.

可加性：若 $\boldsymbol{M}_1<\boldsymbol{N}_1,\boldsymbol{M}_2<\boldsymbol{N}_2$，则

$$\boldsymbol{M}_1+\boldsymbol{M}_2<\boldsymbol{N}_1+\boldsymbol{N}_2.\tag{8}$$

传递性：若 $\boldsymbol{L} < \boldsymbol{M}, \boldsymbol{M} < \boldsymbol{N}$，则 $\boldsymbol{L} < \boldsymbol{N}$.

可乘性：若 $\boldsymbol{M} < \boldsymbol{N}$ 且 $\boldsymbol{Q}$ 可逆，则

$$\boldsymbol{Q}^*\boldsymbol{M}\boldsymbol{Q} < \boldsymbol{Q}^*\boldsymbol{N}\boldsymbol{Q}. \tag{9}$$

除以上性质外，由式 (7) 和式 (7)′ 定义的自伴随映射上的偏序还具有实数的序的其他一些（但并非全部）性质. 例如，实数中倒数的性质对于自伴随映射也成立.

定理 2 设 $\boldsymbol{M}, \boldsymbol{N}$ 均为正定映射，且满足

$$\boldsymbol{0} < \boldsymbol{M} < \boldsymbol{N}, \tag{10}$$

则

$$\boldsymbol{M}^{-1} > \boldsymbol{N}^{-1}. \tag{10$'$}$$

证法一 首先证明 $\boldsymbol{N} = \boldsymbol{I}$ 的情形. 根据定义，由 $\boldsymbol{M} < \boldsymbol{I}$ 可知 $\boldsymbol{I} - \boldsymbol{M}$ 是正定的. 再由定理 1(iv) 可知，$\boldsymbol{I} - \boldsymbol{M}$ 的本征值都大于零，即 $\boldsymbol{M}$ 的本征值都小于 1. 而 $\boldsymbol{M}$ 本身也是正定的，故其本征值介于 0 和 1 之间. 又因为 $\boldsymbol{M}^{-1}$ 与 $\boldsymbol{M}$ 的本征值互为倒数，所以 $\boldsymbol{M}^{-1}$ 的本征值都大于 1，因而 $\boldsymbol{M}^{-1} - \boldsymbol{I}$ 的本征值都大于零. 根据定理 1(iv)，$\boldsymbol{M}^{-1} - \boldsymbol{I}$ 正定，从而 $\boldsymbol{M}^{-1} > \boldsymbol{I}$.

现在讨论满足式 (10) 的一般的 $\boldsymbol{N}$. 根据定理 1(vi)，可将 $\boldsymbol{N}$ 分解为 $\boldsymbol{N} = \boldsymbol{R}^2$，$\boldsymbol{R} > \boldsymbol{0}$. 再由定理 1(v) 可知 $\boldsymbol{R}$ 可逆. 对式 (10) 应用性质 (9)，其中令 $\boldsymbol{Q} = \boldsymbol{R}$，则有

$$\boldsymbol{0} < \boldsymbol{R}^{-1}\boldsymbol{M}\boldsymbol{R}^{-1} < \boldsymbol{R}^{-1}\boldsymbol{N}\boldsymbol{R}^{-1} = \boldsymbol{I}.$$

利用前面的结论，由上式可知 $\boldsymbol{R}^{-1}\boldsymbol{M}\boldsymbol{R}^{-1}$ 的逆大于 $\boldsymbol{I}$：

$$\boldsymbol{R}\boldsymbol{M}^{-1}\boldsymbol{R} > \boldsymbol{I}.$$

再用一次性质 (9)，其中令 $\boldsymbol{Q} = \boldsymbol{R}^{-1}$，则有

$$\boldsymbol{M}^{-1} > \boldsymbol{R}^{-1}\boldsymbol{I}\boldsymbol{R}^{-1} = \boldsymbol{R}^{-2} = \boldsymbol{N}^{-1}. \qquad \square$$

证法二 首先证明下面的微积分引理.

引理 3 设 $\boldsymbol{A}(t)$ 是实变量 t 的可微函数，且其取值为自伴随映射，则导数 $(\mathrm{d}/\mathrm{d}t)\boldsymbol{A}$ 也是自伴随映射. 若 $(\mathrm{d}/\mathrm{d}t)\boldsymbol{A}$ 正定，则 $\boldsymbol{A}(t)$ 是增函数，即

$$\text{当 } s < t \text{ 时，有 } \boldsymbol{A}(s) < \boldsymbol{A}(t). \tag{11}$$

证明 设 x 为任意与 t 无关的非零向量，则由 $\boldsymbol{A}$ 的导数正定可知

$$\frac{\mathrm{d}}{\mathrm{d}t}(\boldsymbol{x}, \boldsymbol{A}\boldsymbol{x}) = \left(\boldsymbol{x}, \frac{\mathrm{d}}{\mathrm{d}t}\boldsymbol{A}\boldsymbol{x}\right) > 0.$$

根据微积分知识，$(\boldsymbol{x}, \boldsymbol{A}(t)\boldsymbol{x})$ 是 t 的增函数，即

$$\text{当 } s<t \text{ 时，有 } (\boldsymbol{x}, \boldsymbol{A}(s)\boldsymbol{x}) < (\boldsymbol{x}, \boldsymbol{A}(t)\boldsymbol{x}).$$

这就说明 $\boldsymbol{A}(t)-\boldsymbol{A}(s)>\boldsymbol{0}$，故式 (11) 得证. □

设 $\boldsymbol{A}(t)$ 满足引理 3 的条件且可逆，下面证明 $\boldsymbol{A}^{-1}(t)$ 是 t 的减函数. 对 $\boldsymbol{A}^{-1}$ 求导，根据第 9 章定理 2 有

$$\frac{\mathrm{d}}{\mathrm{d}t}\boldsymbol{A}^{-1} = -\boldsymbol{A}^{-1}\frac{\mathrm{d}\boldsymbol{A}}{\mathrm{d}t}\boldsymbol{A}^{-1}.$$

已知 $\mathrm{d}\boldsymbol{A}/\mathrm{d}t$ 是正定的，由定理 1(iii) 可知 $\boldsymbol{A}^{-1}(\mathrm{d}\boldsymbol{A}/\mathrm{d}t)\boldsymbol{A}^{-1}$ 亦正定，于是 $\boldsymbol{A}^{-1}(t)$ 的导数是负定的. 根据引理 3，$\boldsymbol{A}^{-1}(t)$ 是 t 的减函数.

现在，令

$$\boldsymbol{A}(t) = \boldsymbol{M} + t(\boldsymbol{N}-\boldsymbol{M}), \quad 0 \leqslant t \leqslant 1. \tag{12}$$

显然 $\mathrm{d}\boldsymbol{A}/\mathrm{d}t = \boldsymbol{N}-\boldsymbol{M}$，且由式 (10) 可知其正定. 此外，由于对 $0 \leqslant t \leqslant 1$，

$$\boldsymbol{A}(t) = (1-t)\boldsymbol{M} + t\boldsymbol{N}$$

是两正定映射之和，因此 $\boldsymbol{A}(t)$ 也是正定的. 再由定理 1(v) 可知 $\boldsymbol{A}(t)$ 可逆. 因此根据前面的讨论可知 $\boldsymbol{A}^{-1}$ 是减函数，于是

$$\boldsymbol{A}^{-1}(0) > \boldsymbol{A}^{-1}(1).$$

因为 $\boldsymbol{A}(0)=\boldsymbol{M}, \boldsymbol{A}(1)=\boldsymbol{N}$，所以上式即式 $(10)'$，这就用另一种方法证得定理 2. □

两个自伴随映射之积通常不是自伴随映射. 下面我们定义两个自伴随映射 $\boldsymbol{A}$ 和 $\boldsymbol{B}$ 的对称积$\boldsymbol{S}$ 为

$$\boldsymbol{S} = \boldsymbol{A}\boldsymbol{B} + \boldsymbol{B}\boldsymbol{A}. \tag{13}$$

对称积对应的二次型为

$$(\boldsymbol{x}, \boldsymbol{S}\boldsymbol{x}) = (\boldsymbol{x}, \boldsymbol{A}\boldsymbol{B}\boldsymbol{x}) + (\boldsymbol{x}, \boldsymbol{B}\boldsymbol{A}\boldsymbol{x}) = (\boldsymbol{A}\boldsymbol{x}, \boldsymbol{B}\boldsymbol{x}) + (\boldsymbol{B}\boldsymbol{x}, \boldsymbol{A}\boldsymbol{x}). \tag{14}$$

若将数域限定为实数域，则有

$$(\boldsymbol{x}, \boldsymbol{S}\boldsymbol{x}) = 2(\boldsymbol{A}\boldsymbol{x}, \boldsymbol{B}\boldsymbol{x}). \tag{14$'$}$$

上式表明，两个正定映射的对称积不一定是正定的：假设 $(\boldsymbol{x}, \boldsymbol{A}\boldsymbol{x})>0, (\boldsymbol{x}, \boldsymbol{B}\boldsymbol{x})>0$，但这只能说明 $\boldsymbol{x}$ 与 $\boldsymbol{A}\boldsymbol{x}$、$\boldsymbol{x}$ 与 $\boldsymbol{B}\boldsymbol{x}$ 的夹角小于 $\pi/2$，不能避免 $\boldsymbol{A}\boldsymbol{x}$ 与 $\boldsymbol{B}\boldsymbol{x}$ 的夹角大于 $\pi/2$ 的情况发生，而一旦这个夹角大于 $\pi/2$，式 $(14)'$ 即取负值.

练习 3 找两个正定的 2×2 实矩阵，其对称积不正定.

对照练习 3，下面定理的结论似乎有些出人意料.

定理 4 设 $\boldsymbol{A}, \boldsymbol{B}$ 是满足下列条件的自伴随映射，则 $\boldsymbol{B}$ 正定.

(i) $\boldsymbol{A}$ 正定. (ii) 对称积 $\boldsymbol{S}=\boldsymbol{A}\boldsymbol{B}+\boldsymbol{B}\boldsymbol{A}$ 正定.

证明　定义 $\boldsymbol{B}(t)=\boldsymbol{B}+t\boldsymbol{A}$，则对任意 $t\geqslant 0$，$\boldsymbol{A}$ 和 $\boldsymbol{B}(t)$ 的对称积都正定. 事实上，

$$\boldsymbol{S}(t)=\boldsymbol{A}\boldsymbol{B}(t)+\boldsymbol{B}(t)\boldsymbol{A}=\boldsymbol{A}\boldsymbol{B}+\boldsymbol{B}\boldsymbol{A}+2t\boldsymbol{A}^2=\boldsymbol{S}+2t\boldsymbol{A}^2.$$

由于 $\boldsymbol{S}$ 和 $2t\boldsymbol{A}^2$ 都正定，因此两者之和亦正定. 下面证明：当 t 取值为很大的正数时，$\boldsymbol{B}(t)$ 是正定映射. 由于

$$(\boldsymbol{x},\boldsymbol{B}(t)\boldsymbol{x})=(\boldsymbol{x},\boldsymbol{B}\boldsymbol{x})+t(\boldsymbol{x},\boldsymbol{A}\boldsymbol{x}),\tag{15}$$

其中 $\boldsymbol{A}$ 正定，因此根据式 $(5)'$ 有

$$(\boldsymbol{x},\boldsymbol{A}\boldsymbol{x})\geqslant a\|\boldsymbol{x}\|^2,\quad a>0.$$

根据施瓦茨不等式，有

$$|(\boldsymbol{x},\boldsymbol{B}\boldsymbol{x})|\leqslant\|\boldsymbol{x}\|\|\boldsymbol{B}\boldsymbol{x}\|\leqslant\|\boldsymbol{B}\|\|\boldsymbol{x}\|^2.$$

将上述不等式代入式 (15) 即得

$$(\boldsymbol{x},\boldsymbol{B}(t)\boldsymbol{x})\geqslant(ta-\|\boldsymbol{B}\|)\|\boldsymbol{x}\|^2.$$

当 $ta>\|\boldsymbol{B}\|$ 时，上式表明 $\boldsymbol{B}(t)$ 是正定的.

又因为 $\boldsymbol{B}(t)$ 是 t 的连续函数，所以若 $\boldsymbol{B}=\boldsymbol{B}(0)$ 不是正定映射，则存在介于 0 与 $\|\boldsymbol{B}\|/a$ 之间的非负值 t_0，使 $\boldsymbol{B}(t_0)$ 位于正定映射集的边界上. 根据定理 1(viii)，正定映射集的边界点是非正定的半正定映射. 于是 $\boldsymbol{B}(t_0)$ 的本征值非负，且其中至少有一个为零，故存在非零向量 $\boldsymbol{y}$ 使得 $\boldsymbol{B}(t_0)\boldsymbol{y}=\boldsymbol{0}$. 在式 (14) 中令 $\boldsymbol{x}=\boldsymbol{y},\boldsymbol{B}=\boldsymbol{B}(t_0)$，则

$$(\boldsymbol{y},\boldsymbol{S}(t_0)\boldsymbol{y})=(\boldsymbol{A}\boldsymbol{y},\boldsymbol{B}(t_0)\boldsymbol{y})+(\boldsymbol{B}(t_0)\boldsymbol{y},\boldsymbol{A}\boldsymbol{y})=0,$$

这与 $\boldsymbol{S}(t_0)$ 的正定性矛盾，故 $\boldsymbol{B}$ 正定. □

第 4 节还将给出定理 4 的另一种证法.

下面的定理是定理 4 的一个有趣的结论.

定理 5　设 $\boldsymbol{M},\boldsymbol{N}$ 均为正定映射，且满足

$$\boldsymbol{0}<\boldsymbol{M}<\boldsymbol{N},\tag{16}$$

则

$$\sqrt{\boldsymbol{M}}<\sqrt{\boldsymbol{N}},\tag*{(16)$'$}$$

其中 $\sqrt{\ }$ 运算取的是正定的平方根.

证明　定义函数 $\boldsymbol{A}(t)$ 同式 (12)：

$$\boldsymbol{A}(t)=\boldsymbol{M}+t(\boldsymbol{N}-\boldsymbol{M}).$$

已知 $0\leqslant t\leqslant 1$ 时 $\boldsymbol{A}(t)$ 是正定的，于是我们可以定义

$$\boldsymbol{R}(t)=\sqrt{\boldsymbol{A}(t)},\quad 0\leqslant t\leqslant 1,\tag{17}$$

其中，$\sqrt{\ }$ 运算取的是正定的平方根. 不难证明，作为可微正定函数的平方根，$\boldsymbol{R}(t)$ 也可微. 将式 (17) 两端平方，得 $\boldsymbol{R}^2=\boldsymbol{A}$，两端对 t 求导，有

$$\dot{\boldsymbol{R}}\boldsymbol{R}+\boldsymbol{R}\dot{\boldsymbol{R}}=\dot{\boldsymbol{A}}, \tag{18}$$

其中，点号表示对 t 求导. 根据对称积的定义式 (13)，式 (18) 可以解释为：$\dot{\boldsymbol{R}}$ 和 $\boldsymbol{R}$ 的对称积等于 $\dot{\boldsymbol{A}}$.

根据假设 (16)，$\dot{\boldsymbol{A}}=\boldsymbol{N}-\boldsymbol{M}$ 正定，而由 $\boldsymbol{R}$ 的定义可知 $\boldsymbol{R}$ 亦正定. 于是根据定理 4，$\dot{\boldsymbol{R}}$ 在区间 $[0,1]$ 上正定. 再由引理 3 可知，$\boldsymbol{R}(t)$ 是 t 的增函数，特别地，有

$$\boldsymbol{R}(0)<\boldsymbol{R}(1).$$

而 $\boldsymbol{R}(0)=\sqrt{\boldsymbol{A}(0)}=\sqrt{\boldsymbol{M}}$，$\boldsymbol{R}(1)=\sqrt{\boldsymbol{A}(1)}=\sqrt{\boldsymbol{N}}$，式 $(16)'$ 得证. □

练习 4 证明：若 $\boldsymbol{0}<\boldsymbol{M}<\boldsymbol{N}$，则 (a) $\boldsymbol{M}^{1/4}<\boldsymbol{N}^{1/4}$；(b) $\boldsymbol{M}^{1/m}<\boldsymbol{N}^{1/m}$，其中 m 是 2 的幂；(c) $\ln\boldsymbol{M}<\ln\boldsymbol{N}$.

分式幂的定义见第 9 章中有关矩阵值函数微积分学的内容.

[提示：$\ln\boldsymbol{M}=\lim_{m\to\infty}m[\boldsymbol{M}^{1/m}-\boldsymbol{I}]$.]

练习 5 找两个映射，使得 $\boldsymbol{0}<\boldsymbol{M}<\boldsymbol{N}$ 但 $\boldsymbol{M}^2$ 不小于 $\boldsymbol{N}^2$.

[提示：利用练习 3.]

上面的定理 2、定理 5 以及练习 4、练习 5 都与单调矩阵函数这一概念有关.

定义 设 $f(s)$ 是定义在 $s>0$ 上的实值函数，对任意自伴随映射 $\boldsymbol{M},\boldsymbol{N}$，如果有

$$\boldsymbol{0}<\boldsymbol{M}<\boldsymbol{N},$$

就有

$$f(\boldsymbol{M})<f(\boldsymbol{N}),$$

其中，$f(\boldsymbol{M})$ 和 $f(\boldsymbol{N})$ 由第 9 章中的矩阵值函数所定义，则称 f 为**单调矩阵函数（monotone matrix function）**.

根据定理 2、定理 5 以及练习 4，函数 $f(s)=-1/s, s^{1/m}, \ln s$ 都是单调矩阵函数. 练习 5 则说明 $f(s)=s^2$ 不是单调矩阵函数.

显然单调矩阵函数的正数倍、两个单调矩阵函数之和以及单调矩阵函数序列的极限仍是单调矩阵函数. 因此

$$-\sum\frac{m_j}{s+t_j},\quad m_j>0,\quad t_j>0$$

是单调矩阵函数，

$$f(s)=as+b-\int_0^\infty\frac{\mathrm{d}m(t)}{s+t} \tag{19}$$

也是单调矩阵函数，其中 $a>0$，b 为实数，$m(t)$ 是非负测度且式 (19) 中的积分依该测度收敛.

卡尔 · 洛纳（Carl Loewner）证明了下面这个漂亮的定理.

定理　每个单调矩阵函数都可以写成式 (19) 的形式.

该定理的应用价值并不是显而易见的，其困难在于如何判断 $\mathbb{R}_+$ 上的函数可以分解成式 (19) 的形式. 事实上我们有一个极其简单的判别法：

形如式 (19) 的函数 f 可以延拓为上半平面中的解析函数，且函数值中的虚部始终大于零.

练习 6　证明：若 z 为复变量，则式 (19) 所定义的 $f(z)$ 是解析函数，且 $\operatorname{Im} z>0$ 时有 $\operatorname{Im} f(z)>0$.

反过来，赫格洛茨（Herglotz）和里斯（Riesz）的一个经典定理指出：对于上半平面中的解析函数，如果其函数值中的虚部大于零，且在实轴正半轴上的取值为实数，则该函数必形如式 (19). 该定理的证明可查阅我编写的另一本教材《泛函分析》(*Functional Analysis*)①.

函数 $-1/s$, $s^{1/m}(m>1)$, $\ln s$ 在上半平面所取的函数值中的虚部大于零，而函数 s^2 则不是.

我们对正定映射的讨论基本结束了，下面来看一些例子. 我们将给出一种构造正定矩阵的方法，事实上这种方法能够构造出全体正定矩阵.

定义　设 $\boldsymbol{f}_1,\cdots,\boldsymbol{f}_m$ 是欧几里得空间中的一组向量，以

$$\boldsymbol{G}_{ij}=(\boldsymbol{f}_j,\boldsymbol{f}_i) \tag{20}$$

为元素的矩阵 $\boldsymbol{G}$ 称为所给向量组的**格拉姆矩阵（Gram matrix）**.

定理 6　(i) 格拉姆矩阵是半正定的.

(ii) 一组线性无关向量的格拉姆矩阵是正定的.

(iii) 每个正定矩阵都可以表示成格拉姆矩阵.

证明　格拉姆矩阵对应的二次型可以表示为

$$\begin{aligned}(\boldsymbol{x},\boldsymbol{G}\boldsymbol{x})&=\sum_{i,j}x_i\bar{\boldsymbol{G}}_{ij}\bar{x}_j=\sum(\boldsymbol{f}_i,\boldsymbol{f}_j)x_i\bar{x}_j\\&=\left(\sum_i x_i\boldsymbol{f}_i,\sum_j x_j\boldsymbol{f}_j\right)=\left\|\sum x_i\boldsymbol{f}_i\right\|^2.\end{aligned} \tag{20$'$}$$

显然 (i) 和 (ii) 可由式 (20)′ 推知. 下面证明性质 (iii)，设 $\boldsymbol{H}=(\boldsymbol{H}_{ij})$ 为正定矩阵. 为 $\mathbb{C}^n$ 中的向量 $\boldsymbol{x}$ 和 $\boldsymbol{y}$ 定义下述非标准标量积 $(,)_{\boldsymbol{H}}$：

$$(\boldsymbol{x},\boldsymbol{y})_{\boldsymbol{H}}=(\boldsymbol{x},\boldsymbol{H}\boldsymbol{y}),$$

① 人民邮电出版社出版了该书的中文版. ——编者注

其中，(,) 表示标准标量积运算. 则单位向量 $\boldsymbol{f}_i = \boldsymbol{e}_i$ 的格拉姆矩阵为

$$(\boldsymbol{e}_i, \boldsymbol{e}_j)_{\boldsymbol{H}} = (\boldsymbol{e}_i, \boldsymbol{H}\boldsymbol{e}_j) = \boldsymbol{H}_{ij}. \qquad \square$$

例 1　考虑区间 $[0,1]$ 上的实值函数所构成的欧几里得空间，其标量积定义为

$$(\boldsymbol{f}, \boldsymbol{g}) = \int_0^1 \boldsymbol{f}(t)\boldsymbol{g}(t)\mathrm{d}t.$$

令 $f_j = t^{j-1}, j = 1, \cdots, n$，则格拉姆矩阵中的元素为

$$\boldsymbol{G}_{ij} = \frac{1}{i+j-1}. \tag{21}$$

练习 7　设 $r_1, \cdots, r_m$ 是 m 个正数，证明：以

$$\boldsymbol{G}_{ij} = \frac{1}{r_i + r_j + 1} \tag{22}$$

为元素的矩阵是正定矩阵.

例 2　定义标量积

$$(\boldsymbol{f}, \boldsymbol{g}) = \int_0^{2\pi} f(\theta)\bar{g}(\theta)w(\theta)\mathrm{d}\theta,$$

其中，w 是某正定的实值函数. 令 $f_j = \mathrm{e}^{\mathrm{i}j\theta}, j = -n, \cdots, n$. 则对应的 $(2n+1) \times (2n+1)$ 格拉姆矩阵满足 $\boldsymbol{G}_{kj} = c_{k-j}$，其中，

$$c_p = \int w(\theta)\mathrm{e}^{-\mathrm{i}p\theta}\mathrm{d}\theta.$$

下面以舒尔的一个看似古怪的定理结束本节.

定理 7　设 $\boldsymbol{A} = (\boldsymbol{A}_{ij}), \boldsymbol{B} = (\boldsymbol{B}_{ij})$ 是两个正定矩阵，令 $\boldsymbol{M} = (\boldsymbol{M}_{ij})$，其元素为 $\boldsymbol{A}, \boldsymbol{B}$ 对应元素之积，即

$$\boldsymbol{M}_{ij} = \boldsymbol{A}_{ij}\boldsymbol{B}_{ij}, \tag{23}$$

则 $\boldsymbol{M}$ 也是正定矩阵.

附录 D 将利用张量积给出定理 7 的一个证明.

第 2 节　正定矩阵的行列式

定理 8　正定矩阵的行列式大于零.

证明　根据第 6 章定理 3，矩阵的行列式等于矩阵本征值之积. 而由本章定理 1 可知，正定矩阵的本征值均大于零，故本征值之积大于零. $\square$

定理 9　设 $\boldsymbol{A}, \boldsymbol{B}$ 为正定的实 $n \times n$ 矩阵，则对任意 $t \in [0,1]$，有

$$\det(t\boldsymbol{A} + (1-t)\boldsymbol{B}) \geqslant (\det \boldsymbol{A})^t (\det \boldsymbol{B})^{1-t}. \tag{24}$$

证法一 对式 (24) 两端取对数，由于 ln 函数是单调函数，因此式 (24) 等价于：对任意 $t \in [0,1]$，有

$$\ln\det(t\boldsymbol{A}+(1-t)\boldsymbol{B}) \geqslant t\ln\det\boldsymbol{A}+(1-t)\ln\det\boldsymbol{B}. \tag{24'}$$

回忆单变量凹函数的概念: 如果函数 $f(x)$ 图像上任意两点间的曲线都位于连接该两点的弦的上方, 则称其为凹函数. 用解析式表达, 即为: 对任意 $t\in[0,1]$ 有

$$f(ta+(1-t)b) \geqslant tf(a)+(1-t)f(b).$$

于是，式 $(24)'$ 可以解释为：函数 $\ln\det\boldsymbol{H}$ 是正定矩阵上的凹函数. 而由定理 1 可知：若 $\boldsymbol{A},\boldsymbol{B}$ 正定且 $t\in[0,1]$，则 $t\boldsymbol{A}+(1-t)\boldsymbol{B}$ 亦正定. 根据微积分中函数形态的判别法，二阶导数小于零的函数是凹函数. 例如，定义在 $t>0$ 上的函数 $\ln t$ 有二阶导数 $-1/t^2$，因而是凹函数. 为证明式 $(24)'$，下面我们计算并验证函数 $f(t)=\ln\det(t\boldsymbol{A}+(1-t)\boldsymbol{B})$ 的二阶导数小于零. 利用第 9 章定理 4 的式 (10)，其中矩阵值函数 $\boldsymbol{Y}(t)$ 可微且可逆：

$$\frac{\mathrm{d}}{\mathrm{d}t}\ln\det\boldsymbol{Y}=\operatorname{tr}(\boldsymbol{Y}^{-1}\dot{\boldsymbol{Y}}). \tag{25}$$

令 $\boldsymbol{Y}(t)=\boldsymbol{B}+t(\boldsymbol{A}-\boldsymbol{B})$，其导数为 $\dot{\boldsymbol{Y}}=\boldsymbol{A}-\boldsymbol{B}$，与 t 无关. 故式 (25) 对 t 求导可得

$$\frac{\mathrm{d}^2}{\mathrm{d}t^2}\ln\det\boldsymbol{Y}=\operatorname{tr}(-\boldsymbol{Y}^{-1}\dot{\boldsymbol{Y}}\boldsymbol{Y}^{-1}\dot{\boldsymbol{Y}})=-\operatorname{tr}(\boldsymbol{Y}^{-1}\dot{\boldsymbol{Y}})^2. \tag{25'}$$

我们运用了第 9 章的乘积求导法则以及矩阵迹的求导法则 $(2)'$ 和矩阵逆的求导法则 (3).

根据第 6 章定理 3, 矩阵的迹等于矩阵本征值之和; 而根据第 6 章定理 4, 矩阵 $\boldsymbol{T}$ 的平方的本征值等于 $\boldsymbol{T}$ 的本征值的平方. 于是

$$\operatorname{tr}(\boldsymbol{Y}^{-1}\dot{\boldsymbol{Y}})^2=\sum a_j^2, \tag{26}$$

其中，a_j 是 $\boldsymbol{Y}^{-1}\dot{\boldsymbol{Y}}$ 的本征值. 根据第 8 章定理 $11'$，$\boldsymbol{Y}^{-1}\dot{\boldsymbol{Y}}$ 作为正定矩阵 $\boldsymbol{Y}^{-1}$ 与自伴随矩阵 $\dot{\boldsymbol{Y}}$ 的乘积, 其本征值 a_j 必为实数. 因此式 (26) 取值大于零，代入式 $(25)'$ 即可断定 $\ln\det\boldsymbol{Y}(t)$ 的二阶导数小于零. □

证法二 令 $\boldsymbol{C}=\boldsymbol{B}^{-1}\boldsymbol{A}$. 根据第 8 章定理 $11'$, 作为两正定矩阵的乘积, $\boldsymbol{C}$ 的本征值 c_j 大于零. 将式 (24) 左端重写为

$$\det\boldsymbol{B}(t\boldsymbol{B}^{-1}\boldsymbol{A}+(1-t)\boldsymbol{I})=\det\boldsymbol{B}\det(t\boldsymbol{C}+(1-t)\boldsymbol{I}).$$

然后将式 (24) 两端同除以 $\det\boldsymbol{B}$，所得结果的右端可以写为

$$(\det\boldsymbol{A})^t(\det\boldsymbol{B})^{-t}=(\det\boldsymbol{C})^t.$$

于是得到

$$\det(t\boldsymbol{C}+(1-t)\boldsymbol{I}) \geqslant (\det\boldsymbol{C})^t.$$

再用本征值的乘积表示上述行列式，即得

$$\prod(tc_j+1-t)\geqslant\prod c_j^t.$$

我们断言，当 $t\in[0,1]$ 时，上式左端的每个因式都大于右端对应因式：

$$tc+(1-t)\geqslant c^t.$$

该不等式成立是因为当 $t=0$ 和 $t=1$ 时不等式中等号成立，且函数 c^t 是 t 的凸函数. □

下面我们给出正定矩阵行列式的一个重要估计.

定理 10　正定矩阵 $\boldsymbol{H}$ 的行列式不大于矩阵对角线元素之积：

$$\det\boldsymbol{H}\leqslant\prod h_{ii}. \tag{27}$$

证明　由于 $\boldsymbol{H}$ 正定，因此其对角线元素均大于零. 令 $d_i=1/\sqrt{h_{ii}}$，记以 d_i 为对角线元素的对角矩阵为 $\boldsymbol{D}$. 定义矩阵 $\boldsymbol{B}$ 为

$$\boldsymbol{B}=\boldsymbol{DHD}.$$

显然，$\boldsymbol{B}$ 是对称的正定矩阵，且对角线元素均为 1. 根据行列式的乘法性质，有

$$\det\boldsymbol{B}=\det\boldsymbol{H}\det\boldsymbol{D}^2=\frac{\det\boldsymbol{H}}{\prod h_{ii}}. \tag{28}$$

因此式 (27) 等价于 $\det\boldsymbol{B}\leqslant 1$. 为证明这一结论，记 $\boldsymbol{B}$ 的本征值为 $b_1,\cdots,b_n$，由 $\boldsymbol{B}$ 的正定性可知 b_i 均大于零. 根据算术–几何平均值不等式有

$$\prod b_i\leqslant\left(\sum b_i/n\right)^n.$$

上式可重写为

$$\det\boldsymbol{B}\leqslant\left(\frac{\operatorname{tr}\boldsymbol{B}}{n}\right)^n. \tag{29}$$

而 $\boldsymbol{B}$ 的对角线元素都是 1，因此 $\operatorname{tr}\boldsymbol{B}=n$，于是有 $\det\boldsymbol{B}\leqslant 1$. □

下面的定理是定理 10 的一个结论.

定理 11　设 $\boldsymbol{T}$ 是以 $\boldsymbol{c}_1,\boldsymbol{c}_2,\cdots,\boldsymbol{c}_n$ 为列的 $n\times n$ 矩阵，则 $\boldsymbol{T}$ 的行列式的绝对值不大于各列向量长度之积：

$$|\det\boldsymbol{T}|\leqslant\prod\|\boldsymbol{c}_i\|. \tag{30}$$

证明　令 $\boldsymbol{H}=\boldsymbol{T}^*\boldsymbol{T}$，则其对角线元素为

$$h_{ii}=\sum_j t_{ij}^*t_{ji}=\sum_j\bar{t}_{ji}t_{ji}=\sum_j|t_{ji}|^2=\|\boldsymbol{c}_i\|^2.$$

若 $\boldsymbol{T}$ 不可逆，则 $\det\boldsymbol{T}=0$，定理无须证明. 否则根据定理 1，$\boldsymbol{T}^*\boldsymbol{T}$ 是正定矩阵，再由定理 10 可得

$$\det\boldsymbol{H}\leqslant\prod\|\boldsymbol{c}_i\|^2.$$

根据行列式的乘法性质和 $\det \boldsymbol{T}^* = \overline{\det \boldsymbol{T}}$，有

$$\det \boldsymbol{H} = \det \boldsymbol{T}^* \det \boldsymbol{T} = |\det \boldsymbol{T}|^2.$$

综合上面两式并分别取平方根，即得定理 11 的不等式 (30). □

由阿达马（Hadamard）给出的不等式 (30) 有极其广泛的应用. 若数域限定为实数域，则该不等式有明显的几何意义：在所有边长为 $\|\boldsymbol{c}_i\|$ 的平行六面体中，长方体的体积最大.

现在回到定理 9，我们给出的第一种证法用到了微分学的知识，下面利用积分学知识给出该定理的另一证明. 这种证法适用于实对称矩阵，要用到实正定矩阵行列式的积分公式.

定理 12 设 $\boldsymbol{H}$ 为 $n \times n$ 实对称正定矩阵，则

$$\frac{\pi^{n/2}}{\sqrt{\det \boldsymbol{H}}} = \int_{\mathbb{R}^n} \mathrm{e}^{-(\boldsymbol{x}, \boldsymbol{H}\boldsymbol{x})} \mathrm{d}\boldsymbol{x}. \tag{31}$$

证明 由式 $(5)'$ 可知积分 (31) 收敛. 为求出该积分，我们利用自伴随映射的谱定理，见第 8 章定理 $4'$，并且引入新坐标

$$\boldsymbol{x} = \boldsymbol{M}\boldsymbol{y}, \tag{32}$$

其中，$\boldsymbol{M}$ 是使下列二次型对角化的正交矩阵：

$$(\boldsymbol{x}, \boldsymbol{H}\boldsymbol{x}) = (\boldsymbol{M}\boldsymbol{y}, \boldsymbol{H}\boldsymbol{M}\boldsymbol{y}) = (\boldsymbol{y}, \boldsymbol{M}^*\boldsymbol{H}\boldsymbol{M}\boldsymbol{y}) = \sum a_j y_j^2, \tag{33}$$

这里的 a_j 是 $\boldsymbol{H}$ 的本征值. 将式 (33) 代入式 (31)，由 $\boldsymbol{M}$ 是等距矩阵可知 $|\det \boldsymbol{M}| = 1$. 因此，在变换后的新坐标之下，原积分中的被积函数是单变量函数的乘积，故式 (31) 右端可以写为一元积分的乘积：

$$\int \mathrm{e}^{-\sum a_j y_j^2} \mathrm{d}\boldsymbol{y} = \int \prod \mathrm{e}^{-a_j y_j^2} \mathrm{d}\boldsymbol{y} = \prod \int \mathrm{e}^{-a_j y_j^2} \mathrm{d}y_j. \tag{34}$$

再作变换 $\sqrt{a}\boldsymbol{y} = \boldsymbol{z}$，则上式右端的每个积分式变为

$$\int \mathrm{e}^{-\boldsymbol{z}^2} \frac{\mathrm{d}\boldsymbol{z}}{\sqrt{a_j}}.$$

根据微积分中的结论

$$\int_{-\infty}^{\infty} \mathrm{e}^{-\boldsymbol{z}^2} \mathrm{d}\boldsymbol{z} = \sqrt{\pi}, \tag{35}$$

式 (34) 右端等于

$$\frac{\pi^{n/2}}{\prod \sqrt{a_j}} = \frac{\pi^{n/2}}{(\prod a_j)^{1/2}}. \tag{34$'$}$$

最后，根据第 6 章定理 3 的式 (15)，$\boldsymbol{H}$ 的行列式等于本征值之积. 于是由式 (34) 和式 $(34)'$，定理 12 中的式 (31) 得证. □

练习 8 查阅微积分公式 (35) 的证明.

定理 9 的证法三　在式 (31) 中取 $\boldsymbol{H}=t\boldsymbol{A}+(1-t)\boldsymbol{B}$，其中 $\boldsymbol{A},\boldsymbol{B}$ 为任意实正定矩阵，则

$$\begin{aligned}\frac{\pi^{n/2}}{\sqrt{\det(t\boldsymbol{A}+(1-t)\boldsymbol{B})}}&=\int_{\mathbb{R}^n}\mathrm{e}^{-(\boldsymbol{x},(t\boldsymbol{A}+(1-t)\boldsymbol{B})\boldsymbol{x})}\mathrm{d}\boldsymbol{x}\\&=\int_{\mathbb{R}^n}\mathrm{e}^{-t(\boldsymbol{x},\boldsymbol{A}\boldsymbol{x})}\mathrm{e}^{-(1-t)(\boldsymbol{x},\boldsymbol{B}\boldsymbol{x})}\mathrm{d}\boldsymbol{x}.\end{aligned}\tag{36}$$

运用赫尔德（Hölder）不等式

$$\int \boldsymbol{f}\boldsymbol{g}\mathrm{d}\boldsymbol{x}\leqslant\left(\int \boldsymbol{f}^p\mathrm{d}\boldsymbol{x}\right)^{1/p}\left(\int \boldsymbol{g}^q\mathrm{d}\boldsymbol{x}\right)^{1/q},$$

其中，p,q 为正实数且满足

$$\frac{1}{p}+\frac{1}{q}=1.$$

令

$$f(\boldsymbol{x})=\mathrm{e}^{-t(\boldsymbol{x},\boldsymbol{A}\boldsymbol{x})},\quad g(\boldsymbol{x})=\mathrm{e}^{-(1-t)(\boldsymbol{x},\boldsymbol{B}\boldsymbol{x})},$$

且 $p=1/t,q=1/(1-t)$，则式 (36) 右端积分不超过

$$\left(\int_{\mathbb{R}^n}\mathrm{e}^{-(\boldsymbol{x},\boldsymbol{A}\boldsymbol{x})}\mathrm{d}\boldsymbol{x}\right)^t\left(\int_{\mathbb{R}^n}\mathrm{e}^{-(\boldsymbol{x},\boldsymbol{B}\boldsymbol{x})}\mathrm{d}\boldsymbol{x}\right)^{1-t}.$$

再利用式 (31) 表示上述积分，即得

$$\left(\frac{\pi^{n/2}}{\sqrt{\det\boldsymbol{A}}}\right)^t\left(\frac{\pi^{n/2}}{\sqrt{\det\boldsymbol{B}}}\right)^{1-t}=\frac{\pi^{n/2}}{\sqrt{(\det\boldsymbol{A})^t(\det\boldsymbol{B})^{1-t}}}.$$

上式为式 (36) 的一个上界，故不等式 (24) 得证. □

我们还可以利用式 (31) 给出定理 10 的另一种证法.

定理 10 的证法二　将式 (31) 右端积分中的向量 $\boldsymbol{x}$ 写作 $\boldsymbol{x}=u\boldsymbol{e}_1+\boldsymbol{z}$，其中，$u$ 是 $\boldsymbol{x}$ 的第 1 个分量，$\boldsymbol{z}$ 是其余分量构成的向量，则

$$(\boldsymbol{x},\boldsymbol{H}\boldsymbol{x})=h_{11}u^2+2ul(\boldsymbol{z})+(\boldsymbol{z},\boldsymbol{H}_{11}\boldsymbol{z}).$$

$l(\boldsymbol{z})$ 是 $\boldsymbol{z}$ 的线性函数. 将上式代入式 (31) 得

$$\frac{\pi^{n/2}}{\sqrt{\det\boldsymbol{H}}}=\iint\mathrm{e}^{-h_{11}u^2-2ul-(\boldsymbol{z},\boldsymbol{H}_{11}\boldsymbol{z})}\mathrm{d}u\mathrm{d}\boldsymbol{z}.\tag{37}$$

将变量 u 替换为 $-u$，则上述积分变为

$$\iint\mathrm{e}^{-h_{11}u^2+2ul-(\boldsymbol{z},\boldsymbol{H}_{11}\boldsymbol{z})}\mathrm{d}u\mathrm{d}\boldsymbol{z}.$$

两积分相加再除以 2，得

$$\iint\mathrm{e}^{-h_{11}u^2-(\boldsymbol{z},\boldsymbol{H}_{11}\boldsymbol{z})}\frac{c+c^{-1}}{2}\mathrm{d}u\mathrm{d}\boldsymbol{z},\tag{37$'$}$$

其中，$c=\mathrm{e}^{2ul}$. 由于 c 是正数，因此

$$\frac{c+c^{-1}}{2}\geqslant 1.$$

故式 (37)′ 有下界

$$\iint \mathrm{e}^{-h_{11}u^2-(\boldsymbol{z},\boldsymbol{H}_{11}\boldsymbol{z})}\mathrm{d}u\mathrm{d}\boldsymbol{z},$$

其中，被积函数是 u 的函数与 $\boldsymbol{z}$ 的函数之积，因此该积分可拆成两个积分的乘积，且根据式 (31) 计算得到

$$\frac{\pi^{1/2}}{\sqrt{h_{11}}}\cdot\frac{\pi^{(n-1)/2}}{\sqrt{\det \boldsymbol{H}_{11}}}.$$

由于上式为式 (37) 右端积分的下界，因此 $\det \boldsymbol{H} \leqslant h_{11}\det \boldsymbol{H}_{11}$. 最后对 $\boldsymbol{H}$ 的阶数进行归纳，易得不等式 (27). □

第 3 节　本征值

本节将给出关于本征值的许多有趣且实用的结论.

引理 13　设 $\boldsymbol{A}$ 是欧几里得空间 U 到自身的自伴随映射，分别记 $\boldsymbol{A}$ 的正本征值和负本征值的个数为 $p_+(\boldsymbol{A})$ 和 $p_-(\boldsymbol{A})$. 则

$p_+(\boldsymbol{A}) =$ 使 $(\boldsymbol{Au},\boldsymbol{u})$（$\boldsymbol{u}\neq\boldsymbol{0}$）在 S 上取值恒为正的 U 的子空间 S 的最大维数，

$p_-(\boldsymbol{A}) =$ 使 $(\boldsymbol{Au},\boldsymbol{u})$（$\boldsymbol{u}\neq\boldsymbol{0}$）在 S 上取值恒为负的 U 的子空间 S 的最大维数.

证明　根据 $\boldsymbol{A}$ 的本征值的最小最大原理，见第 8 章定理 10 和引理 2. □

定理 14　设 $U,\boldsymbol{A}$ 同引理 13，V 是 U 的低 1 维的子空间：

$$\dim V = \dim U - 1.$$

$\boldsymbol{P}$ 是在 V 上的正交投影，则 $\boldsymbol{PAP}$ 是 U 到 U 的自伴随映射，且将 V 映射到 V. 记 $\boldsymbol{PAP}$ 限制在 V 上的映射为 $\boldsymbol{B}$，则

$$p_+(\boldsymbol{A})-1 \leqslant p_+(\boldsymbol{B}) \leqslant p_+(\boldsymbol{A}), \tag{38$_+$}$$

且

$$p_-(\boldsymbol{A})-1 \leqslant p_-(\boldsymbol{B}) \leqslant p_-(\boldsymbol{A}). \tag{38$_-$}$$

证明　设 T 是 V 的 $p_+(\boldsymbol{B})$ 维子空间，且 $\boldsymbol{B}$ 在 T 上正定，即

$$(\boldsymbol{Bv},\boldsymbol{v})>0,\quad 对任意\ \boldsymbol{v}\in T\ 且\ \boldsymbol{v}\neq\boldsymbol{0}.$$

根据 $\boldsymbol{B}$ 的定义，上式可写为

$$0<(\boldsymbol{PAPv},\boldsymbol{v})=(\boldsymbol{APv},\boldsymbol{Pv}).$$

因为 $\boldsymbol{v}$ 属于 V 的子空间 T，所以 $\boldsymbol{Pv}=\boldsymbol{v}$，从而可以断定 $\boldsymbol{A}$ 在 T 上正定. 这就说明

$$p_+(\boldsymbol{B}) \leqslant p_+(\boldsymbol{A}).$$

为估计 $p_+(\boldsymbol{B})$ 的下界, 设 S 为 U 的 $p_+(\boldsymbol{A})$ 维子空间, 且 $\boldsymbol{A}$ 在 S 上正定, 即

$$(\boldsymbol{Au},\boldsymbol{u})>0,\quad \text{对任意 } \boldsymbol{u}\in S \text{ 且 } \boldsymbol{u}\neq\boldsymbol{0}.$$

记 S 与 V 的交为 T:

$$T=S\cap V.$$

我们断言 S 的维数减去 T 的维数至多得 1:

$$\dim S-1\leqslant\dim T.$$

事实上，若 S 是 V 的子空间，则 $T=S$，从而 $\dim T=\dim S$. 否则，选取 S 的一组基 $\{\boldsymbol{s}_1,\cdots,\boldsymbol{s}_k\}$，其中至少有一个向量（设为 $\boldsymbol{s}_1$）不属于 V，即 $\boldsymbol{s}_1$ 有一个非零分量与 V 正交. 于是可以选取标量 $a_2,\cdots,a_k$，使得

$$\boldsymbol{s}_2-a_2\boldsymbol{s}_1,\cdots,\boldsymbol{s}_k-a_k\boldsymbol{s}_1$$

属于 V. 并且由 $\boldsymbol{s}_1,\cdots,\boldsymbol{s}_k$ 线性无关可知上述向量亦线性无关. 这就说明

$$\dim S-1\leqslant\dim T.$$

下面证明 $\boldsymbol{B}$ 在 T 上正定. 任取 T 中的向量 $\boldsymbol{v}\neq\boldsymbol{0}$，由 $\boldsymbol{v}\in V$ 可得

$$(\boldsymbol{Bv},\boldsymbol{v})=(\boldsymbol{PAPv},\boldsymbol{v})=(\boldsymbol{APv},\boldsymbol{Pv})=(\boldsymbol{Av},\boldsymbol{v}),$$

又因为 $\boldsymbol{v}\in S$，所以 $(\boldsymbol{Av},\boldsymbol{v})>0$.

根据定义, $p_+(\boldsymbol{B})$ 等于使得 $\boldsymbol{B}$ 正定的最大的子空间的维数, 又已知 $\dim T\geqslant\dim S-1$，故 $p_+(\boldsymbol{B})\geqslant p_+(\boldsymbol{A})-1$，即证得式 $(38)_+$. 式 $(38)_-$ 的证明类似. □

根据定理 14，我们可立即推得下面的定理.

定理 15　设 $U,V,\boldsymbol{A},\boldsymbol{B}$ 同定理 14，$\boldsymbol{A}$ 和 $\boldsymbol{B}$ 的本征值按升序排列分别为 $a_1,\cdots,a_n$ 和 $b_1,\cdots,b_{n-1}$，则 $\boldsymbol{B}$ 的本征值恰好将 $\boldsymbol{A}$ 的本征值隔开，即

$$a_1\leqslant b_1\leqslant a_2\leqslant\cdots\leqslant b_{n-1}\leqslant a_n. \tag{39}$$

证明　对 $\boldsymbol{A}-c$ 和 $\boldsymbol{B}-c$ 应用定理 14 可知，小于 c 的 b_i 的数目不超过小于 c 的 a_i 的数目，且最多少一个. 我们断言 $a_i\leqslant b_i$，否则选取 $b_i<c<a_i$，就与前面的结论矛盾. 类似可证 $b_i\leqslant a_{i+1}$，于是 $a_i\leqslant b_i\leqslant a_{i+1}$，故式 (39) 得证. □

设 U 为标准欧几里得空间 $\mathbb{R}^n$，$\boldsymbol{A}$ 为 $n\times n$ 自伴随矩阵，i 为 1 到 n 的某个自然数，V 是由全体第 i 个分量为零的向量构成的空间，则定理 15 表明：$\boldsymbol{A}$ 的第 i 个主子式的本征值恰好将 $\boldsymbol{A}$ 的本征值隔开.

练习 9　将定理 14 的结论推广到 $\dim V=\dim U-m$ 的情形，其中 $m>1$.

下面的结论在数理物理中有重要应用，例如第 11 章定理 4.

定理 16　设 $\boldsymbol{M},\boldsymbol{N}$ 是 $k\times k$ 自伴随矩阵，且满足

$$\boldsymbol{M}<\boldsymbol{N}. \tag{40}$$

$\boldsymbol{M}$ 和 $\boldsymbol{N}$ 的本征值从小到大依次分别为 $m_1 \leqslant \cdots \leqslant m_k$ 和 $n_1 \leqslant \cdots \leqslant n_k$，则

$$m_j < n_j, \quad j = 1, \cdots, k. \tag{41}$$

证法一 运用第 8 章定理 10 中式 (40) 所给的最小最大原理，有

$$m_j = \min_{\dim S = j} \max_{\boldsymbol{x} \in S} \frac{(\boldsymbol{x}, \boldsymbol{M}\boldsymbol{x})}{(\boldsymbol{x}, \boldsymbol{x})}, \tag{42$_m$}$$

$$n_j = \min_{\dim S = j} \max_{\boldsymbol{x} \in S} \frac{(\boldsymbol{x}, \boldsymbol{N}\boldsymbol{x})}{(\boldsymbol{x}, \boldsymbol{x})}. \tag{42$_n$}$$

令 T 为使式 $(42)_n$ 取到最小值的 j 维空间，$\boldsymbol{y}$ 为 T 中使 $(\boldsymbol{x}, \boldsymbol{M}\boldsymbol{x})/(\boldsymbol{x}, \boldsymbol{x})$ 取到最大值的向量. 对 $\boldsymbol{y}$ 进行标准化，即令 $\|\boldsymbol{y}\| = 1$，则由式 $(42)_m$ 可得

$$m_j \leqslant (\boldsymbol{y}, \boldsymbol{M}\boldsymbol{y}),$$

又由式 $(42)_n$ 可得

$$(\boldsymbol{y}, \boldsymbol{N}\boldsymbol{y}) \leqslant n_j.$$

而式 (40) 表明当 $\boldsymbol{y} \neq \boldsymbol{0}$ 时有 $(\boldsymbol{y}, \boldsymbol{M}\boldsymbol{y}) < (\boldsymbol{y}, \boldsymbol{N}\boldsymbol{y})$，故式 (41) 得证. □

如果定理 16 的条件 (40) 减弱为 $\boldsymbol{M} \leqslant \boldsymbol{N}$，则通过类似的讨论，我们可以得到减弱的结论：$m_j \leqslant n_j$.

证法二 用下列直线方程连接 $\boldsymbol{M}$ 和 $\boldsymbol{N}$：

$$\boldsymbol{A}(t) = \boldsymbol{M} + t(\boldsymbol{N} - \boldsymbol{M}). \tag{43}$$

仿照第 1 节，我们仍然运用微积分知识. 假设存在 t 的某个区间使 $\boldsymbol{A}(t)$ 的本征值互不相同，根据第 9 章定理 7，$\boldsymbol{A}(t)$ 的本征值是 t 的可微函数，于是我们可以对其导数运用第 9 章式 (24). 因为 $\boldsymbol{A}$ 是自伴随矩阵，所以在该式中我们可以将 $\boldsymbol{A}^{\mathrm{T}}$ 的本征向量 $\boldsymbol{l}$ 与 $\boldsymbol{A}$ 的本征向量 $\boldsymbol{h}$ 等同. 标准化 $\boldsymbol{h}$ 使得 $\|\boldsymbol{h}\| = 1$，则对于满足 $\boldsymbol{A}\boldsymbol{h} = a\boldsymbol{h}$ 的本征值 a 的导数，第 9 章式 (24) 变成

$$\frac{\mathrm{d}a}{\mathrm{d}t} = \left(\boldsymbol{h}, \frac{\mathrm{d}\boldsymbol{A}}{\mathrm{d}t}\boldsymbol{h}\right). \tag{43$'$}$$

而 $\boldsymbol{A}(t)$ 由式 (43) 所定义，所以由前提 (40) 可知 $\mathrm{d}\boldsymbol{A}/\mathrm{d}t = \boldsymbol{N} - \boldsymbol{M}$ 是正定的，故式 $(43)'$ 右端大于零. 这就证得 $\mathrm{d}a/\mathrm{d}t$ 大于零，进而 $a(t)$ 是 t 的增函数，特别地，有 $a(0) < a(1)$. 注意 $\boldsymbol{A}(0) = \boldsymbol{M}, \boldsymbol{A}(1) = \boldsymbol{N}$，因此，如果对任意 $t \in [0, 1]$，$\boldsymbol{A}(t)$ 的本征值互不相同，则式 (41) 得证.

如果对于有限多个 t 的取值，$\boldsymbol{A}(t)$ 有多重本征值，则前面的讨论表明：在这样两个 t 值之间，$a_j(t)$ 是增函数，此时仍有式 (41). 或者我们也可以借用第 9 章末尾所得的结论来说明这一点：退化矩阵构成余维数为 2 的一个面，通过稍稍改变 $\boldsymbol{M}$ 就可以使之避免成为退化矩阵. □

定理 17　设 $\boldsymbol{M},\boldsymbol{N}$ 是 $k\times k$ 自伴随矩阵，m_j 和 n_j 分别是 $\boldsymbol{M}$ 和 $\boldsymbol{N}$ 的按升序排列的本征值，则

$$|n_j-m_j|\leqslant\|\boldsymbol{M}-\boldsymbol{N}\|. \tag{44}$$

证明　记 $\|\boldsymbol{M}-\boldsymbol{N}\|=d$，容易证明

$$\boldsymbol{N}-d\boldsymbol{I}\leqslant\boldsymbol{M}\leqslant\boldsymbol{N}+d\boldsymbol{I}. \tag{44$'$}$$

综合式 (44)′ 和式 (41) 即得不等式 (44). □

练习 10　证明不等式 (44)′.

维兰特（Wielandt）和霍夫曼（Hoffman）证明了下面这个有趣的结论.

定理 18　设 $\boldsymbol{M},\boldsymbol{N}$ 是 $k\times k$ 自伴随矩阵，m_j 和 n_j 分别是 $\boldsymbol{M}$ 和 $\boldsymbol{N}$ 的按升序排列的本征值，则

$$\sum(n_j-m_j)^2\leqslant\|\boldsymbol{M}-\boldsymbol{N}\|_2^2, \tag{45}$$

其中，$\|\boldsymbol{M}-\boldsymbol{N}\|_2$ 表示希尔伯特–施密特范数，其定义为

$$\|\boldsymbol{C}\|_2^2=\sum|c_{ij}|^2. \tag{46}$$

证明　矩阵的希尔伯特–施密特范数可以用迹表示为

$$\|\boldsymbol{C}\|_2^2=\operatorname{tr}\boldsymbol{C}^*\boldsymbol{C}. \tag{46$'$}$$

若 $\boldsymbol{C}$ 为自伴随矩阵，则有

$$\|\boldsymbol{C}\|_2^2=\operatorname{tr}\boldsymbol{C}^2. \tag{46$''$}$$

根据式 (46)″，不等式 (45) 可重写为

$$\sum(n_j-m_j)^2\leqslant\operatorname{tr}(\boldsymbol{N}-\boldsymbol{M})^2.$$

将上式两端展开，利用迹的线性和交换性有

$$\sum(n_j^2-2n_jm_j+m_j^2)\leqslant\operatorname{tr}\boldsymbol{N}^2-2\operatorname{tr}(\boldsymbol{N}\boldsymbol{M})+\operatorname{tr}\boldsymbol{M}^2. \tag{47}$$

根据第 6 章定理 3，$\boldsymbol{N}^2$ 的迹等于 $\boldsymbol{N}^2$ 的本征值之和；而根据谱映射定理，$\boldsymbol{N}^2$ 的本征值为 n_j^2. 于是

$$\sum n_j^2=\operatorname{tr}\boldsymbol{N}^2,\quad\sum m_j^2=\operatorname{tr}\boldsymbol{M}^2,$$

故不等式 (47) 可重写为

$$\sum n_jm_j\geqslant\operatorname{tr}(\boldsymbol{N}\boldsymbol{M}). \tag{47$'$}$$

下面我们证明式 (47)′. 固定 $\boldsymbol{M}$，考虑本征值为 $n_1,\cdots,n_k$ 的所有自伴随矩阵 $\boldsymbol{N}$，在全体自伴随矩阵所构成的空间中，这些矩阵构成的集合是有界集. 根据紧致性定理，这些矩阵中存在某矩阵 $\boldsymbol{N}_{\max}$ 使式 (47)′ 右端取得最大值. 根据微

积分知识，$\boldsymbol{N}_{\max}$ 具有下列性质：如果 $\boldsymbol{N}(t)$ 是取值为具有本征值 $n_1,\cdots,n_k$ 的自伴随矩阵的可微函数，且 $\boldsymbol{N}(0)=\boldsymbol{N}_{\max}$，则

$$\left.\frac{\mathrm{d}}{\mathrm{d}t}\operatorname{tr}(\boldsymbol{N}(t)\boldsymbol{M})\right|_{t=0}=0. \tag{48}$$

任取反自伴随矩阵 $\boldsymbol{A}$，根据第 9 章定理 5(e)，对任意实值的 t，$\mathrm{e}^{\boldsymbol{A}t}$ 是酉矩阵. 令

$$\boldsymbol{N}(t)=\mathrm{e}^{\boldsymbol{A}t}\boldsymbol{N}_{\max}\mathrm{e}^{-\boldsymbol{A}t}. \tag{49}$$

显然，$\boldsymbol{N}(t)$ 是与 $\boldsymbol{N}_{\max}$ 有相同本征值的自伴随矩阵. 根据第 9 章定理 5(d)，有

$$\frac{\mathrm{d}}{\mathrm{d}t}\mathrm{e}^{\boldsymbol{A}t}=\boldsymbol{A}\mathrm{e}^{\boldsymbol{A}t}=\mathrm{e}^{\boldsymbol{A}t}\boldsymbol{A}.$$

现在求式 (49) 对 t 的导数，由第 9 章中的求导法则可得

$$\frac{\mathrm{d}}{\mathrm{d}t}\boldsymbol{N}(t)=\mathrm{e}^{\boldsymbol{A}t}(\boldsymbol{A}\boldsymbol{N}_{\max}-\boldsymbol{N}_{\max}\boldsymbol{A})\mathrm{e}^{-\boldsymbol{A}t}.$$

代入式 (48) 即得：当 $t=0$ 时，有

$$\left.\frac{\mathrm{d}}{\mathrm{d}t}\operatorname{tr}(\boldsymbol{N}(t)\boldsymbol{M})\right|_{t=0}=\operatorname{tr}\left.\left(\frac{\mathrm{d}\boldsymbol{N}}{\mathrm{d}t}\boldsymbol{M}\right)\right|_{t=0}=\operatorname{tr}(\boldsymbol{A}\boldsymbol{N}_{\max}\boldsymbol{M}-\boldsymbol{N}_{\max}\boldsymbol{A}\boldsymbol{M})=0.$$

根据迹的交换性，上式可写为

$$\operatorname{tr}(\boldsymbol{A}(\boldsymbol{N}_{\max}\boldsymbol{M}-\boldsymbol{M}\boldsymbol{N}_{\max}))=0. \tag{48$'$}$$

而 $\boldsymbol{N}_{\max}$ 和 $\boldsymbol{M}$ 都是自伴随矩阵，其换位子为反自伴随矩阵，于是我们可以令

$$\boldsymbol{A}=\boldsymbol{N}_{\max}\boldsymbol{M}-\boldsymbol{M}\boldsymbol{N}_{\max}. \tag{50}$$

将上式代入式 (48)′ 即得 $\operatorname{tr}\boldsymbol{A}^2=0$. 而由式 (46)′ 可知，对于反自伴随矩阵 $\boldsymbol{A}$，有

$$\operatorname{tr}\boldsymbol{A}^2=-\sum|a_{ij}|^2.$$

于是 $\boldsymbol{A}=\boldsymbol{0}$，故由式 (50) 可得，$\boldsymbol{N}_{\max}$ 与 $\boldsymbol{M}$ 可交换. 我们可以同时对 $\boldsymbol{N}_{\max}$ 和 $\boldsymbol{M}$ 进行对角化，结果矩阵的对角线元素分别为打乱次序后的 n_j 和 m_j. 于是可以求得 $\boldsymbol{N}_{\max}\boldsymbol{M}$ 的迹为

$$\sum n_{p_j}m_j, \tag{51}$$

其中，p_j（$j=1,\cdots,k$）是 $1,\cdots,k$ 的一个置换. 容易证明，当 n_j 的次序与 m_j 一致（即由小到大排列）时，式 (51) 取得最大值（留作练习）. 这就证明了式 (47)′ 对 $\boldsymbol{N}_{\max}$ 成立，从而对任意自伴随矩阵 $\boldsymbol{N}$，该式都成立. □

练习 11　证明：当 n_j 的次序与 m_j 一致时，式 (51) 取得最大值.

下面的结论在物理学中有广泛应用.

定理 19　设 $\boldsymbol{H}$ 为欧几里得空间中的自伴随映射，$e_{\min}(\boldsymbol{H})$ 是 $\boldsymbol{H}$ 的最小的本征值. 则 $e_{\min}(\boldsymbol{H})$ 是 $\boldsymbol{H}$ 的凹函数，即对任意自伴随映射 $\boldsymbol{L},\boldsymbol{M}$ 以及 $0\leqslant t\leqslant 1$，有

$$e_{\min}(t\boldsymbol{L}+(1-t)\boldsymbol{M})\geqslant te_{\min}(\boldsymbol{L})+(1-t)e_{\min}(\boldsymbol{M}). \tag{52}$$

类似地，$e_{\max}(\boldsymbol{H})$ 是 $\boldsymbol{H}$ 的凸函数，即对任意自伴随映射 $\boldsymbol{L},\boldsymbol{M}$ 以及 $0\leqslant t\leqslant 1$，有

$$e_{\max}(t\boldsymbol{L}+(1-t)\boldsymbol{M})\leqslant te_{\max}(\boldsymbol{L})+(1-t)e_{\max}(\boldsymbol{M}). \tag{52$'$}$$

证明　我们在第 8 章式 (37) 中已经证明，映射的最小本征值可以表示成下列最小值：

$$e_{\min}(\boldsymbol{H})=\min_{\|\boldsymbol{x}\|=1}(\boldsymbol{x},\boldsymbol{H}\boldsymbol{x}). \tag{53}$$

设 $\boldsymbol{y}$ 是使 $(\boldsymbol{x},\boldsymbol{H}x)$ 取得最小值的单位向量，其中 $\boldsymbol{H}=t\boldsymbol{L}+(1-t)\boldsymbol{M}$，则

$$\begin{aligned}e_{\min}(t\boldsymbol{L}+(1-t)\boldsymbol{M})&=t(\boldsymbol{y},\boldsymbol{L}\boldsymbol{y})+(1-t)(\boldsymbol{y},\boldsymbol{M}\boldsymbol{y})\\&\geqslant t\min_{\|\boldsymbol{x}\|=1}(\boldsymbol{x},\boldsymbol{L}\boldsymbol{x})+(1-t)\min_{\|\boldsymbol{x}\|=1}(\boldsymbol{x},\boldsymbol{M}\boldsymbol{x})\\&=te_{\min}(\boldsymbol{L})+(1-t)e_{\min}(\boldsymbol{M}).\end{aligned}$$

这就证得式 (52)．由于 $-e_{\max}(\boldsymbol{A})=e_{\min}(-\boldsymbol{A})$，因此 $e_{\max}(\boldsymbol{A})$ 的凸性亦得证．□

注意，上述证明的本质是：若某函数由一组线性函数的最小值所定义，则该函数是凸函数．

第 4 节　映射的表示

复欧几里得空间到自身的线性映射 $\boldsymbol{Z}$ 可以唯一地分解成一个自伴随映射与一个反自伴随映射之和：

$$\boldsymbol{Z}=\boldsymbol{H}+\boldsymbol{A}, \tag{54}$$

其中

$$\boldsymbol{H}^*=\boldsymbol{H},\quad \boldsymbol{A}^*=-\boldsymbol{A}. \tag{54$'$}$$

显然，若式 (54) 和式 (54)$'$ 均成立，则 $\boldsymbol{Z}^*=\boldsymbol{H}^*+\boldsymbol{A}^*=\boldsymbol{H}-\boldsymbol{A}$，于是 $\boldsymbol{H}$ 和 $\boldsymbol{A}$ 分别为

$$\boldsymbol{H}=\frac{\boldsymbol{Z}+\boldsymbol{Z}^*}{2},\quad \boldsymbol{A}=\frac{\boldsymbol{Z}-\boldsymbol{Z}^*}{2}.$$

$\boldsymbol{H}$ 称作 $\boldsymbol{Z}$ 的自伴随部分，$\boldsymbol{A}$ 称作 $\boldsymbol{Z}$ 的反自伴随部分．

定理 20　如果 $\boldsymbol{Z}$ 的自伴随部分正定，即

$$\boldsymbol{Z}+\boldsymbol{Z}^*>\boldsymbol{0},$$

则 $\boldsymbol{Z}$ 的任意本征值的实部都大于零．

证明　根据复欧几里得空间中标量积的共轭对称性和伴随的定义，对任意向量 $\boldsymbol{h}$，有

$$2\,\mathrm{Re}\,(\boldsymbol{Z}\boldsymbol{h},\boldsymbol{h})=(\boldsymbol{Z}\boldsymbol{h},\boldsymbol{h})+\overline{(\boldsymbol{Z}\boldsymbol{h},\boldsymbol{h})}=(\boldsymbol{Z}\boldsymbol{h},\boldsymbol{h})+(\boldsymbol{h},\boldsymbol{Z}\boldsymbol{h})$$

$$= (\boldsymbol{Zh}, \boldsymbol{h}) + (\boldsymbol{Z}^*\boldsymbol{h}, \boldsymbol{h}) = ((\boldsymbol{Z} + \boldsymbol{Z}^*)\boldsymbol{h}, \boldsymbol{h}).$$

由于定理 20 中假定 $\boldsymbol{Z}+\boldsymbol{Z}^*$ 正定，因此对任意向量 $\boldsymbol{h} \neq \boldsymbol{0}$, $(\boldsymbol{Zh}, \boldsymbol{h})$ 的实部大于零.

设 $\boldsymbol{h}$ 是 $\boldsymbol{Z}$ 的本征向量且范数 $\|\boldsymbol{h}\| = 1$，z 是 $\boldsymbol{h}$ 对应的本征值，即 $\boldsymbol{Zh} = z\boldsymbol{h}$，则 $(\boldsymbol{Zh}, \boldsymbol{h}) = z$ 的实部大于零. □

附录 N 将给出定理 20 的一个极深远的推论.

定理 20 可以给出定理 4 的另一种证法. 定理 4 表明：如果 $\boldsymbol{A}, \boldsymbol{B}$ 是自伴随映射，$\boldsymbol{A}$ 和 $\boldsymbol{S} = \boldsymbol{AB} + \boldsymbol{BA}$ 均正定，则 $\boldsymbol{B}$ 亦正定.

定理 4 的证法二 由于 $\boldsymbol{A}$ 正定，因此根据定理 1，平方根 $\boldsymbol{A}^{1/2}$ 可逆. 用 $\boldsymbol{A}^{-1/2}$ 从左、右两侧分别乘以

$$\boldsymbol{AB} + \boldsymbol{BA} = \boldsymbol{S}$$

的各项，得到

$$\boldsymbol{A}^{1/2}\boldsymbol{B}\boldsymbol{A}^{-1/2} + \boldsymbol{A}^{-1/2}\boldsymbol{B}\boldsymbol{A}^{1/2} = \boldsymbol{A}^{-1/2}\boldsymbol{S}\boldsymbol{A}^{-1/2}. \tag{55}$$

记

$$\boldsymbol{A}^{1/2}\boldsymbol{B}\boldsymbol{A}^{-1/2} = \boldsymbol{Z}, \tag{56}$$

则式 (55) 可重写为

$$\boldsymbol{Z} + \boldsymbol{Z}^* = \boldsymbol{A}^{-1/2}\boldsymbol{S}\boldsymbol{A}^{-1/2}. \tag{55$'$}$$

又由于 $\boldsymbol{S}$ 正定，因此由定理 1 可知，$\boldsymbol{A}^{-1/2}\boldsymbol{S}\boldsymbol{A}^{-1/2}$ 亦正定，再由式 (55)$'$ 可知 $\boldsymbol{Z} + \boldsymbol{Z}^*$ 正定. 于是，根据定理 20，$\boldsymbol{Z}$ 的本征值的实部都大于零.

式 (56) 表明 $\boldsymbol{Z}$ 与 $\boldsymbol{B}$ 相似，因而有相同的本征值. 而 $\boldsymbol{B}$ 是自伴随矩阵，其本征值均为实数，于是可以断定 $\boldsymbol{B}$ 的本征值均大于零. 再由定理 1 可得 $\boldsymbol{B}$ 正定. □

练习 12 证明：如果 $\boldsymbol{Z}$ 的自伴随部分正定，则 $\boldsymbol{Z}$ 可逆，且 $\boldsymbol{Z}^{-1}$ 的自伴随部分也正定.

将任意的 $\boldsymbol{Z}$ 分解成自伴随部分与反自伴随部分之和，这与将一个复数写成实部与虚部之和类似，其中，范数运算类似于绝对值运算. 下面的结论更进一步揭示了这两者间的类推关系. 设 a 为实部大于零的任意复数，则

$$z \to \frac{1 - az}{a + \bar{a}z} = w$$

将右半平面 $\operatorname{Re} z > 0$ 映射到单位圆盘 $|w| < 1$ 上. 类似地，我们有以下定理.

定理 21 设 a 为复数且 $\operatorname{Re} a > 0$，映射 $\boldsymbol{Z}$ 的自伴随部分 $\frac{\boldsymbol{Z}+\boldsymbol{Z}^*}{2}$ 正定，则

$$\boldsymbol{W} = (\boldsymbol{I} - a\boldsymbol{Z})(\boldsymbol{I} + \bar{a}\boldsymbol{Z})^{-1} \tag{57}$$

是范数小于 1 的映射. 反过来，若 $\|\boldsymbol{W}\| < 1$，则 $\boldsymbol{Z} + \boldsymbol{Z}^* > \boldsymbol{0}$.

证明 根据定理 20，$\boldsymbol{Z}$ 的本征值的实部均大于零. 于是 $\boldsymbol{I}+\bar{a}\boldsymbol{Z}$ 和 $\boldsymbol{I}+a\boldsymbol{Z}$ 的本征值不等于零，从而 $\boldsymbol{I}+\bar{a}\boldsymbol{Z}$ 可逆. 对任意向量 $\boldsymbol{x}$，记 $(\boldsymbol{I}+\bar{a}\boldsymbol{Z})^{-1}\boldsymbol{x}=\boldsymbol{y}$，则由式 (57) 可得

$$(\boldsymbol{I}-a\boldsymbol{Z})\boldsymbol{y}=\boldsymbol{W}\boldsymbol{x},$$

而由 $\boldsymbol{y}$ 的定义可得

$$(\boldsymbol{I}+\bar{a}\boldsymbol{Z})\boldsymbol{y}=\boldsymbol{x}.$$

$\|\boldsymbol{W}\|<1$ 成立，当且仅当对任意 $\boldsymbol{x}\neq\boldsymbol{0}$，有 $\|\boldsymbol{W}\boldsymbol{x}\|^2<\|\boldsymbol{x}\|^2$，用 $\boldsymbol{y}$ 表示，即为

$$\|\boldsymbol{y}-a\boldsymbol{Z}\boldsymbol{y}\|^2<\|\boldsymbol{y}+\bar{a}\boldsymbol{Z}\boldsymbol{y}\|^2. \tag{58}$$

上式两端分别展开，即得

$$\begin{aligned}\|\boldsymbol{y}\|^2+|a|^2\|\boldsymbol{Z}\boldsymbol{y}\|^2-a(\boldsymbol{Z}\boldsymbol{y},\boldsymbol{y})-\bar{a}(\boldsymbol{y},\boldsymbol{Z}\boldsymbol{y})<\|\boldsymbol{y}\|^2+|a|^2\|\boldsymbol{Z}\boldsymbol{y}\|^2\\+\bar{a}(\boldsymbol{Z}\boldsymbol{y},\boldsymbol{y})+a(\boldsymbol{y},\boldsymbol{Z}\boldsymbol{y}).\end{aligned} \tag{59}$$

消去相同的项，重新整理得

$$0<(a+\bar{a})[(\boldsymbol{Z}\boldsymbol{y},\boldsymbol{y})+(\boldsymbol{y},\boldsymbol{Z}\boldsymbol{y})]=2\operatorname{Re}a([\boldsymbol{Z}+\boldsymbol{Z}^*]\boldsymbol{y},\boldsymbol{y}). \tag{60}$$

由于 $\operatorname{Re}a>0$ 且 $\boldsymbol{Z}+\boldsymbol{Z}^*>\boldsymbol{0}$，因此式 (60) 成立. 反过来，若式 (60) 成立，则必有 $\boldsymbol{Z}+\boldsymbol{Z}^*$ 正定. □

复数不仅可以分解成实部与虚部之和，还可以分解为一个实数与一个复数之积：$z=r\mathrm{e}^{\mathrm{i}\theta}$，其中 $r>0,|\mathrm{e}^{\mathrm{i}\theta}|=1$. 欧几里得空间中的映射也有类似的分解.

定理 22 *设 $\boldsymbol{A}$ 是复欧几里得空间到自身的线性映射，则 $\boldsymbol{A}$ 可以分解为*

$$\boldsymbol{A}=\boldsymbol{R}\boldsymbol{U}, \tag{61}$$

其中，$\boldsymbol{R}$ 是半正定的自伴随映射，$\boldsymbol{U}$ 是酉映射. 如果还已知 $\boldsymbol{A}$ 可逆，则 $\boldsymbol{R}$ 正定.

证明 首先证明当 $\boldsymbol{A}$ 可逆时的情形. 此时 $\boldsymbol{A}^*$ 亦可逆，且对任意 $\boldsymbol{x}\neq\boldsymbol{0}$ 有

$$(\boldsymbol{A}\boldsymbol{A}^*\boldsymbol{x},\boldsymbol{x})=(\boldsymbol{A}^*\boldsymbol{x},\boldsymbol{A}^*\boldsymbol{x})=\|\boldsymbol{A}^*\boldsymbol{x}\|^2>0.$$

这就说明 $\boldsymbol{A}\boldsymbol{A}^*$ 是正定映射. 根据定理 1，$\boldsymbol{A}\boldsymbol{A}^*$ 有唯一一个正定的平方根 $\boldsymbol{R}$:

$$\boldsymbol{A}\boldsymbol{A}^*=\boldsymbol{R}^2. \tag{62}$$

令 $\boldsymbol{U}=\boldsymbol{R}^{-1}\boldsymbol{A}$，则 $\boldsymbol{U}^*=\boldsymbol{A}^*\boldsymbol{R}^{-1}$，于是由式 (62) 可得

$$\boldsymbol{U}\boldsymbol{U}^*=\boldsymbol{R}^{-1}\boldsymbol{A}\boldsymbol{A}^*\boldsymbol{R}^{-1}=\boldsymbol{R}^{-1}\boldsymbol{R}^2\boldsymbol{R}^{-1}=\boldsymbol{I}.$$

故 $\boldsymbol{U}$ 为酉映射. 再由 $\boldsymbol{U}=\boldsymbol{R}^{-1}\boldsymbol{A}$ 可得

$$\boldsymbol{A}=\boldsymbol{R}\boldsymbol{U},$$

即证得式 (61).

如果 $\boldsymbol{A}$ 不可逆，则 $\boldsymbol{A}\boldsymbol{A}^*$ 是半正定的自伴随映射，且有唯一一个非负平方根 $\boldsymbol{R}$. 故

$$\|\boldsymbol{R}\boldsymbol{x}\|^2=(\boldsymbol{R}\boldsymbol{x},\boldsymbol{R}\boldsymbol{x})=(\boldsymbol{R}^2\boldsymbol{x},\boldsymbol{x})=(\boldsymbol{A}\boldsymbol{A}^*\boldsymbol{x},\boldsymbol{x})=(\boldsymbol{A}^*\boldsymbol{x},\boldsymbol{A}^*\boldsymbol{x})=\|\boldsymbol{A}^*\boldsymbol{x}\|^2. \tag{63}$$

设 $\boldsymbol{Rx}=\boldsymbol{Ry}$，则 $\|\boldsymbol{R}(\boldsymbol{x}-\boldsymbol{y})\|=0$，于是由式 (63) 可得 $\|\boldsymbol{A}^*(\boldsymbol{x}-\boldsymbol{y})\|=0$，进而 $\boldsymbol{A}^*\boldsymbol{x}=\boldsymbol{A}^*\boldsymbol{y}$. 因此我们可以如下定义映射 $\boldsymbol{V}$：对 $\boldsymbol{R}$ 的值域中的任意向量 $\boldsymbol{u}$，若 $\boldsymbol{u}=\boldsymbol{Rx}$，则令 $\boldsymbol{Vu}=\boldsymbol{A}^*\boldsymbol{x}$. 根据式 (63)，$\boldsymbol{V}$ 是等距映射，从而可以扩充为整个空间上的酉映射.

由 $\boldsymbol{V}$ 的定义可知 $\boldsymbol{A}^*=\boldsymbol{VR}$，取其伴随即得 $\boldsymbol{A}=\boldsymbol{RV}^*$，令 $\boldsymbol{V}^*=\boldsymbol{U}$，则式 (61) 成立. □

根据谱表示定理，自伴随映射 $\boldsymbol{R}$ 可以表示为 $\boldsymbol{R}=\boldsymbol{WDW}^*$，其中，$\boldsymbol{D}$ 是对角矩阵，$\boldsymbol{W}$ 是酉矩阵. 代入式 (61) 即得 $\boldsymbol{A}=\boldsymbol{WDW}^*\boldsymbol{U}$. 记 $\boldsymbol{V}=\boldsymbol{W}^*\boldsymbol{U}$，则有

$$\boldsymbol{A}=\boldsymbol{WDV}, \tag{64}$$

其中，$\boldsymbol{W}$ 和 $\boldsymbol{V}$ 是酉矩阵，$\boldsymbol{D}$ 是对角线元素非负的对角矩阵. 式 (64) 称为映射 $\boldsymbol{A}$ 的奇异值分解. $\boldsymbol{D}$ 的对角线元素称为 $\boldsymbol{A}$ 的奇异值，它们恰好是 $\boldsymbol{AA}^*$ 的本征值的非负平方根.

分别取式 (61) 两端的伴随，有

$$\boldsymbol{A}^*=\boldsymbol{U}^*\boldsymbol{R}. \tag{61*}$$

记 $\boldsymbol{B}=\boldsymbol{A}^*,\boldsymbol{V}=\boldsymbol{U}^*$，则式 $(61)^*$ 还可以如下表述.

定理 22* 复欧几里得空间的任意线性映射 $\boldsymbol{B}$ 都可以分解为

$$\boldsymbol{B}=\boldsymbol{MS},$$

其中，$\boldsymbol{S}$ 是半正定的自伴随映射，$\boldsymbol{M}$ 是酉映射.

注记　如果 $\boldsymbol{B}$ 将某实欧几里得空间映射到自身，则 $\boldsymbol{S}$ 与 $\boldsymbol{M}$ 亦然.

练习 13　设 $\boldsymbol{A}$ 是欧几里得空间到自身的任意映射，证明：$\boldsymbol{AA}^*$ 和 $\boldsymbol{A}^*\boldsymbol{A}$ 有相同的本征值，且每个本征值的重数亦相同.

练习 14　设 $\boldsymbol{A}$ 是某欧几里得空间到另一欧几里得空间的映射，证明：$\boldsymbol{AA}^*$ 和 $\boldsymbol{A}^*\boldsymbol{A}$ 有相同的非零本征值，且每个非零本征值的重数亦相同.

练习 15　找出一个 2×2 矩阵 $\boldsymbol{Z}$，使其本征值的实部均大于零，但 $\boldsymbol{Z}+\boldsymbol{Z}^*$ 不正定.

练习 16　证明：两个自伴随矩阵的换位子 (50) 是反自伴随矩阵.

第 11 章　运动学与动力学

本章介绍线性代数理论，尤其是矩阵理论对描述物体在空间中的运动所起的重要作用. 本章共有 3 节，分别考察刚体运动学、流体运动学和小幅振动的频率.

第 1 节　刚体运动学

在第 7 章中，我们定义欧几里得空间到自身的保距离的映射为*等距映射*. 如果三维实空间中的一个物理系统在不同时刻的相对位置是等距的，则称之为*刚体运动*. 本节所讨论的正是这类运动.

第 7 章定理 12 证明了保原点的等距映射 $\boldsymbol{M}$ 是线性映射，且满足

$$\boldsymbol{M}^*\boldsymbol{M} = \boldsymbol{I}. \tag{1}$$

如第 7 章式 (31) 所言，该等距映射的行列式为 1 或者 -1. 而对于刚体运动，该值为 1.

定理 1［欧拉（Euler）定理］ *设 $\boldsymbol{M}$ 是三维实欧几里得空间中行列式为 1 的等距映射，若 $\boldsymbol{M}$ 为非平凡映射，即 $\boldsymbol{M} \neq \boldsymbol{I}$，则 $\boldsymbol{M}$ 是旋转映射，并且有唯一确定的旋转轴和转角 θ.*

证明 旋转轴上的点 $\boldsymbol{f}$ 被映射作用后不动，因而满足

$$\boldsymbol{M}\boldsymbol{f} = \boldsymbol{f}, \tag{2}$$

即 $\boldsymbol{f}$ 为 $\boldsymbol{M}$ 的对应于本征值 1 的本征向量. 我们断言：满足 $\det \boldsymbol{M} = 1$ 的非平凡等距映射 $\boldsymbol{M}$ 恰有本征值 1. 考虑 $\boldsymbol{M}$ 的本征多项式 $p(s) = \det(s\boldsymbol{I} - \boldsymbol{M})$. 由于 $\boldsymbol{M}$ 为实矩阵，因此 $p(s)$ 的系数均为实数. $p(s)$ 的首项为 s^3，故当 s 趋于 ∞ 时，$p(s)$ 亦趋于 ∞. 又知 $p(0) = \det(-\boldsymbol{M}) = -\det \boldsymbol{M} = -1$，于是 $p(s)$ 有正实根，这个根即为 $\boldsymbol{M}$ 的本征值. 因为 $\boldsymbol{M}$ 是等距映射，所以该本征值必为 1. 事实上，1 是 $\boldsymbol{M}$ 的单本征值. 如果 $\boldsymbol{M}$ 有 2 个本征值都是 1，则由 $\boldsymbol{M}$ 的全部 3 个本征值之积等于 $\det \boldsymbol{M} = 1$ 可知，其第 3 个本征值也是 1. 而 $\boldsymbol{M}$ 是正规矩阵，它有一组由本征向量构成的标准正交基，由于每个本征向量所对应的本征值均为 1，因此 $\boldsymbol{M} = \boldsymbol{I}$，与 $\boldsymbol{M}$ 非平凡矛盾.

为证明 $\boldsymbol{M}$ 是以不动点（向量）集为旋转轴的旋转映射，我们选取一组标准正交基来表示 $\boldsymbol{M}$，并且要求其中第 1 个向量为式 (2) 中的 $\boldsymbol{f}$. 在这组基下，列向

量 $(1,0,0)$ 表示 $\boldsymbol{M}$ 的对应于本征值 1 的本征向量，因此 $\boldsymbol{M}$ 的矩阵表示的第 1 列为 $(1,0,0)$. 由于正规矩阵各列均为正交单位向量，又已知 $\det \boldsymbol{M}=1$，因此矩阵 $\boldsymbol{M}$ 形如

$$\boldsymbol{M}=\begin{pmatrix}1 & 0 & 0\\ 0 & c & -s\\ 0 & s & c\end{pmatrix}, \tag{3}$$

其中 $c^2+s^2=1$. 于是 $c=\cos\theta, s=\sin\theta$，$\theta$ 为一角度. 显然，式 (3) 表示以第 1 个坐标轴为旋转轴、转角为 θ 的旋转. □

即便不引入新的基将 $\boldsymbol{M}$ 化为式 (3)，我们也很容易计算出转角. 回忆第 6 章矩阵迹的定义，再根据第 6 章定理 2，相似矩阵有相同的迹. 因此，在不同基下 $\boldsymbol{M}$ 的矩阵表示有相同的迹，根据式 (3) 有

$$\operatorname{tr}\boldsymbol{M}=1+2\cos\theta, \tag{4}$$

于是

$$\cos\theta=\frac{\operatorname{tr}\boldsymbol{M}-1}{2}. \tag{4$'$}$$

下面考察固定原点不动且与时间 t 有关的刚体运动，即考察取值为旋转映射的函数 $\boldsymbol{M}(t)$. 令 $\boldsymbol{M}(t)$ 是将刚体从 0 时刻状态变换到 t 时刻状态的旋转映射，于是

$$\boldsymbol{M}(0)=\boldsymbol{I}. \tag{5}$$

若将参考时间由 0 改为 t_1，则描述刚体从 t_1 时刻到 t 时刻运动变化的函数 $\boldsymbol{M}_1$ 是

$$\boldsymbol{M}_1(t)=\boldsymbol{M}(t)\boldsymbol{M}(t_1)^{-1}. \tag{6}$$

式 (1) 表明 $\boldsymbol{M}^*$ 是 $\boldsymbol{M}$ 的左逆，故也是右逆，即有

$$\boldsymbol{M}\boldsymbol{M}^*=\boldsymbol{I}. \tag{7}$$

假定 $\boldsymbol{M}(t)$ 是 t 的可微函数，则上式对 t 求导得（以下标 t 表示导数）

$$\boldsymbol{M}_t\boldsymbol{M}^*+\boldsymbol{M}\boldsymbol{M}_t^*=\boldsymbol{0}. \tag{8}$$

记

$$\boldsymbol{M}_t\boldsymbol{M}^*=\boldsymbol{A}. \tag{9}$$

由于求导运算与伴随运算可交换，因此

$$\boldsymbol{A}^*=\boldsymbol{M}\boldsymbol{M}_t^*,$$

故式 (8) 可以写为

$$\boldsymbol{A}+\boldsymbol{A}^*=\boldsymbol{0}. \tag{10}$$

这就说明 $\boldsymbol{A}(t)$ 是反对称映射. 根据式 (1)，用 $\boldsymbol{M}$ 右乘以式 (9) 得到

$$\boldsymbol{M}_t=\boldsymbol{A}\boldsymbol{M}. \tag{11}$$

对式 (6) 求导，并用式 (11) 可得同形公式

$$(\boldsymbol{M}_1)_t=\boldsymbol{A}\boldsymbol{M}_1. \tag*{(11)$_1$}$$

这表明对于刚体运动而言，$\boldsymbol{A}(t)$ 与参考时刻的选取无关，我们称 $\boldsymbol{A}(t)$ 为刚体运动的无穷小生成元.

练习 1　证明：如果 $\boldsymbol{M}(t)$ 满足微分方程 (11)，其中，$\boldsymbol{A}(t)$ 对任意 t 都是反对称映射且初始条件 (5) 成立，则对任意 t，$\boldsymbol{M}(t)$ 都是旋转映射.

练习 2　设 $\boldsymbol{A}$ 与 t 无关，证明：满足方程 (11) 及初始条件 (5) 的解是

$$\boldsymbol{M}(t)=\mathrm{e}^{t\boldsymbol{A}}. \tag{12}$$

练习 3　证明：若 $\boldsymbol{A}$ 与 t 有关，则除非对任意 s 和 t，$\boldsymbol{A}(t)$ 和 $\boldsymbol{A}(s)$ 都可交换，否则

$$\boldsymbol{M}(t)=\mathrm{e}^{\int_0^t \boldsymbol{A}(s)\mathrm{d}s}$$

不是方程 (11) 的解.

现在考察 $t=0$ 附近的 $\boldsymbol{M}(t)$. 假设对任意 $t\neq 0$ 有 $\boldsymbol{M}(t)\neq \boldsymbol{I}$，则对任意 $t\neq 0$，$\boldsymbol{M}(t)$ 有唯一的旋转轴 $\boldsymbol{f}(t)$:

$$\boldsymbol{M}(t)\boldsymbol{f}(t)=\boldsymbol{f}(t).$$

假设 $\boldsymbol{f}(t)$ 对 t 可微，对上式求导得

$$\boldsymbol{M}_t\boldsymbol{f}+\boldsymbol{M}\boldsymbol{f}_t=\boldsymbol{f}_t.$$

又假设 $t\to 0$ 时 $\boldsymbol{f}(t)$ 和 $\boldsymbol{f}_t(t)$ 都收敛，在上式中令 $t\to 0$ 有

$$\boldsymbol{M}_t\boldsymbol{f}(0)+\boldsymbol{M}(0)\boldsymbol{f}_t=\boldsymbol{f}_t. \tag{13}$$

根据式 (11) 和式 (5)，有

$$\boldsymbol{A}(0)\boldsymbol{f}(0)=\boldsymbol{0}. \tag{14}$$

我们断言：若 $\boldsymbol{A}(0)\neq\boldsymbol{0}$，则方程 (14) 本质上只有一个解，即所有的解都是某个解的倍数. 首先说明该方程有非平凡解. 由于 $\boldsymbol{A}$ 是反对称映射，因此当 n 为奇数时有

$$\det\boldsymbol{A}=\det\boldsymbol{A}^*=\det(-\boldsymbol{A})=(-1)^n\det\boldsymbol{A}=-\det\boldsymbol{A},$$

故 $\det\boldsymbol{A}=0$，即，奇数阶反对称矩阵的行列式等于零. 于是 $\boldsymbol{A}$ 不可逆，因而方程 (14) 有非平凡解. 若 $\boldsymbol{A}$ 为 3×3 矩阵，则上述事实是显然的，因为此时可以记

$$\boldsymbol{A}=\begin{pmatrix}0 & a & b\\ -a & 0 & c\\ -b & -c & 0\end{pmatrix}. \tag{15}$$

通过观察易知

$$\boldsymbol{f}=\begin{pmatrix}-c\\b\\-a\end{pmatrix}\tag{16}$$

属于 $\boldsymbol{A}$ 的零空间.

练习 4 证明：如果式 (15) 中的 $\boldsymbol{A}$ 不等于 $\boldsymbol{0}$，则所有零化 $\boldsymbol{A}$ 的向量都是式 (16) 的倍数.

练习 5 证明：$\boldsymbol{A}$ 的另外两个本征值为 $\pm\mathrm{i}\sqrt{a^2+b^2+c^2}$.

练习 6 证明：式 (12) 所描述的运动 $\boldsymbol{M}(t)$ 是旋转，且其旋转轴经过式 (16) 所给的向量 $\boldsymbol{f}$，转角为 $t\sqrt{a^2+b^2+c^2}$. [提示：利用式 (4)′.]

由 $\boldsymbol{f}(0)$ 所张成的一维空间中的任意向量都满足式 (14)，它是旋转轴 $\boldsymbol{f}(t)$ 当 $t\to 0$ 时的极限，称作该刚体运动在 $t=0$ 时刻的瞬时旋转轴.

记 $\boldsymbol{M}(t)$ 的转角为 $\theta(t)$，式 (4)′ 表明 $\theta(t)$ 是 t 的可微函数. 而由 $\boldsymbol{M}(0)=\boldsymbol{I}$ 可知 $\operatorname{tr}\boldsymbol{M}(0)=3$，再由式 (4)′ 即得 $\cos\theta(0)=1$，于是 $\theta(0)=0$.

下面求 $\theta(t)$ 在 $t=0$ 时的导数，为此先求式 (4)′ 对 t 的二阶导数. 由于矩阵的迹是矩阵的线性函数，因此迹的导数等于导数的迹，于是

$$-\theta_{tt}\sin\theta-\theta_t^2\cos\theta=\frac{1}{2}\operatorname{tr}\boldsymbol{M}_{tt}.$$

令 $t=0$ 即得

$$\theta_t^2(0)=-\frac{1}{2}\operatorname{tr}\boldsymbol{M}_{tt}(0).\tag{17}$$

为求 $\boldsymbol{M}_{tt}(0)$，我们对式 (11) 求导得

$$\boldsymbol{M}_{tt}=\boldsymbol{A}_t\boldsymbol{M}+\boldsymbol{A}\boldsymbol{M}_t=\boldsymbol{A}_t\boldsymbol{M}+\boldsymbol{A}^2\boldsymbol{M}.$$

令 $t=0$ 即得

$$\boldsymbol{M}_{tt}(0)=\boldsymbol{A}_t(0)+\boldsymbol{A}^2(0).$$

取上式两端的迹. 由于对任意 t 矩阵 $\boldsymbol{A}(t)$ 都是反对称的，因此 $\boldsymbol{A}_t$ 也是，而反对称矩阵的迹为零，故 $\operatorname{tr}\boldsymbol{M}_{tt}(0)=\operatorname{tr}\boldsymbol{A}^2(0)$. 根据式 (15)，简单计算后可得

$$\operatorname{tr}\boldsymbol{A}^2(0)=-2(a^2+b^2+c^2).$$

上面两式联立，并代入式 (17) 即得

$$\theta_t^2(0)=a^2+b^2+c^2.$$

对照式 (16)，有

$$|\theta_t|=\|\boldsymbol{f}\|,\tag{18}$$

其中，θ_t 称作该刚体运动的瞬时角速度，由式 (16) 给出的向量 $\boldsymbol{f}$ 称作瞬时角速度向量.

练习 7　证明：两个反对称矩阵 $\boldsymbol{A},\boldsymbol{B}$ 的换位子

$$[\boldsymbol{A},\boldsymbol{B}]=\boldsymbol{AB}-\boldsymbol{BA}$$

也是反对称矩阵.

练习 8　(a) 设 $\boldsymbol{A}$ 同式 (15) 中的 3×3 矩阵，式 (16) 中对应的零化向量记为 $\boldsymbol{f_A}$. 显然 $\boldsymbol{f_A}$ 线性依赖于 $\boldsymbol{A}$.

(b) 设 $\boldsymbol{A},\boldsymbol{B}$ 均为 3×3 反对称矩阵，证明：

$$\operatorname{tr}\boldsymbol{AB}=-2(f_{\boldsymbol{A}},f_{\boldsymbol{B}}),$$

其中，$(,)$ 表示 $\mathbb{R}^3$ 中向量的标准标量积.

练习 9　证明：向量积可以表示为

$$f_{[\boldsymbol{A},\boldsymbol{B}]}=f_{\boldsymbol{A}}\times f_{\boldsymbol{B}}.$$

第 2 节　流体运动学

角速度的概念对于非刚体运动仍然十分有用，比如本节要讨论的流体运动. 我们记流体运动为

$$\boldsymbol{x}=\boldsymbol{x}(\boldsymbol{y},t),\tag{19}$$

即以 $\boldsymbol{x}$ 表示流体中一点在 t 时刻的位置，其中，0 时刻的位置为 $\boldsymbol{y}$:

$$\boldsymbol{x}(\boldsymbol{y},0)=\boldsymbol{y}.\tag*{$(19)_0$}$$

固定 $\boldsymbol{y}$ 时，$\boldsymbol{x}$ 对 t 的偏导就是流体的速度 $\boldsymbol{v}$:

$$\frac{\partial}{\partial t}\boldsymbol{x}(\boldsymbol{y},t)=\boldsymbol{x}_t(\boldsymbol{y},t)=\boldsymbol{v}(\boldsymbol{y},t).\tag{20}$$

固定 t 时，映射 $\boldsymbol{y}\to\boldsymbol{x}$ 可以用下列雅可比矩阵描述：

$$\boldsymbol{J}(\boldsymbol{y},t)=\frac{\partial\boldsymbol{x}}{\partial\boldsymbol{y}},\quad \text{即 } \boldsymbol{J}_{ij}=\frac{\partial x_i}{\partial y_j}.\tag{21}$$

于是由式 $(19)_0$ 可得

$$\boldsymbol{J}(\boldsymbol{y},0)=\boldsymbol{I}.\tag*{$(21)_0$}$$

根据多变量函数微积分的知识，雅可比矩阵 $\boldsymbol{J}(\boldsymbol{y},t)$ 的行列式恰好是流体体积自初值 $\boldsymbol{y}$ 起到 t 时刻膨胀的比例. 假设流体体积不会压缩至零，则由 $t=0$ 时 $\det\boldsymbol{J}(\boldsymbol{y},0)=\det\boldsymbol{I}=1$ 大于零可知：对任意 t，$\det\boldsymbol{J}(\boldsymbol{y},t)$ 恒大于零.

利用第 10 章定理 22*，我们可将矩阵 $\boldsymbol{J}$ 分解为

$$\boldsymbol{J}=\boldsymbol{MS},\tag{22}$$

其中，$\boldsymbol{M}=\boldsymbol{M}(\boldsymbol{y},t)$ 是旋转矩阵，$\boldsymbol{S}=\boldsymbol{S}(\boldsymbol{y},t)$ 是正定的自伴随矩阵. 由于 $\boldsymbol{J}$ 是实矩阵，因此 $\boldsymbol{M}$ 和 $\boldsymbol{S}$ 也是实矩阵. 又因为 $t\to 0$ 时有 $\boldsymbol{J}(t)\to\boldsymbol{I}$，所以根据第 10 章定理 22 的证明，$t\to 0$ 时亦有 $\boldsymbol{M}\to\boldsymbol{I},\boldsymbol{S}\to\boldsymbol{I}$.

根据自伴随矩阵的谱理论，$\boldsymbol{S}$ 表示流体沿其三个本征向量方向的压缩或膨胀运动. $\boldsymbol{M}$ 表示流体的旋转运动，下面计算其旋转速度. 首先求式 (22) 对 t 的导数:

$$\boldsymbol{J}_t = \boldsymbol{M}\boldsymbol{S}_t + \boldsymbol{M}_t\boldsymbol{S}. \tag{22$'$}$$

在式 (22) 两端左乘以 $\boldsymbol{M}^*$，由于 $\boldsymbol{M}^*\boldsymbol{M} = \boldsymbol{I}$，因此

$$\boldsymbol{M}^*\boldsymbol{J} = \boldsymbol{S}.$$

上式两端左乘以 $\boldsymbol{M}_t$，根据微分方程 $\boldsymbol{M}_t = \boldsymbol{A}\boldsymbol{M}$（见式 (11)）及 $\boldsymbol{M}\boldsymbol{M}^* = \boldsymbol{I}$，有

$$\boldsymbol{M}_t\boldsymbol{S} = \boldsymbol{A}\boldsymbol{M}\boldsymbol{M}^*\boldsymbol{J} = \boldsymbol{A}\boldsymbol{J}.$$

代入式 (22)$'$，得

$$\boldsymbol{J}_t = \boldsymbol{M}\boldsymbol{S}_t + \boldsymbol{A}\boldsymbol{J}. \tag{23}$$

令 $t = 0$，即得

$$\boldsymbol{J}_t(0) = \boldsymbol{S}_t(0) + \boldsymbol{A}(0). \tag{23$_0$}$$

由式 (10) 可知 $\boldsymbol{A}(0)$ 是反自伴随矩阵，而 $\boldsymbol{S}_t$ 作为自伴随矩阵的导数仍是自伴随的. 因此，式 $(23)_0$ 将 $\boldsymbol{J}_t(0)$ 分解成自伴随部分与反自伴随部分之和.

计算式 (21) 对 t 的导数，由式 (20) 可知

$$\boldsymbol{J}_t = \frac{\partial \boldsymbol{v}}{\partial \boldsymbol{y}}, \tag{24}$$

即

$$\boldsymbol{J}_{t_{ij}} = \frac{\partial v_i}{\partial y_j}. \tag{24$'$}$$

故 $\boldsymbol{J}_t(0)$ 的自伴随部分与反自伴随部分分别为

$$\boldsymbol{S}_{t_{ij}}(0) = \frac{1}{2}\left(\frac{\partial v_i}{\partial y_j} + \frac{\partial v_j}{\partial y_i}\right), \tag{25}$$

$$\boldsymbol{A}_{ij}(0) = \frac{1}{2}\left(\frac{\partial v_i}{\partial y_j} - \frac{\partial v_j}{\partial y_i}\right). \tag{25$'$}$$

式 (15) 已经将 $\boldsymbol{A}$ 的元素命名为 a, b, c，故

$$a = \frac{1}{2}\left(\frac{\partial v_1}{\partial y_2} - \frac{\partial v_2}{\partial y_1}\right),\ b = \frac{1}{2}\left(\frac{\partial v_1}{\partial y_3} - \frac{\partial v_3}{\partial y_1}\right),\ c = \frac{1}{2}\left(\frac{\partial v_2}{\partial y_3} - \frac{\partial v_3}{\partial y_2}\right).$$

代入瞬时角速度向量的式 (16) 即得

$$\boldsymbol{f} = \frac{1}{2}\begin{pmatrix} \dfrac{\partial v_3}{\partial y_2} - \dfrac{\partial v_2}{\partial y_3} \\ \dfrac{\partial v_1}{\partial y_3} - \dfrac{\partial v_3}{\partial y_1} \\ \dfrac{\partial v_2}{\partial y_1} - \dfrac{\partial v_1}{\partial y_2} \end{pmatrix} = \frac{1}{2}\operatorname{curl}\boldsymbol{v}.^{①} \tag{26}$$

① curl 表示旋度. ——译者注

上式说明：若流体的速度为 $\boldsymbol{v}$，则其瞬时角速度为 $\frac{1}{2}\operatorname{curl}\boldsymbol{v}$，这个值称作流体的涡度．满足 $\operatorname{curl}\boldsymbol{v}=0$ 的流体称为*无旋流体*．

回忆高等微积分知识，单连通区域内旋度为零的向量场 $\boldsymbol{v}$ 可以写成某个标量函数 ϕ 的梯度．于是，无旋流体的流速为

$$\boldsymbol{v}=\phi \text{ 的梯度},$$

其中，ϕ 称作*速度势*．

下面我们计算流体的膨胀速度．由前面的讨论已知流体膨胀的比例为 $\det\boldsymbol{J}$，于是膨胀速度为 $(\mathrm{d}/\mathrm{d}t)\det\boldsymbol{J}$．根据第 9 章定理 4 的式 (10)，对行列式取对数再求导，有

$$\frac{\mathrm{d}}{\mathrm{d}t}\ln\det\boldsymbol{J}=\operatorname{tr}(\boldsymbol{J}^{-1}\boldsymbol{J}_t). \tag{27}$$

上式中令 $t=0$，又由式 $(21)_0$ 可知 $\boldsymbol{J}(0)=\boldsymbol{I}$，故上式可写为

$$\frac{\mathrm{d}}{\mathrm{d}t}\det\boldsymbol{J}(0)=\operatorname{tr}\boldsymbol{J}_t(0).$$

根据式 $(24)'$ 有 $\boldsymbol{J}_{t_{ij}}=\partial v_i/\partial y_j$，于是

$$\frac{\mathrm{d}}{\mathrm{d}t}\det\boldsymbol{J}=\sum\frac{\partial v_i}{\partial y_i}=\operatorname{div}\boldsymbol{v}.^{①} \tag{27$'$}$$

上式说明：若流体的速度为 $\boldsymbol{v}$，则其膨胀速度为 $\operatorname{div}\boldsymbol{v}$．这就是*不可压缩流体*的速度场散度为零的原因．

第 3 节　小幅振动的频率

所谓小幅振动是指在平衡点处振幅很小的振动现象．由于振幅很小，因此我们可以假定这类运动的运动方程是线性函数．首先考虑一维振动的情形：质量为 m 的质点随弹簧振动．记质点自平衡点 $x=0$ 开始的位移为 $x=x(t)$．使质点在平衡点两侧往复运动的弹簧作用力记为 $-kx$，其中，k 为大于零的常数．根据牛顿定律，作用力等于质量乘以加速度，故

$$m\ddot{x}+kx=0, \tag{28}$$

其中，点号 · 表示对 t 求导．

式 (28) 乘以 $\dot{x}$，得

$$m\ddot{x}\dot{x}+kx\dot{x}=\frac{\mathrm{d}}{\mathrm{d}t}\left[\frac{1}{2}m\dot{x}^2+\frac{k}{2}x^2\right]=0,$$

于是

$$\frac{1}{2}m\dot{x}^2+\frac{k}{2}x^2=E \tag{29}$$

① div 表示散度．——译者注

是不依赖于 t 的常数. 式 (29) 左端第一项是质量为 m 的质点以速度 $\dot{x}$ 运动的动能；第二项是质点相对于平衡点位移为 x 时弹簧所具有的势能. 两者之和等于常量 E，刚好验证了能量守恒定律.

运动方程 (28) 有显式解，事实上该方程的解都形如

$$x(t) = a\sin\left(\sqrt{\frac{k}{m}}t + \theta\right), \tag{30}$$

其中，a 称为振动的振幅，θ 称为初相. 全体形如式 (30) 的解都是 t 的周期为 $p = 2\pi\sqrt{m/k}$ 的周期函数. 我们定义频率为周期的倒数，即单位时间内该物理系统振动的次数：

$$\text{频率} = \frac{1}{2\pi}\sqrt{\frac{k}{m}}. \tag{31}$$

注意，我们也可以借助量纲分析推得上述部分结论. 由于作用力为 kx，因此我们有

$$\dim k \times \text{长度} = \dim \text{力} = \text{质量} \times \text{加速度} = \frac{\text{质量} \times \text{长度}}{\text{时间}^2}.$$

于是

$$\dim k = \frac{\text{质量}}{\text{时间}^2}.$$

而由参数 m, k 构造出的量纲等于时间的量只有：常量 $\times \sqrt{m/k}$. 因此我们可以断定该运动的周期是

$$p = \text{常量} \times \sqrt{m/k}.$$

式 (31) 表明：频率是 k 的增函数，同时是 m 的减函数. 事实上，k 越大弹簧越有力，从而振动越快，m 越小振动也会越快.

现在，将上面的结论推广到极其一般的情形：位于一条直线上的 n 个质点依次使用弹簧相连，并且最终与原点相连. 记第 i 个质点的位移为 $\boldsymbol{x}_i$，则根据牛顿第二定律，对第 i 个质点有

$$m_i\ddot{\boldsymbol{x}}_i - \boldsymbol{f}_i = \boldsymbol{0}, \tag{32}$$

其中，$\boldsymbol{f}_i$ 表示施加在第 i 个质点上的作用力的总和，m_i 是该质点的质量. 令原点为该物理系统的一个平衡点，即全体 $\boldsymbol{x}_i$ 都为零时，全体 $\boldsymbol{f}_i$ 亦为零.

记第 j 个质点作用在第 i 个质点上的力为 $\boldsymbol{f}_{ij}$. 根据牛顿第三定律，第 i 个质点作用在第 j 个质点上的力为 $-\boldsymbol{f}_{ij}$. 我们设 $\boldsymbol{f}_{ij}$ 与 $\boldsymbol{x}_i$ 和 $\boldsymbol{x}_j$ 之差成正比，即

$$\boldsymbol{f}_{ij} = k_{ij}(\boldsymbol{x}_j - \boldsymbol{x}_i), \quad i \neq j. \tag{33}$$

为满足 $\boldsymbol{f}_{ij} = -\boldsymbol{f}_{ji}$，必须有 $k_{ij} = k_{ji}$. 最后，我们设原点作用在第 i 个质点上的

力为 $-k_i\boldsymbol{x}_i$，则综上有

$$\boldsymbol{f}_i=\sum_j k_{ij}\boldsymbol{x}_j,\quad k_{ii}=-k_i-\sum_j k_{ij}. \tag{33$'$}$$

于是，方程组 (32) 可以写成矩阵形式：

$$\boldsymbol{M}\ddot{\boldsymbol{x}}+\boldsymbol{K}\boldsymbol{x}=\boldsymbol{0}, \tag{32$'$}$$

其中，$\boldsymbol{x}$ 表示向量 $(x_1,x_2,\cdots,x_n)'$，$\boldsymbol{M}$ 是以 m_i 为对角线元素的对角矩阵，且 $\boldsymbol{K}$ 的元素 $-k_{ij}$ 由式 (33)′ 定义，注意 $\boldsymbol{K}$ 是实对称矩阵. $\dot{\boldsymbol{x}}$ 与式 (32)′ 的标量积为

$$(\dot{\boldsymbol{x}},\boldsymbol{M}\ddot{\boldsymbol{x}})+(\dot{\boldsymbol{x}},\boldsymbol{K}\boldsymbol{x})=0.$$

根据 $\boldsymbol{K}$ 和 $\boldsymbol{M}$ 的对称性，上式可重写为

$$\frac{\mathrm{d}}{\mathrm{d}t}\left[\frac{1}{2}(\dot{\boldsymbol{x}},\boldsymbol{M}\dot{\boldsymbol{x}})+\frac{1}{2}(\boldsymbol{x},\boldsymbol{K}\boldsymbol{x})\right]=0,$$

从而

$$\frac{1}{2}(\dot{\boldsymbol{x}},\boldsymbol{M}\dot{\boldsymbol{x}})+\frac{1}{2}(\boldsymbol{x},\boldsymbol{K}\boldsymbol{x})=E \tag{34}$$

是一个与 t 无关的常量. 上式左端第一项是质点所具有的动能，第二项是质点相对于原点位移为 $\boldsymbol{x}$ 时弹簧所具有的势能. 在整个运动过程中两者之和恒等于常量 E，刚好验证了能量守恒定律.

现在假设该物理系统中所有作用力都是引力，即 k_{ij} 和 k_i 均大于零，则可以断定矩阵 $\boldsymbol{K}$ 正定，其证明见本章末尾定理 5. 于是，根据第 10 章不等式 (5)′，对任意 $\boldsymbol{x}$，正定矩阵 $\boldsymbol{K}$ 满足

$$a\|\boldsymbol{x}\|^2\leqslant(\boldsymbol{x},\boldsymbol{K}\boldsymbol{x}),$$

其中，$a>0$ 且为 $\boldsymbol{K}$ 的最小本征值. 又由于对角矩阵 $\boldsymbol{M}$ 亦正定，因此结合上式与式 (34)，有

$$a\|\boldsymbol{x}\|^2\leqslant E.$$

上式说明：振幅 $\|\boldsymbol{x}\|$ 在整个运动过程中一致有界，如果该物理系统的总能量 E 很小，则振幅 $\|\boldsymbol{x}\|$ 必定很小.

$\boldsymbol{K}$ 正定的另一个重要结论如下.

定理 2 微分方程 (32)′ 的解由初值 $\boldsymbol{x}(0)$ 和 $\dot{\boldsymbol{x}}(0)$ 唯一确定，即初值相同的两个解必定相等.

证明 由于式 (32)′ 是线性方程，因此其两解之差仍是方程的解，故只需证明：若方程的解 $\boldsymbol{x}$ 有初值零，则对任意 t 都有 $\boldsymbol{x}(t)=\boldsymbol{0}$. 事实上，如果 $\boldsymbol{x}(0)=\boldsymbol{0},\dot{\boldsymbol{x}}(0)=\boldsymbol{0}$，则 $t=0$ 时刻该物理系统的总能量 $E=0$，于是对任意时刻 t 该物理系统的总能量恒为零. 然而由式 (34) 可知总能量为两非负项之和，因此对任意时刻 t 这两项均恒等于零. □

由于方程 $(32)'$ 是线性方程，因此该方程的解构成一个线性空间. 下面我们证明：该解空间的维数不大于 $2n$，其中，n 为该物理系统中质点的个数. 我们建立方程的解 $\boldsymbol{x}(t)$ 与其初值 $\boldsymbol{x}(0),\dot{\boldsymbol{x}}(0)$ 之间的映射，显然由于系统中共有 n 个质点，因此全体初值属于一个 $2n$ 维线性空间. 上述映射是线性映射，事实上它还是一一映射. 这是因为，根据定理 2，具有相同初值的两个解必相等，特别地，该映射的零空间是 $\{\mathbf{0}\}$. 于是根据第 3 章定理 1，解空间的维数不大于 $2n$.

下面我们求出运动方程 $(32)'$ 的所有解. 由于 $\boldsymbol{M},\boldsymbol{K}$ 均与 t 无关，因此方程 $(32)'$ 对 t 的导数为

$$\boldsymbol{M}\dddot{\boldsymbol{x}}+\boldsymbol{K}\dot{\boldsymbol{x}}=\mathbf{0}.$$

这就说明：如果 $\boldsymbol{x}(t)$ 是方程 $(32)'$ 的解，则 $\dot{\boldsymbol{x}}(t)$ 也是.

我们已知式 $(32)'$ 的解空间为有限维空间，而映射 $\boldsymbol{x}\to\dot{\boldsymbol{x}}$ 将解空间映射到自身. 因此根据谱定理，该映射的本征向量（函数）与广义本征向量（函数）能够张成解空间.

映射 $\boldsymbol{x}\to\dot{\boldsymbol{x}}$ 的本征方程满足方程 $\dot{\boldsymbol{x}}=a\boldsymbol{x}$. 该方程的解为 $\boldsymbol{x}(t)=\mathrm{e}^{-at}\boldsymbol{h}$，其中，$a$ 为复数，$\boldsymbol{h}$ 是含 n 个分量的向量，n 仍表示运动系统中质点的个数. 前面已经证明 $(32)'$ 的解对任意 t 一致有界，于是 a 是纯虚数：$a=\mathrm{i}c$，c 为实数. 为确定 c 和 $\boldsymbol{h}$，将 $\boldsymbol{x}=\mathrm{e}^{\mathrm{i}ct}\boldsymbol{h}$ 代入式 $(32)'$，再除以 $\mathrm{e}^{\mathrm{i}ct}$，有

$$c^2\boldsymbol{M}\boldsymbol{h}=\boldsymbol{K}\boldsymbol{h}. \tag{35}$$

这就是我们在第 8 章式 (48) 所讨论的本征值问题. 下面我们将式 (35) 化为标准的本征值问题：定义新向量 $\boldsymbol{M}^{1/2}\boldsymbol{h}=\boldsymbol{k}$ 并代入式 (35)，再用 $\boldsymbol{M}^{-1/2}$ 左乘以该式两端，得

$$c^2\boldsymbol{k}=\boldsymbol{M}^{-1/2}\boldsymbol{K}\boldsymbol{M}^{-1/2}\boldsymbol{k}. \tag{35$'$}$$

$\boldsymbol{M}^{-1/2}\boldsymbol{K}\boldsymbol{M}^{-1/2}$ 是自伴随矩阵，因而有 n 个线性无关的本征向量 $\boldsymbol{k}_1,\cdots,\boldsymbol{k}_n$，对应的本征值分别为 $c_1^2,\cdots,c_n^2$. 事实上 $\boldsymbol{K}$ 是正定矩阵（证明见本章末尾），因此 $\boldsymbol{M}^{-1/2}\boldsymbol{K}\boldsymbol{M}^{-1/2}$ 亦正定，从而 c_j 均为实数，且大于零.

于是，微分方程 $(32)'$ 的 n 个对应的解为 $\mathrm{e}^{\mathrm{i}c_jt}\boldsymbol{h}_j$，且其实部和虚部

$$(\cos c_jt)\boldsymbol{h}_j,\quad (\sin c_jt)\boldsymbol{h}_j, \tag{36}$$

以及它们的线性组合

$$\sum a_j(\cos c_jt)\boldsymbol{h}_j+\sum b_j(\sin c_jt)\boldsymbol{h}_j=\boldsymbol{x}(t) \tag{36$'$}$$

（其中 a_j,b_j 为任意实数）也都是方程的解.

定理 3 *微分方程 $(32)'$ 的解都形如式 $(36)'$.*

证明 方程 $(32)'$ 的形如式 $(36)'$ 的解构成一个 $2n$ 维空间，而我们已知方程 $(32)'$ 的解空间维数不大于 $2n$，故方程的所有解都形如式 $(36)'$. □

练习 10 证明：形如式 $(36)'$ 的解构成一个 $2n$ 维线性空间.

式 (36) 所列的两个特解称为简正模式，其中每一个都是周期函数，且周期为 $2\pi/c_j$，频率为 $c_j/2\pi$. 该频率称为由方程 $(32)'$ 所确定的物理系统的固有频率.

定理 4 考虑两个形如式 $(32)'$ 的微分方程

$$\boldsymbol{M}\ddot{\boldsymbol{x}}+\boldsymbol{K}\boldsymbol{x}=\boldsymbol{0},\quad \boldsymbol{N}\ddot{\boldsymbol{y}}+\boldsymbol{L}\boldsymbol{y}=\boldsymbol{0}, \tag{37}$$

其中，$\boldsymbol{M},\boldsymbol{K},\boldsymbol{N},\boldsymbol{L}$ 均为 $n\times n$ 实正定矩阵. 假设

$$\boldsymbol{M}\geqslant\boldsymbol{N},\quad \boldsymbol{K}\leqslant\boldsymbol{L}. \tag{38}$$

记 2π 乘以两个物理系统固有频率的结果（按升序排列）分别为 $c_1\leqslant\cdots\leqslant c_n$ 和 $d_1\leqslant\cdots\leqslant d_n$，则

$$c_j\leqslant d_j,\quad j=1,\cdots,n. \tag{39}$$

证明 引入中间方程

$$\boldsymbol{M}\ddot{\boldsymbol{z}}+\boldsymbol{L}\boldsymbol{z}=\boldsymbol{0},$$

其固有频率记为 $f_i/2\pi$. 仿照式 (35) 可知 f_j 满足

$$f^2\boldsymbol{M}\boldsymbol{h}=\boldsymbol{L}\boldsymbol{h},$$

其中，$\boldsymbol{h}$ 为本征向量. 再仿照式 $(35)'$ 可知数 f^2 为

$$\boldsymbol{M}^{-1/2}\boldsymbol{L}\boldsymbol{M}^{-1/2}$$

的本征值，而数 c^2 是

$$\boldsymbol{M}^{-1/2}\boldsymbol{K}\boldsymbol{M}^{-1/2}$$

的本征值. 根据假设 $\boldsymbol{K}\leqslant\boldsymbol{L}$，于是由第 10 章定理 1 可得

$$\boldsymbol{M}^{-1/2}\boldsymbol{K}\boldsymbol{M}^{-1/2}\leqslant\boldsymbol{M}^{-1/2}\boldsymbol{L}\boldsymbol{M}^{-1/2}.$$

再由第 10 章定理 16 可得

$$c_j^2\leqslant f_j^2,\quad j=1,\cdots,n. \tag{39$'$}$$

此外，仿照式 $(35)'$ 可知倒数 $1/f^2$ 是

$$\boldsymbol{L}^{-1/2}\boldsymbol{M}\boldsymbol{L}^{-1/2}$$

的本征值，倒数 $1/d^2$ 是

$$\boldsymbol{L}^{-1/2}\boldsymbol{N}\boldsymbol{L}^{-1/2}$$

的本征值. 又根据假设 $\boldsymbol{N}\leqslant\boldsymbol{M}$，有

$$\boldsymbol{L}^{-1/2}\boldsymbol{N}\boldsymbol{L}^{-1/2}\leqslant\boldsymbol{L}^{-1/2}\boldsymbol{M}\boldsymbol{L}^{-1/2}.$$

再由第 10 章定理 16 可得

$$\frac{1}{d_j^2} \leqslant \frac{1}{f_j^2}. \tag{39)''$$

联立式 (39)′ 和式 (39)″ 即得式 (39). □

注记　一旦式 (38) 中有某一不等式是严格不等的，则式 (39) 中的全体不等式都是严格不等的.

定理 4 表明，如果增大物理系统中各质点的受力，并且减小质点的质量，则该系统的所有质点的固有频率都将增加.

现在我们给出矩阵 $\boldsymbol{K}$ 正定性的证明.

定理 5　设 k_i, k_{ij} ($i \neq j$) 均为正数，$\boldsymbol{K}$ 为对称矩阵且

$$\boldsymbol{K}_{ij} = -k_{ij}, \quad i \neq j; \quad \boldsymbol{K}_{ii} = k_i + \sum_{i \neq j} k_{ij}. \tag{40}$$

则 $\boldsymbol{K}$ 是正定矩阵.

证明　只需证明 $\boldsymbol{K}$ 的每个本征值 a 都大于零. 设 a 满足

$$\boldsymbol{K}\boldsymbol{u} = a\boldsymbol{u}. \tag{41}$$

对 $\boldsymbol{K}$ 的本征向量 $\boldsymbol{u}$ 进行标准化，使其最大的分量 $u_i = 1$ 而其余分量均不大于 1. 考察式 (41) 中各向量的第 i 个分量，有

$$\boldsymbol{K}_{ii} + \sum_{j \neq i} \boldsymbol{K}_{ij} u_j = a.$$

根据 $\boldsymbol{K}$ 中元素的定义 (40)，上式可重写为

$$k_i + \sum_{j \neq i} k_{ij}(1 - u_j) = a.$$

上式左端大于零，故其右端 a 亦大于零. □

更一般的结论，可参阅附录 G.

第 12 章　凸集

在了解实数域上线性空间的基本结构之后，我们可以定义凸集的概念. 这是一个可以直接给出定义的原始概念，然而与之相关的一些基本结论却异常深刻，其应用范围也异常广泛.

设 X 是实数域上的线性空间，对于任意一对向量 $\boldsymbol{x},\boldsymbol{y}\in X$，以 $\boldsymbol{x},\boldsymbol{y}$ 为端点的线段定义为 X 中具有如下形式的点的集合：

$$a\boldsymbol{x}+(1-a)\boldsymbol{y},\quad 0\leqslant a\leqslant 1. \tag{1}$$

定义　设 $K\subseteq X$，如果对任意 $\boldsymbol{x},\boldsymbol{y}\in K$，以 $\boldsymbol{x},\boldsymbol{y}$ 为端点的线段都包含于 K，则称 K 是**凸集**（**convex set**）.

凸集的例子

(a) $K=$ 全空间 X.

(b) $K=$ 空集 $\varnothing$.

(c) $K=$ 单点集 $\{\boldsymbol{x}\}$.

(d) $K=$ 任意一条线段.

(e) 设 l 是 X 上的一个线性函数，则集合

$$l(\boldsymbol{x})=c,\ \text{称为超平面}, \tag{2}$$

$$l(\boldsymbol{x})<c,\ \text{称为开半空间}, \tag{3}$$

$$l(\boldsymbol{x})\leqslant c,\ \text{称为闭半空间}, \tag{4}$$

都是凸集.

凸集具体的例子

(f) 设 X 为所有实系数多项式构成的空间，K 是由在区间 $(0,1)$ 上各点均取正值的多项式构成的子集.

(g) 设 X 是实自伴随矩阵所构成的空间，K 是正定矩阵构成的子集.

练习 1　验证上面的 K 都是凸集.

定理 1　(a) 任意多个凸集的交还是凸集.

(b) 两个凸集的和是凸集，这里两个集合 K 与 H 的和定义为：全体和 $\boldsymbol{x}+\boldsymbol{y}$ 构成的集合，其中 $\boldsymbol{x}\in K$，$\boldsymbol{y}\in H$.

练习 2 证明定理 1.

利用定理 1，我们可以给出许多基本例子以外的凸集. 例如平面上的一个三角形可以看成 3 个半平面的交.

定义 设 $S \subseteq X, x \in S$，如果对任意 $\boldsymbol{y} \in X$，只要 t 足够小，就有 $\boldsymbol{x}+t\boldsymbol{y} \in S$，则称 $\boldsymbol{x}$ 为 S 的**内点**（**interior point**）.

定义 如果 $K \subseteq X$ 是凸的且其中每个点都是内点，则称 K 为**开的**（**open**）.

练习 3 证明：开半空间 (3) 是凸开集.

练习 4 证明：如果 A 是凸开集，B 是凸集，则 $A+B$ 是凸开集.

定义 设 K 是包含零向量的凸开集，定义**度规函数**（**gauge function**）$p_K = p$ 为：对任意 $\boldsymbol{x} \in X$，

$$p(\boldsymbol{x}) = \inf r, \quad r > 0 \text{ 且 } \frac{\boldsymbol{x}}{r} \in K. \tag{5}$$

练习 5 设 X 是欧几里得空间，K 是以原点为中心、以 a 为半径的开球：$\|x\| < a$.

(i) 证明：K 是凸集.

(ii) 证明：K 的度规函数为 $p(\boldsymbol{x}) = \|\boldsymbol{x}\|/a$.

练习 6 在 $\{(u,v)\}$ 平面上取 K 为满足 $u<1, v<1$ 的四分之一平面. 证明：K 的度规函数是

$$p(u,v) = \begin{cases} 0, & \text{若 } u \leqslant 0, v \leqslant 0, \\ v, & \text{若 } 0 < v, u \leqslant 0, \\ u, & \text{若 } 0 < u, v \leqslant 0, \\ \max(u,v), & \text{若 } 0 < u, 0 < v. \end{cases}$$

定理 2 设 K 是包含原点的凸开集，则有以下结论成立.

(a) K 上的度规函数 p 对任意 $\boldsymbol{x}$ 都有定义.

(b) p 是正齐次的：

$$p(a\boldsymbol{x}) = ap(\boldsymbol{x}), \quad \text{对任意 } a > 0. \tag{6}$$

(c) p 是次可加函数：

$$p(\boldsymbol{x}+\boldsymbol{y}) \leqslant p(\boldsymbol{x}) + p(\boldsymbol{y}). \tag{7}$$

(d) $p(\boldsymbol{x}) < 1$，当且仅当 $\boldsymbol{x} \in K$.

证明 满足 $\boldsymbol{x}/r \in K$（$r > 0$）的 r 称为是 $\boldsymbol{x}$ 可容许的.

(a) 这就是要证明，对任意 $\boldsymbol{x}$，都存在 $\boldsymbol{x}$ 可容许的 r. 而这可由前提"$\mathbf{0}$ 是 K 的内点"得到.

(b) 注意，如果 r 是 $\boldsymbol{x}$ 可容许的且 $a > 0$，则 ar 是 $a\boldsymbol{x}$ 可容许的.

(c) 令 $s, t > 0$，使得

$$p(\boldsymbol{x}) < s, \quad p(\boldsymbol{y}) < t. \tag{8}$$

由 p 的定义（下确界）可知，s 和 t 分别是 $\boldsymbol{x}$ 可容许的和 $\boldsymbol{y}$ 可容许的，因此 $\boldsymbol{x}/s, \boldsymbol{y}/t \in K$. 点

$$\frac{\boldsymbol{x}+\boldsymbol{y}}{s+t} = \frac{s}{s+t}\frac{\boldsymbol{x}}{s} + \frac{t}{s+t}\frac{\boldsymbol{y}}{t} \tag{9}$$

位于连接 $\boldsymbol{x}/s$ 和 $\boldsymbol{y}/t$ 的线段上. 由 K 的凸性可知，$(\boldsymbol{x}+\boldsymbol{y})/(s+t) \in K$，这就说明 $s+t$ 是 $\boldsymbol{x}+\boldsymbol{y}$ 可容许的. 又由 p 的定义可知

$$p(\boldsymbol{x}+\boldsymbol{y}) \leqslant s+t. \tag{10}$$

由于 s 和 t 可以任意逼近 $p(\boldsymbol{x})$ 和 $p(\boldsymbol{y})$，因此证得 (c).

(d) 设 $p(\boldsymbol{x}) < 1$，由定义可知必存在 $\boldsymbol{x}$ 可容许的 r（它满足 $r < 1$ 且 $\boldsymbol{x}/r \in K$）. 等式 $\boldsymbol{x} = r\boldsymbol{x}/r + (1-r)\mathbf{0}$ 表明 $\boldsymbol{x}$ 位于以 $\mathbf{0}$ 和 $\boldsymbol{x}/r$ 为端点的线段上，由 K 的凸性可知其属于 K.

反之，设 $\boldsymbol{x} \in K$，$\boldsymbol{x}$ 是 K 的一个内点，则只要 $\epsilon > 0$ 且足够小，就有 $\boldsymbol{x} + \epsilon\boldsymbol{x} \in K$. 这就说明 $r = 1/(1+\epsilon)$ 是 $\boldsymbol{x}$ 可容许的，于是根据定义，有

$$p(\boldsymbol{x}) \leqslant \frac{1}{1+\epsilon}.$$

定理得证. □

练习 7 设 p 是正齐次的次可加函数，证明：满足 $p(\boldsymbol{x}) < 1$ 的所有 $\boldsymbol{x}$ 构成的集合 K 是凸开集.

定理 2 给出了凸开集的一种解析描述. 如果要给出另一种对偶描述，还需要用到下面几个具有几何直观的基本结果.

定理 3 设 K 是一个凸开集，$\boldsymbol{y} \notin K$，则存在一个包含 K 但不包含 $\boldsymbol{y}$ 的开半空间.

证明 由定义 (3) 可知，一个开半空间是满足不等式 $l(\boldsymbol{x}) < c$ 的所有点构成的集合. 因此我们要构造一个线性函数 l 并且找到一个数 c，使得

$$l(\boldsymbol{x}) < c, \quad \text{对任意 } \boldsymbol{x} \in K, \tag{11}$$

$$l(\boldsymbol{y}) = c. \tag{12}$$

不妨设 $\mathbf{0} \in K$（否则可以移动 K 使之成立）. 在式 (11) 中取 $\boldsymbol{x} = \mathbf{0}$，得到 $0 < c$，我们取 $c = 1$. 令 p 是 K 的度规函数，由定理 2 可知，K 由全体满足 $p(\boldsymbol{x}) < 1$ 的 $\boldsymbol{x}$ 构成. 于是式 (11) 可以叙述为

$$\text{如果 } p(\boldsymbol{x}) < 1,\ \text{则 } l(\boldsymbol{x}) < 1. \tag{11$'$}$$

为使上式成立，显然只需要

$$l(\boldsymbol{x}) \leqslant p(\boldsymbol{x}),\ \text{对任意 } \boldsymbol{x}. \tag{13}$$

这样定理 3 就可以由下列命题推出：存在一个线性函数 l 满足式 (13)，且它在 $\boldsymbol{y}$ 处的值为 1. 先证明这两个要求并不矛盾. 由 $l(\boldsymbol{y}) = 1$ 可得 $l(k\boldsymbol{y}) = k$ 对所有 k 都成立. 现在我们证明式 (13) 对所有形如 $k\boldsymbol{y}$ 的 $\boldsymbol{x}$ 都成立，即对任意 k，

$$k = l(k\boldsymbol{y}) \leqslant p(k\boldsymbol{y}), \tag{14}$$

事实上，如果 $k > 0$，则根据式 (6) 可将式 (14) 改写为

$$k \leqslant kp(\boldsymbol{y}), \tag{14$'$}$$

这一定成立，因为 $\boldsymbol{y} \notin K$，由定理 2(d) 可知 $p(\boldsymbol{y}) \geqslant 1$. 当 $k < 0$ 时，不等式 (14) 也成立，因为不等式左边小于 0，而右边是度规函数，由定义 (5) 可知取值非负.

余下的任务是要将 l 由 $k\boldsymbol{y}$ 扩充到整个 X 并保持式 (13) 成立. 下面的定理确保这可以做到.

定理 4［哈恩–巴拿赫（Hahn-Banach）定理］ 设 p 是 $\mathbb{R}$ 上线性空间 X 上的一个实值正齐次次可加函数，U 是 X 的子空间，U 上定义了一个线性函数 l，满足式 (13)：

$$l(\boldsymbol{u}) \leqslant p(\boldsymbol{u}),\quad \text{对任意 } \boldsymbol{u} \in U. \tag{13$_U$}$$

则可以将 l 扩充到整个 X 上并保持式 (13) 对所有 $\boldsymbol{x}$ 都成立.

证明 用归纳法证明，对任意不属于 U 的向量 $\boldsymbol{z}$，l 可以扩充到由 U 和 $\boldsymbol{z}$ 张成的子空间 V. 这里 V 由所有如下形式的向量构成：

$$\boldsymbol{v} = \boldsymbol{u} + t\boldsymbol{z},\quad \boldsymbol{u} \in U,\quad t \text{ 为任意实数}.$$

由于 l 是线性函数，因此

$$l(\boldsymbol{v}) = l(\boldsymbol{u}) + tl(\boldsymbol{z}).$$

这就是说，l 在 V 上的值由 $l(\boldsymbol{z}) = a$ 确定：

$$l(\boldsymbol{v}) = l(\boldsymbol{u}) + ta.$$

于是，我们的任务就是要选择适当的 a，使得式 (13) 成立：$l(\boldsymbol{v}) \leqslant p(\boldsymbol{v})$，即对任意 $\boldsymbol{u} \in U$ 以及任意实数 t，都有

$$l(\boldsymbol{u}) + ta \leqslant p(\boldsymbol{u} + t\boldsymbol{z}). \tag{13$_v$}$$

用 $|t|$ 除式 $(13)_v$. $t>0$ 时，由 p 的正齐次性和 l 的线性性质可得

$$l(\boldsymbol{u}^*)+a\leqslant p(\boldsymbol{u}^*+\boldsymbol{z}), \tag{14}_+$$

其中，$\boldsymbol{u}^*=\boldsymbol{u}/t$. $t<0$ 时得到

$$l(\boldsymbol{u}^{**})-a\leqslant p(\boldsymbol{u}^{**}-\boldsymbol{z}), \tag{14}_-$$

其中，$\boldsymbol{u}^{**}=-\boldsymbol{u}/t$. 显然，式 $(13)_v$ 对任意 $\boldsymbol{u}\in U$ 成立，当且仅当式 $(14)_+$ 和式 $(14)_-$ 分别对 U 中任意 $\boldsymbol{u}^*$ 和 $\boldsymbol{u}^{**}$ 成立.

将式 $(14)_\pm$ 改写为

$$l(\boldsymbol{u}^{**})-p(\boldsymbol{u}^{**}-\boldsymbol{z})\leqslant a\leqslant p(\boldsymbol{u}^*+\boldsymbol{z})-l(\boldsymbol{u}^*),$$

数 a 的取法必须使该不等式对 U 中任意 $\boldsymbol{u}^*,\boldsymbol{u}^{**}$ 同时成立. 显然，能够取到这样的 a，当且仅当不等式左边的每个数都小于或等于右边的每个数，即对 U 中任意 $\boldsymbol{u}^*,\boldsymbol{u}^{**}$ 都有

$$l(\boldsymbol{u}^{**})-p(\boldsymbol{u}^{**}-\boldsymbol{z})\leqslant p(\boldsymbol{u}^*+\boldsymbol{z})-l(\boldsymbol{u}^*). \tag{15}$$

将该不等式改写为

$$l(\boldsymbol{u}^{**})+l(\boldsymbol{u}^*)\leqslant p(\boldsymbol{u}^*+\boldsymbol{z})+p(\boldsymbol{u}^{**}-\boldsymbol{z}). \tag{15}'$$

根据 l 的线性性质，左边可以写作 $l(\boldsymbol{u}^{**}+\boldsymbol{u}^*)$，而由式 $(13)_U$ 成立可得

$$l(\boldsymbol{u}^{**}+\boldsymbol{u}^*)\leqslant p(\boldsymbol{u}^{**}+\boldsymbol{u}^*).$$

再由 p 的次可加性可得

$$p(\boldsymbol{u}^{**}+\boldsymbol{u}^*)=p(\boldsymbol{u}^{**}-\boldsymbol{z}+\boldsymbol{u}^*+\boldsymbol{z})\leqslant p(\boldsymbol{u}^{**}-\boldsymbol{z})+p(\boldsymbol{u}^*+\boldsymbol{z}).$$

式 $(15)'$ 得证，这就证明 l 可以扩充到 V. 重复这一做法，直至将 l 扩充到全空间 X. □

至此，定理 3 得证. □

注记　哈恩–巴拿赫定理对无限维线性空间也是成立的. 证明是一样的，只不过需要用到一些逻辑上的技巧.

下面的结果是定理 3 的一个自然的推广.

定理 5 (超平面分离定理)　设 K 和 H 是两个不相交的凸开集，则必有一个超平面将它们分隔开，即存在线性函数 l 和常数 d，使得

$$在\ K\ 上有\ l(\boldsymbol{x})<d,\quad 在\ H\ 上有\ l(\boldsymbol{y})>d.$$

证明　定义 $K-H=\{\boldsymbol{x}-\boldsymbol{y}:\boldsymbol{x}\in K,\boldsymbol{y}\in H\}$，容易验证这是一个凸开集. 因为 K,H 不相交，所以 $K-H$ 不含原点. 在定理 3 中取 $\boldsymbol{y}=\boldsymbol{0}$ 和 $c=0$，则存在线性函数 l，它在 $K-H$ 上取负值：

$$l(\boldsymbol{x}-\boldsymbol{y})<0,\quad \boldsymbol{x}\in K,\quad \boldsymbol{y}\in H.$$

可以将它改写成

$$l(\boldsymbol{x})<l(\boldsymbol{y}),\quad \text{对任意 } \boldsymbol{x}\in K,\ \boldsymbol{y}\in H.$$

由实数的完备性可知，必存在数 d，使得对任意 $\boldsymbol{x}\in K,\boldsymbol{y}\in H$，有

$$l(\boldsymbol{x})\leqslant d\leqslant l(\boldsymbol{y}).$$

又因为 K 和 H 都是开集，所以等号不可能成立，从而定理 5 得证. □

下面我们要说明怎样用定理 3 给出凸开集的另一种对偶描述.

定义 设 $S\subseteq X$，在 X 的对偶集 X' 上定义 S 的**支撑函数**（**support function**）为

$$q_S(l)=\sup_{\boldsymbol{x}\in S} l(\boldsymbol{x}),\tag{16}$$

其中，l 是任意线性函数.

注记 对某些 l，$q_S(l)$ 可能取值 ∞.

练习 8 证明：任意集合上的支撑函数都是次可加的，即对任意 $l,m\in X'$，都有 $q_S(m+l)\leqslant q_S(m)+q_S(l)$.

练习 9 设 $S\subseteq X$，$T\subseteq X$，证明：$q_{S+T}(l)=q_S(l)+q_T(l)$.

练习 10 证明：$q_{S\cup T}(l)=\max\{q_S(l),q_T(l)\}$.

定理 6 设 K 是凸开集，q_K 为其支撑函数，则 $\boldsymbol{x}\in K$，当且仅当对任意 $l\in X'$ 都有

$$l(\boldsymbol{x})<q_K(l).\tag{17}$$

证明 由定义 (16) 可知，对任意 $\boldsymbol{x}\in K$ 及 l，都有 $l(\boldsymbol{x})\leqslant q_K(l)$，因此对 K 中每个内点 $\boldsymbol{x}$，严格不等式 (17) 成立. 反过来，设 $\boldsymbol{y}\notin K$，由定理 3 可知，存在 l，使得对任意 $\boldsymbol{x}\in K$，有 $l(\boldsymbol{x})<1$，并且 $l(\boldsymbol{y})=1$. 于是

$$l(\boldsymbol{y})=1\geqslant \sup_{\boldsymbol{x}\in K} l(\boldsymbol{x})=q_K(l),\tag{18}$$

这说明当 $\boldsymbol{y}\notin K$ 时，存在 l 使式 (17) 不成立. 定理 6 得证. □

定义 设 $K\subseteq X$ 是凸集，如果 K 中任意开线段 $\{a\boldsymbol{x}+(1-a)\boldsymbol{y},0<a<1\}$ 的端点 $\boldsymbol{x},\boldsymbol{y}$ 也属于 K，则称 K 是**闭集**（**closed set**）.

闭集的例子

全空间 X 是闭集.

空集是闭集.

单点集是闭集.

形如式 (1) 的区间是闭集.

练习 11 证明：由 (4) 定义的闭半空间是凸闭集.

练习 12 证明：欧几里得空间中由所有满足 $\|\boldsymbol{x}\| \leqslant 1$ 的点构成的闭单位球是凸闭集.

练习 13 证明：凸闭集的交是凸闭集.

定理 2、定理 3 和定理 6 对凸闭集也有类似的结果.

定理 7 设 K 是凸闭集，$\boldsymbol{y} \notin K$，则存在一个包含 K 但不含 $\boldsymbol{y}$ 的闭半空间.

证明概要 不妨设 K 包含原点（事实上，如果 K 没有内点，则可将 K 放在低一维子空间中讨论；如果 K 有内点，则可以选一个平移至原点）. 于是 K 的度规函数 p_K 可以如前一样定义. 如果 $\boldsymbol{x} \in K$，则可以在 p_K 的定义式 (5) 中取 $r=1$，这就证明对 $\boldsymbol{x} \in K$，$p_K(\boldsymbol{x}) \leqslant 1$. 反之，如果 $p_K(\boldsymbol{x}) < 1$，则由式 (5) 可知必存在某个 $r<1$，使 $\boldsymbol{x}/r \in K$. 再由 $\mathbf{0} \in K$ 且 K 是凸集可知，必有 $\boldsymbol{x} \in K$. 如果 $p_K(\boldsymbol{x}) = 1$，则对任意 $r>1$，$\boldsymbol{x}/r \in K$. 由于 K 是闭集，因此端点 $\boldsymbol{x} \in K$. 这就证明 K 是由所有满足 $p_K(\boldsymbol{x}) \leqslant 1$ 的点 $\boldsymbol{x}$ 构成的. 余下的证明与定理 3 一样. □

定理 7 还可以如下表述.

定理 8 设 K 是凸闭集，q_K 是其支撑函数，则 $\boldsymbol{x} \in K$，当且仅当对任意 $l \in X'$ 都有

$$l(\boldsymbol{x}) \leqslant q_K(l). \tag{19}$$

练习 14 完成定理 7 和定理 8 的证明.

定理 6 和定理 8 分别将凸开集和凸闭集表示为开半空间的交和闭半空间的交.

定义 设 $S \subseteq X$，包含 S 的所有凸闭集的交称为 S 的**凸闭包**（**closed convex hull**）.

定理 9 任意集合 S 的凸闭包是由所有满足“对任意 $l \in X'$ 都有 $l(\boldsymbol{x}) \leqslant q_S(l)$”的点 $\boldsymbol{x}$ 构成的集合.

练习 15 证明定理 9.

定义 设 $\boldsymbol{x}_1, \cdots, \boldsymbol{x}_m \in X$，$p_1, \cdots, p_m$ 满足

$$p_j \geqslant 0, \quad \sum_{j=1}^{m} p_j = 1, \tag{20}$$

则称

$$\boldsymbol{x} = \sum p_j \boldsymbol{x}_j \tag{20$'$}$$

为 $\boldsymbol{x}_1, \cdots, \boldsymbol{x}_m$ 的一个**凸组合**（**convex combination**）.

练习 16 证明：如果 $\boldsymbol{x}_1,\cdots,\boldsymbol{x}_m$ 都属于某个凸集，则其任意凸组合也属于该凸集.

定义 凸集 K 中的一点，如果不是内点，就称其为 K 的**边界点**（**boundary point**）.

定义 设 K 是凸闭集，$\boldsymbol{e}\in K$. 如果 $\boldsymbol{e}$ 不是 K 中某条线段的内点，则称 $\boldsymbol{e}$ 为 K 的**极点**（**extreme point**）. 也就是说，如果存在两点 $\boldsymbol{y},\boldsymbol{z}\in K$ 且 $\boldsymbol{y}\neq\boldsymbol{z}$，使得

$$\boldsymbol{x}=\frac{\boldsymbol{y}+\boldsymbol{z}}{2},$$

则 $\boldsymbol{x}$ 不是 K 的极点.

练习 17 证明：K 的内点不是极点.

K 的所有极点都是边界点，但边界点不一定是极点. 以凸多边形为例，每条边上的点以及每个顶点都是边界点，但只有顶点是极点.

三维空间中极点的集合不一定是闭集. 令 K 是点 $(0,0,1),(0,0,-1)$ 和圆 $\{(1+\cos\theta,\sin\theta,0)\}$ 的凸包，则 K 的极点恰好是上述点，其中 $(0,0,0)$ 除外.

定义 我们称一个凸集是**有界的**（**bounded**），前提是它不含任何射线，即不含形如 $\boldsymbol{x}+t\boldsymbol{y}$（$0\leqslant t$）的点的集合.

定理 10 (喀拉氏定理) 设 K 是 X 中非空的有界凸闭集，$\dim X=n$，则 K 中每个点都可以表示为 K 的至多 $n+1$ 个极点的凸组合.

证明 我们对 X 的维数归纳证明. 分两种情况.

(i) K 无内点. 不妨设 K 包含原点，否则对 K 作适当平移总可以做到. 我们断定 K 不含 n 个线性无关向量，否则，这 n 个线性无关向量和 $\mathbf{0}$ 的凸组合属于 K，这些点构成一个 n 维单形，其中每个点都是内点. 令 m 是 K 中极大线性无关向量组的向量个数，令 $\boldsymbol{x}_1,\cdots,\boldsymbol{x}_m$ 是 m 个线性无关向量. 则 $m<n$，且 K 中任何其他向量都是 $\boldsymbol{x}_1,\cdots,\boldsymbol{x}_m$ 的线性组合. 这就证明了 K 包含于 X 的某个 m 维子空间中. 由归纳假设，定理 10 对 K 成立.

(ii) K 有内点. 记 K 中所有内点构成的集合为 K_0. 容易证明 K_0 是凸集，也是开集. 我们断定 K 有边界点. 这是因为，K 有界，从 K 中任一内点出发的射线与 K 相交得一线段，由于 K 是闭的，因此该线段的另一端点 $\boldsymbol{y}$ 必是 K 的边界点.

设 $\boldsymbol{y}$ 是 K 的边界点，对 K_0 和 $\boldsymbol{y}$ 运用定理 3，显然 $\boldsymbol{y}\notin K_0$，因而存在线性函数 l，使得

$$l(\boldsymbol{y})=1,\quad l(\boldsymbol{x}_0)<1,\quad \text{对任意 } \boldsymbol{x}_0\in K_0. \tag{21}$$

我们断言，对任意 $\boldsymbol{x}_1 \in K$ 都有 $l(\boldsymbol{x}_1) \leqslant 1$. 事实上，任取 K 的某个内点 $\boldsymbol{x}_0$，则以 $\boldsymbol{x}_0$ 和 $\boldsymbol{x}_1$ 为端点的开线段上的所有点 $\boldsymbol{x}$ 都是 K 的内点，由式 (21) 可知 $l(\boldsymbol{x}) < 1$. 于是在端点 $\boldsymbol{x}_1$ 处有 $l(\boldsymbol{x}_1) \leqslant 1$.

记 K 中使 $l(\boldsymbol{x}) = 1$ 的所有点 $\boldsymbol{x}$ 构成的集合为 K_1. 因为 K_1 是两个凸闭集的交，所以 K_1 也是凸闭集. 而由 K 有界可知，K_1 也有界. 又由式 (21) 可得 $\boldsymbol{y} \in K_1$，所以 K_1 非空.

我们断言 K_1 的每个极点 $\boldsymbol{e}$ 也是 K 的极点. 因为假设

$$\boldsymbol{e} = \frac{\boldsymbol{z} + \boldsymbol{w}}{2}, \quad \boldsymbol{z}, \boldsymbol{w} \in K.$$

由 $\boldsymbol{e} \in K_1$ 可得

$$1 = l(\boldsymbol{e}) = \frac{l(\boldsymbol{z}) + l(\boldsymbol{w})}{2}. \tag{22}$$

而 $\boldsymbol{z}, \boldsymbol{w} \in K$，前面已经证得 $l(\boldsymbol{z}), l(\boldsymbol{w}) \leqslant 1$. 结合式 (22)，得到

$$l(\boldsymbol{z}) = l(\boldsymbol{w}) = 1,$$

故 $\boldsymbol{z}$ 和 $\boldsymbol{w}$ 同属于 K_1. 但因为 $\boldsymbol{e}$ 是 K_1 的极点，所以一定有 $\boldsymbol{z} = \boldsymbol{w}$. 这就证明 K_1 的极点也是 K 的极点.

由于 K_1 包含于维数小于 n 的超平面内，因此由归纳假设可知，K_1 中有足够多的极点，即 K_1 中每个点都可以写成 K_1 中 n 个极点的凸组合. 而 K_1 的极点就是 K 的极点，所以至此我们对 K 的边界点证明了定理 10.

设 $\boldsymbol{x}_0$ 是 K 的一个内点. 任取 K 的极点 $\boldsymbol{e}$（由前面的讨论可知这种点存在），观察过 $\boldsymbol{x}_0$ 和 $\boldsymbol{e}$ 的直线与 K 的交. 因为该交集是两个凸闭集的交，且其中一个集合 K 有界，所以它一定是闭区间. 再由 $\boldsymbol{e}$ 是 K 的极点可知，$\boldsymbol{e}$ 必是端点，记另一端点为 $\boldsymbol{y}$. 显然 $\boldsymbol{y}$ 是 K 的边界点. 由上述构造可知，$\boldsymbol{x}_0$ 在所得闭区间内，故可以写作

$$\boldsymbol{x}_0 = p\boldsymbol{y} + (1-p)\boldsymbol{e}, \quad 0 < p < 1. \tag{23}$$

上面已经证明 $\boldsymbol{y}$ 可以写成 K 中 n 个极点的凸组合. 代入式 (23) 即知 $\boldsymbol{x}_0$ 可以表示为 $n+1$ 个极点的凸组合. 定理 10 得证. □

下面给出喀拉氏定理（定理 10）的一个应用.

定义　如果 $n \times n$ 矩阵 $\boldsymbol{S} = (s_{ij})$ 满足

$$\begin{aligned} &\text{(i)} && s_{ij} \geqslant 0, \quad \text{对任意 } i, j, \\ &\text{(ii)} && \sum_i s_{ij} = 1, \quad \text{对任意 } j, \\ &\text{(iii)} && \sum_j s_{ij} = 1, \quad \text{对任意 } i, \end{aligned} \tag{24}$$

则称其为**双随机矩阵**（**doubly stochastic matrix**）.

顾名思义，这类矩阵是在随机理论中提出的. 双随机矩阵显然构成 $n \times n$ 矩阵空间中的一个有界凸闭集.

双随机矩阵的例子 第 5 章练习 9 中定义了整数向量 $(1, 2, \cdots, n)$ 的置换 p 所对应的置换矩阵:

$$P_{ij} = \begin{cases} 1, & \text{当 } j = p(i) \text{ 时}, \\ 0, & \text{当 } j \neq p(i) \text{ 时}. \end{cases} \tag{25}$$

练习 18 证明：每个置换矩阵都是双随机矩阵.

定理 11［柯尼希–伯克霍夫（König-Birkhoff）定理］ 双随机矩阵集合的极点恰好是全体置换矩阵.

证明 由式 (24) 的 (i) 和 (ii) 可知，双随机矩阵中的每个元素都不大于 1，即 $0 \leqslant s_{ij} \leqslant 1$.

我们断言，每个置换矩阵 $\boldsymbol{P}$ 都是极点. 假设

$$\boldsymbol{P} = \frac{\boldsymbol{A} + \boldsymbol{B}}{2},$$

其中，$\boldsymbol{A}, \boldsymbol{B}$ 都是双随机矩阵. 因此，如果 $\boldsymbol{P}$ 中某元素为 1，则 $\boldsymbol{A}, \boldsymbol{B}$ 中对应的元素都是 1；如果 $\boldsymbol{P}$ 中某元素为 0，则 $\boldsymbol{A}, \boldsymbol{B}$ 中对应的元素都是 0. 这就说明 $\boldsymbol{A} = \boldsymbol{B} = \boldsymbol{P}$.

下面证明反方向亦成立. 我们首先证明：如果 $\boldsymbol{S}$ 是双随机矩阵，且其中存在某元素介于 0 和 1 之间，即

$$0 < s_{i_0 j_0} < 1, \tag*{$(26)_{00}$}$$

则 $\boldsymbol{S}$ 不是极点. 为此我们构造一个取值介于 0 和 1 之间的元素构成的数列，且相邻两项交替位于 $\boldsymbol{S}$ 的同一行、同一列.

先选 j_1 使得

$$0 < s_{i_0 j_1} < 1. \tag*{$(26)_{01}$}$$

因为 $\boldsymbol{S}$ 中第 i_0 行元素之和必为 1，且式 $(26)_{00}$ 成立，所以满足上式的 j_1 可以取到. 同样，因为 $\boldsymbol{S}$ 中第 j_1 列元素之和为 1，且式 $(26)_{01}$ 成立，所以可以取到 i_1 使得

$$0 < s_{i_1 j_1} < 1. \tag*{$(26)_{11}$}$$

继续这一做法，直到某一项被选取两次. 这样就得到一个闭链:

$$s_{i_k j_k} \to s_{i_k j_{k+1}} \to \cdots \to s_{i_m j_m} = s_{i_k j_k}.$$

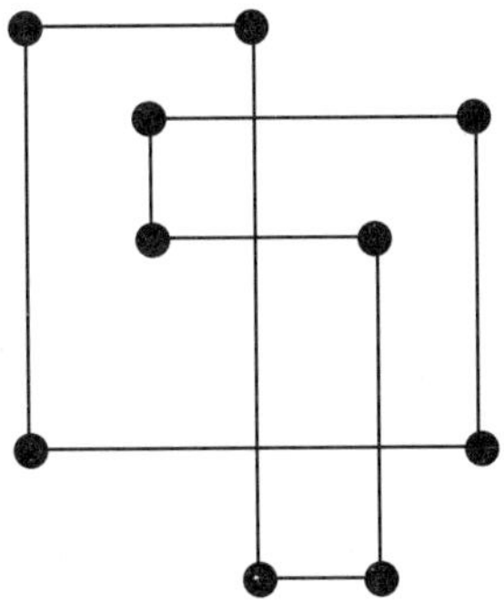

现在定义矩阵 $\boldsymbol{N}$，要求：

(a) $\boldsymbol{N}$ 中除闭链上各点以外的元素取值均为零；

(b) $\boldsymbol{N}$ 中位于闭链上各点处的元素交替取值 $+1$ 和 -1.

显然，矩阵 $\boldsymbol{N}$ 满足：

(c) $\boldsymbol{N}$ 中每一行元素之和与每一列元素之和都是 0.

现在定义两个矩阵 $\boldsymbol{A},\boldsymbol{B}$：

$$\boldsymbol{A}=\boldsymbol{S}+\epsilon\boldsymbol{N},\quad \boldsymbol{B}=\boldsymbol{S}-\epsilon\boldsymbol{N}.$$

由 (c) 可知 $\boldsymbol{A}$ 和 $\boldsymbol{B}$ 的每行、每列元素之和都是 1. 此外，由 (a) 以及 $\boldsymbol{N}$ 的构造方法可知，与 $\boldsymbol{N}$ 中非零元素位置对应的 $\boldsymbol{S}$ 中的元素都是正的. 因此我们可以将 ϵ 取得足够小，从而使得 $\boldsymbol{A},\boldsymbol{B}$ 中的元素均非负. 这就表明 $\boldsymbol{A},\boldsymbol{B}$ 都是双随机矩阵. 而由 $\boldsymbol{A}\neq\boldsymbol{B}$ 以及

$$\boldsymbol{S}=\frac{\boldsymbol{A}+\boldsymbol{B}}{2},$$

可知 $\boldsymbol{S}$ 不是极点.

于是，双随机矩阵集合的每个极点矩阵中的元素只能取值 0 或 1. 由式 (24) 可知，这种矩阵每行、每列元素之和都是 1，容易验证这是置换矩阵. 这就完成了反方向的证明. □

将定理 10 应用于定理 11 所述的情形可得，每个双随机矩阵都可以写成置换矩阵的凸组合：

$$\boldsymbol{S}=\sum c(\boldsymbol{P})\boldsymbol{P},\quad c(\boldsymbol{P})\geqslant 0,\quad \sum c(\boldsymbol{P})=1.$$

练习 19 证明：除二维情形以外，双随机矩阵表示成置换矩阵凸组合的方式不唯一.

喀拉氏定理在分析中有许多应用. 无穷维空间的喀拉氏定理就是克赖因–米尔曼（Krein-Milman）定理.

本章最后一个内容是喀拉氏定理的对偶定理.

定理 12［黑利（Helly）定理］ 设 X 是实数域上的 n 维线性空间，$\{K_1,\cdots,K_N\}$ 是 X 中的一个凸集族，假设其中任意 $n+1$ 个凸集 K 的交都非空，则全体 K 必有一个公共点.

证明［由拉东 (Radon) 给出］ 对集合个数 N 进行归纳，$N=n+1$ 时是显然的. 假设 $N>n+1$，且定理对 $N-1$ 个集合成立. 因此，如果去掉一个集合，比如 K_i，则其余集合有一个公共点 $\boldsymbol{x}_i$：

$$\boldsymbol{x}_i \in K_j, \quad j \neq i. \tag{27}$$

我们断言存在不全为零的数 $a_1,\cdots,a_N$，使得

$$\sum_{i=1}^{N} a_i \boldsymbol{x}_i = \boldsymbol{0}, \tag{28}$$

$$\sum_{i=1}^{N} a_i = 0. \tag{28$'$}$$

上面两式表示含 N 个未知数的 $n+1$ 个方程. 根据第 3 章定理 2 的推论 A′（基本形式），如果方程个数少于未知数个数，则齐次线性方程组必有非平凡解（不全为零的解）. 而此处假设了 $n+1<N$，故式 (28) 和式 (28)′ 有一组非平凡解.

由式 (28)′ 可知，并非全体 a_i 都同号，必然有正有负. 因此重新排序后可使 $a_1,\cdots,a_p$ 为正，其余为负.

定义 a 为

$$a = \sum_{i=1}^{p} a_i. \tag{29}$$

注意，由式 (28)′ 可知

$$a = -\sum_{i=p+1}^{N} a_i. \tag{29$'$}$$

定义 $\boldsymbol{y}$ 为

$$\boldsymbol{y} = \frac{1}{a}\sum_{i=1}^{p} a_i \boldsymbol{x}_i. \tag{30}$$

注意，由式 (28) 和式 (30) 可知

$$\boldsymbol{y} = \frac{-1}{a}\sum_{i=p+1}^{N} a_i \boldsymbol{x}_i. \tag{30$'$}$$

每个点 $\boldsymbol{x}_i$（$i=1,\cdots,p$）都属于 K_j（$j>p$）. 由式 (29) 可知，式 (30) 将 $\boldsymbol{y}$ 表示为 $\boldsymbol{x}_1,\cdots,\boldsymbol{x}_p$ 的一个凸组合. 对任意 $j>p$，因为 K_j 是凸集，所以有 $\boldsymbol{y}\in K_j$.

此外，每个 $\boldsymbol{x}_i$（$i = p+1, \cdots, N$）都属于 K_j（$j \leqslant p$）. 由式 $(29)'$ 可知，式 $(30)'$ 将 $\boldsymbol{y}$ 表示为 $\boldsymbol{x}_{p+1}, \cdots, \boldsymbol{x}_N$ 的一个凸组合. 对任意 $j \leqslant p$，因为 K_j 是凸集，所以有 $\boldsymbol{y} \in K_j$. 这就完成了黑利定理的证明. □

注记 黑利定理即便在一维情形下也不是显然的. 此时每个 K_j 都是区间，若假设每两个 K_i 和 K_j 都相交，则任意 K_i 的左端点 a_i 都小于或等于每个 K_j 的右端点. 所有 K_i 的公共点就是 $\sup a_i$ 或 $\inf b_i$，或者介于这两者之间的任何一点.

注记 本章仅利用包含凸集的空间的线性结构定义了凸开集、凸闭集、有界凸集等概念. 当然，在欧几里得距离意义下，开、闭、有界这些概念有各自的拓扑意义. 容易看出，如果一个凸集在拓扑意义下是开的、闭的或有界的，那么在本章所讨论的线性结构下，它就是开的、闭的或有界的.

练习 20 证明：在有限维欧几里得空间中，如果一个凸集在线性结构下是开的、闭的或有界的，则它在拓扑意义下也是开的、闭的或有界的，反之亦然.

第 13 章　对偶定理

设 X 是实数域上的线性空间, $\dim X = n$, 其对偶空间 X' 由 X 上所有线性函数构成. 如果用由 n 个分量 $x_1, \cdots, x_n$ 构成的列向量 $\boldsymbol{x}$ 表示 X 中的元素, 则 X' 的元素通常用由 n 个分量 $\xi_1, \cdots, \xi_n$ 构成的行向量 $\boldsymbol{\xi}$ 表示. $\boldsymbol{\xi}$ 在 $\boldsymbol{x}$ 处的取值为

$$\xi_1 x_1 + \cdots + \xi_n x_n. \tag{1}$$

如果把 $\boldsymbol{\xi}$ 看成 $1 \times n$ 矩阵, 并把 $\boldsymbol{x}$ 看成 $n \times 1$ 矩阵, 则式 (1) 就是矩阵乘积 $\boldsymbol{\xi x}$.

设 Y 是 X 的子空间, 我们在第 2 章中定义了 Y 的零化子 $Y^{\perp}$, 它是所有在 Y 上取值为零的线性函数 $\boldsymbol{\xi}$ 构成的集合, 即 $\boldsymbol{\xi}$ 满足

$$\boldsymbol{\xi y} = 0, \quad \text{对任意 } \boldsymbol{y} \in Y. \tag{2}$$

由第 2 章定理 3 可知, X' 的对偶是 X 本身; 由第 2 章定理 5 可知, $Y^{\perp}$ 的零化子是 Y 本身. 换言之: 如果对任意 $\boldsymbol{\xi} \in Y^{\perp}$ 都有 $\boldsymbol{\xi x} = 0$, 则 $\boldsymbol{x} \in Y$.

假设 Y 是由 X 中 m 个给定的向量 $\boldsymbol{y}_1, \cdots, \boldsymbol{y}_m$ 张成的线性空间, 即 Y 由所有如下形式的向量 $\boldsymbol{y}$ 构成:

$$\boldsymbol{y} = \sum_{j=1}^{m} a_j \boldsymbol{y}_j. \tag{3}$$

显然, $\boldsymbol{\xi} \in Y^{\perp}$, 当且仅当

$$\boldsymbol{\xi y}_j = 0, \quad j = 1, \cdots, m. \tag{4}$$

因此对于由式 (3) 定义的空间 Y, 上述对偶原理可以简述为: 向量 $\boldsymbol{y}$ 可以写成 m 个给定向量 $\boldsymbol{y}_j$ 的线性组合 (3), 当且仅当每个满足 (4) 的 $\boldsymbol{\xi}$ 也满足 $\boldsymbol{\xi y} = 0$.

下面我们给出判断向量 $\boldsymbol{y}$ 是否可以写成 m 个已知向量 $\boldsymbol{y}_j$ 的非负系数线性组合

$$\boldsymbol{y} = \sum_{j=1}^{m} p_j \boldsymbol{y}_j, \quad p_j \geqslant 0 \tag{5}$$

的一种判别法.

定理 1 [法卡斯–闵可夫斯基 (Farkas-Minkowski) 定理] 向量 $\boldsymbol{y}$ 可以写成形如式 (5) 的 m 个已知向量 $\boldsymbol{y}_j$ 的非负系数线性组合, 当且仅当任意满足

$$\boldsymbol{\xi y}_j \geqslant 0, \quad j = 1, \cdots, m \tag{6}$$

的向量 $\boldsymbol{\xi}$ 亦满足

$$\boldsymbol{\xi y} \geqslant 0. \tag{6$'$}$$

证明 条件 (6)′ 的必要性是显然的，只需将式 (5) 左乘以 $\boldsymbol{\xi}$ 就可以得到. 要证明充分性，我们考虑形如式 (5) 的所有的点构成的集合 K. 显然这是一个凸集，我们断言 K 也是闭集. 要证明这一点，首先需注意到，若向量 $\boldsymbol{y}$ 可以表示为式 (5) 的形式，则表示方法可能不唯一. 由局部紧致性可知，在所有这些表示中必有一个或几个使 $\sum p_j$ 最小. 这样的表示称为 $\boldsymbol{y}$ 的极小表示.

设 $\{\boldsymbol{z}_n\}$ 是 K 中依欧几里得范数收敛于极限 $\boldsymbol{z}$ 的序列. 令每个 $\boldsymbol{z}_n$ 的极小表示为

$$\boldsymbol{z}_n = \sum p_{n,j}\boldsymbol{y}_j. \tag{5$'$}$$

我们断言 $\sum p_{n,j} = P_n$ 是有界序列. 否则，若 $P_n \to \infty$，则由序列 $\{\boldsymbol{z}_n\}$ 收敛可知其有界，因此 $\boldsymbol{z}_n/P_n$ 趋于 $\boldsymbol{0}$：

$$\frac{\boldsymbol{z}_n}{P_n} = \sum \frac{p_{n,j}}{P_n}\boldsymbol{y}_j \to \boldsymbol{0}. \tag{5$''$}$$

而每个 $p_{n,j}/P_n$ 都非负，且总和为 1. 由紧致性可知可以选取一个收敛子列：

$$\frac{p_{n,j}}{P_n} \to q_j.$$

这些极限满足 $\sum q_j = 1$. 由式 (5)″ 可得

$$\sum q_j\boldsymbol{y}_j = \boldsymbol{0}.$$

用式 (5)′ 减去上式得到

$$\boldsymbol{z}_n = \sum (p_{n,j} - q_j)\boldsymbol{y}_j.$$

对任意满足 $q_j > 0$ 的 j，有 $p_{n,j} \to \infty$，因此对于充分大的 n，上式是 $\boldsymbol{z}_n$ 的一个正表示，故式 (5)′ 不是极小表示. 这个矛盾表明 $P_n = \sum p_{n,j}$ 一定有界. 于是根据局部紧致性，可以选取一个子列，使得对每个 j 都有 $p_{n,j} \to p_j$. 在式 (5)′ 中令 $n \to \infty$，得到

$$\boldsymbol{z} = \lim \boldsymbol{z}_n = \sum p_j\boldsymbol{y}_j.$$

可见，极限 $\boldsymbol{z}$ 也可以表示为式 (5) 的形式. 这就证明了所有形如式 (5) 的点构成的集合 K 在欧几里得范数意义下是闭集.

注意，原点属于 K.

设 $\boldsymbol{y} \notin K$. 因为 K 是凸闭集，所以根据第 12 章定理 7，存在一个闭半空间

$$\boldsymbol{\xi x} \geqslant c \tag{7}$$

包含 K，但不包含 $\boldsymbol{y}$：

$$\boldsymbol{\xi y} < c. \tag{8}$$

因为 $\mathbf{0} \in K$，所以根据式 (7) 有 $0 \geqslant c$. 与式 (8) 联立得到

$$\boldsymbol{\xi y} < 0. \tag{9}$$

又因为对任意正常数 k，$k\boldsymbol{y}_j \in K$，所以由式 (7) 可知，对任意 $k > 0$，有

$$k\boldsymbol{\xi y}_j \geqslant c, \quad j = 1, \cdots, m.$$

这就意味着

$$\boldsymbol{\xi y}_j \geqslant 0, \quad j = 1, \cdots, m. \tag{10}$$

因此，如果 $\boldsymbol{y}$ 不具有式 (5) 的形式，则由式 (10) 可知，必存在 $\boldsymbol{\xi}$ 满足式 (6)，但由式 (9) 可知，它不满足式 (6)′. 定理 1 得证. □

练习 1 证明：由式 (5) 定义的 K 是凸集.

我们用矩阵语言重新表述定理 1. 定义 $n \times m$ 矩阵 $\boldsymbol{Y}$ 为

$$\boldsymbol{Y} = (\boldsymbol{y}_1, \cdots, \boldsymbol{y}_m),$$

即以 $\boldsymbol{y}_j$ 为列向量的矩阵. 记由 $p_1, \cdots, p_m$ 构成的列向量为 $\boldsymbol{p}$:

$$\boldsymbol{p} = \begin{pmatrix} p_1 \\ \vdots \\ p_m \end{pmatrix}.$$

如果一个向量（既可以是行向量，也可以是列向量）的所有分量都非负，则称该向量非负，记作 $\geqslant 0$. 向量不等式 $\boldsymbol{x} \geqslant \boldsymbol{z}$ 意味着 $\boldsymbol{x} - \boldsymbol{z} \geqslant 0$.

练习 2 证明：如果 $\boldsymbol{x} \geqslant \boldsymbol{z}$ 且 $\boldsymbol{\xi} \geqslant 0$，则 $\boldsymbol{\xi x} \geqslant \boldsymbol{\xi z}$.

定理 1′ 给定一个 $n \times m$ 矩阵 $\boldsymbol{Y}$，有 n 个分量的向量 $\boldsymbol{y}$ 可以写成

$$\boldsymbol{y} = \boldsymbol{Yp}, \quad \boldsymbol{p} \geqslant 0, \tag{11}$$

当且仅当对每个行向量 $\boldsymbol{\xi}$，只要

$$\boldsymbol{\xi Y} \geqslant 0, \tag{12}$$

就有

$$\boldsymbol{\xi y} \geqslant 0. \tag{12′}$$

证明 只需注意，式 (11) 即为式 (5)，式 (12) 即为式 (6)，式 (12)′ 即为式 (6)′. □

下面是一个有用的推广.

定理 2 给定一个 $n \times m$ 矩阵 $\boldsymbol{Y}$ 和一个有 n 个分量的列向量 $\boldsymbol{y}$，存在列向量 $\boldsymbol{p}$ 满足不等式

$$\boldsymbol{y} \geqslant \boldsymbol{Yp}, \quad \boldsymbol{p} \geqslant 0, \tag{13}$$

当且仅当任意满足

$$\boldsymbol{\xi Y} \geqslant 0, \quad \boldsymbol{\xi} \geqslant 0 \tag{14}$$

的向量 $\boldsymbol{\xi}$ 亦满足

$$\boldsymbol{\xi y} \geqslant 0. \tag{15}$$

证明 先证明必要性，用 $\boldsymbol{\xi}$ 左乘式 (13) 两边，再由式 (14) 即得式 (15). 反过来，根据向量 $\geqslant 0$ 的定义，式 (13) 成立意味着存在一个有 n 个分量的列向量 $\boldsymbol{z}$，使得

$$\boldsymbol{y} = \boldsymbol{Yp} + \boldsymbol{z}, \quad \boldsymbol{z} \geqslant 0, \quad \boldsymbol{p} \geqslant 0. \tag{13$'$}$$

引入 $n \times n$ 单位矩阵 $\boldsymbol{I}$、增广矩阵 $\begin{pmatrix} \boldsymbol{Y} & \boldsymbol{I} \end{pmatrix}$ 和增广向量 $\begin{pmatrix} \boldsymbol{p} \\ \boldsymbol{z} \end{pmatrix}$, 式 $(13)'$ 可以改写为

$$\boldsymbol{y} = \begin{pmatrix} \boldsymbol{Y} & \boldsymbol{I} \end{pmatrix} \begin{pmatrix} \boldsymbol{p} \\ \boldsymbol{z} \end{pmatrix}, \quad \begin{pmatrix} \boldsymbol{p} \\ \boldsymbol{z} \end{pmatrix} \geqslant 0, \tag{13$''$}$$

式 (14) 可以改写为

$$\boldsymbol{\xi} \begin{pmatrix} \boldsymbol{Y} & \boldsymbol{I} \end{pmatrix} \geqslant 0. \tag{14$'$}$$

再对增广矩阵和增广向量应用定理 $1'$，因为只要式 $(14)'$ 成立就有式 (15) 成立，所以式 $(13)''$ 必有一个解，而这就是定理 2 的结论. □

设 $\boldsymbol{Y}$ 是 $n \times m$ 矩阵，$\boldsymbol{y}$ 是含 n 个分量的列向量，$\boldsymbol{\gamma}$ 是含 m 个分量的行向量. 下面定义两个量 S 和 s.

定义

$$S = \sup_{\boldsymbol{p}} \boldsymbol{\gamma p}, \tag{16}$$

其中，$\boldsymbol{p}$ 取遍全体包含 m 个分量并且满足下列条件的列向量：

$$\boldsymbol{y} \geqslant \boldsymbol{Yp}, \quad \boldsymbol{p} \geqslant 0. \tag{17}$$

我们称满足式 (17) 的向量 $\boldsymbol{p}$ 对上确界问题 (16) 来说是可容许的.

定义

$$s = \inf_{\boldsymbol{\xi}} \boldsymbol{\xi y}, \tag{18}$$

其中，$\boldsymbol{\xi}$ 取遍全体包含 n 个分量并且满足下列条件的行向量：

$$\boldsymbol{\gamma} \leqslant \boldsymbol{\xi Y}, \quad \boldsymbol{\xi} \geqslant 0. \tag{19}$$

我们称满足式 (19) 的向量 $\boldsymbol{\xi}$ 对下确界问题 (18) 来说是可容许的.

定理 3 (对偶定理) *设 $\boldsymbol{Y}, \boldsymbol{y}, \boldsymbol{\gamma}$ 以及 S, s 同前，如果存在可容许的向量 $\boldsymbol{p}$ 和 $\boldsymbol{\xi}$，则 S 和 s 都有限，并且*

$$S = s.$$

证明 设 $\boldsymbol{p}$ 和 $\boldsymbol{\xi}$ 是可容许的向量. 用 $\boldsymbol{\xi}$ 左乘式 (17)，用 $\boldsymbol{p}$ 右乘式 (19). 由练习 2 可得

$$\boldsymbol{\xi y} \geqslant \boldsymbol{\xi Y p} \geqslant \boldsymbol{\gamma p}.$$

这表明每个 $\boldsymbol{\xi y}$ 都是 $\boldsymbol{\gamma p}$ 的上界，因此

$$s \geqslant S. \tag{20}$$

要证明等号成立，只需找到上确界问题 (16) 的一个可容许的向量 $\boldsymbol{p}$，满足

$$\boldsymbol{\gamma p} \geqslant s. \tag{21}$$

为证明这一点，我们将式 (17) 与式 (21) 合成一个不等式：给矩阵 $\boldsymbol{Y}$ 增加一行 $-\boldsymbol{\gamma}$，给向量 $\boldsymbol{y}$ 增加一个分量 $-s$，得到

$$\begin{pmatrix} \boldsymbol{y} \\ -s \end{pmatrix} \geqslant \begin{pmatrix} \boldsymbol{Y} \\ -\boldsymbol{\gamma} \end{pmatrix} \boldsymbol{p}, \quad \boldsymbol{p} \geqslant 0. \tag{22}$$

如果该不等式无解，则根据定理 2，必存在行向量 $\boldsymbol{\xi}$ 和标量 α 使得

$$(\boldsymbol{\xi}, \alpha) \begin{pmatrix} \boldsymbol{Y} \\ -\boldsymbol{\gamma} \end{pmatrix} \geqslant 0, \quad (\boldsymbol{\xi}, \alpha) \geqslant 0, \tag{23}$$

但

$$(\boldsymbol{\xi}, \alpha) \begin{pmatrix} \boldsymbol{y} \\ -s \end{pmatrix} < 0. \tag{24}$$

我们断言 $\alpha > 0$. 否则，如果 $\alpha = 0$，则由式 (23) 可得

$$\boldsymbol{\xi Y} \geqslant 0, \quad \boldsymbol{\xi} \geqslant 0, \tag{23$'$}$$

由式 (24) 可得

$$\boldsymbol{\xi y} < 0. \tag{24$'$}$$

由定理 2 的“仅当”部分可知式 (13)，亦即式 (17)，不被满足. 这就意味着不存在可容许的 $\boldsymbol{p}$，与假设矛盾.

已证 α 必定是正的，又因为式 (23) 和式 (24) 都是齐次的，所以我们可以取 $\alpha = 1$，从而这些不等式可写为

$$\boldsymbol{\xi Y} \geqslant \boldsymbol{\gamma}, \quad \boldsymbol{\xi} \geqslant 0, \tag{25}$$

$$\boldsymbol{\xi y} < s. \tag{26}$$

不等式 (25) 与式 (19) 相同，表明 $\boldsymbol{\xi}$ 是可容许的，但式 (26) 与 s 是下确界 (18) 矛盾. 因此我们原来假设式 (21) 无解是错误的，故式 (21) 有解，于是式 (20) 中等号成立. $S = s$ 得证. □

练习 3 证明：定理 3 中的上确界和下确界分别是最大元和最小元.

［提示：式 (21) 中等号成立. ］

下面给出对偶定理在经济学中的一个应用.

考察 n 种食物（牛奶、肉、水果、面包等）和 m 种营养物质（蛋白质、脂肪、碳水化合物、维生素等）. 记

$$y_{ij} = 1 \text{ 单位第 } i \text{ 种食物含有的第 } j \text{ 种营养物质的单位数},$$
$$\gamma_j = \text{第 } j \text{ 种营养物质每日最小需求量},$$
$$y_i = \text{第 } i \text{ 种食物的单价}.$$

注意，这些量都是非负的.

假设我们每天购买 ξ_i 单位第 i 种食物，要求其满足各种营养物质每日最小需求量:

$$\sum_i \xi_i y_{ij} \geqslant \gamma_j, \quad j = 1, \cdots, m. \tag{27}$$

显然，只要每种营养物质至少存在于一种食物中，这个不等式就能被满足.

购买以上食物的总价格是

$$\sum_i \xi_i y_i. \tag{28}$$

一个自然的问题是: *满足每日营养需求的食物的最低价格是多少?* 很明显，因为购买的数量不能为负，所以这个最低价格就是式 (28) 在条件 (27) 以及 $\boldsymbol{\xi} \geqslant 0$ 下的最小值. 如果把 y_i 构成的列向量记作 $\boldsymbol{y}$，γ_j 构成的行向量记作 $\boldsymbol{\gamma}$，y_{ij} 构成的矩阵记作 $\boldsymbol{Y}$，则约束条件 (27) 就是式 (19)，式 (28) 的最小值就是式 (18). 于是对偶定理中的下确界 s 就是这个模型中的最低价格.

为了解释上确界 S，记各种营养物质的价值为 $\{p_j\}$. 于是根据经济学价格–价值规律有

$$y_i \geqslant \sum_j y_{ij} p_j, \quad i = 1, \cdots, n. \tag{29}$$

营养物质每日最小需求量所具有的总价值就是

$$\sum \gamma_j p_j. \tag{30}$$

显然 p_j 都非负，约束条件 (29) 与式 (17) 相同. 式 (30) 与上确界问题 (16) 相同. 于是此时对偶定理中的量 S 就是在与价格相符的前提下*营养物质每日最小需求量所具有的最大价值*.

另一个应用来源于*博弈论*. 我们考虑双人确定性零和博弈.（根据定义）这种博弈总可以看成一种矩阵游戏，定义如下.

给定一个 $n \times m$ 矩阵 $\boldsymbol{Y}$，称为*支付矩阵*. 游戏规则是玩家 C 任选矩阵的一列，玩家 R 任选一行，双方都不知对方选的是什么，但他们对这个支付矩阵都很

熟悉. 如果 C 选了第 j 列，R 选了第 i 行，则游戏结果是 C 要支付 $\boldsymbol{Y}_{ij}$ 元钱给 R. 如果 $\boldsymbol{Y}_{ij}$ 是负数，那么 R 应该付钱给 C.

设想游戏已经反复进行了多次. 两人都不重复采用同一策略，也就是说，每次两人都不会选取与上一次相同的行或列，而是采用一种叫作混合策略的方法，依照一定的概率随机选取某行某列. 玩家 C 选取第 j 列的概率是 x_j，这里 $\boldsymbol{x}$ 是一个概率向量，即

$$x_j \geqslant 0, \quad \sum_j x_j = 1. \tag{31}$$

玩家 R 依照概率 η_i 选取第 i 行，

$$\eta_i \geqslant 0, \quad \sum_i \eta_i = 1. \tag{31$'$}$$

玩家 C 和 R 都随机选择，因而他们的选择彼此独立. 于是可以得出同一局中 C 选取第 j 列、R 选取第 i 行的概率是乘积 $\eta_i x_j$.

因为 C 要向 R 支付 $\boldsymbol{Y}_{ij}$，所以长时间游戏的平均支付就是

$$\sum_{i,j} \eta_i x_j \boldsymbol{Y}_{ij},$$

用向量–矩阵记号可写作

$$\boldsymbol{\eta Y x}. \tag{32}$$

如果 C 用的是混合策略 $\boldsymbol{x}$，则 R 经过长时间观察就可判断出 C 所用的相对概率，从而选取混合策略 $\boldsymbol{\eta}$，使自己赢得最多：

$$\max_{\boldsymbol{\eta}} \boldsymbol{\eta Y x}. \tag{33}$$

假设 C 是一个老练的玩家，则 C 可以预见到 R 一定会采用使自己赢得最多 (33) 的混合策略. 而 R 赢就是 C 输，所以 C 一定会选取混合策略 $\boldsymbol{x}$，使自己输得最少：

$$\min_{\boldsymbol{x}} \max_{\boldsymbol{\eta}} \boldsymbol{\eta Y x}, \tag{34}$$

这里 $\boldsymbol{x}$ 和 $\boldsymbol{\eta}$ 都是概率向量.

此外，如果假设 R 也是一个老练的玩家，R 知道 C 会猜出 R 的混合策略 $\boldsymbol{\eta}$，从而选取 $\boldsymbol{x}$ 使得 C 输得最少：

$$\min_{\boldsymbol{x}} \boldsymbol{\eta Y x}. \tag{33$'$}$$

所以 R 会选取混合策略 $\boldsymbol{\eta}$ 使得 (33)$'$ 的结果尽可能最大：

$$\max_{\boldsymbol{\eta}} \min_{\boldsymbol{x}} \boldsymbol{\eta Y x}. \tag{34$'$}$$

定理 4 (最小最大定理)　设 $\boldsymbol{\eta}$ 和 $\boldsymbol{x}$ 均为概率向量，最小最大值 (34) 和最大最小值 (34)′ 相等：

$$\min_{\boldsymbol{x}}\max_{\boldsymbol{\eta}}\boldsymbol{\eta Y x}=\max_{\boldsymbol{\eta}}\min_{\boldsymbol{x}}\boldsymbol{\eta Y x}. \tag{35}$$

等式 (35) 称为矩阵游戏的值.

证明　记所有元素都是 1 的 $n\times m$ 矩阵为 $\boldsymbol{E}$. 对任意一对概率向量 $\boldsymbol{\eta}$ 和 $\boldsymbol{x}$，$\boldsymbol{\eta E x}=1$. 如果用 $\boldsymbol{Y}+k\boldsymbol{E}$ 代换 $\boldsymbol{Y}$，只不过是在式 (34) 和式 (34)′ 基础上再加 k. 当 k 足够大时，$\boldsymbol{Y}+k\boldsymbol{E}$ 的每个元素就都是正的，所以可以只考虑所有元素都为正的矩阵 $\boldsymbol{Y}$.

在对偶定理中，令

$$\boldsymbol{\gamma}=(1,\cdots,1),\quad \boldsymbol{y}=\begin{pmatrix}1\\ \vdots\\ 1\end{pmatrix}. \tag{36}$$

由于 $\boldsymbol{y}$ 是正的，因此最大值问题

$$S=\max_{\boldsymbol{p}}\boldsymbol{\gamma p},\quad \boldsymbol{y}\geqslant \boldsymbol{Y p},\quad \boldsymbol{p}\geqslant 0 \tag{37}$$

必有正的可容许向量 $\boldsymbol{p}$. 又因为 γ 的元素也都是正的，所以 $S>0$. 将达到最大值的那个可容许向量记为 $\boldsymbol{p}_0$.

由 $\boldsymbol{Y}>0$ 可知，最小值问题

$$s=\min_{\boldsymbol{\xi}}\boldsymbol{\xi y},\quad \boldsymbol{\xi Y}\geqslant \gamma,\quad \boldsymbol{\xi}\geqslant 0 \tag{37$'$}$$

有可容许向量 $\boldsymbol{\xi}$. 将达到最小值的那个可容许向量记为 $\boldsymbol{\xi}_0$.

由式 (36) 可知，γ 的所有分量都是 1，因此 $\gamma\boldsymbol{p}_0$ 等于 $\boldsymbol{p}_0$ 的所有分量之和. 又因为 $\boldsymbol{\gamma p}_0=S$，所以

$$\boldsymbol{x}_0=\frac{\boldsymbol{p}_0}{S} \tag{38}$$

是概率向量. 由类似的讨论可得

$$\boldsymbol{\eta}_0=\frac{\boldsymbol{\xi}_0}{s} \tag{38$'$}$$

也是概率向量.

我们断言 $\boldsymbol{x}_0$ 和 $\boldsymbol{\xi}_0$ 分别为最小最大问题 (34) 和最大最小问题 (34)′ 的解. 为证明这一点，将 (37) 中第二个不等式的 $\boldsymbol{p}$ 取为 $\boldsymbol{p}_0$，并且两边同除以 S. 由 $\boldsymbol{x}_0=\boldsymbol{p}_0/S$ 的定义，可得

$$\frac{\boldsymbol{y}}{S}\geqslant \boldsymbol{Y x}_0. \tag{39}$$

该不等式两边同时左乘以任意概率向量 $\boldsymbol{\eta}$，由式 (36) 可知 $\boldsymbol{y}$ 的分量全是 1，$\boldsymbol{\eta y}=1$，因此

$$\frac{1}{S}\geqslant \boldsymbol{\eta Y x}_0. \tag{40}$$

因此可得

$$\frac{1}{S} \geqslant \max_{\boldsymbol{\eta}} \boldsymbol{\eta} \boldsymbol{Y} \boldsymbol{x}_0,$$

从而

$$\frac{1}{S} \geqslant \min_{\boldsymbol{x}} \max_{\boldsymbol{\eta}} \boldsymbol{\eta} \boldsymbol{Y} \boldsymbol{x}. \tag{41}$$

由式 (40) 可得，对任意 $\boldsymbol{\eta}$，

$$\frac{1}{S} \geqslant \min_{\boldsymbol{x}} \boldsymbol{\eta} \boldsymbol{Y} \boldsymbol{x},$$

从而

$$\frac{1}{S} \geqslant \max_{\boldsymbol{\eta}} \min_{\boldsymbol{x}} \boldsymbol{\eta} \boldsymbol{Y} \boldsymbol{x}. \tag{42}$$

类似地，将式 (37)$'$ 中第二个不等式的 $\boldsymbol{\xi}$ 取为 $\boldsymbol{\xi}_0$，并且两边同除以 s，再同乘以任意概率向量 $\boldsymbol{x}$. 由定义 (38)$'$ 可知 $\boldsymbol{\eta}_0 = \boldsymbol{\xi}_0 / s$，又由式 (36) 可知 $\boldsymbol{\gamma}$ 的分量全为 1，所以 $\boldsymbol{\gamma} \boldsymbol{x} = 1$. 因此得到

$$\boldsymbol{\eta}_0 \boldsymbol{Y} \boldsymbol{x} \geqslant \frac{1}{s}. \tag{40$'$}$$

由此可得，对于任意概率向量 $\boldsymbol{x}$，

$$\max_{\boldsymbol{\eta}} \boldsymbol{\eta} \boldsymbol{Y} \boldsymbol{x} \geqslant \frac{1}{s},$$

从而

$$\min_{\boldsymbol{x}} \max_{\boldsymbol{\eta}} \boldsymbol{\eta} \boldsymbol{Y} \boldsymbol{x} \geqslant \frac{1}{s}. \tag{41$'$}$$

由式 (40)$'$ 还可推得

$$\min_{\boldsymbol{x}} \boldsymbol{\eta}_0 \boldsymbol{Y} \boldsymbol{x} \geqslant \frac{1}{s},$$

由此可得

$$\max_{\boldsymbol{\eta}} \min_{\boldsymbol{x}} \boldsymbol{\eta} \boldsymbol{Y} \boldsymbol{x} \geqslant \frac{1}{s}. \tag{42$'$}$$

由对偶定理 $S = s$，并综合式 (41) 和式 (41)$'$ 可得

$$\min_{\boldsymbol{x}} \max_{\boldsymbol{\eta}} \boldsymbol{\eta} \boldsymbol{Y} \boldsymbol{x} = \frac{1}{s} = \frac{1}{S},$$

而由式 (42) 和式 (42)$'$ 可得

$$\max_{\boldsymbol{\eta}} \min_{\boldsymbol{x}} \boldsymbol{\eta} \boldsymbol{Y} \boldsymbol{x} = \frac{1}{s} = \frac{1}{S}.$$

这就证明了最小最大定理. □

上述最小最大定理由冯 · 诺依曼给出，在经济学中有着重要应用.

第 14 章　赋范线性空间

由第 12 章定理 2 可知，$\mathbb{R}$ 上的线性空间 X 中任意包含原点的凸开集 K 都可以表示成满足 $p(\boldsymbol{x})<1$ 的向量 $\boldsymbol{x}$ 的集合，其中，p 是 K 的度规函数，它是除原点外取值都为正的次可加、正齐次函数．这里我们只考虑偶度规函数，即 $p(-\boldsymbol{x})=p(\boldsymbol{x})$．我们将这种函数称为范数，用绝对值符号 $|\ |$ 表示．范数满足以下性质．

(i) 非负性：　对任意 $\boldsymbol{x}\neq\boldsymbol{0}$，有 $|\boldsymbol{x}|>0$．特别地，$|\boldsymbol{0}|=0$.

(ii) 次可加性：　$|\boldsymbol{x}+\boldsymbol{y}|\leqslant|\boldsymbol{x}|+|\boldsymbol{y}|$.　(1)

(iii) 齐次性：　对任意 $k\in\mathbb{R}$，有 $|k\boldsymbol{x}|=|k||\boldsymbol{x}|$.

具有范数的线性空间称为赋范线性空间．除定理 4 外，本章中的 X 都表示有限维赋范线性空间.

定义　X 中满足 $|\boldsymbol{x}|<1$ 的点的集合称为以原点为中心的**单位开球**（**open unit ball**），满足 $|\boldsymbol{x}|\leqslant 1$ 的点的集合称为**单位闭球**（**closed unit ball**）.

练习 1　(a) 证明：单位开球和单位闭球都是凸集.

(b) 证明：单位开球和单位闭球都是关于原点对称的，即如果 $\boldsymbol{x}$ 属于单位球，则 $-\boldsymbol{x}$ 也是.

定义　任意两个向量 $\boldsymbol{x},\boldsymbol{y}\in X$，它们的距离定义为 $|\boldsymbol{x}-\boldsymbol{y}|$.

练习 2　证明三角不等式，即对任意的 $\boldsymbol{x},\boldsymbol{y},\boldsymbol{z}\in X$，有

$$|\boldsymbol{x}-\boldsymbol{z}|\leqslant|\boldsymbol{x}-\boldsymbol{y}|+|\boldsymbol{y}-\boldsymbol{z}|. \tag{2}$$

定义　给定点 $\boldsymbol{y}$ 和正数 r，满足 $|\boldsymbol{x}-\boldsymbol{y}|<r$ 的点 $\boldsymbol{x}$ 的集合称为以 $\boldsymbol{y}$ 为中心、r 为半径的开球，记为 $B(\boldsymbol{y},r)$.

范数的例子　$X=\mathbb{R}^n$，$\boldsymbol{x}=(x_1,\cdots,x_n)$.

(a) 定义

$$|\boldsymbol{x}|_\infty=\max_j|x_j|. \tag{3}$$

性质 (i) 和性质 (iii) 是显然的，性质 (ii) 也很容易证明.

(b) 定义 $|\boldsymbol{x}|_2$ 是欧几里得范数：

$$|\boldsymbol{x}|_2=\left(\sum|x_j|^2\right)^{1/2}. \tag{4}$$

性质 (i) 和 (iii) 显然，性质 (ii) 可用第 7 章定理 3 证明.

(c) 定义

$$|\boldsymbol{x}|_1 = \sum |x_j|. \tag{5}$$

练习 3 证明：由式 (5) 定义的 $|\boldsymbol{x}|_1$ 满足 (1) 中范数的 3 个性质.

(d) p 是任意实数，$1 \leqslant p$，定义

$$|\boldsymbol{x}|_p = \left(\sum |x_j|^p\right)^{1/p}. \tag{6}$$

定理 1 由式 (6) 定义的 $|\boldsymbol{x}|_p$ 是范数，即满足性质 (1).

证明 性质 (i) 和 (iii) 显然. 证明 (ii) 要用到如下不等式.

赫尔德不等式 令 p 和 q 是满足下式的正数：

$$\frac{1}{p} + \frac{1}{q} = 1. \tag{7}$$

令 $(x_1, \cdots, x_n) = \boldsymbol{x}$ 和 $(y_1, \cdots, y_n) = \boldsymbol{y}$ 是两个向量，则

$$\boldsymbol{x}\boldsymbol{y} \leqslant |\boldsymbol{x}|_p |\boldsymbol{y}|_q, \tag{8}$$

其中，乘积 $\boldsymbol{x}\boldsymbol{y}$ 定义为

$$\boldsymbol{x}\boldsymbol{y} = \sum x_j y_j, \tag{9}$$

$|\boldsymbol{x}|_p, |\boldsymbol{y}|_q$ 由式 (6) 定义. 式 (8) 中等号成立，当且仅当对任意 $j = 1, \cdots, n$，$|x_j|^p$ 与 $|y_j|^q$ 对应成比例且 $\operatorname{sgn} x_j = \operatorname{sgn} y_j$.

练习 4 证明赫尔德不等式或查阅其证明.

注记　当 $p = q = 2$ 时，赫尔德不等式即为施瓦茨不等式（见第 7 章定理 1）.

练习 5 证明：$|\boldsymbol{x}|_\infty = \lim\limits_{p\to\infty} |\boldsymbol{x}|_p$，其中，$|\boldsymbol{x}|_\infty$ 由式 (3) 定义.

推论 对任一向量 $\boldsymbol{x}$，

$$|\boldsymbol{x}|_p = \max_{|\boldsymbol{y}|_q = 1} \boldsymbol{x}\boldsymbol{y}. \tag{10}$$

证明 不等式 (8) 说明，当 $|\boldsymbol{y}|_q = 1$ 时，$\boldsymbol{x}\boldsymbol{y} \leqslant |\boldsymbol{x}|_p$. 因此要证明式 (10)，只需找到向量 $\boldsymbol{y}_0$，使得 $|\boldsymbol{y}_0|_q = 1$ 且 $\boldsymbol{x}\boldsymbol{y}_0 = |\boldsymbol{x}|_p$. 取

$$\boldsymbol{y}_0 = \frac{\boldsymbol{z}}{|\boldsymbol{x}|_p^{p/q}}, \quad \boldsymbol{z} = (z_1, \cdots, z_n), \quad z_j = \operatorname{sgn}\ x_j |x_j|^{p/q}. \tag{11}$$

显然

$$|\boldsymbol{y}_0|_q = \frac{|\boldsymbol{z}|_q}{|\boldsymbol{x}|_p^{p/q}}, \tag{12}$$

并且

$$|\boldsymbol{z}|_q^q = \sum |z_j|^q = \sum |x_j|^p = |\boldsymbol{x}|_p^p. \tag{12$'$}$$

综合式 (12) 和式 (12)′ 得

$$|\boldsymbol{y}_0|_q = \frac{|\boldsymbol{x}|_p^{p/q}}{|\boldsymbol{x}|_p^{p/q}} = 1. \tag{13}$$

由式 (11) 可得

$$\boldsymbol{x}\boldsymbol{y}_0 = \frac{\boldsymbol{x}\boldsymbol{z}}{|\boldsymbol{x}|_p^{p/q}} = \frac{\sum |x_j||x_j|^{p/q}}{|\boldsymbol{x}|_p^{p/q}} = \frac{\sum |x_j|^{1+p/q}}{|\boldsymbol{x}|_p^{p/q}} = |\boldsymbol{x}|_p^{p-p/q} = |\boldsymbol{x}|_p, \tag{13$'$}$$

这里我们根据式 (7) 有 $1+p/q=p$. 由式 (13) 和式 (13)′ 即证得推论. □

证明 $|\boldsymbol{x}|_p$ 的次可加性要用到上述推论. 设 $\boldsymbol{x}$ 和 $\boldsymbol{z}$ 是任意两个向量，则由式 (10) 可得

$$|\boldsymbol{x}+\boldsymbol{z}|_p = \max_{|\boldsymbol{y}|_q=1}(\boldsymbol{x}+\boldsymbol{z})\boldsymbol{y} \leqslant \max_{|\boldsymbol{y}|_q=1}\boldsymbol{x}\boldsymbol{y} + \max_{|\boldsymbol{y}|_q=1}\boldsymbol{z}\boldsymbol{y} = |\boldsymbol{x}|_p + |\boldsymbol{z}|_p,$$

这就证明了 l^p 范数是次可加的. □

下面我们继续讨论任意范数.

定义　$|\boldsymbol{x}|_1$ 和 $|\boldsymbol{x}|_2$ 是有限维线性空间 X 的两个范数，如果存在常数 c，使得对 X 中任意 $\boldsymbol{x}$ 都有

$$|\boldsymbol{x}|_1 \leqslant c|\boldsymbol{x}|_2, \quad |\boldsymbol{x}|_2 \leqslant c|\boldsymbol{x}|_1. \tag{14}$$

则称 $|\boldsymbol{x}|_1$ 和 $|\boldsymbol{x}|_2$ 是**等价的**（**equivalent**）.

定理 2　有限维线性空间的所有范数都等价，即对任意两个范数，都存在满足式 (14) 的 c，c 的值依赖于具体的范数.

证明　$\mathbb{R}$ 上的任意有限维线性空间 X 都同构于 $\mathbb{R}^n$，$n=\dim X$，因此可以将 X 取为 $\mathbb{R}^n$. 第 7 章介绍过欧几里得范数

$$\|\boldsymbol{x}\| = \left(\sum_{j=1}^{n} {x_j}^2\right)^{1/2}, \quad \boldsymbol{x}=(x_1,\cdots,x_n). \tag{15}$$

将 $\mathbb{R}^n$ 中的单位向量记为 $\boldsymbol{e}_j$：

$$\boldsymbol{e}_j = (0,\cdots,1,0,\cdots,0), \quad j=1,\cdots,n.$$

则 $\boldsymbol{x}=(x_1,\cdots,x_n)$ 可以写成

$$\boldsymbol{x} = \sum x_j\boldsymbol{e}_j. \tag{16}$$

设 $|\boldsymbol{x}|$ 是 $\mathbb{R}^n$ 中的另一个范数. 反复运用次可加性和齐次性得到

$$|\boldsymbol{x}| \leqslant \sum |x_j||\boldsymbol{e}_j|. \tag{16$'$}$$

将施瓦茨不等式应用于式 (16)′（见第 7 章定理 1），再由式 (15) 得到

$$|\boldsymbol{x}| \leqslant \left(\sum |\boldsymbol{e}_j|^2\right)^{1/2}\left(\sum x_j^2\right)^{1/2} = c\|\boldsymbol{x}\|, \tag{17}$$

其中，$c=\left(\sum |\boldsymbol{e}_j|^2\right)^{1/2}$. 这就给出不等式 (14) 的一半.

要得到另一半，我们先证明 $|\boldsymbol{x}|$ 在欧几里得距离下是连续函数. 由次可加性可得

$$|\boldsymbol{x}| \leqslant |\boldsymbol{x}-\boldsymbol{y}|+|\boldsymbol{y}|, \quad |\boldsymbol{y}| \leqslant |\boldsymbol{x}-\boldsymbol{y}|+|\boldsymbol{x}|,$$

由此推出

$$\big||\boldsymbol{x}|-|\boldsymbol{y}|\big| \leqslant |\boldsymbol{x}-\boldsymbol{y}|.$$

由式 (17) 可得

$$\big||\boldsymbol{x}|-|\boldsymbol{y}|\big| \leqslant c\|\boldsymbol{x}-\boldsymbol{y}\|,$$

这就证明 $|\boldsymbol{x}|$ 在欧几里得距离下是连续函数.

我们在第 7 章中证明了有限维欧几里得空间中的单位球面 S，即 $\|\boldsymbol{x}\|=1$ 是一个紧集. 因此连续函数 $|\boldsymbol{x}|$ 在 S 上能取到最小值. 由 (1) 可知，$|\boldsymbol{x}|$ 在 S 的每点处都是正的，其最小值 m 也是正的. 因此有

$$\text{当 } \|\boldsymbol{x}\|=1 \text{ 时, } 0<m \leqslant |\boldsymbol{x}|. \tag{18}$$

由于 $|\boldsymbol{x}|$ 和 $\|\boldsymbol{x}\|$ 都是齐次函数，因此我们得出：对 $\mathbb{R}^n$ 中所有 $\boldsymbol{x}$，都有

$$m\|\boldsymbol{x}\| \leqslant |\boldsymbol{x}|, \tag{19}$$

这就证明了不等式 (14) 的另一半. 因此 $\mathbb{R}^n$ 中任何范数都在式 (14) 的意义下等价于欧几里得范数.

等价概念具有传递性，如果 $|\boldsymbol{x}|_1$ 和 $|\boldsymbol{x}|_2$ 都等价于欧几里得范数，则它们也相互等价. 这就完成了定理 2 的证明. □

定义 设 $\{\boldsymbol{x}_n\}$ 是赋范线性空间中的一个序列，如果 $\lim|\boldsymbol{x}_n-\boldsymbol{x}|=0$，则称该序列**收敛**（**convergent**）于极限 $\boldsymbol{x}$，记作 $\lim \boldsymbol{x}_n=\boldsymbol{x}$.

显然，序列收敛的概念对于等价的两个范数来说是一致的. 故由定理 2 可知，该概念对任意两个范数都是一致的.

定义 设 S 是赋范线性空间中的一个集合，如果 S 中所有收敛序列 $\{\boldsymbol{x}_n\}$ 的极限仍属于 S，则称 S 为**闭集**（**closed set**）.

练习 6 证明：有限维赋范线性空间的任意子空间都是闭的.

定义 如果赋范线性空间中的集合 S 包含于某个球中，即如果存在数 R，使得对 S 中任意点 $\boldsymbol{z}$ 都有 $|\boldsymbol{z}| \leqslant R$，则称 S 是**有界的**（**bounded**）. 显然，一个集合如果在某范数下有界，则也在与之等价的范数下有界，再由定理 2 可知，该集合在所有范数下都有界.

定义 如果赋范线性空间中的向量序列 $\{\boldsymbol{x}_n\}$ 满足“当 k 和 j 趋于无穷时，$|\boldsymbol{x}_k-\boldsymbol{x}_j|$ 趋于 0”，则称 $\{\boldsymbol{x}_n\}$ 为**柯西序列**（**Cauchy sequence**）.

定理 3 (i) 有限维赋范线性空间 X 中，每个柯西序列都收敛.

(ii) 有限维赋范线性空间 X 中，每个有界的无穷序列 $\{\boldsymbol{x}_n\}$ 都包含收敛子列.

X 的性质 (i) 称为完备性，性质 (ii) 称为局部紧致性.

证明 (i) 在 X 中引入欧几里得结构. 由定理 2 可知，欧几里得范数和 X 本身的范数等价，因此在 X 的范数下的柯西序列也是欧几里得范数下的柯西序列. 由第 7 章定理 16 可知，有限维欧几里得空间中的柯西序列收敛. 因此，该序列也在 X 的范数下收敛.

(ii) X 中的序列 $\{\boldsymbol{x}_n\}$ 在 X 的范数下有界，则在 X 的欧几里得范数下也有界. 根据第 7 章定理 16，该序列在欧几里得范数下必含有收敛子列，而这个子列在 X 本身的范数下也收敛. □

与欧几里得空间一样（见第 7 章定理 17），定理 3(ii) 也有逆定理.

定理 4 设 X 是局部紧致的赋范线性空间，即 X 中每个有界序列都有收敛子列，则 X 是有限维空间.

证明 定理 4 的证明要用到下面的结论.

引理 5 设 Y 是赋范线性空间 X 的有限维子空间，向量 $\boldsymbol{x} \in X$，但 $\boldsymbol{x} \notin Y$，则

$$d = \inf_{\boldsymbol{y} \in Y} |\boldsymbol{x} - \boldsymbol{y}|$$

是正数.

证明 假若不然，则 Y 中必存在向量序列 $\{\boldsymbol{y}_n\}$ 使得 $\boldsymbol{y}_n$ 趋于 $\boldsymbol{x}$，即

$$\lim |\boldsymbol{x} - \boldsymbol{y}_n| = 0.$$

于是 $\{\boldsymbol{y}_n\}$ 是柯西序列，由定理 3(i) 可知，$\{\boldsymbol{y}_n\}$ 收敛于一个极限，这个极限属于 Y. 这就说明 $\{\boldsymbol{y}_n\}$ 的极限 $\boldsymbol{x}$ 应该属于 Y，与 $\boldsymbol{x}$ 的取法矛盾. □

假设 X 的维数无限，可以在 X 中构造序列 $\{\boldsymbol{y}_n\}$，使之满足

$$|\boldsymbol{y}_n| < 2, \quad \text{且对任意 } k \neq l, \text{ 都有 } |\boldsymbol{y}_k - \boldsymbol{y}_l| \geqslant 1. \tag{20}$$

显然，该序列有界且无收敛子列.

我们递归地构造这个序列. 假设 $\boldsymbol{y}_1, \cdots, \boldsymbol{y}_n$ 已经选定，由这些向量张成的子空间记作 Y. 由于 X 是无限维空间，因此存在 $\boldsymbol{x}$ 属于 X 但不属于 Y. 根据引理 5，有

$$d = \inf_{\boldsymbol{y} \in Y} |\boldsymbol{x} - \boldsymbol{y}| > 0.$$

根据下确界的定义，存在 $\boldsymbol{y}_0 \in Y$ 满足

$$|\boldsymbol{x} - \boldsymbol{y}_0| < 2d.$$

令

$$\boldsymbol{y}_{n+1} = \frac{\boldsymbol{x} - \boldsymbol{y}_0}{d}. \tag{21}$$

由前面的不等式可知 $|\boldsymbol{y}_{n+1}| < 2$. 对任意 $\boldsymbol{y} \in Y$，$\boldsymbol{y}_0 + d\boldsymbol{y} \in Y$，由下确界定义可知

$$|\boldsymbol{x} - \boldsymbol{y}_0 - d\boldsymbol{y}| \geqslant d.$$

两边同除以 d，再由 $\boldsymbol{y}_{n+1}$ 的定义可得

$$|\boldsymbol{y}_{n+1}-\boldsymbol{y}|\geqslant 1.$$

因为 $\boldsymbol{y}_l\in Y$, $l=1,\cdots,n$，所以

$$|\boldsymbol{y}_{n+1}-\boldsymbol{y}_l|\geqslant 1.$$

这就递归地构造了满足性质 (20) 的序列 $\{\boldsymbol{y}_k\}$. □

定理 4 最早由弗雷德里克 · 里斯（Frederic Riesz）提出.

练习 7 证明：引理 5 中的下确界就是最小值.

由第 7 章定理 5 可知，欧几里得空间中的每个线性函数 l 都可以写成标量积的形式：$l(\boldsymbol{x})=(\boldsymbol{x},\boldsymbol{y})$. 于是根据第 7 章定理 1（施瓦茨不等式），有

$$|l(\boldsymbol{x})|\leqslant\|\boldsymbol{x}\|\|\boldsymbol{y}\|.$$

与式 (19) 联立得

$$|l(\boldsymbol{x})|\leqslant c|\boldsymbol{x}|,\quad c=\frac{\|\boldsymbol{y}\|}{m}.$$

我们将这一结论叙述为下面的定理 6.

定理 6 设 X 是有限维赋范线性空间，l 是定义在 X 上的线性函数. 则存在常数 c 使得：对任意 $\boldsymbol{x}\in X$，都有

$$|l(\boldsymbol{x})|\leqslant c|\boldsymbol{x}|. \tag{22}$$

推论 6′ 有限维赋范线性空间上的任意线性函数都连续.

证明 由 l 的线性性质及不等式 (22)，可得

$$|l(\boldsymbol{x})-l(\boldsymbol{y})|=|l(\boldsymbol{x}-\boldsymbol{y})|\leqslant c|\boldsymbol{x}-\boldsymbol{y}|.$$ □

定义 记使式 (22) 对所有 $\boldsymbol{x}$ 成立的所有 c 的下确界为 c_0. 显然 c_0 是使式 (22) 成立的最小的 c，称 c_0 为线性函数 l 的**范数**（**norm**），记作 $|l|'$.

l 的范数也可以定义为

$$|l|'=\sup_{\boldsymbol{x}\neq\boldsymbol{0}}\frac{|l(\boldsymbol{x})|}{|\boldsymbol{x}|}. \tag{23}$$

由式 (23) 可知，对任意 $\boldsymbol{x}$ 及 l 都有

$$|l(\boldsymbol{x})|\leqslant|l|'|\boldsymbol{x}|. \tag{24}$$

定理 7 设 X 是有限维赋范线性空间，则

(i) 任给一个定义在 X 上的线性函数 l，X 中必存在 $\boldsymbol{x}\neq\boldsymbol{0}$，使得式 (24) 中的等号成立；

(ii) 任给 X 中的一个向量 $\boldsymbol{x}$，必存在线性函数 $l\neq 0$，使得式 (24) 中的等号成立.

证明 (i) 我们证明式 (23) 中 $|l|'$ 的上确界就是其最大值. 注意，当用 $\boldsymbol{x}$ 的某个倍数替换 $\boldsymbol{x}$ 时，比值 $|l(\boldsymbol{x})|/|\boldsymbol{x}|$ 不变，因此只要证明在单位球面 $|\boldsymbol{x}|=1$ 上能取到式 (23) 的上确界即可.

由推论 $6'$ 可知，$l(\boldsymbol{x})$ 是连续函数，于是 $|l(\boldsymbol{x})|$ 也是连续的. 又由于 X 是局部紧致的，因此连续函数 $|l(\boldsymbol{x})|$ 一定在单位球面上某一点 $\boldsymbol{x}$ 处取得最大值，这个 $\boldsymbol{x}$ 使得式 (24) 中的等号成立.

(ii) 如果 $\boldsymbol{x}=\mathbf{0}$，任意 l 均可.

如果 $\boldsymbol{x}\neq\mathbf{0}$，令 $l(\boldsymbol{x})=|\boldsymbol{x}|$，则 l 是线性的，即对任意标量 k，有

$$l(k\boldsymbol{x})=k|\boldsymbol{x}|. \tag{25}$$

借助第 12 章定理 4，即哈恩–巴拿赫定理，其中令正齐次、次可加函数 $p(\boldsymbol{x})$ 为 $|\boldsymbol{x}|$，令 U 为 $\boldsymbol{x}$ 的全体倍数构成的子空间，则 l 在 U 上有定义，且由式 (25) 可知对任意 $\boldsymbol{u}\in U$，有 $l(\boldsymbol{u})\leqslant|\boldsymbol{u}|$. 根据哈恩–巴拿赫定理，$l$ 可以扩充到 X 上，使得对任意 $\boldsymbol{y}\in X$，有 $l(\boldsymbol{y})\leqslant|\boldsymbol{y}|$. 用 $-\boldsymbol{y}$ 代替 $\boldsymbol{y}$，也能得到 $|l(\boldsymbol{y})|\leqslant|\boldsymbol{y}|$. 由 l 的范数定义 (23)，可得 $|l|'\leqslant 1$. 而 $l(\boldsymbol{x})=|\boldsymbol{x}|$，所以 $|l|'=1$，于是式 (24) 中等号成立. □

我们在第 2 章中已经定义了有限维线性空间 X 的对偶是定义在 X 上的所有线性函数 l 构成的集合. 这些函数构成线性空间，记作 X'. 第 2 章还指出 X' 的对偶空间可以看成 X 本身，即 $X''=X$. 对 X 中每个 $\boldsymbol{x}$，定义 X' 上的线性函数 f 使得

$$f(l)=l(\boldsymbol{x}). \tag{26}$$

我们在第 2 章中已经证明，这些都是 X 上的线性函数.

只要 X 是有限维赋范线性空间，X' 就有由式 (23) 定义的导出范数 $|l|'$. 反过来，这个范数又导出 X' 的对偶空间 X'' 上的范数.

定理 8 由 X' 的导出范数导出的 X'' 上的范数与 X 中原来的范数相同.

证明 由式 (23) 可知，X' 上线性函数 f 的范数是

$$|f|''=\sup_{l\neq 0}\frac{|f(l)|}{|l|'}. \tag{27}$$

而 X' 上线性函数 f 形如式 (26)，代入式 (27) 即得

$$|f|''=\sup_{l\neq 0}\frac{|l(\boldsymbol{x})|}{|l|'}. \tag{28}$$

由式 (24) 可知，对所有 $l\neq 0$，$|l(\boldsymbol{x})|/|l|'\leqslant|\boldsymbol{x}|$. 再由定理 7(ii) 可知，必有一个 l 使得等号成立，这就证明 $|f|''=|\boldsymbol{x}|$. □

练习 8 证明：由式 (23) 定义的 $|l|'$ 满足 (1) 中所列的范数的 3 个性质.

注记　无限维赋范线性空间 X 的对偶空间由 X 上全体在式 (22) 意义下有界的线性函数构成，X' 上的导出范数由式 (24) 定义. 定理 7 对无限维空间也成立.

同样可以定义 X' 的对偶空间. 对每个 $\boldsymbol{x} \in X$，用式 (26) 可以定义 X' 上的线性函数 f，f 有界并且它的界就是 $|\boldsymbol{x}|$，因此 $f \in X''$. 然而对于分析中常用的许多空间 X，并非所有 X'' 中的 f 都具有式 (26) 的形式.

定理 7(ii) 还可以表述为：对任意向量 $\boldsymbol{x}$，有

$$|\boldsymbol{x}| = \max_{|l|'=1} l(\boldsymbol{x}). \tag{29}$$

下面给出式 (29) 的一个有趣的推广.

定理 9　设 Z 是 X 的子空间，$\boldsymbol{y}$ 是 X 中的任意向量. $\boldsymbol{y}$ 到 Z 的距离 $d(\boldsymbol{y}, Z)$ 定义为

$$d(\boldsymbol{y}, Z) = \inf_{\boldsymbol{z} \in Z} |\boldsymbol{y} - \boldsymbol{z}|, \tag{30}$$

则

$$d(\boldsymbol{y}, Z) = \max l(\boldsymbol{y}), \tag{31}$$

其中，l 取遍 X' 中所有满足下列条件的函数：

$$|l|' \leqslant 1, \quad l(\boldsymbol{z}) = 0, \text{ 对任意 } \boldsymbol{z} \in Z. \tag{32}$$

证明　由距离的定义可知，对任意 $\epsilon > 0$，存在 $\boldsymbol{z}_0 \in Z$，使得

$$|\boldsymbol{y} - \boldsymbol{z}_0| < d(\boldsymbol{y}, Z) + \epsilon. \tag{33}$$

对满足条件 (32) 的任意 l，由式 (33) 可得

$$l(\boldsymbol{y}) = l(\boldsymbol{y}) - l(\boldsymbol{z}_0) = l(\boldsymbol{y} - \boldsymbol{z}_0) \leqslant |l|'|\boldsymbol{y} - \boldsymbol{z}_0| < d(\boldsymbol{y}, Z) + \epsilon.$$

由 $\epsilon > 0$ 的任意性可知，满足条件 (32) 的所有 l 都有

$$l(\boldsymbol{y}) \leqslant d(\boldsymbol{y}, Z). \tag{34}$$

为证明 $l(\boldsymbol{y}) \geqslant d(\boldsymbol{y}, Z)$，只需找到满足条件 (32) 的线性函数 m，使得 $m(\boldsymbol{y}) = d(\boldsymbol{y}, Z)$. 对 $\boldsymbol{y} \in Z$，这很容易做到. 假设 $\boldsymbol{y} \notin Z$，定义线性子空间 U 由所有如下形式的 $\boldsymbol{u}$ 构成：

$$\boldsymbol{u} = \boldsymbol{z} + k\boldsymbol{y}, \quad \boldsymbol{z} \in Z, \quad k \text{ 是任意实数}. \tag{35}$$

定义 U 上的线性函数 $m(\boldsymbol{u})$：

$$m(\boldsymbol{u}) = kd(\boldsymbol{u}, Z). \tag{36}$$

显然，对 $\boldsymbol{u} \in Z$，m 取值为 0. 而由式 (35)、式 (36) 以及 d 的定义 (30) 可得

$$m(\boldsymbol{u}) \leqslant |\boldsymbol{u}|, \quad \text{对任意 } \boldsymbol{u} \in U. \tag{37}$$

根据哈恩–巴拿赫定理，可以将 m 扩充到整个 X 并且使得式 (37) 对所有的 $\boldsymbol{x}$ 成立，因此有

$$|m|' \leqslant 1. \tag{37$'$}$$

显然，m 满足条件 (32). 此外，结合式 (35) 和式 (36) 有

$$m(\boldsymbol{y}) = d(\boldsymbol{y}, Z).$$

又因为我们从式 (34) 中已经看到，对满足条件 (32) 的所有 l，都有 $l(\boldsymbol{y}) \leqslant d(\boldsymbol{y}, Z)$，所以这就完成了定理 9 的证明. □

第 1 章介绍了线性空间 X 模其子空间 Z 的商的概念. 回忆这个定义：$\boldsymbol{x}_1, \boldsymbol{x}_2 \in X$，如果 $\boldsymbol{x}_1 - \boldsymbol{x}_2 \in Z$，则称 $\boldsymbol{x}_1$,$\boldsymbol{x}_2$ 模 Z 同余，记作

$$\boldsymbol{x}_1 \equiv \boldsymbol{x}_2 \bmod Z.$$

容易看出这是一个等价关系，因此可以将 X 中的向量划分成一些同余类. 所有同余类的集合记作 X/Z，并构成一个线性空间. 以上内容在第 1 章中都有叙述. 注意，子空间 Z 本身也是一个同余类，在商空间中充当零元.

假设 X 是赋范线性空间，我们可以很自然地让 X/Z 构成赋范线性空间，只要将同余类 $\{\} \in X/Z$ 的范数定义为

$$|\{\}| = \inf_{\boldsymbol{x}\in\{\}} |\boldsymbol{x}|. \tag{38}$$

定理 10　式 (38) 定义了一个范数，即它满足 (1) 所述的 3 个性质.

证明　任意同余类 $\{\}$ 中的元素 $\boldsymbol{x}$ 都可以表示为 $\boldsymbol{x} = \boldsymbol{x}_0 - \boldsymbol{z}$，其中，$\boldsymbol{x}_0$ 是 $\{\}$ 中的某个向量，$\boldsymbol{z}$ 是 Z 中任意一个向量. 我们断言该范数满足性质 (i) 非负性：对 $\{\} \neq Z$，为 X/Z 的零元

$$|\{\}| > 0. \tag{38$'$}$$

否则，若 $|\{\}| = 0$，则由定义 (38) 可知，$\{\}$ 包含序列 $\{\boldsymbol{x}_j\}$，使得

$$\lim |\boldsymbol{x}_j| = 0. \tag{39}$$

因为所有 $\boldsymbol{x}_j$ 都属于同一个类，所以都可以写成

$$\boldsymbol{x}_j = \boldsymbol{x}_0 - \boldsymbol{z}_j, \quad \boldsymbol{z}_j \in Z.$$

代入式 (39) 得到

$$\lim |\boldsymbol{x}_0 - \boldsymbol{z}_j| = 0.$$

由练习 6 可知，每个线性子空间 Z 都是闭的，于是 $\boldsymbol{x}_0 \in Z$. 而这就使得 $\{\}$ 中每个点 $\boldsymbol{x}_0 - \boldsymbol{z}$ 都属于 Z，于是 $\{\} = Z$，这与 $\{\} \neq Z$ 矛盾，这就证得 $|\{\}| > 0$.

齐次性是很显然的，现在来证明次可加性. 根据定义 (38)，给定任意 $\epsilon > 0$，可以选取 $\boldsymbol{x}_0 \in \{\boldsymbol{x}\}$, $\boldsymbol{y}_0 \in \{\boldsymbol{y}\}$ 使得

$$|\boldsymbol{x}_0| < |\{\boldsymbol{x}\}| + \epsilon, \qquad |\boldsymbol{y}_0| < |\{\boldsymbol{y}\}| + \epsilon. \tag{40}$$

根据类的加法的定义，$\boldsymbol{x}_0+\boldsymbol{y}_0\in\{\boldsymbol{x}\}+\{\boldsymbol{y}\}$. 因此，根据定义 (38)、范数的次可加性以及 (39) 和 (40)，有

$$|\{\boldsymbol{x}\}+\{\boldsymbol{y}\}|\leqslant|\boldsymbol{x}_0+\boldsymbol{y}_0|\leqslant|\boldsymbol{x}_0|+|\boldsymbol{y}_0|<|\{\boldsymbol{x}\}|+|\{\boldsymbol{y}\}|+2\epsilon.$$

因为 ϵ 是任意正数，所以

$$|\{\boldsymbol{x}\}+\{\boldsymbol{y}\}|\leqslant|\{\boldsymbol{x}\}|+|\{\boldsymbol{y}\}|.$$

这就完成了定理 10 的证明. □

最后我们考察复数域上的线性空间. 复数域上线性空间的范数也可以用 (1) 的 3 个性质定义. 实数域上赋范线性空间的定理都可以推广到复数情形. 要证明定理 7 和定理 9 对复数域上的线性空间同样成立，需要用到复哈恩–巴拿赫定理，它由博赫南布拉斯特（Bohnenblust）和索布奇克（Sobczyk）与苏霍姆利诺夫（Sukhomlinov）分别给出证明，表述如下.

定理 11 *X 是 $\mathbb{C}$ 上的线性空间，p 是定义在 X 上的实值函数且具有如下性质.*

(i) p 是绝对齐次的，即对任意复数 a 及 $\boldsymbol{x}\in X$，都有

$$p(a\boldsymbol{x})=|a|p(\boldsymbol{x}).$$

(ii) p 是次可加的：

$$p(\boldsymbol{x}+\boldsymbol{y})\leqslant p(\boldsymbol{x})+p(\boldsymbol{y}).$$

设 U 是 X 的子空间，l 是定义在 U 上的一个线性函数，且满足对任意 $\boldsymbol{u}\in U$，都有

$$|l(\boldsymbol{u})|\leqslant p(\boldsymbol{u}). \tag{41}$$

则 l 能够扩充为全空间上的线性函数，并且使得对任意 $\boldsymbol{x}\in X$，都有

$$|l(\boldsymbol{x})|\leqslant p(\boldsymbol{x}). \tag{41$'$}$$

证明 复线性空间 X 可以看成是 $\mathbb{R}$ 上的线性空间. 复线性空间 X 上的任意线性函数可以分解为实部和虚部：

$$l(\boldsymbol{u})=l_1(\boldsymbol{u})+\mathrm{i}\,l_2(\boldsymbol{u}),$$

其中，l_1,l_2 都是实线性空间 U 上的实值线性函数. l_1 与 l_2 的关系是

$$l_1(\mathrm{i}\,\boldsymbol{u})=-l_2(\boldsymbol{u}).$$

反之，如果 l_1 是实线性空间 X 上的实值线性函数，则

$$l(\boldsymbol{x})=l_1(\boldsymbol{x})-\mathrm{i}\,l_1(\mathrm{i}\,\boldsymbol{x}) \tag{42}$$

是复线性空间 X 上的线性函数.

现在考虑如何扩充 l. 由式 (41) 可知，l 的实部 l_1 在 U 中满足不等式

$$l_1(\boldsymbol{u}) \leqslant p(\boldsymbol{u}). \tag{43}$$

因此，根据实哈恩–巴拿赫定理，l_1 可以扩充为整个实线性空间 X 上的线性函数，并且满足式 (43). 用式 (42) 定义 l，显然它是整个复线性空间 X 上的线性函数，并且就是定义在 U 上的那个 l 的一个扩充. 我们断言它对 X 中所有 $\boldsymbol{x}$ 满足式 (41)$'$. 为证明这一点，将 $l(\boldsymbol{x})$ 分解为

$$l(\boldsymbol{x}) = ar, \quad |a| = 1, \quad r \in \mathbb{R}.$$

如果 $l(\boldsymbol{y})$ 是实数，则它就等于 $l_1(\boldsymbol{y})$，于是有

$$|l(\boldsymbol{x})| = r = a^{-1}l(\boldsymbol{x}) = l(a^{-1}\boldsymbol{x}) = l_1(a^{-1}\boldsymbol{x}) \leqslant p(a^{-1}\boldsymbol{x}) = p(\boldsymbol{x}).$$ □

我们以欧几里得范数的一个极其特殊的特征结束本章. 由第 7 章式 (56) 可知，欧几里得空间中每一对向量 $\boldsymbol{u}, \boldsymbol{v}$ 都满足下列恒等式：

$$\|\boldsymbol{u}+\boldsymbol{v}\|^2 + \|\boldsymbol{u}-\boldsymbol{v}\|^2 = 2\|\boldsymbol{u}\|^2 + 2\|\boldsymbol{v}\|^2.$$

定理 12 上述恒等式是欧几里得空间的特征. 也就是说，如果在实赋范线性空间 X 中，对任何一对向量 $\boldsymbol{u}, \boldsymbol{v}$ 都有

$$|\boldsymbol{u}+\boldsymbol{v}|^2 + |\boldsymbol{u}-\boldsymbol{v}|^2 = 2|\boldsymbol{u}|^2 + 2|\boldsymbol{v}|^2, \tag{44}$$

则范数 $|\ |$ 就是欧几里得范数.

证明 我们在 X 中定义标量积为

$$4(\boldsymbol{x}, \boldsymbol{y}) = |\boldsymbol{x}+\boldsymbol{y}|^2 - |\boldsymbol{x}-\boldsymbol{y}|^2. \tag{45}$$

从定义 (45) 立即得到标量积的下列性质：

$$(\boldsymbol{x}, \boldsymbol{x}) = |\boldsymbol{x}|^2, \tag{46}$$

对称性

$$(\boldsymbol{y}, \boldsymbol{x}) = (\boldsymbol{x}, \boldsymbol{y}), \tag{47}$$

以及

$$(\boldsymbol{x}, -\boldsymbol{y}) = -(\boldsymbol{x}, \boldsymbol{y}). \tag{48}$$

下面证明式 (45) 所定义的 $(\boldsymbol{x}, \boldsymbol{y})$ 是可加的，即

$$(\boldsymbol{x}+\boldsymbol{z}, \boldsymbol{y}) = (\boldsymbol{x}, \boldsymbol{y}) + (\boldsymbol{z}, \boldsymbol{y}). \tag{49}$$

事实上，由定义式 (45) 可得

$$4(\boldsymbol{x}+\boldsymbol{z}, \boldsymbol{y}) = |\boldsymbol{x}+\boldsymbol{z}+\boldsymbol{y}|^2 - |\boldsymbol{x}+\boldsymbol{z}-\boldsymbol{y}|^2. \tag{50}$$

连续应用恒等式 (44) 4 次：

(i) 令 $\boldsymbol{u} = \boldsymbol{x}+\boldsymbol{y}, \boldsymbol{v} = \boldsymbol{z}$，则

$$|\boldsymbol{x}+\boldsymbol{y}+\boldsymbol{z}|^2 + |\boldsymbol{x}+\boldsymbol{y}-\boldsymbol{z}|^2 = 2|\boldsymbol{x}+\boldsymbol{y}|^2 + 2|\boldsymbol{z}|^2; \tag*{(51)$_\text{i}$}$$

(ii) 令 $\boldsymbol{u}=\boldsymbol{y}+\boldsymbol{z},\boldsymbol{v}=\boldsymbol{x}$，则

$$|\boldsymbol{x}+\boldsymbol{y}+\boldsymbol{z}|^2+|\boldsymbol{y}+\boldsymbol{z}-\boldsymbol{x}|^2=2|\boldsymbol{y}+\boldsymbol{z}|^2+2|\boldsymbol{x}|^2; \qquad (51)_{\text{ii}}$$

(iii) 令 $\boldsymbol{u}=\boldsymbol{x}-\boldsymbol{y},\boldsymbol{v}=\boldsymbol{z}$，则

$$|\boldsymbol{x}-\boldsymbol{y}+\boldsymbol{z}|^2+|\boldsymbol{x}-\boldsymbol{y}-\boldsymbol{z}|^2=2|\boldsymbol{x}-\boldsymbol{y}|^2+2|\boldsymbol{z}|^2; \qquad (51)_{\text{iii}}$$

(iv) 令 $\boldsymbol{u}=\boldsymbol{z}-\boldsymbol{y},\boldsymbol{v}=\boldsymbol{x}$，则

$$|\boldsymbol{z}-\boldsymbol{y}+\boldsymbol{x}|^2+|\boldsymbol{z}-\boldsymbol{y}-\boldsymbol{x}|^2=2|\boldsymbol{z}-\boldsymbol{y}|^2+2|\boldsymbol{x}|^2. \qquad (51)_{\text{iv}}$$

将式 $(51)_{\text{i}}$ 和式 $(51)_{\text{ii}}$ 相加，再减去式 $(51)_{\text{iii}}$ 和式 $(51)_{\text{iv}}$，最后除以 2 后得到

$$|\boldsymbol{x}+\boldsymbol{y}+\boldsymbol{z}|^2-|\boldsymbol{x}-\boldsymbol{y}+\boldsymbol{z}|^2=|\boldsymbol{x}+\boldsymbol{y}|^2-|\boldsymbol{x}-\boldsymbol{y}|^2+|\boldsymbol{y}+\boldsymbol{z}|^2-|\boldsymbol{y}-\boldsymbol{z}|^2. \qquad (52)$$

式 (52) 的左边等于 $4(\boldsymbol{x}+\boldsymbol{z},\boldsymbol{y})$，右边等于 $4(\boldsymbol{x},\boldsymbol{y})+4(\boldsymbol{z},\boldsymbol{y})$，这就证得式 (49).

□

练习 9 (i) 证明：对所有有理数 r，都有

$$(r\boldsymbol{x},\boldsymbol{y})=r(\boldsymbol{x},\boldsymbol{y}).$$

(ii) 证明：对所有实数 k，都有

$$(k\boldsymbol{x},\boldsymbol{y})=k(\boldsymbol{x},\boldsymbol{y}).$$

第 15 章 赋范线性空间之间的线性映射

设 X 和 Y 是实数域上的一对有限维赋范线性空间，两个空间的范数都用 $|\ |$ 表示，尽管两者并不相关. 下面引理 1 说明，赋范线性空间到赋范线性空间的线性映射都是有界的.

引理 1 对任意线性映射 $\boldsymbol{T}: X \to Y$，必存在常数 c，使得对 X 中所有 $\boldsymbol{x}$ 都有

$$|\boldsymbol{T}\boldsymbol{x}| \leqslant c\,|\boldsymbol{x}|. \tag{1}$$

证明 将 $\boldsymbol{x}$ 用一组基 $\{\boldsymbol{x}_j\}$ 表示：

$$\boldsymbol{x} = \sum a_j \boldsymbol{x}_j. \tag{2}$$

则

$$\boldsymbol{T}\boldsymbol{x} = \sum a_j \boldsymbol{T}\boldsymbol{x}_j.$$

根据 Y 中范数的性质，有

$$|\boldsymbol{T}\boldsymbol{x}| \leqslant \sum |a_j||\boldsymbol{T}\boldsymbol{x}_j|.$$

由此推出

$$|\boldsymbol{T}\boldsymbol{x}| \leqslant k\,|\boldsymbol{x}|_\infty, \tag{3}$$

其中

$$|\boldsymbol{x}|_\infty = \max_j |a_j|, \quad k = \sum |\boldsymbol{T}\boldsymbol{x}_j|.$$

在第 14 章我们已知 $|\ |_\infty$ 是范数. 第 14 章定理 2 证明了所有范数都等价，所以 $|\boldsymbol{x}|_\infty \leqslant$ 常数 $\times\,|\boldsymbol{x}|$，于是由式 (3) 可得式 (1). □

练习 1 证明：每个线性映射 $\boldsymbol{T}: X \to Y$ 都连续，即如果 $\lim \boldsymbol{x}_n = \boldsymbol{x}$，则 $\lim \boldsymbol{T}\boldsymbol{x}_n = \boldsymbol{T}\boldsymbol{x}$.

我们在第 7 章中已经定义了一个欧几里得空间到另一个欧几里得空间的映射的范数. 类似地，我们有如下定义.

定义 线性映射 $\boldsymbol{T}: X \to Y$ 的范数，记作 $|\boldsymbol{T}|$，定义为

$$|\boldsymbol{T}| = \sup_{\boldsymbol{x}\neq\boldsymbol{0}} \frac{|\boldsymbol{T}\boldsymbol{x}|}{|\boldsymbol{x}|}. \tag{4}$$

注记 由式 (1) 可知 $|\boldsymbol{T}|$ 有限.

注记 容易看出 $|\boldsymbol{T}|$ 是使不等式 (1) 成立的最小的 c.

根据范数的齐次性，定义 (4) 可以写为

$$|\boldsymbol{T}| = \sup_{|\boldsymbol{x}|=1} |\boldsymbol{T}\boldsymbol{x}|. \tag{4$'$}$$

定理 2 式 (4) 或式 (4)$'$ 所定义的 $|\boldsymbol{T}|$ 是 X 到 Y 的所有线性映射构成的线性空间的范数.

证明 假设 $\boldsymbol{T}$ 非零，即存在某个向量 $\boldsymbol{x}_0 \neq \boldsymbol{0}$，使得 $\boldsymbol{T}\boldsymbol{x}_0 \neq \boldsymbol{0}$. 则由式 (4) 可知

$$|\boldsymbol{T}| \geqslant \frac{|\boldsymbol{T}\boldsymbol{x}_0|}{|\boldsymbol{x}_0|},$$

因为 X 和 Y 中的范数都满足非负性，所以 $|\boldsymbol{T}|$ 也满足非负性.

为证明次可加性，我们运用式 (4)$'$，如果 $\boldsymbol{S}$ 和 $\boldsymbol{T}$ 是 $X \to Y$ 的两个映射，则

$$\begin{aligned}|\boldsymbol{T}+\boldsymbol{S}| &= \sup_{|\boldsymbol{x}|=1} |(\boldsymbol{T}+\boldsymbol{S})\boldsymbol{x}| \\ &\leqslant \sup_{|\boldsymbol{x}|=1} (|\boldsymbol{T}\boldsymbol{x}| + |\boldsymbol{S}\boldsymbol{x}|) \\ &\leqslant \sup_{|\boldsymbol{x}|=1} |\boldsymbol{T}\boldsymbol{x}| + \sup_{|\boldsymbol{x}|=1} |\boldsymbol{S}\boldsymbol{x}| \\ &= |\boldsymbol{T}| + |\boldsymbol{S}|.\end{aligned}$$

以上论述的关键是两个函数之和的上确界小于或等于两个函数的上确界之和.

齐次性是显然的，这就结束了定理 2 的证明. □

任给一个线性空间到另一个线性空间的线性映射 $\boldsymbol{T}$，我们在第 3 章已经指出，存在另一个映射，称为 $\boldsymbol{T}$ 的转置映射，记作 $\boldsymbol{T}'$，将 Y 的对偶空间 Y' 映射到 X 的对偶空间 X'. 这两个映射间的关系由第 3 章式 (9) 给出:

$$(\boldsymbol{T}'\boldsymbol{l}, \boldsymbol{x}) = (\boldsymbol{l}, \boldsymbol{T}\boldsymbol{x}), \tag{5}$$

其中，$\boldsymbol{x} \in X$，$\boldsymbol{l} \in Y'$. 右边的标量积 $(\boldsymbol{l}, \boldsymbol{y})$ 表示 Y 中元素 $\boldsymbol{y}$ 和 Y' 中元素 $\boldsymbol{l}$ 的双线性配对. 左边的标量积 $(\boldsymbol{m}, \boldsymbol{x})$ 是 X 中元素 $\boldsymbol{x}$ 和 X' 中元素 $\boldsymbol{m}$ 的双线性配对. 在第 3 章我们已知关系 (5) 是 $\boldsymbol{T}$ 和 $\boldsymbol{T}'$ 之间的对称关系，并且有

$$\boldsymbol{T}'' = \boldsymbol{T}. \tag{6}$$

就好比 X'' 就是 X，Y'' 就是 Y.

在第 14 章我们很自然地为赋范线性空间 X 的对偶空间 X' 引入了对偶范数，见第 14 章定理 7，对 X' 中的 $\boldsymbol{m}$，有

$$|\boldsymbol{m}|' = \sup_{|\boldsymbol{x}|=1} (\boldsymbol{m}, \boldsymbol{x}). \tag{7}$$

Y' 中 $\boldsymbol{l}$ 的对偶范数可类似定义为 $\sup\limits_{|\boldsymbol{y}|=1} (\boldsymbol{l}, \boldsymbol{y})$，由这一定义可得

$$(\boldsymbol{l}, \boldsymbol{y}) \leqslant |\boldsymbol{l}|'|\boldsymbol{y}| \text{ [见第 14 章式 (24)] }. \tag{8}$$

定理 3 设 $\boldsymbol{T}$ 是赋范线性空间 X 到另一个赋范线性空间 Y 的线性映射，$\boldsymbol{T}'$ 是 $\boldsymbol{T}$ 的转置，将 Y' 映射到 X' 内，则

$$|\boldsymbol{T}'| = |\boldsymbol{T}|, \tag{9}$$

其中，X' 和 Y' 上的范数均为对偶范数.

证明 对 $\boldsymbol{m} = \boldsymbol{T}'\boldsymbol{l}$ 运用定义 (7)，得

$$|\boldsymbol{T}'\boldsymbol{l}|' = \sup_{|\boldsymbol{x}|=1} (\boldsymbol{T}'\boldsymbol{l}, \boldsymbol{x}).$$

根据转置的定义 (5)，上式可改写为

$$|\boldsymbol{T}'\boldsymbol{l}|' = \sup_{|\boldsymbol{x}|=1} (\boldsymbol{l}, \boldsymbol{T}\boldsymbol{x}).$$

再对右边运用不等式 (8)（其中令 $\boldsymbol{y} = \boldsymbol{T}\boldsymbol{x}$）得

$$|\boldsymbol{T}'\boldsymbol{l}|' \leqslant \sup_{|\boldsymbol{x}|=1} |\boldsymbol{l}|' \, |\boldsymbol{T}\boldsymbol{x}|.$$

再用式 $(4)'$ 估计 $|\boldsymbol{T}\boldsymbol{x}|$ 得

$$|\boldsymbol{T}'\boldsymbol{l}| \leqslant |\boldsymbol{l}|' \, |\boldsymbol{T}|.$$

按式 (4) 写出 $|\boldsymbol{T}'|$ 的定义，结合上式有

$$|\boldsymbol{T}'| \leqslant |\boldsymbol{T}|. \tag{10}$$

以 $\boldsymbol{T}'$ 代换式 (10) 中的 $\boldsymbol{T}$，得到

$$|\boldsymbol{T}''| \leqslant |\boldsymbol{T}'|. \tag{10$'$}$$

由式 (6) 可知 $\boldsymbol{T}'' = \boldsymbol{T}$，又由第 14 章定理 8 可知，$X''$ 和 Y'' 上的范数，分别与 X 和 Y 上的范数相同，因此 $|\boldsymbol{T}''| = |\boldsymbol{T}|$，最后由式 (10) 和式 $(10)'$ 推出式 (9). 这就完成了定理 3 的证明. □

设 $\boldsymbol{T}$ 是线性空间 X 到 Y 的一个线性映射，$\boldsymbol{S}$ 是 Y 到另一个线性空间 Z 的线性映射. 则如第 3 章所言，可以定义 $\boldsymbol{S}$ 和 $\boldsymbol{T}$ 的复合映射为乘积 $\boldsymbol{S}\boldsymbol{T}$.

定理 4 设上述 X, Y, Z 均为赋范线性空间，则

$$|\boldsymbol{S}\boldsymbol{T}| \leqslant |\boldsymbol{S}||\boldsymbol{T}|. \tag{11}$$

证明 由定义 (4) 可知

$$|\boldsymbol{S}\boldsymbol{y}| \leqslant |\boldsymbol{S}||\boldsymbol{y}|, \quad |\boldsymbol{T}\boldsymbol{x}| \leqslant |\boldsymbol{T}||\boldsymbol{x}|. \tag{12}$$

于是

$$|\boldsymbol{S}\boldsymbol{T}\boldsymbol{x}| \leqslant |\boldsymbol{S}||\boldsymbol{T}\boldsymbol{x}| \leqslant |\boldsymbol{S}||\boldsymbol{T}||\boldsymbol{x}|. \tag{13}$$

最后，对 $\boldsymbol{S}\boldsymbol{T}$ 应用定义 (4) 即证得不等式 (11). □

回忆线性空间 X 到另一线性空间 Y 的映射 $\boldsymbol{T}$，如果既是一一对应又是到上的，则称 $\boldsymbol{T}$ 是可逆的，并将其逆映射记作 $\boldsymbol{T}^{-1}$.

第 7 章定理 15 已经证明，一个欧几里得空间到自身的映射 $\boldsymbol{B}$，如果与另一个可逆映射 $\boldsymbol{A}$ 相差不大，则 $\boldsymbol{B}$ 也是可逆的. 现在我们给出这个结果在赋范线性空间上的一个直接的推广.

定理 5 设 X 和 Y 是维数相同的有限维赋范线性空间，$\boldsymbol{T}$ 是 X 到 Y 的一个可逆线性映射. 设 $\boldsymbol{S}$ 是 X 到 Y 的另一个线性映射，且 $\boldsymbol{S}$ 与 $\boldsymbol{T}$ 从以下意义来看差别不大：

$$|\boldsymbol{S}-\boldsymbol{T}|<k, \quad k=\frac{1}{|\boldsymbol{T}^{-1}|}. \tag{14}$$

则 $\boldsymbol{S}$ 也是可逆的.

证明 我们要证明 $\boldsymbol{S}$ 是一一映射，同时是到上的. 先证明 $\boldsymbol{S}$ 是一一映射. 用反证法，假设 $\boldsymbol{x}_0 \neq \boldsymbol{0}$，

$$\boldsymbol{S}\boldsymbol{x}_0=\boldsymbol{0}. \tag{15}$$

则

$$\boldsymbol{T}\boldsymbol{x}_0=(\boldsymbol{T}-\boldsymbol{S})\boldsymbol{x}_0.$$

因为 $\boldsymbol{T}$ 可逆，所以 $\boldsymbol{x}_0=\boldsymbol{T}^{-1}(\boldsymbol{T}-\boldsymbol{S})\boldsymbol{x}_0$. 根据定理 4、式 (14) 以及 $|\boldsymbol{x}_0|>0$，有

$$|\boldsymbol{x}_0| \leqslant |\boldsymbol{T}^{-1}||\boldsymbol{T}-\boldsymbol{S}||x_0|<|\boldsymbol{T}^{-1}|k|\boldsymbol{x}_0|=|\boldsymbol{x}_0|,$$

显然矛盾，这就证明式 (15) 不能成立，因此 $\boldsymbol{S}$ 是一一映射.

由第 3 章定理 1 的推论 B 可知，一个线性空间到维数相同的另一个线性空间的映射，如果是一一对应的，则一定是到上的. 而我们已经证明了 $\boldsymbol{S}$ 是一一对应的，故定理 5 得证. □

如果赋范线性空间不是有限维的，却是完备的，则定理 5 仍然成立. 然而，第 3 章定理 1 的推论 B 对无限维空间不成立，因此我们需要换用另一种方法直接证明 $\boldsymbol{S}$ 的可逆性. 首先回忆赋范线性空间中收敛的概念，并将其引入到线性映射空间中.

定义 设 X 和 Y 都是有限维赋范线性空间，$\{\boldsymbol{T}_n\}$ 是从 X 到 Y 的一个线性映射序列. 如果

$$\lim_{n\to\infty}|\boldsymbol{T}_n-\boldsymbol{T}|=0, \tag{16}$$

则称 $\{\boldsymbol{T}_n\}$ 收敛于线性映射 $\boldsymbol{T}$，记作 $\lim\limits_{n\to\infty}\boldsymbol{T}_n=\boldsymbol{T}$.

定理 6 设 X 是有限维赋范线性空间，$\boldsymbol{R}$ 是 X 到自身的线性映射，其范数小于 1：

$$|\boldsymbol{R}|<1. \tag{17}$$

则

$$S = I - R \tag{18}$$

可逆，并且

$$S^{-1} = \sum_{k=0}^{\infty} R^k. \tag{18)$'$}$$

证明　令 $T_n = \sum_{k=0}^{n} R^k$，$y_n = T_n x$，我们断言 $\{y_n\}$ 是柯西序列，即当 n 和 l 趋于 ∞ 时，$|y_n - y_l|$ 趋于 0. 要证明这一点，记

$$y_n - y_l = T_n x - T_l x = \sum_{k=l+1}^{n} R^k x.$$

由三角不等式可得

$$|y_n - y_l| \leqslant \sum_{k=l+1}^{n} |R^k x|. \tag{19}$$

反复运用范数的乘法性质得到

$$|R^k| \leqslant |R|^k.$$

于是

$$|R^k x| \leqslant |R^k||x| \leqslant |R|^k |x|.$$

代入式 (19) 得到

$$|y_n - y_l| \leqslant \left(\sum_{k=l+1}^{n} |R|^k \right) |x|. \tag{20}$$

因为 $|R| < 1$，所以当 n 和 l 趋于 ∞ 时，式 (20) 的右边趋于 0. 这就证得 $\{y_n : y_n = T_n x = \sum_{k=0}^{n} R^k x\}$ 是柯西序列.

由第 14 章定理 3 可知，有限维赋范线性空间中的柯西序列都有极限. 我们定义 T 使得

$$Tx = \lim_{n\to\infty} T_n x. \tag{21}$$

我们断言 T 是 $I - R$ 的逆. 由练习 1 可知，映射 $I - R$ 连续，所以由式 (21) 可得

$$(I - R)Tx = \lim_{n\to\infty} (I - R)T_n x.$$

因为

$$T_n = \sum_{k=0}^{n} R^k,$$

所以

$$(I - R)T_n x = (I - R)\sum_{k=0}^{n} R^k x = x - R^{n+1} x.$$

当 $n \to \infty$ 时，上式左边趋于 $(I - R)Tx$，而右边趋于 x，这就证明了 T 是 $I - R$ 的逆. □

练习 2 证明：如果对 X 中每个 $\boldsymbol{x}$，当 n 趋于 ∞ 时 $|\boldsymbol{T}_n\boldsymbol{x}-\boldsymbol{T}\boldsymbol{x}|$ 都趋于 0，则 $|\boldsymbol{T}_n-\boldsymbol{T}|$ 趋于 0.

练习 3 证明：$\boldsymbol{T}_n=\sum_{k=0}^{n}\boldsymbol{R}^k$ 在定义 (16) 的意义下收敛于 $\boldsymbol{S}^{-1}$.

定理 6 实际上是定理 5 取 $Y=X$，$\boldsymbol{T}=\boldsymbol{I}$ 时的一种特殊情况.

练习 4 通过将 $\boldsymbol{S}=\boldsymbol{T}+\boldsymbol{S}-\boldsymbol{T}$ 分解为 $\boldsymbol{T}[\boldsymbol{I}+\boldsymbol{T}^{-1}(\boldsymbol{S}-\boldsymbol{T})]$，从定理 6 推导出定理 5.

练习 5 证明：如果将条件 (17) 替换为下面的条件，定理 6 仍然成立：存在某正整数 m，使得

$$|\boldsymbol{R}|^m<1. \tag{22}$$

练习 6 取 $X=Y=\mathbb{R}^n$，$\boldsymbol{T}:X\to X$，其对应的矩阵记为 (t_{ij}). 范数 $|\boldsymbol{x}|$ 取为第 14 章式 (3) 所定义的最大元范数 $|\boldsymbol{x}|_\infty$. 证明：矩阵 (t_{ij})（看成 X 到 X 自身的映射）的范数 $|\boldsymbol{T}|$ 是

$$|\boldsymbol{T}|=\max_i\sum_j|t_{ij}|. \tag{23}$$

练习 7 取 $X=\mathbb{R}^n$，其上的范数取为最大元范数 $|\boldsymbol{x}|_\infty$，$Y=\mathbb{R}^n$，其上的范数取为 1 – 范数 $|\boldsymbol{x}|_1$，分别由第 14 章式 (3) 和式 (5) 所定义. 证明：矩阵 (t_{ij})（看成 X 到 Y 的映射）的范数有界，其界为

$$|\boldsymbol{T}|\leqslant\sum_{i,j}|t_{ij}|.$$

练习 8 设 X 是 $\mathbb{C}$ 上任意一个有限维赋范线性空间，$\boldsymbol{T}$ 是 X 到 X 的线性映射，记 $\boldsymbol{T}$ 的特征值为 t_j，记 $\boldsymbol{T}$ 的谱半径为 $r(\boldsymbol{T})$：

$$r(\boldsymbol{T})=\max|t_j|.$$

(i) 证明：$|\boldsymbol{T}|\geqslant r(\boldsymbol{T})$.

(ii) 证明：$|\boldsymbol{T}^n|\geqslant r(\boldsymbol{T})^n$.

(iii) 利用第 7 章定理 18 证明：

$$\lim_{n\to\infty}|\boldsymbol{T}^n|^{1/n}=r(\boldsymbol{T}).$$

第 16 章　正矩阵

定义　如果 $l \times l$ 实矩阵 $\boldsymbol{P}$ 中的每个元素 p_{ij} 都是正实数，则称该矩阵**处处为正**（**entrywise positive**），简称**正矩阵**.

注意　正矩阵的概念只在本章中使用，不要与第 10 章中正定的自伴随矩阵相混淆.

定理 1［佩龙（Perron）定理］　每个正矩阵 $\boldsymbol{P}$ 都有一个主本征值，记为 $\lambda(\boldsymbol{P})$，它满足下列性质.

(i) $\lambda(\boldsymbol{P})$ 是正的，其对应的本征向量 $\boldsymbol{h}$ 中的元素也都是正的：

$$\boldsymbol{P}\boldsymbol{h} = \lambda(\boldsymbol{P})\boldsymbol{h}, \quad \boldsymbol{h} > 0. \tag{1}$$

(ii) $\lambda(\boldsymbol{P})$ 是单本征值.

(iii) $\boldsymbol{P}$ 的其余本征值 κ 的绝对值都小于 $\lambda(\boldsymbol{P})$：

$$|\kappa| < \lambda(\boldsymbol{P}). \tag{2}$$

(iv) $\boldsymbol{P}$ 的对应于其余本征值的本征向量 f 中的元素必有负数.

证明　回忆第 13 章所定义的 $\mathbb{R}^n$ 中向量不等式的意义，不等号成立仅当其对所有分量都成立. 记所有满足下列条件的非负实数 λ 的集合为 $p(\boldsymbol{P})$：存在非负向量 $\boldsymbol{x} \neq \boldsymbol{0}$ 使得

$$\boldsymbol{P}\boldsymbol{x} \geqslant \lambda\boldsymbol{x}, \quad \boldsymbol{x} \geqslant 0. \tag{3}$$

引理 2　如果 $\boldsymbol{P}$ 是正矩阵，则

(i) $p(\boldsymbol{P})$ 非空，且含有一个正数；

(ii) $p(\boldsymbol{P})$ 有界；

(iii) $p(\boldsymbol{P})$ 是闭集.

证明　任取正向量 $\boldsymbol{x}$，因为 $\boldsymbol{P}$ 是正矩阵，所以 $\boldsymbol{P}\boldsymbol{x}$ 为正向量. 显然，只要取足够小的正数 λ，就可以使式 (3) 成立. 这就证明了引理的 (i).

由于式 (3) 两边对 $\boldsymbol{x}$ 都是线性的，因此可将 $\boldsymbol{x}$ 标准化，使得

$$\boldsymbol{\xi}\boldsymbol{x} = \sum x_i = 1, \quad \boldsymbol{\xi} = (1, \cdots, 1). \tag{4}$$

用 $\boldsymbol{\xi}$ 左乘以式 (3) 得

$$\boldsymbol{\xi}\boldsymbol{P}\boldsymbol{x} \geqslant \lambda\boldsymbol{\xi}\boldsymbol{x} = \lambda. \tag{5}$$

记 $\boldsymbol{\xi P}$ 中最大的分量为 b，则 $b\boldsymbol{\xi} \geqslant \boldsymbol{\xi P}$. 代入式 (5) 得 $b \geqslant \lambda$，这就证明了引理的 (ii).

为证明 (iii)，考察 $p(\boldsymbol{P})$ 中的序列 $\{\lambda_n\}$，由定义可知存在相应的 $\boldsymbol{x}_n \neq \mathbf{0}$ 满足条件 (3):

$$\boldsymbol{P}\boldsymbol{x}_n \geqslant \lambda_n \boldsymbol{x}_n, \quad \boldsymbol{x}_n \geqslant 0. \tag{6}$$

同样可以假设 $\boldsymbol{x}_n$ 已由式 (4) 标准化，即 $\boldsymbol{\xi}\boldsymbol{x}_n = 1$. 经由式 (4) 标准化的非负向量 $\boldsymbol{x}_n$ 的集合是 $\mathbb{R}^n$ 的一个有界闭集，因此是紧致的. 从而当 λ_n 趋于 λ 时，$\{\boldsymbol{x}_n\}$ 的子列趋于由式 (4) 标准化的非负向量 $\boldsymbol{x}$. 由式 (6) 可知极限 $\boldsymbol{x}, \lambda$ 满足式 (3)，所以 $p(\boldsymbol{P})$ 是闭集. 这就证明了引理的 (iii). □

已证 $p(\boldsymbol{P})$ 是有界闭的，从而 $p(\boldsymbol{P})$ 有最大值 $\lambda_{\max}$，由 (i) 可知 $\lambda_{\max} > 0$. 下面证明 $\lambda_{\max}$ 是主本征值.

首先证明 $\lambda_{\max}$ 是本征值. 由 $\lambda_{\max}$ 满足式 (3) 可知，存在非负向量 $\boldsymbol{h}$ 使得

$$\boldsymbol{P}\boldsymbol{h} \geqslant \lambda_{\max}\boldsymbol{h}, \quad \boldsymbol{h} \geqslant 0, \boldsymbol{h} \neq \mathbf{0}. \tag{7}$$

我们断言式 (7) 中的等号成立. 否则，设其第 k 个分量不等，即

$$\begin{aligned} \sum p_{ij} h_j &\geqslant \lambda_{\max} h_i, \quad i \neq k \\ \sum p_{kj} h_j &> \lambda_{\max} h_k. \end{aligned} \tag{7$'$}$$

定义向量 $\boldsymbol{x} = \boldsymbol{h} + \epsilon \boldsymbol{e}_k$，其中 $\epsilon > 0$ 且 $\boldsymbol{e}_k$ 的第 k 个分量等于 1，其余分量都是 0. 因为 $\boldsymbol{P}$ 是正矩阵，所以用 $\boldsymbol{x}$ 代换 (7) 中的 $\boldsymbol{h}$，左边的每个分量都变大，即 $\boldsymbol{P}\boldsymbol{x} > \boldsymbol{P}\boldsymbol{h}$；而右边只有第 k 个分量增大. 取 ϵ 为足够小的正数，则由式 (7)$'$ 可得

$$\boldsymbol{P}\boldsymbol{x} > \lambda_{\max}\boldsymbol{x}. \tag{8}$$

因为这是一个严格不等式，所以可以用 $\lambda_{\max} + \delta$ 代换 $\lambda_{\max}$，其中，δ 为充分小的正数，使得式 (8) 仍然成立. 这表明 $\lambda_{\max} + \delta \in p(\boldsymbol{P})$，与 $\lambda_{\max}$ 是最大值矛盾. 这就证明 $\lambda_{\max}$ 是 $\boldsymbol{P}$ 的本征值，并且对应的本征向量 $\boldsymbol{h}$ 非负.

现在我们断言向量 $\boldsymbol{h}$ 是正的. 因为 $\boldsymbol{P}$ 是正矩阵，$\boldsymbol{h} \geqslant 0$ 且 $\boldsymbol{h} \neq \mathbf{0}$，所以 $\boldsymbol{P}\boldsymbol{h} > 0$. 又由 $\boldsymbol{P}\boldsymbol{h} = \lambda_{\max}\boldsymbol{h}$ 可得 $\boldsymbol{h} > 0$. 这就证明了定理 1(i).

下面证明 $\lambda_{\max}$ 是单本征值. 注意 $\boldsymbol{P}$ 的本征值 $\lambda_{\max}$ 对应的所有本征向量一定与 $\boldsymbol{h}$ 成比例. 如果有另一个本征向量 $\boldsymbol{y}$ 不是 $\boldsymbol{h}$ 的倍数，则可以构造 $\boldsymbol{h} + c\boldsymbol{y}$，适当选取 c 使得 $\boldsymbol{h} + c\boldsymbol{y} \geqslant 0$ 且 $\boldsymbol{h} + c\boldsymbol{y}$ 有一个分量为 0. 这与上面已证的 $\boldsymbol{P}$ 的本征向量必为正向量矛盾.

要完成 (ii) 的证明，我们还必须证明，对于本征值 $\lambda_{\max}$，$\boldsymbol{P}$ 没有广义本征向量，即不存在向量 $\boldsymbol{y}$ 使得

$$\boldsymbol{P}\boldsymbol{y} = \lambda_{\max}\boldsymbol{y} + c\boldsymbol{h}. \tag{9}$$

必要时用 $-\boldsymbol{y}$ 代换 $\boldsymbol{y}$，可以使 $c>0$；用 $\boldsymbol{y}+b\boldsymbol{h}$ 代换 $\boldsymbol{y}$，可以使 $\boldsymbol{y}$ 是正的. 由式 (9) 以及 $\boldsymbol{h}>0$ 可得 $\boldsymbol{Ph}>\lambda_{\max}\boldsymbol{y}$. 对充分小且大于 0 的 δ，有 $\boldsymbol{Py}>(\lambda_{\max}+\delta)\boldsymbol{y}$，这与 $\lambda_{\max}$ 是 $p(\boldsymbol{P})$ 中的最大数矛盾.

为证明定理 1(iii)，令 κ 是 $\boldsymbol{P}$ 的另一本征值，$\kappa\neq\lambda_{\max}$，$\boldsymbol{y}$ 是 κ 对应的本征向量：$\boldsymbol{Py}=\kappa\boldsymbol{y}$（两者都可能是复的）. 考察其分量可得

$$\sum_j p_{ij}y_j=\kappa y_i.$$

由复数及其绝对值的三角不等式，可得

$$\sum_j p_{ij}|y_j|\geqslant\left|\sum_j p_{ij}y_j\right|=|\kappa||y_i|. \tag{10}$$

与式 (3) 比较，可知 $|\kappa|\in p(\boldsymbol{P})$. 如果 $|\kappa|=\lambda_{\max}$，则向量

$$\begin{pmatrix}|y_1|\\ \vdots\\ |y_l|\end{pmatrix}$$

也是本征值 $\lambda_{\max}$ 对应的本征向量，因而与 $\boldsymbol{h}$ 成比例，

$$|y_i|=ch_i. \tag{11}$$

此外，式 (10) 中等号也可能成立. 由复数性质可知，该等号仅当 y_i 有相同辐角时才成立，此时

$$y_i=\mathrm{e}^{\mathrm{i}\theta}|y_i|,\quad i=1,\cdots,l.$$

与式 (11) 比较可得

$$y_i=c\,\mathrm{e}^{\mathrm{i}\theta}h_i,\quad 即\ \boldsymbol{y}=(c\,\mathrm{e}^{\mathrm{i}\theta})\boldsymbol{h}.$$

于是 $\kappa=\lambda_{\max}$，(iii) 的证明完成.

下面证明 (iv). 回忆第 6 章定理 16，$\boldsymbol{P}$ 与 $\boldsymbol{P}^{\mathrm{T}}$ 的对应于不同本征值的本征向量之积为 0. 因为 $\boldsymbol{P}^{\mathrm{T}}$ 也是正矩阵，所以其主本征值与 $\boldsymbol{P}$ 的主本征值相同，对应的本征向量 $\boldsymbol{\xi}$ 中的所有元素也都是正的. 而一个正向量 $\boldsymbol{\xi}$ 不会零化一个非负向量 $\boldsymbol{f}$，所以由 $\boldsymbol{\xi f}=0$ 可得 (iv). 这就完成定理 1 的证明. □

以上证明归功于博赫南布拉斯特，见贝尔曼（Bellman）所著《矩阵分析导引》（*Introduction to Matrix Analysis*）.

练习 1　设 $t(\boldsymbol{P})$ 是满足下列条件的非负数 λ 的集合：存在某向量 $\boldsymbol{x}\neq\boldsymbol{0}$，使得 $\boldsymbol{Px}\leqslant\lambda\boldsymbol{x}$（$\boldsymbol{x}\geqslant 0$）. 证明：主本征向量 $\lambda(\boldsymbol{P})$ 满足

$$\lambda(\boldsymbol{P})=\min_{\lambda\in t(\boldsymbol{P})}\lambda. \tag{12}$$

下面给出佩龙定理的几个应用.

定义 如果 $l \times l$ 矩阵 $\boldsymbol{S}$ 中的所有元素都非负，即

$$s_{ij} \geqslant 0, \tag{13}$$

并且每一列的和都等于 1：

$$\sum_i s_{ij} = 1, \quad j = 1, \cdots, l, \tag{14}$$

则称 $\boldsymbol{S}$ 为**随机矩阵**（**stochastic matrix**）.

随机矩阵可以用来解释 l 个种群的演化过程，其中，每个种群的个体都有可能变成另一种群的个体. s_{ij} 称为迁移概率，表示第 j 个种群中演化成第 i 个种群的那部分个体所占的比例. 条件 (13) 是很合理的，条件 (14) 则是指个体的总量保持不变. 当然，也有许多有趣的实际问题并不满足这些条件.

生物体体内细胞核之间的突变就是上述演化的一个例子. 当然，类似的例子还有很多.

我们先研究正随机矩阵，即要求式 (13) 中每个都是严格不等式. 对这样的矩阵应用佩龙定理，可得下面的定理.

定理 3 令 $\boldsymbol{S}$ 是一个正随机矩阵.

(i) 主本征值 $\lambda(\boldsymbol{S}) = 1$.

(ii) 设 $\boldsymbol{x}$ 是任意非负向量，则

$$\lim_{N \to \infty} \boldsymbol{S}^N \boldsymbol{x} = c\boldsymbol{h}, \tag{15}$$

其中，$\boldsymbol{h}$ 是主本征向量，c 是某正常数.

证明 如前所述，如果 $\boldsymbol{S}$ 是正矩阵，则其转置 $\boldsymbol{S}^{\mathrm{T}}$ 也是. 由第 6 章定理 15 可知，$\boldsymbol{S}$ 和 $\boldsymbol{S}^{\mathrm{T}}$ 的本征值相同，因此 $\boldsymbol{S}$ 和 $\boldsymbol{S}^{\mathrm{T}}$ 有相同的主本征值. 而一个随机矩阵的转置矩阵的主本征值很容易计算：由式 (14) 可知，所有元素都是 1 的向量 $\boldsymbol{\xi} = (1, \cdots, 1)$ 是 $\boldsymbol{S}$ 的一个左本征向量，其对应的本征值是 1. 根据定理 1(iv)，这就是主本征向量，且 1 就是主本征值. 这就证明了 (i).

为证明 (ii)，将 $\boldsymbol{x}$ 表示成 $\boldsymbol{S}$ 的本征向量 $\boldsymbol{h}_j$ 的和：

$$\boldsymbol{x} = \sum c_j \boldsymbol{h}_j. \tag{16}$$

假设 $\boldsymbol{S}$ 的所有本征向量都是真的而不是广义的，则有

$$\boldsymbol{S}^N \boldsymbol{x} = \sum c_j \lambda_j^N \boldsymbol{h}_j. \tag{16$_N$}$$

上述和式中的第 1 项可取主本征值，即 $\lambda_1 = \lambda = 1$，则对 $j \neq 1$，有 $|\lambda_j| < 1$. 再由式 $(16)_N$，可得

$$\boldsymbol{S}^N \boldsymbol{x} \to c\boldsymbol{h}, \tag{17}$$

其中，$c = c_1$，$\boldsymbol{h} = \boldsymbol{h}_1$（主本征向量）.

为证明 c 是正的，我们求式 (17) 与 $\boldsymbol{\xi}$ 的标量积. 因为 $\boldsymbol{\xi}=\boldsymbol{S}^{\mathrm{T}}\boldsymbol{\xi}=(\boldsymbol{S}^{\mathrm{T}})^N\boldsymbol{\xi}$，所以

$$(\boldsymbol{S}^N\boldsymbol{x},\boldsymbol{\xi})=(\boldsymbol{x},(\boldsymbol{S}^{\mathrm{T}})^N\boldsymbol{\xi})=(\boldsymbol{x},\boldsymbol{\xi})\to c(\boldsymbol{h},\boldsymbol{\xi}). \tag{17$'$}$$

根据假设有 $\boldsymbol{x}$ 非负且不等于 $\mathbf{0}$，而 $\boldsymbol{\xi}$ 和 $\boldsymbol{h}$ 都是正的，因此由式 (17)$'$ 可知 c 是正的. 这就证明当所有本征向量都是真本征向量时，定理 3(ii) 成立. 一般情况同理可证. □

现在我们讨论定理 3 对一些系统的应用，这些系统的变化由迁移概率确定. 记第 j 个种群的总量为 x_j，$j=1,\cdots,n$. 假设单位时间（一年、一天或者一纳秒）内第 j 个种群中的个体变成（或生出）第 i 个种群的个体的概率是 s_{ij}. 如果种群数量很大，则这种演化无足轻重，第 i 个种群新的数量就是

$$y_i=\sum_j s_{ij}x_j. \tag{18}$$

将初始时刻所有种群的数量与演化后所有种群的数量分别记作列向量 $\boldsymbol{x}$ 和 $\boldsymbol{y}$，则式 (18) 可以用矩阵记号表示为

$$\boldsymbol{y}=\boldsymbol{S}\boldsymbol{x}. \tag{18$'$}$$

经过 N 个单位时间后，种群数量向量将是 $\boldsymbol{S}^N\boldsymbol{x}$. 在这个例子中，定理 3 的重要意义是，当 $N\to\infty$ 时，种群数量的分布趋于稳定，与初始时刻的种群数量无关.

定理 3 也是谷歌搜索策略的理论基础.

定理 1 及由此得到的定理 3 都要求矩阵 $\boldsymbol{P}$ 是正矩阵，而在许多应用中常常要处理非负矩阵. 对于这类矩阵，定理 1 的结论中还有多少是正确的?

下面 3 个例子

$$\begin{pmatrix}0&1\\1&1\end{pmatrix}\quad\begin{pmatrix}0&1\\1&0\end{pmatrix}\quad\begin{pmatrix}1&1\\0&1\end{pmatrix}$$

描述了不同的情形：第 1 个有主本征值；第 2 个有本征值 1 和 -1，但都不是主本征值；第 3 个有二重本征值 1.

练习 2　证明：如果 $\boldsymbol{P}$ 的某次幂 $\boldsymbol{P}^m$ 是正的，则 $\boldsymbol{P}$ 有正的主本征值.

还有一些有趣且实用的方法可以判别非负矩阵是否有正的主本征值，本质上都是些组合技巧，此处不赘述. 下面的结果由弗罗贝尼乌斯（Frobenius）给出.

定理 4　每个非负 $l\times l$ 矩阵 $\boldsymbol{F}$，$\boldsymbol{F}\neq\mathbf{0}$，都存在一个本征值 $\lambda(\boldsymbol{F})$ 满足下列性质.

(i) $\lambda(\boldsymbol{F})$ 非负，其对应的本征向量中的元素都非负：

$$\boldsymbol{F}\boldsymbol{h}=\lambda(\boldsymbol{F})\boldsymbol{h},\quad \boldsymbol{h}\geqslant 0. \tag{19}$$

(ii) 其余本征值 κ 的绝对值都小于或等于 $\lambda(\boldsymbol{F})$:

$$|\kappa| \leqslant \lambda(\boldsymbol{F}). \tag{20}$$

(iii) 如果 $|\kappa| = \lambda(\boldsymbol{F})$，则 κ 形如

$$\kappa = \mathrm{e}^{2\pi \mathrm{i} k/m}\lambda(\boldsymbol{F}), \tag{21}$$

其中，k, m 都是正整数，$m \leqslant l$.

注记　对于非负随机矩阵 $\boldsymbol{S}$，当 N 充分大时，$\boldsymbol{S}^N\boldsymbol{x}$ 的渐近周期行为可以用定理 4 来研究. 这对于研究人口增长周期意义重大.

证明　用一个正矩阵的序列 $\{\boldsymbol{F}_n\}$ 来逼近 $\boldsymbol{F}$. 因为 $\boldsymbol{F}_n$ 的特征方程趋于 $\boldsymbol{F}$ 的特征方程，所以 $\boldsymbol{F}_n$ 的本征值趋于 $\boldsymbol{F}$ 的本征值. 令

$$\lambda(\boldsymbol{F}) = \lim_{n\to\infty} \lambda(\boldsymbol{F}_n).$$

显然，当 $n \to \infty$ 时，由 $\boldsymbol{F}_n$ 满足不等式 (2) 可得不等式 (20). 欲证 (i)，要用到 $\boldsymbol{F}_n$ 的主本征向量 $\boldsymbol{h}_n$，如同式 (4) 一样做标准化:

$$\boldsymbol{\xi}\boldsymbol{h}_n = 1, \quad \boldsymbol{\xi} = (1, \cdots, 1).$$

由紧致性可知，$\{\boldsymbol{h}_n\}$ 有一个子列收敛于极限向量 $\boldsymbol{h}$. 作为标准化正向量的极限，$\boldsymbol{h}$ 必定非负. 而每个 $\boldsymbol{h}_n$ 都满足方程

$$\boldsymbol{F}_n\boldsymbol{h}_n = \lambda(\boldsymbol{F}_n)\boldsymbol{h}_n,$$

令 $n \to \infty$ 即得式 (19).

当 $\lambda(\boldsymbol{F}) = 0$ 时，定理的 (iii) 是显然的. 因此我们可以假设 $\lambda(\boldsymbol{F}) > 0$，并且可以进一步假设 $\lambda(\boldsymbol{F}) = 1$（否则，将 $\boldsymbol{F}$ 乘以某个常数即可）. 设 κ 是 $\boldsymbol{F}$ 的复本征值，$|\kappa| = \lambda(\boldsymbol{F}) = 1$，则 κ 可以写成

$$\kappa = \mathrm{e}^{\mathrm{i}\theta}. \tag{22}$$

记对应的本征向量为 $\boldsymbol{y} + \mathrm{i}\boldsymbol{z}$:

$$\boldsymbol{F}(\boldsymbol{y} + \mathrm{i}\boldsymbol{z}) = \mathrm{e}^{\mathrm{i}\theta}(\boldsymbol{y} + \mathrm{i}\boldsymbol{z}). \tag{23}$$

将实部与虚部分开:

$$\begin{aligned} \boldsymbol{F}\boldsymbol{y} &= \boldsymbol{y}\cos\theta - \boldsymbol{z}\sin\theta, \\ \boldsymbol{F}\boldsymbol{z} &= \boldsymbol{z}\sin\theta + \boldsymbol{y}\cos\theta. \end{aligned} \tag{23$'$}$$

式 $(23)'$ 的几何解释为: $\boldsymbol{F}$ 是在向量 $\boldsymbol{y}$ 和 $\boldsymbol{z}$ 张成的平面中绕原点 θ 度的旋转.

现在考虑由所有如下形式的点 $\boldsymbol{x}$ 构成的平面:

$$\boldsymbol{x} = \boldsymbol{h} + a\boldsymbol{y} + b\boldsymbol{z}, \tag{24}$$

其中，a 和 b 是任意实数，$\boldsymbol{h}$ 是式 (19) 中的本征向量. 由式 (19) 和式 $(23)'$ 可知，$\boldsymbol{F}$ 在该平面上的作用就是旋转 θ 度. 再考虑由形如 (24) 的非负向量 $\boldsymbol{x}$ 构成

的集合 Q，如果 Q 含有平面 (24) 的一个开子集，则 Q 就是一个多边形. 因为 $\boldsymbol{F}$ 是非负矩阵，所以 $\boldsymbol{F}$ 将 Q 映射到自身内，又因为 $\boldsymbol{F}$ 是旋转，所以 $\boldsymbol{F}$ 是到上的. 又因为 Q 有 l 个顶点，所以 $\boldsymbol{F}$ 的 l 次幂就一定是恒同映射，这就说明 $\boldsymbol{F}$ 使 Q 旋转的角度为 $\theta = 2k\pi/l$.

上述论证的关键在于 Q 是多边形，即 Q 含有平面 (24) 的一个开集. 当 $\boldsymbol{h}$ 的所有分量都是正的，或者 $\boldsymbol{h}$ 的某些分量是 0 而 $\boldsymbol{y}$ 和 $\boldsymbol{z}$ 的对应分量也是 0 时，只要 $|a|, |b|$ 取得足够小，形如式 (24) 的所有的点 $\boldsymbol{x}$ 就都属于 Q，从而 Q 是多边形.

要完成定理 4(iii) 的证明，还需考虑另一种情况：$\boldsymbol{h}$ 的一些分量是 0，而 $\boldsymbol{y}$ 和 $\boldsymbol{z}$ 的对应分量不是 0. 我们重新排列 $\boldsymbol{h}$ 的分量，使 $\boldsymbol{h}$ 的前 j 个分量为 0，其余为正. 由 $\boldsymbol{F}\boldsymbol{h} = \boldsymbol{h}$ 可知，$\boldsymbol{F}$ 可以有如下分块矩阵的形式：

$$\boldsymbol{F} = \begin{pmatrix} \boldsymbol{F}_0 & \boldsymbol{0} \\ \boldsymbol{A} & \boldsymbol{B} \end{pmatrix}. \tag{25}$$

将 $\boldsymbol{y}$ 和 $\boldsymbol{z}$ 的前 j 个分量构成的向量分别记作 $\boldsymbol{y}_0$ 和 $\boldsymbol{z}_0$. 根据假设有 $\boldsymbol{y}_0 + \mathrm{i}\boldsymbol{z}_0 \neq \boldsymbol{0}$. 由式 (23) 可知，$\boldsymbol{y} + \mathrm{i}\boldsymbol{z}$ 是 $\boldsymbol{F}$ 的本征值 $\mathrm{e}^{\mathrm{i}\theta}$ 的本征向量，因此再由式 (25) 可知 $\boldsymbol{y}_0 + \mathrm{i}\boldsymbol{z}_0$ 是 $\boldsymbol{F}_0$ 的本征向量：

$$\boldsymbol{F}_0(\boldsymbol{y}_0 + \mathrm{i}\boldsymbol{z}_0) = \mathrm{e}^{\mathrm{i}\theta}(\boldsymbol{y}_0 + \mathrm{i}\boldsymbol{z}_0).$$

因为 $\boldsymbol{F}_0$ 是非负 $j \times j$ 矩阵，所以由定理 4(ii) 可知主本征值 $\lambda(\boldsymbol{F}_0)$ 不小于 $|\mathrm{e}^{\mathrm{i}\theta}| = 1$. 我们断言等号成立，即 $\lambda(\boldsymbol{F}_0) = 1$. 否则，对应的本征向量 $\boldsymbol{h}_0$ 满足

$$\boldsymbol{F}_0\boldsymbol{h}_0 = (1+\delta)\boldsymbol{h}_0, \quad \boldsymbol{h}_0 \geqslant 0,\ \delta > 0. \tag{26}$$

记下述列向量为 $\boldsymbol{k}$：其前 j 个分量是 $\boldsymbol{h}_0$ 的前 j 个分量，其余都是 0. 由式 (26) 可得

$$\boldsymbol{F}\boldsymbol{k} \geqslant (1+\delta)\boldsymbol{k}. \tag{26$'$}$$

易知非负矩阵的主本征值 $\lambda(\boldsymbol{F})$ 是满足条件 (3) 的最大的 λ. 由不等式 $(26)'$ 可得 $\lambda(\boldsymbol{F}) \geqslant 1 + \delta$，这与 $\lambda(\boldsymbol{F}) = 1$ 矛盾. 这就证明 $\lambda(\boldsymbol{F}_0) = 1$.

最后对 j 进行归纳. 因为 $\mathrm{e}^{\mathrm{i}\theta}$ 是 $j \times j$ 矩阵 $\boldsymbol{F}_0$ 的本征值，而且 $\lambda(\boldsymbol{F}_0) = 1$，又因为 $j < l$，所以由归纳假设可得 θ 是 2π 的有理分数倍且其分母小于或等于 j. 这就完成了定理 4 的证明. □

第 17 章　如何解线性方程组

求线性模型的数值解最后都归结为求解线性方程组，因此，一些大数学家曾十分关注如何有效求解线性方程组也就不足为奇. 例如，由“数学王子”高斯给出的高斯消元法和高斯–赛德尔迭代法这两种方法，直到今天仍在使用. 大数学家雅可比也给出了以他的名字命名的迭代法.

借助具有超大内存的高性能计算机——当然，昨天的高性能计算机已经变成了今天的掌上电脑——我们已经能够有效地求解规模很大的线性方程组，线性模型在各个领域的应用价值也得以不断彰显. 然而，这种突破不仅依赖于计算机运算速度与高速存储的飞速发展，也同样离不开求解线性方程组的新算法的提出. 冯 · 诺依曼在最初设计建造可编程电子计算机的时候，花费了大量时间分析高斯消元法中不断积累和放大的舍入误差. 早期值得一提的工作还有吉文斯（Givens）和豪斯霍尔德（Householder）发现的将矩阵化简为雅可比形式的非常稳定的算法（见第 18 章）.

回顾 20 世纪 40 年代线性代数研究几近沉寂的那段历史对我们今天仍有启发. 那时的线性代数几乎被埋于故纸堆中，人们看不到希望. 然而短短几年过去，以高速计算机的诞生为契机，标准矩阵运算的一些快速算法被陆续发现，这让当时认为线性代数已经研究殆尽的人们异常震惊.

本章介绍几个有代表性的解线性方程组的典型算法，其中包括第 4 节中优化的三项递推法.

本章考虑的线性方程组都属于恰有唯一解的那一类. 这种方程组可以写成如下形式：

$$\boldsymbol{A}\boldsymbol{x} = \boldsymbol{b}, \tag{1}$$

其中，$\boldsymbol{A}$ 是可逆方阵，$\boldsymbol{b}$ 是某个给定的向量，$\boldsymbol{x}$ 是要解的未知向量.

一个求解方程组 (1) 的算法要求在输入矩阵 $\boldsymbol{A}$ 以及向量 $\boldsymbol{b}$ 以后，输出解 $\boldsymbol{x}$ 的某个近似值. 要设计和分析一个算法，我们首先要清楚当算法中所有算术运算都被正确无误地执行时，算法究竟有多快、多精确. 其次，我们还应认识到舍入误差的影响是不可避免的，这是因为计算机进行算术运算时只能处理有限位数字.

如果算法包含数十亿次算术运算，那么该算法存在很大的风险，因为运算过程中随着舍入误差的积累，误差可能被不断放大. 相反，在运算过程中误差不会放大的算法称为算术稳定的算法.

有一点必须指明，那就是，尽管我们采用的是有限位算术运算，存在一定的舍入误差，但通过不断提高精度，我们可以确定线性方程组 (1) 的精确解. 为了理解这一点，想象一下式 (1) 右边的向量 $\boldsymbol{b}$ 出现改变量 $\delta\boldsymbol{b}$. 记 $\boldsymbol{x}$ 相应产生的改变量为 $\delta\boldsymbol{x}$:

$$\boldsymbol{A}(\boldsymbol{x}+\delta\boldsymbol{x})=\boldsymbol{b}+\delta\boldsymbol{b}. \tag{2}$$

根据方程组 (1)：$\boldsymbol{A}\boldsymbol{x}=\boldsymbol{b}$，式 (2) 可以化简为

$$\boldsymbol{A}\delta\boldsymbol{x}=\delta\boldsymbol{b}. \tag{3}$$

我们来比较 $\boldsymbol{x}$ 的相对变化与 $\boldsymbol{b}$ 的相对变化，即考察比值

$$\frac{|\delta\boldsymbol{x}|}{|\boldsymbol{x}|}\Big/\frac{|\delta\boldsymbol{b}|}{|\boldsymbol{b}|}, \tag{4}$$

其中，范数可以根据问题需要适当选取. 当向量的分量是浮点数时，考察相对变化也是最自然的选择.

将式 (4) 改写成

$$\frac{|\boldsymbol{b}|}{|\boldsymbol{x}|}\frac{|\delta\boldsymbol{x}|}{|\delta\boldsymbol{b}|}=\frac{|\boldsymbol{A}\boldsymbol{x}|}{|\boldsymbol{x}|}\frac{|\boldsymbol{A}^{-1}\delta\boldsymbol{b}|}{|\delta\boldsymbol{b}|}. \tag{4$'$}$$

问题 (1) 对 $\boldsymbol{b}$ 变化的敏感度可以用式 (4)′ 在全体可能的 $\boldsymbol{x}$ 和 $\delta\boldsymbol{b}$ 上的最大值来估计. 式 (4)′ 右边第一个分式的最大值是 $\boldsymbol{A}$ 的范数 $|\boldsymbol{A}|$，第二个分式的最大值是 $\boldsymbol{A}^{-1}$ 的范数 $|\boldsymbol{A}^{-1}|$. 于是，解 $\boldsymbol{x}$ 的相对误差与 $\boldsymbol{b}$ 的相对误差之比，即比值 (4) 不大于

$$\kappa(\boldsymbol{A})=|\boldsymbol{A}||\boldsymbol{A}^{-1}|. \tag{5}$$

量 $\kappa(\boldsymbol{A})$ 称为矩阵 $\boldsymbol{A}$ 的条件数.

练习 1　证明：$\kappa(\boldsymbol{A})\geqslant 1$.

由于在 k 位浮点运算中，$\boldsymbol{b}$ 的相对误差可以达到 10^{-k}，因此如果方程组 (1) 用 k 位浮点算术来解，那么 $\boldsymbol{x}$ 的相对误差可以达到 $10^{-k}\kappa(\boldsymbol{A})$.

条件数 $\kappa(\boldsymbol{A})$ 越大，求解方程组 (1) 就越难. 特别地，当 $\kappa(\boldsymbol{A})=\infty$ 时，矩阵 $\boldsymbol{A}$ 不可逆. 本章后面将证明，$\kappa(\boldsymbol{A})$ 越大，迭代法收敛到方程组 (1) 的精确解的速度越慢.

记 $\boldsymbol{A}$ 的本征值的最大绝对值为 β. 显然，

$$\beta\leqslant|\boldsymbol{A}|. \tag{6}$$

记 $\boldsymbol{A}$ 的本征值的最小绝对值为 α. 对 $\boldsymbol{A}^{-1}$ 应用不等式 (6) 得到

$$\frac{1}{\alpha}\leqslant|\boldsymbol{A}^{-1}|. \tag{6$'$}$$

将 (6) 和 (6)′ 两式与式 (5) 联立，可得 $\boldsymbol{A}$ 的条件数的下界：

$$\frac{\beta}{\alpha} \leqslant \kappa(\boldsymbol{A}). \tag{7}$$

如果一个算法，当所有算术运算都被准确无误地执行完以后，在有限步之内得到精确解，则称该算法为*直接法*. 第 4 章中讨论的高斯消元法就是这样的一种方法. 如果一个算法产生一个渐近序列，当所有算术运算都被准确无误地执行完以后，该序列趋于精确解，则称该算法为*迭代法*. 本章研究几种迭代法的收敛性及收敛速度.

记某算法生成的渐近序列为 $\{\boldsymbol{x}_n\}$. $\boldsymbol{x}_n$ 与 $\boldsymbol{x}$ 的差称为第 n *步误差*，记作 $\boldsymbol{e}_n$：

$$\boldsymbol{e}_n = \boldsymbol{x}_n - \boldsymbol{x}. \tag{8}$$

第 n 个近似值距离满足方程组 (1) 所差的量称为*残差*，用 $\boldsymbol{r}_n$ 表示：

$$\boldsymbol{r}_n = \boldsymbol{A}\boldsymbol{x}_n - \boldsymbol{b}. \tag{9}$$

残差和误差之间的关系为

$$\boldsymbol{r}_n = \boldsymbol{A}\boldsymbol{e}_n. \tag{10}$$

注意，因为 $\boldsymbol{x}$ 是未知的，所以我们还不能计算误差 $\boldsymbol{e}_n$，但只要算出 $\boldsymbol{x}_n$，就可以由式 (9) 来计算 $\boldsymbol{r}_n$.

接下来，我们仅讨论*正定的自伴随实矩阵* $\boldsymbol{A}$，其定义见第 8 章和第 10 章. 这里，我们用欧几里得范数 $\|\ \|$ 来度量向量的大小.

分别记 $\boldsymbol{A}$ 的最小、最大本征值为 α 和 β. 由 $\boldsymbol{A}$ 的正定性可知 α 是正的，见第 10 章定理 1. 回忆第 8 章定理 12，正定矩阵的欧几里得范数就是其最大本征值

$$\|\boldsymbol{A}\| = \beta. \tag{11}$$

由于 $\boldsymbol{A}^{-1}$ 也是正的，因此我们得到

$$\|\boldsymbol{A}^{-1}\| = \alpha^{-1}. \tag{11$'$}$$

回忆 $\boldsymbol{A}$ 的条件数的定义 (5)，对正定的自伴随矩阵 $\boldsymbol{A}$ 有

$$\kappa(\boldsymbol{A}) = \frac{\beta}{\alpha}. \tag{12}$$

第 1 节　最速下降法

我们研究的第一种迭代法基于当 $\boldsymbol{A}$ 是正定矩阵时，方程组 (1) 的解的变化特征.

定理 1　*方程组 (1) 的解 $\boldsymbol{x}$ 使下列函数取得最小值：*

$$E(\boldsymbol{y}) = \frac{1}{2}(\boldsymbol{y}, \boldsymbol{A}\boldsymbol{y}) - (\boldsymbol{y}, \boldsymbol{b}), \tag{13}$$

其中，(,) 表示向量的欧几里得标量积.

证明　为 $E(\boldsymbol{y})$ 加上一个常数，即加上一个与 $\boldsymbol{y}$ 无关的项：

$$F(\boldsymbol{y})=E(\boldsymbol{y})+\frac{1}{2}(\boldsymbol{x},\boldsymbol{b}). \tag{14}$$

将式 (13) 代入式 (14)，再由 $\boldsymbol{Ax}=\boldsymbol{b}$ 及 $\boldsymbol{A}$ 的自伴随性，可以将 $F(\boldsymbol{y})$ 表示为

$$F(\boldsymbol{y})=\frac{1}{2}\big(\boldsymbol{y}-\boldsymbol{x},\boldsymbol{A}(\boldsymbol{y}-\boldsymbol{x})\big). \tag{14$'$}$$

显然，

$$F(\boldsymbol{x})=0.$$

$\boldsymbol{A}$ 是正定的意味着对 $\boldsymbol{v}\neq\boldsymbol{0}$ 有 $(\boldsymbol{v},\boldsymbol{Av})>0$. 于是式 (14)′ 表明，当 $\boldsymbol{y}\neq\boldsymbol{x}$ 时，$F(\boldsymbol{y})>0$. 这就证明 $F(\boldsymbol{y})$ 在 $\boldsymbol{y}=\boldsymbol{x}$ 处取到最小值，从而 $E(\boldsymbol{y})$ 也在 $\boldsymbol{y}=\boldsymbol{x}$ 处取到最小值. □

定理 1 表明求解方程组 (1) 的问题可以转化为 E 的最小化问题，而要找到使 E 取值最小的点，我们要用*最速下降法*：如果已经有一个 $\boldsymbol{y}$，在 $\boldsymbol{y}$ 点处 E 取值较接近最小值，则将 $\boldsymbol{y}$ 沿 E 的负梯度方向移动得到一个新的点，E 在该点处的取值更接近最小值. E 的梯度由式 (13) 容易求得：

$$\operatorname{grad}E(\boldsymbol{y})=\boldsymbol{Ay}-\boldsymbol{b}.$$

因此，如果第 n 个近似值是 $\boldsymbol{x}_n$，则第 $n+1$ 个近似值 $\boldsymbol{x}_{n+1}$ 为

$$\boldsymbol{x}_{n+1}=\boldsymbol{x}_n-s(\boldsymbol{Ax}_n-\boldsymbol{b}), \tag{15}$$

其中，s 是沿 $-\operatorname{grad}E$ 方向移动的步长. 由残差定义 (9) 可以将式 (15) 重写为

$$\boldsymbol{x}_{n+1}=\boldsymbol{x}_n-s\boldsymbol{r}_n. \tag{15$'$}$$

我们要选取 s 使 $E(\boldsymbol{x}_{n+1})$ 尽可能小. 这个二次型的最小值问题容易解决，根据式 (13) 和式 (9)，有

$$\begin{aligned}E(\boldsymbol{x}_{n+1})&=\frac{1}{2}\big(\boldsymbol{x}_n-s\boldsymbol{r}_n,\boldsymbol{A}(\boldsymbol{x}_n-s\boldsymbol{r}_n)\big)-(\boldsymbol{x}_n-s\boldsymbol{r}_n,\boldsymbol{b})\\&=E(\boldsymbol{x}_n)-s(\boldsymbol{r}_n,\boldsymbol{r}_n)+\frac{1}{2}s^2(\boldsymbol{r}_n,\boldsymbol{Ar}_n),\end{aligned} \tag{15$''$}$$

它显然在

$$s_n=\frac{(\boldsymbol{r}_n,\boldsymbol{r}_n)}{(\boldsymbol{r}_n,\boldsymbol{Ar}_n)} \tag{16}$$

处取得最小值.

定理 2　*当 s 由式 (16) 给出时，式 (15) 所定义的渐近序列收敛于 (1) 的解 $\boldsymbol{x}$.*

证明　要用到一对不等式. 回忆第 8 章，对任意向量 $\boldsymbol{r}$，自伴随矩阵 $\boldsymbol{A}$ 的瑞利商

$$\frac{(\boldsymbol{r},\boldsymbol{Ar})}{(\boldsymbol{r},\boldsymbol{r})}$$

介于 $\boldsymbol{A}$ 的最小本征值 α 和最大本征值 β 之间. 由式 (16) 即得

$$\frac{1}{\beta}\leqslant s_n\leqslant\frac{1}{\alpha}. \tag{17}$$

类似地可知，对所有向量 $\boldsymbol{r}$，有

$$\frac{1}{\beta} \leqslant \frac{(\boldsymbol{r}, \boldsymbol{A}^{-1}\boldsymbol{r})}{(\boldsymbol{r}, \boldsymbol{r})} \leqslant \frac{1}{\alpha}. \tag{17$'$}$$

现在我们证明，当 $n \to \infty$ 时 $F(\boldsymbol{x}_n) \to 0$. 定理 1 中式 (14) 所定义的 $F(\boldsymbol{y})$，除 $\boldsymbol{y} = \boldsymbol{x}$ 外处处为正，这就得出 $\boldsymbol{x}_n \to \boldsymbol{x}$.

回忆误差概念 (8)，$\boldsymbol{e}_n = \boldsymbol{x}_n - \boldsymbol{x}$，及其与残差的关系 (10)，$\boldsymbol{A}\boldsymbol{e}_n = \boldsymbol{r}_n$. 用式 (14)$'$ 表示 F，则有

$$F(\boldsymbol{x}_n) = \frac{1}{2}(\boldsymbol{e}_n, \boldsymbol{A}\boldsymbol{e}_n) = \frac{1}{2}(\boldsymbol{e}_n, \boldsymbol{r}_n) = \frac{1}{2}(\boldsymbol{r}_n, \boldsymbol{A}^{-1}\boldsymbol{r}_n). \tag{18}$$

因为 E 和 F 只差一个常数，所以由式 (15)$''$ 推知

$$F(\boldsymbol{x}_{n+1}) = F(\boldsymbol{x}_n) - s(\boldsymbol{r}_n, \boldsymbol{r}_n) + \frac{1}{2}s^2(\boldsymbol{r}_n, \boldsymbol{A}\boldsymbol{r}_n).$$

代入式 (16) 中的 s，就得到

$$F(\boldsymbol{x}_{n+1}) = F(\boldsymbol{x}_n) - \frac{s_n}{2}(\boldsymbol{r}_n, \boldsymbol{r}_n). \tag{18$'$}$$

利用式 (18) 将式 (18)$'$ 改写为

$$F(\boldsymbol{x}_{n+1}) = F(\boldsymbol{x}_n)\left[1 - s_n\frac{(\boldsymbol{r}_n, \boldsymbol{r}_n)}{(\boldsymbol{r}_n, \boldsymbol{A}^{-1}\boldsymbol{r}_n)}\right]. \tag{19}$$

根据不等式 (17) 和不等式 (17)$'$，由式 (19) 可得

$$F(\boldsymbol{x}_{n+1}) \leqslant \left(1 - \frac{\alpha}{\beta}\right)F(\boldsymbol{x}_n).$$

递归地运用该不等式，再根据式 (12)，就得到

$$F(\boldsymbol{x}_n) \leqslant \left(1 - \frac{1}{\kappa}\right)^n F(\boldsymbol{x}_0). \tag{20}$$

由于瑞利商的下界就是最小本征值，因此由式 (18) 得到

$$\frac{\alpha}{2}\|\boldsymbol{e}_n\|^2 \leqslant F(\boldsymbol{x}_n).$$

将上式与式 (20) 联立，得到

$$\|\boldsymbol{e}_n\|^2 \leqslant \frac{2}{\alpha}\left(1 - \frac{1}{\kappa}\right)^n F(\boldsymbol{x}_0). \tag{21}$$

这就表明误差趋于 0，定理 2 得证. □

第 2 节　一种基于切比雪夫多项式的迭代法

由误差估计 (21) 可知，当 $\boldsymbol{A}$ 的条件数 κ 很大时，$\boldsymbol{x}_n$ 收敛到 $\boldsymbol{x}$ 的速度很慢. 情况确实如此，因此我们需要设计一种收敛速度更快的迭代法，本节和下一节就此展开讨论.

在介绍本节的算法之前，我们先假设 $\boldsymbol{A}$ 的最小本征值有正的下界，最大本征值有上界：$m < \alpha$，$\beta < M$. 于是 $\boldsymbol{A}$ 的所有本征值都位于区间 $[m, M]$ 之中. 根

据式 (12)，有 $\kappa=\frac{\beta}{\alpha}$，因此 $\kappa<\frac{M}{m}$. 如果 m 和 M 是很接近最小、最大本征值的两个界，则 $\kappa\approx\frac{M}{m}$.

如前一样用递推公式 (15) 生成渐近序列 $\{\boldsymbol{x}_n\}$：

$$\boldsymbol{x}_{n+1}=(1-s_n\boldsymbol{A})\boldsymbol{x}_n+s_n\boldsymbol{b}, \tag{22}$$

但这里我们只在 N 步以后优化步长 s_n，而非对每步都优化，N 为适当选取的某个数.

因为方程组 (1) 的解 $\boldsymbol{x}$ 要满足 $\boldsymbol{x}=(1-s_n\boldsymbol{A})\boldsymbol{x}+s_n\boldsymbol{b}$，所以从式 (22) 中减去 $\boldsymbol{x}$ 就得到

$$\boldsymbol{e}_{n+1}=(1-s_n\boldsymbol{A})\boldsymbol{e}_n. \tag{23}$$

由此可递归地推出

$$\boldsymbol{e}_N=P_N(\boldsymbol{A})\boldsymbol{e}_0, \tag{24}$$

其中，P_N 是多项式

$$P_N(a)=\prod_{n=1}^{N}(1-s_na). \tag*{(24)$'$}$$

由式 (24) 可以估计 $\boldsymbol{e}_N$ 的大小：

$$\|\boldsymbol{e}_N\|\leqslant\|P_N(\boldsymbol{A})\|\|\boldsymbol{e}_0\|. \tag{25}$$

因为矩阵 $\boldsymbol{A}$ 是自伴随的，所以 $P_N(\boldsymbol{A})$ 也是. 第 8 章曾经证明，自伴随矩阵的范数是 $\max|p|$，其中，p 是 $P_N(\boldsymbol{A})$ 的任意本征值. 由第 6 章定理 4（谱映射定理）可知，$P_N(\boldsymbol{A})$ 的本征值 p 形如 $p=P_N(a)$，其中，a 是 $\boldsymbol{A}$ 的本征值. 又因为 $\boldsymbol{A}$ 的本征值位于区间 $[m,M]$ 之中，所以有

$$\|P_N(\boldsymbol{A})\|\leqslant\max_{m\leqslant a\leqslant M}|P_N(a)|. \tag{26}$$

显然，要从不等式 (25) 和不等式 (26) 得到 $\|\boldsymbol{e}_n\|$ 的最佳估计，就必须选取 s_n（$n=1,\cdots,N$），使得多项式 P_N 在 $[m,M]$ 上的最大值尽可能小. 形如式 (24)$'$ 的多项式满足标准化条件

$$P_N(0)=1. \tag{27}$$

而在所有满足条件 (27) 的 N 次多项式中，缩放的切比雪夫多项式（rescaled Chebyshev polynomial）在 $[m,M]$ 上取得的最大值最小. 回忆 N 次切比雪夫多项式 T_N 的定义：对 $-1\leqslant u\leqslant 1$，

$$T_N(u)=\cos N\theta,\quad u=\cos\theta. \tag{28}$$

为了将 $[-1,1]$ 缩放至 $[m,M]$，同时保持条件 (27)，多项式 P_N 应取为

$$P_N(a)=T_N\left(\frac{M+m-2a}{M-m}\right)\bigg/T_N\left(\frac{M+m}{M-m}\right). \tag{29}$$

根据定义 (28)，当 $|u|\leqslant 1$ 时，$|T_n(u)|\leqslant 1$. 再由式 (29) 以及 $\frac{M}{m}\approx\kappa$ 可知，

$$\max_{m\leqslant a\leqslant M}|P_N(a)|\approx 1\Big/T_N\left(\frac{\kappa+1}{\kappa-1}\right),\tag{29$'$}$$

将其代入式 (26)，再由式 (25) 得到

$$\|\boldsymbol{e}_N\|\leqslant\|\boldsymbol{e}_0\|\Big/T_N\left(\frac{\kappa+1}{\kappa-1}\right).\tag{30}$$

由于切比雪夫多项式在区间 $[-1,1]$ 之外趋于无穷，因此当 N 趋于无穷时，$\boldsymbol{e}_N$ 趋于 0.

$\boldsymbol{e}_N$ 趋于 0 的快慢取决于 κ 的大小. 这就要估计当 ϵ 很小时 $T_N(1+\epsilon)$ 的大小，在式 (28) 中取 θ 为虚数：

$$\theta=\mathrm{i}\phi,\quad u=\cos\mathrm{i}\phi=\frac{\mathrm{e}^{\phi}+\mathrm{e}^{-\phi}}{2}=1+\epsilon.$$

这是关于 e^{ϕ} 的二次方程，它的解是

$$\mathrm{e}^{\phi}=1+\epsilon+\sqrt{2\epsilon+\epsilon^2}=1+\sqrt{2\epsilon}+O(\epsilon).$$

因此

$$T_N(1+\epsilon)=\cos\mathrm{i}N\phi=\frac{\mathrm{e}^{N\phi}+\mathrm{e}^{-N\phi}}{2}\approx\frac{1}{2}\big(1+\sqrt{2\epsilon}\big)^N.$$

现在令 $(\kappa+1)/(\kappa-1)=1+\epsilon$，则 $\epsilon\approx 2/\kappa$，并且

$$T_N\left(\frac{\kappa+1}{\kappa-1}\right)\approx\frac{1}{2}\left(1+\frac{2}{\sqrt{\kappa}}\right)^N.\tag{31}$$

将这个估计代入式 (30) 可得

$$\|\boldsymbol{e}_N\|\leqslant 2\left(1+\frac{2}{\sqrt{\kappa}}\right)^{-N}\|\boldsymbol{e}_0\|\approx 2\left(1-\frac{2}{\sqrt{\kappa}}\right)^N\|\boldsymbol{e}_0\|.\tag{32}$$

显然，当 N 趋于无穷时，$\boldsymbol{e}_N$ 趋于 0.

当 κ 较大时，$\sqrt{\kappa}$ 比 κ 小很多，所以对于较大的 κ，$\|\boldsymbol{e}_N\|$ 的上界 (32) 比上界 (21)（令 $n=N$）要小得多. 这就说明本节所述的迭代法比第 1 节给出的方法收敛得更快. 换句话说，要达到同样的精度，本节方法所用的步数比第 1 节的方法要少很多.

练习 2　*假设* $\kappa=100$，$\|\boldsymbol{e}_0\|=1$ *且* $(1/\alpha)F(\boldsymbol{x}_0)=1$，*为了使* $\|\boldsymbol{e}_N\|<10^{-3}$，$N$ *必须取多大？*(a) *用第 1 节的方法.* (b) *用第 2 节的方法.*

为实现本节所述的方法，先要为 N 选一个值. 一旦这个值被选定，则由式 (24)$'$ 确定的 s_n（$n=1,\cdots,N$）的值，就是缩放的切比雪夫多项式 (29) 的根的倒数：

$$s_k{}^{-1}=\frac{1}{2}\left(M+m-(M-m)\cos\frac{(k+1/2)\pi}{N}\right),$$

k 是 0 到 $N-1$ 的任意整数. 理论上，无论 s_k 以何种次序排列，算法的每一步都应该被准确执行. 而实际上，因为采用的是有限位浮点运算，所以 s_k 的次序

对算法的执行有很大影响. P_N 的根有一半位于区间 $[m,M]$ 的左半边. 对这些根，$s>2/(M+m)$，因此矩阵 $\boldsymbol{I}-s\boldsymbol{A}$ 有绝对值大于 1 的本征值. 反复运用这种矩阵可能会极度放大舍入误差，导致算法不稳定.

有一种方法可以降低这种不稳定性：P_N 的另一半根位于区间 $[m,M]$ 的右半边，对这些根 s，矩阵 $\boldsymbol{I}-s\boldsymbol{A}$ 的所有本征值都小于 1. 这样选取的 s_k 就是稳定的了.

第 3 节　基于切比雪夫多项式的三项迭代法

现在我们要介绍一种完全不同的方法来生成第 2 节中给出的渐近序列，该方法基于连续三项切比雪夫多项式之间的递推式. 事实上，由余弦函数的加法公式可得

$$\cos(n\pm1)\theta=\cos\theta\cos n\theta\mp\sin\theta\sin n\theta,$$

两式相加得

$$\cos(n+1)\theta+\cos(n-1)\theta=2\cos\theta\cos n\theta.$$

再由切比雪夫多项式的定义 (28) 可得

$$T_{n+1}(u)+T_{n-1}(u)=2uT_n(u).$$

因此定义 (29) 给出的多项式 P_n，即缩放的切比雪夫多项式，也满足类似的递推关系：

$$P_{n+1}(a)=(u_na+v_n)P_n(a)+w_nP_{n-1}(a).\tag{33}$$

我们不必费事地写出 u_n,v_n,w_n 的精确值，由 P_n 的构造可知，对所有的 n，都有 $P_n(0)=1$. 由此以及式 (33) 可得

$$v_n+w_n=1.\tag*{(33)$'$}$$

现在递归地定义一个序列 $\{\boldsymbol{x}_n\}$，先取 $\boldsymbol{x}_0$，再令 $\boldsymbol{x}_1=(u_0\boldsymbol{A}+1)\boldsymbol{x}_0-u_0\boldsymbol{b}$ 且对 $n>1$，令

$$\boldsymbol{x}_{n+1}=(u_n\boldsymbol{A}+v_n)\boldsymbol{x}_n+w_n\boldsymbol{x}_{n-1}-u_n\boldsymbol{b}.\tag{34}$$

注意这是一个三项递推公式，即 $\boldsymbol{x}_{n+1}$ 由 $\boldsymbol{x}_n$ 和 $\boldsymbol{x}_{n-1}$ 决定. 上节用到的式 (15) 和式 (22) 都是两项递推公式.

从式 (34) 的两边减去 $\boldsymbol{x}$，由式 (33)$'$ 以及 $\boldsymbol{A}\boldsymbol{x}=\boldsymbol{b}$ 可得到误差的递推公式：

$$\boldsymbol{e}_{n+1}=(u_n\boldsymbol{A}+v_n)\boldsymbol{e}_n+w_n\boldsymbol{e}_{n-1}.\tag*{(34)$'$}$$

递归地求解式 (34)$'$，每个 $\boldsymbol{e}_n$ 都可以表示为 $\boldsymbol{e}_n=Q_n(\boldsymbol{A})\boldsymbol{e}_0$ 的形式，其中，Q_n 是 n 次多项式，$Q_0\equiv1$. 将这种形式的 $\boldsymbol{e}_n$ 代入式 (34)$'$ 可知，多项式 Q_n 和 P_n 满足同样的递推关系，又因为 $Q_0=P_0\equiv1$，所以对任意 n 都有 $Q_n=P_n$. 这样，

对任意 n 都有

$$\boldsymbol{e}_n = P_n(\boldsymbol{A})\boldsymbol{e}_0, \tag{35}$$

而不像第 2 节式 (24) 只对单个预设的值 N 成立.

第 4 节 优化的三项递推法

在本节中，我们要用形如

$$\boldsymbol{x}_{n+1} = (s_n\boldsymbol{A} + p_n\boldsymbol{I})\boldsymbol{x}_n + q_n\boldsymbol{x}_{n-1} - s_n\boldsymbol{b} \tag{36}$$

的三项递推关系生成一个迅速收敛于 $\boldsymbol{x}$ 的渐近序列. 与递推公式 (34) 不同，系数 s_n, p_n, q_n 不必预先设定，而是用近似值 $\boldsymbol{x}_{n-1}$ 和 $\boldsymbol{x}_n$ 对应的残差 $\boldsymbol{r}_{n-1}$ 和 $\boldsymbol{r}_n$ 来计算. 此外，我们也不用预先估计 $\boldsymbol{A}$ 的本征值的界 m 和 M.

第 1 个近似值 $\boldsymbol{x}_0$ 是任取的（或者是根据经验估计的）. 下面我们将演示如何利用其对应的残差 $\boldsymbol{r}_0 = \boldsymbol{A}\boldsymbol{x}_0 - \boldsymbol{b}$ 完全确定式 (36) 中的全部系数，所用的方法略有些迂回曲折. 首先提出下列最小化问题.

在所有满足标准化条件

$$Q(0) = 1 \tag{37}$$

的 n 次多项式中，确定一个 Q 使得

$$\|Q(\boldsymbol{A})\boldsymbol{r}_0\| \tag{38}$$

取值最小.

我们要证明满足条件 (37) 的次数小于或等于 n 的多项式中的确存在一个能最小化式 (38)，记该多项式为 Q_n.

现在我们描述这个最小化的条件形式化. 令 $R(a)$ 是任意一个次数小于 n 的多项式，则 $aR(a)$ 就是次数小于或等于 n 的多项式. 令 ϵ 是任意实数，则 $Q_n(a) + \epsilon aR(a)$ 是次数小于或等于 n 且满足条件 (37) 的一个多项式. 因为 Q_n 最小化式 (38)，所以 $\|Q_n(\boldsymbol{A})\boldsymbol{r}_0 + \epsilon\boldsymbol{A}R(\boldsymbol{A})\boldsymbol{r}_0\|^2$ 在 $\epsilon = 0$ 处取得最小值，即它在 $\epsilon = 0$ 处的导数为 0:

$$(Q_n(\boldsymbol{A})\boldsymbol{r}_0, \boldsymbol{A}R(\boldsymbol{A})\boldsymbol{r}_0) = 0. \tag{39}$$

我们现在定义两个多项式 Q 和 R 的标量积如下:

$$\{Q, R\} = (Q(\boldsymbol{A})\boldsymbol{r}_0, \boldsymbol{A}R(\boldsymbol{A})\boldsymbol{r}_0). \tag{40}$$

为了分析这个标量积，我们引入矩阵 $\boldsymbol{A}$ 的本征向量:

$$\boldsymbol{A}\boldsymbol{f}_j = a_j\boldsymbol{f}_j. \tag{41}$$

因为 $\boldsymbol{A}$ 是实的且是自伴随的，所以 $\boldsymbol{f}_j$ 可以取标准正交的实向量. 又由于 $\boldsymbol{A}$ 是正定的，因此其本征值 a_j 也是正的.

将 $\boldsymbol{r}_0$ 表示为 $\boldsymbol{f}_j$ 的线性组合：

$$\boldsymbol{r}_0 = \sum w_j \boldsymbol{f}_j. \tag{42}$$

因为 $\boldsymbol{f}_j$ 是 $\boldsymbol{A}$ 的本征向量，所以它也是 $Q(\boldsymbol{A})$ 和 $R(\boldsymbol{A})$ 的本征向量，由谱映射定理可知，其对应的本征值分别是 $Q(a_j)$ 和 $R(a_j)$. 因此

$$Q(\boldsymbol{A})\boldsymbol{r}_0 = \sum w_j Q(a_j)\boldsymbol{f}_j,\quad R(\boldsymbol{A})\boldsymbol{r}_0 = \sum w_j R(a_j)\boldsymbol{f}_j. \tag{43}$$

因为 $\boldsymbol{f}_j$ 是标准正交的，所以可以将多项式 Q 和 R 的标量积 (40) 表示为

$$\{Q, R\} = \sum {w_j}^2 a_j Q(a_j)R(a_j). \tag{44}$$

定理 3　假设 $\boldsymbol{r}_0$ 的展开式 (42) 中系数 w_j 都不是 0，且 $\boldsymbol{A}$ 的本征值互不相同，则所有次数小于矩阵 $\boldsymbol{A}$ 的阶数 K 的多项式构成的空间，在标量积 (44) 下具有欧几里得结构.

证明　由第 7 章可知，标量积必须具有 3 个性质. 根据式 (40) 或式 (44)，前两个性质（双线性和对称性）是显然的. 要证明非负性，注意到每个 $a_j > 0$，因此

$$\{Q, Q\} = \sum w_j^2 a_j Q^2(a_j) \tag{45}$$

显然是非负的. 根据假设有 w_j 非零，式 (45) 为 0，当且仅当对所有 a_j（$j = 1, \cdots, K$）都有 $Q(a_j) = 0$. 因为 Q 的次数小于 K，所以仅当 $Q \equiv 0$ 时，Q 在这 K 个点上取零值. □

最小化条件 (39) 可以用标量积 (40) 简单地表示为：对 $n < K$，Q_n 与所有次数小于 n 的多项式正交. 特别地，Q_n 的次数是 n.

根据条件 (37)，有 $Q_0 \equiv 1$. 用我们熟悉的格拉姆–施密特方法，可以由正交性和条件 (37) 确定一个多项式序列 $\{Q_n\}$. 现在来证明这个序列满足三项递推关系. 为此，将 $aQ_n(a)$ 表示为 Q_j 的线性组合，$j = 0, \cdots, n+1$：

$$aQ_n = \sum_{j=0}^{n+1} c_{n,j} Q_j. \tag{46}$$

因为 Q_j 互相正交，所以 $c_{n,j}$ 可以表示为

$$c_{n,j} = \frac{\{aQ_n, Q_j\}}{\{Q_j, Q_j\}}. \tag{47}$$

因为 $\boldsymbol{A}$ 是自伴随的，所以式 (47) 的分子可以写成

$$\{Q_n, aQ_j\}. \tag{47$'$}$$

因为对 $j < n-1$，aQ_j 是次数小于 n 的多项式，所以它与 Q_n 正交，因此式 (47)′ 等于 0. 所以，对 $j < n-1$，$c_{n,j} = 0$. 这就说明式 (46) 的右边只有三个非零项，

可以写成

$$aQ_n = b_n Q_{n+1} + c_n Q_n + d_n Q_{n-1}. \tag{48}$$

由于 Q_n 的次数是 n，因此 $b_n \neq 0$. 当 $n=1$ 时，$d_1 = 0$.

由条件 (37) 可知，对所有的 k 都有 $Q_k(0)=1$. 在式 (48) 中令 $a=0$，得到

$$b_n + c_n + d_n = 0. \tag{49}$$

在式 (47) 中取 $j=n, n-1$ 即得

$$c_n = \frac{\{aQ_n, Q_n\}}{\{Q_n, Q_n\}}, \quad d_n = \frac{\{aQ_n, Q_{n-1}\}}{\{Q_{n-1}, Q_{n-1}\}}. \tag{50}$$

因为 $b_n \neq 0$，所以根据式 (48) 可将 Q_{n+1} 表示为

$$Q_{n+1} = (s_n a + p_n)Q_n + q_n Q_{n-1}, \tag{51}$$

其中

$$s_n = \frac{1}{b_n}, \quad p_n = -\frac{c_n}{b_n}, \quad q_n = -\frac{d_n}{b_n}. \tag{52}$$

注意，根据式 (49) 和式 (52)，有

$$p_n + q_n = 1. \tag{53}$$

理论上，式 (50) 可以完全确定 c_n 和 d_n 这两个量. 但实际上这些公式并不好用，因为为了计算花括号的值，需要知道多项式 Q_k 并计算 $Q_k(\boldsymbol{A})$. 所幸，我们有更简单的方法计算 c_n 和 d_n 的值，下面就来说明这一点.

首先选取一个 $\boldsymbol{x}_0$，那么其余的 $\boldsymbol{x}_n$ 由递推公式 (36) 确定，其中，s_n, p_n, q_n 由 (52)、(50)、(49) 三式给出. 我们已经定义 $\boldsymbol{e}_n = \boldsymbol{x}_n - \boldsymbol{x}$ 为第 n 步误差，从式 (36) 两边减去 $\boldsymbol{x}$，再由式 (53) 以及 $\boldsymbol{b} = \boldsymbol{A}\boldsymbol{x}$，就得到

$$\boldsymbol{e}_{n+1} = (s_n \boldsymbol{A} + p_n \boldsymbol{I})\boldsymbol{e}_n + q_n \boldsymbol{e}_{n-1}. \tag{54}$$

我们断言

$$\boldsymbol{e}_n = Q_n(\boldsymbol{A})\boldsymbol{e}_0. \tag{55}$$

为证明这一点，我们将式 (51) 中的参数 a 换成矩阵 $\boldsymbol{A}$，得到

$$Q_{n+1}(\boldsymbol{A}) = (s_n \boldsymbol{A} + p_n)Q_n(\boldsymbol{A}) + q_n Q_{n-1}(\boldsymbol{A}). \tag{56}$$

将 $\boldsymbol{e}_0$ 作用于式 (56) 两边，就得到与式 (54) 相同的一个递推关系，只不过将其中的 $\boldsymbol{e}_k$ 替换为 $Q_k(\boldsymbol{A})\boldsymbol{e}_0$. 由于 $Q_0(\boldsymbol{A}) = \boldsymbol{I}$，序列 $\{\boldsymbol{e}_k\}$ 与 $\{Q_k(\boldsymbol{A})\boldsymbol{e}_0\}$ 有相同的初值，因此是完全相同的，从而式 (55) 得证.

注意，残差 $\boldsymbol{r}_n = \boldsymbol{A}\boldsymbol{x}_n - \boldsymbol{b}$ 与误差 $\boldsymbol{e}_n = \boldsymbol{x}_n - \boldsymbol{x}$ 的关系是 $\boldsymbol{r}_n = \boldsymbol{A}\boldsymbol{e}_n$. 式 (55) 两边同时左乘以 $\boldsymbol{A}$，得到

$$\boldsymbol{r}_n = Q_n(\boldsymbol{A})\boldsymbol{r}_0. \tag{57}$$

式 (54) 两边同时左乘以 $\boldsymbol{A}$，得到关于残差的递推关系：

$$\boldsymbol{r}_{n+1} = (s_n\boldsymbol{A} + p_n\boldsymbol{I})\boldsymbol{r}_n + q_n\boldsymbol{r}_{n-1}. \tag{58}$$

在式 (40) 中令 $Q = Q_n$，$R = Q_n$，再由关系 (57) 可得

$$\{Q_n, Q_n\} = (\boldsymbol{r}_n, \boldsymbol{A}\boldsymbol{r}_n). \tag{59}$$

接着在式 (40) 中令 $Q = aQ_n$，$R = Q_n$，再由关系 (57) 可得

$$\{aQ_n, Q_n\} = (\boldsymbol{A}\boldsymbol{r}_n, \boldsymbol{A}\boldsymbol{r}_n). \tag{59$'$}$$

最后在式 (40) 中令 $Q = aQ_n$，$R = Q_{n-1}$，再由关系 (57) 可得

$$\{aQ_n, Q_{n-1}\} = (\boldsymbol{A}\boldsymbol{r}_n, \boldsymbol{A}\boldsymbol{r}_{n-1}). \tag{59$''$}$$

将这些等式代入式 (50) 得

$$c_n = \frac{(\boldsymbol{A}\boldsymbol{r}_n, \boldsymbol{A}\boldsymbol{r}_n)}{(\boldsymbol{r}_n, \boldsymbol{A}\boldsymbol{r}_n)}, \quad d_n = \frac{(\boldsymbol{A}\boldsymbol{r}_n, \boldsymbol{A}\boldsymbol{r}_{n-1})}{(\boldsymbol{r}_{n-1}, \boldsymbol{A}\boldsymbol{r}_{n-1})}. \tag{60}$$

由式 (49) 可得 $b_n = -(c_n + d_n)$. 再将这些表达式代入式 (52) 就得到 s_n, p_n, q_n 的表达式，并且只要已知残差 $\boldsymbol{r}_n$ 和 $\boldsymbol{r}_{n-1}$，计算这些表达式就不难. 而这些残差可以由 $\boldsymbol{x}_{n-1}$ 和 $\boldsymbol{x}_n$ 或者由递推公式 (58) 得到. 这就完成了序列 $\{\boldsymbol{x}_n\}$ 的递归定义.

定理 4　*设 K 是矩阵 $\boldsymbol{A}$ 的阶数，$\boldsymbol{x}_K$ 是序列 (36) 的第 K 项，其系数由式 (52) 和式 (60) 定义，则 $\boldsymbol{x}_K$ 满足方程组 (1)：$\boldsymbol{A}\boldsymbol{x}_K = \boldsymbol{b}$.*

证明　根据定义，Q_K 是次数为 K 的多项式，它满足条件 (37) 并且最小化式 (38). 我们断言该多项式就是 $p_{\boldsymbol{A}}/p_{\boldsymbol{A}}(0)$，其中，$p_{\boldsymbol{A}}$ 是 $\boldsymbol{A}$ 的本征多项式，并且因为 0 不是 $\boldsymbol{A}$ 的本征值，所以 $p_{\boldsymbol{A}}(0) \neq 0$. 由第 6 章定理 5（凯莱–哈密顿定理）可知，$p_{\boldsymbol{A}}(\boldsymbol{A}) = 0$. 因此 $Q_k = p_{\boldsymbol{A}}/p_{\boldsymbol{A}}(0)$ 显然满足条件 (37) 且使 $\|Q(\boldsymbol{A})\boldsymbol{r}_0\|$ 取得最小值. 由式 (57) 可知，$\boldsymbol{r}_K = Q_K(\boldsymbol{A})\boldsymbol{r}_0$，而根据以上讨论有 $Q_K(\boldsymbol{A}) = 0$，这就证明第 K 步残差 $\boldsymbol{r}_K = 0$，所以 $\boldsymbol{x}_K$ 的确是 (1) 的解. □

不要被定理 4 的结论所误导，事实上，对于有实际意义的很大一类矩阵而言，序列 $\{\boldsymbol{x}_n\}$ 的价值不在于其第 K 项给出了方程组 (1) 的精确解，而在于它能够在远少于 K 步以内得到精确解的一个很好的近似值. 例如，$\boldsymbol{A}$ 是离散化的一个算子，形如恒等算子加上一个紧致算子. 则 $\boldsymbol{A}$ 的多数本征值聚集在 1 周围，比如说除前 k 个本征值以外的本征值都在区间 $(1-\delta, 1+\delta)$ 内.

因为 Q_n 最小化式 (38) 且满足条件 $Q(0) = 1$，又根据式 (57) 有 $Q_n(\boldsymbol{A})\boldsymbol{r}_0 = \boldsymbol{r}_n$，所以对任意满足 $Q(0) = 1$ 的 n 次多项式 Q，都有

$$\|\boldsymbol{r}_n\| \leqslant \|Q(\boldsymbol{A})\boldsymbol{r}_0\|.$$

根据式 (45)，该不等式可以写为

$$\|\boldsymbol{r}_n\|^2 \leqslant \sum {w_j}^2 a_j Q^2(a_j), \tag{61}$$

其中，w_j 是 $\boldsymbol{r}_0$ 的展开式的系数.

令 $n=k+l$，选取 Q 为

$$Q(a)=\prod_{j=1}^{k}\left(1-\frac{a}{a_j}\right)T_l\left(\frac{a-1}{\delta}\right)\Big/T_l(-1/\delta). \tag{62}$$

与前面一样,这里 T_l 表示第 l 个切比雪夫多项式. 显然 Q 满足条件 (37):$Q(0)=1$. 当 a 较大时，$T_l(a)$ 由其首项 $2^{l-1}a^l$ 控制，所以,

$$\left|T_l\left(\frac{-1}{\delta}\right)\right|\approx\frac{1}{2}\left(\frac{2}{\delta}\right)^l. \tag{63}$$

由 Q 的构造可知，Q 在 $a_1,\cdots,a_k$ 处取值为 0. 由假设可知其余 a_j 都位于 $(1-\delta, 1+\delta)$ 内，而切比雪夫多项式在 $(-1,1)$ 内的绝对值不超过 1，因此由式 (62) 和式 (63) 可知，对 $j>k$ 有

$$|Q(a_j)|\leqslant 常数\left(\frac{\delta}{2}\right)^l, \tag{64}$$

其中

$$常数\approx 2\prod\left(1-\frac{1}{a_j}\right). \tag{65}$$

将以上关于 $Q(a_j)$ 的信息代入式 (61)，即得

$$\|\boldsymbol{r}_{k+l}\|^2\leqslant 常数^2\left(\frac{\delta}{2}\right)^{2l}\sum_{k<j}{w_j}^2\leqslant 常数^2\left(\frac{\delta}{2}\right)^{2l}\|\boldsymbol{r}_0\|^2. \tag{66}$$

如果对 $j>10$ 都有 $|a_j-1|<0.2$，并且式 (65) 中的常数小于 10，则在式 (66) 中令 $l=20$，就有 $\|\boldsymbol{r}_{30}\|<10^{-19}\|\boldsymbol{r}_0\|$.

练习 3　编写计算机程序计算 s_n, p_n, q_n.

练习 4　任选一线性方程组，利用计算机程序求解.

第 18 章　如何计算自伴随矩阵的本征值

第 1 节　QR 分解

要求自伴随矩阵本征值的近似值，一个最有效的方法是利用 QR 分解.

定理 1　*每个实可逆方阵* $\boldsymbol{A}$ *都可以分解为*

$$\boldsymbol{A} = \boldsymbol{QR}, \tag{1}$$

其中，$\boldsymbol{Q}$ *是正交矩阵，*$\boldsymbol{R}$ *是对角线元素都为正的上三角矩阵.*

证明　$\boldsymbol{A}$ 是 $n \times n$ 矩阵，用格拉姆–施密特方法正交化 $\boldsymbol{A}$ 的列向量构造出 $\boldsymbol{Q}$. $\boldsymbol{Q}$ 的第 j 列 $\boldsymbol{q}_j$ 是 $\boldsymbol{A}$ 的前 j 列 $\boldsymbol{a}_1, \cdots, \boldsymbol{a}_j$ 的线性组合：

$$\begin{aligned}
\boldsymbol{q}_1 &= c_{11}\boldsymbol{a}_1, \\
\boldsymbol{q}_2 &= c_{12}\boldsymbol{a}_1 + c_{22}\boldsymbol{a}_2, \\
&\vdots \\
\boldsymbol{q}_j &= c_{1j}\boldsymbol{a}_1 + \cdots + c_{jj}\boldsymbol{a}_j.
\end{aligned}$$

反转 $\boldsymbol{q}_j$ 和 $\boldsymbol{a}_j$ 的关系得到

$$\begin{aligned}
\boldsymbol{a}_1 &= r_{11}\boldsymbol{q}_1, \\
\boldsymbol{a}_2 &= r_{12}\boldsymbol{q}_1 + r_{22}\boldsymbol{q}_2, \\
&\vdots \\
\boldsymbol{a}_n &= r_{1n}\boldsymbol{q}_1 + \cdots + r_{nn}\boldsymbol{q}_n.
\end{aligned} \tag{2}$$

因为 $\boldsymbol{A}$ 可逆,所以 $\boldsymbol{A}$ 的列向量线性无关,因此式 (2) 中的系数 $r_{11}, \cdots, r_{nn}$ 都非零.

用 -1 乘以任意 $\boldsymbol{q}_j$ 不改变 $\boldsymbol{q}_j$ 之间的正交性，因此我们可以使式 (2) 中的系数 $r_{11}, \cdots, r_{nn}$ 都为正.

记以 $\boldsymbol{q}_1, \cdots, \boldsymbol{q}_n$ 为列构成的矩阵为 $\boldsymbol{Q}$，记由元素 $\boldsymbol{R}_{ij}$ 构成的矩阵为 $\boldsymbol{R}$，其中

$$\boldsymbol{R}_{ij} = \begin{cases} r_{ij}, & \text{当 } i \leqslant j \text{ 时}, \\ 0, & \text{当 } i > j \text{ 时}. \end{cases} \tag{3}$$

关系式 (2) 可以写成矩阵的乘积

$$\boldsymbol{A} = \boldsymbol{QR}.$$

因为 $\boldsymbol{Q}$ 的列向量是正交的，所以 $\boldsymbol{Q}$ 是正交矩阵.

由 $\boldsymbol{R}$ 的定义式 (3) 可知，$\boldsymbol{R}$ 是上三角矩阵. 故 $\boldsymbol{A}=\boldsymbol{QR}$ 是所求的分解式 (1). □

分解式 (1) 可以用于求解方程组

$$\boldsymbol{Ax}=\boldsymbol{u}.$$

以 $\boldsymbol{A}$ 的分解式代换 $\boldsymbol{A}$，有

$$\boldsymbol{QRx}=\boldsymbol{u},$$

将上式左乘以 $\boldsymbol{Q}^{\mathrm{T}}$，由于 $\boldsymbol{Q}$ 是正交矩阵，$\boldsymbol{Q}^{\mathrm{T}}\boldsymbol{Q}=\boldsymbol{I}$，因此

$$\boldsymbol{Rx}=\boldsymbol{Q}^{\mathrm{T}}\boldsymbol{u}. \tag{4}$$

由于 $\boldsymbol{R}$ 是上三角矩阵且对角线元素都非零，因此方程组可以递归求解，即可由第 n 个方程确定 $\boldsymbol{x}_n$，然后由第 $n-1$ 个方程确定 $\boldsymbol{x}_{n-1}$，以此类推，直至确定 $\boldsymbol{x}_1$.

本章将演示如何应用实对称矩阵 $\boldsymbol{A}$ 的 QR 分解求其本征值. 该 QR 算法由弗朗西斯（Francis）于 1961 年提出，其步骤如下.

设 $\boldsymbol{A}$ 是实对称矩阵，不妨假定 $\boldsymbol{A}$ 可逆，否则可将单位矩阵的常数倍加到 $\boldsymbol{A}$ 上得到可逆矩阵. 求出 $\boldsymbol{A}$ 的 QR 分解：

$$\boldsymbol{A}=\boldsymbol{QR}.$$

令 $\boldsymbol{A}_1$ 为交换因子 $\boldsymbol{Q}$ 和 $\boldsymbol{R}$ 所得的矩阵，即

$$\boldsymbol{A}_1=\boldsymbol{RQ}. \tag{5}$$

我们断言：

(i) $\boldsymbol{A}_1$ 是实对称的；

(ii) $\boldsymbol{A}_1$ 与 $\boldsymbol{A}$ 有相同的本征值.

事实上，在式 (1) 两端左乘以 $\boldsymbol{Q}^{\mathrm{T}}$，由于 $\boldsymbol{Q}^{\mathrm{T}}\boldsymbol{Q}=\boldsymbol{I}$，因此

$$\boldsymbol{Q}^{\mathrm{T}}\boldsymbol{A}=\boldsymbol{R}.$$

代入式 (5) 有

$$\boldsymbol{A}_1=\boldsymbol{Q}^{\mathrm{T}}\boldsymbol{AQ}, \tag{6}$$

这就证得 (i) 和 (ii).

不断重复这一过程，得到一个矩阵序列 $\{\boldsymbol{A}_k\}$，每一个矩阵与其后一个的关系为

$$\boldsymbol{A}_{k-1}=\boldsymbol{Q}_k\boldsymbol{R}_k, \tag*{$(7)_k$}$$

$$\boldsymbol{A}_k=\boldsymbol{R}_k\boldsymbol{Q}_k. \tag*{$(8)_k$}$$

仿照前面的讨论，由以上两式可知，

$$\boldsymbol{A}_k=\boldsymbol{Q}_k^{\mathrm{T}}\boldsymbol{A}_{k-1}\boldsymbol{Q}_k. \tag*{$(9)_k$}$$

于是所有 $\boldsymbol{A}_k$ 都是对称矩阵，并且都有相同的本征值.

综合式 $(9)_k, (9)_{k-1}, \cdots, (9)_1$，得到

$$\boldsymbol{A}_k = \boldsymbol{Q}^{(k)\mathrm{T}} \boldsymbol{A} \boldsymbol{Q}^{(k)}, \tag{10}_k$$

其中

$$\boldsymbol{Q}^{(k)} = \boldsymbol{Q}_1 \boldsymbol{Q}_2 \cdots \boldsymbol{Q}_k. \tag{11}$$

类似地定义

$$\boldsymbol{R}^{(k)} = \boldsymbol{R}_k \boldsymbol{R}_{k-1} \cdots \boldsymbol{R}_1. \tag{12}$$

我们断言

$$\boldsymbol{A}^k = \boldsymbol{Q}^{(k)} \boldsymbol{R}^{(k)}. \tag{13}_k$$

事实上，当 $k = 1$ 时，该式恰为式 (1). 现在对 n 进行归纳，假设式 $(13)_{k-1}$ 成立：

$$\boldsymbol{A}^{k-1} = \boldsymbol{Q}^{(k-1)} \boldsymbol{R}^{(k-1)}.$$

上式两端左乘以 $\boldsymbol{A}$，得到

$$\boldsymbol{A}^k = \boldsymbol{A} \boldsymbol{Q}^{(k-1)} \boldsymbol{R}^{(k-1)}. \tag{14}$$

用 $\boldsymbol{Q}^{(k-1)}$ 左乘式 $(10)_{k-1}$，由于 $\boldsymbol{Q}^{(k-1)}$ 作为正交矩阵的积仍为正交矩阵，因此有 $\boldsymbol{Q}^{(k-1)} \boldsymbol{Q}^{(k-1)\mathrm{T}} = \boldsymbol{I}$. 于是

$$\boldsymbol{Q}^{(k-1)} \boldsymbol{A}_{k-1} = \boldsymbol{A} \boldsymbol{Q}^{(k-1)}.$$

结合式 (14) 即得

$$\boldsymbol{A}^k = \boldsymbol{Q}^{(k-1)} \boldsymbol{A}_{k-1} \boldsymbol{R}^{(k-1)}.$$

最后，用式 $(7)_k$ 表示 $\boldsymbol{A}_{k-1}$，就得到式 $(13)_k$.

这样就完成了式 $(13)_k$ 的归纳证明. □

式 (12) 将 $\boldsymbol{R}^{(k)}$ 定义为上三角矩阵的乘积，所以 $\boldsymbol{R}^{(k)}$ 自身也是上三角矩阵，故式 $(13)_k$ 就是 $\boldsymbol{A}^k$ 的 QR 分解.

设矩阵 $\boldsymbol{A}$ 的单位本征向量为 $\boldsymbol{u}_1, \cdots, \boldsymbol{u}_m$，对应的本征值为 $d_1, \cdots, d_m$.

记以这些本征向量为列所构成的矩阵为 $\boldsymbol{U}$：

$$\boldsymbol{U} = (\boldsymbol{u}_1, \cdots, \boldsymbol{u}_m),$$

记以 $d_1, \cdots, d_m$ 为对角线元素的对角矩阵为 $\boldsymbol{D}$，则 $\boldsymbol{A}$ 的谱表示就是

$$\boldsymbol{A} = \boldsymbol{U} \boldsymbol{D} \boldsymbol{U}^{\mathrm{T}}. \tag{15}$$

而 $\boldsymbol{A}^k$ 的谱表示则是

$$\boldsymbol{A}^k = \boldsymbol{U} \boldsymbol{D}^k \boldsymbol{U}^{\mathrm{T}}. \tag{15}_k$$

由式 $(15)_k$ 可知，$\boldsymbol{A}^k$ 的列向量是 $\boldsymbol{A}$ 的本征向量的如下形式的线性组合：

$$b_1 d_1^k \boldsymbol{u}_1 + \cdots + b_m d_m^k \boldsymbol{u}_m, \tag{15}'$$

其中，$b_1,\cdots,b_m$ 不依赖于 k. 假设 $\boldsymbol{A}$ 的本征值互不相同且都为正，将它们按降序排列：

$$d_1 > d_2 > \cdots > d_m > 0.$$

则由式 $(15)'$ 可知，只要 $b_1 \neq 0$，k 足够大，$\boldsymbol{A}^k$ 的第 1 列将近似于 $\boldsymbol{u}_1$ 的某个常数倍，于是 $\boldsymbol{Q}^{(k)}$ 的第 1 列 $\boldsymbol{q}_1^{(k)}$ 近似于 $\boldsymbol{u}_1$. 类似地，$\boldsymbol{Q}^{(k)}$ 的第 2 列 $\boldsymbol{q}_2^{(k)}$ 近似于 $\boldsymbol{u}_2$，以此类推，直至 $\boldsymbol{q}_n^{(k)} \approx \boldsymbol{u}_n$.

由式 $(10)_k$ 可知 $\boldsymbol{A}_k$ 的第 i 个对角线元素是

$$(\boldsymbol{A}_k)_{ii} = \boldsymbol{q}_i^{(k)\mathrm{T}}\boldsymbol{A}\boldsymbol{q}_i^{(k)} = (\boldsymbol{q}_i^{(k)}, \boldsymbol{A}\boldsymbol{q}_i^{(k)}).$$

上式最右端的量是 $\boldsymbol{A}$ 的瑞利商在 $\boldsymbol{q}_i^{(k)}$ 处的取值. 第 8 章已说明，如果向量 $\boldsymbol{q}_i^{(k)}$ 与 $\boldsymbol{A}$ 的第 i 个本征向量相差 ϵ，则瑞利商与 $\boldsymbol{A}$ 的第 i 个本征值 d_i 之差小于 $\mathrm{O}(\epsilon^2)$. 这表明，只要 QR 算法执行足够多步，$\boldsymbol{A}_k$ 的对角线元素就能很好地逼近 $\boldsymbol{A}$ 的本征值，这些本征值按降序排列.

练习 1 证明：当 k 趋于 ∞ 时，$\boldsymbol{A}_k$ 的对角线以外的元素趋于零.

该结论在数值计算中得到了证实.

第 2 节　基于豪斯霍尔德反射的 QR 分解

下面介绍阿尔斯通 · 豪斯霍尔德（Alston Householder）提出的实现矩阵 $\boldsymbol{A}$ 的 QR 分解的另一算法. 该算法中，$\boldsymbol{Q}$ 是一些极其简单的正交变换（称为反射）的乘积.

豪斯霍尔德反射就是关于超平面的反射，所谓超平面就是满足 $\boldsymbol{v}^{\mathrm{T}}\boldsymbol{x} = 0$ 的点构成的子空间. 反射 $\boldsymbol{H}$ 将该超平面上所有的点映射到它们自身，而将超平面以外的点映射到该点关于超平面的反射点. $\boldsymbol{H}$ 的解析表达式是

$$\boldsymbol{H}\boldsymbol{x} = \boldsymbol{x} - 2\frac{\boldsymbol{v}^{\mathrm{T}}\boldsymbol{x}}{\|\boldsymbol{v}\|^2}\boldsymbol{v}. \tag{16}$$

注意，如果用 $\boldsymbol{v}$ 的倍数代换 $\boldsymbol{v}$，则映射 $\boldsymbol{H}$ 不变.

练习 2 证明：映射 (16) 保持范数不变.

下面我们解释反射是如何用于实现矩阵 $\boldsymbol{A}$ 的 QR 分解的. 这里，$\boldsymbol{Q}$ 由 n 个反射之积构成：

$$\boldsymbol{Q} = \boldsymbol{H}_n\boldsymbol{H}_{n-1}\cdots\boldsymbol{H}_1.$$

选取 $\boldsymbol{H}_1$，使得 $\boldsymbol{H}_1\boldsymbol{A}$ 的第 1 列是 $\boldsymbol{e}_1$ 的倍数，$\boldsymbol{e}_1 = (1,0,\cdots,0)$. 这就要求 $\boldsymbol{H}_1\boldsymbol{a}_1$ 为 $\boldsymbol{e}_1$ 的倍数. 因为 $\boldsymbol{H}_1$ 是保范数的，所以这个倍数的绝对值必须是 $\|\boldsymbol{a}_1\|$. 因此

只有两种可能：

$$H_1a_1=\|a_1\|e_1 \quad 或 \quad H_1a_1=-\|a_1\|e_1.$$

在式 (16) 中令 $x=a_1$，得到关于 H_1 的关系式

$$a_1-v=\|a_1\|e_1 \quad 或 \quad a_1-v=-\|a_1\|e_1,$$

于是 v 有两种取法：

$$v_+=a_1-\|a_1\|e_1 \quad 或 \quad v_-=a_1+\|a_1\|e_1. \tag{17}$$

由于计算机只能处理有限位数的算术运算，因此当求几乎相等的两数之差时，计算结果的相对误差很大．于是，为了避免过大的误差，我们在式 (17) 中选取 v_+ 和 v_- 两者中较大者作为 v.

H_1 选定后，记 $A_1=H_1A$，则 A_1 形如

$$A_1=\begin{pmatrix}\times & \times & \cdots & \times\\ 0 & & & \\ \vdots & & A^{(1)} & \\ 0 & & & \end{pmatrix},$$

其中，$A^{(1)}$ 是 $(n-1)\times(n-1)$ 矩阵.

令 H_2 形如

$$H_2=\begin{pmatrix}1 & 0 & \cdots & 0\\ 0 & & & \\ \vdots & & H^{(2)} & \\ 0 & & & \end{pmatrix},$$

其中，$H^{(2)}$ 的取法与前面类似，即使得

$$H^{(2)}A^{(1)}$$

的第 1 列形如 $(\times,0,\cdots,0)^{\mathrm{T}}$．则 H_2A_1 的第 1 列与 A_1 的第 1 列相同，而第 2 列形如 $(\times,\times,0,\cdots,0)^{\mathrm{T}}$．继续这一过程 n 步，显然 $A_n=H_n\cdots H_1A$ 是上三角矩阵．令 $R=A_n$，$Q=H_1^{\mathrm{T}}\cdots H_n^{\mathrm{T}}$，这就得到 A 的 QR 分解．□

接下来要说明如何运用反射，使得任意对称矩阵 A 可通过正交相似变换化为三对角矩阵 L：

$$OAO^{\mathrm{T}}=L. \tag{18}$$

上式中的 O 是一些反射的乘积：

$$O=H_{n-1}\cdots H_1. \tag{18$'$}$$

$\boldsymbol{H}_1$ 形如

$$\boldsymbol{H}_1=\begin{pmatrix}1 & 0 & \cdots & 0\\ 0 & & & \\ \vdots & & \boldsymbol{H}^{(1)} & \\ 0 & & & \end{pmatrix}. \tag{19}$$

将 $\boldsymbol{A}$ 的第 1 列记作

$$\boldsymbol{a}_1=\begin{pmatrix}\times\\ \boldsymbol{a}^{(1)}\end{pmatrix},$$

其中，$\boldsymbol{a}^{(1)}$ 是含 $n-1$ 个分量的列向量. 于是式 (19) 中的 $\boldsymbol{H}_1$ 作用于 $\boldsymbol{A}$ 得到：

$\boldsymbol{H}_1\boldsymbol{A}$ 的第 1 行与 $\boldsymbol{A}$ 的第 1 行相同，$\boldsymbol{H}_1\boldsymbol{A}$ 的第 1 列中其余 $n-1$ 个元素就是 $\boldsymbol{H}^{(1)}\boldsymbol{a}^{(1)}$.

选取 $\boldsymbol{H}^{(1)}$ 为 $\mathbb{R}^{n-1}$ 中的反射，且将 $\boldsymbol{a}^{(1)}$ 映射到一个向量，该向量的后 $n-2$ 个元素都是 0. 于是 $\boldsymbol{H}_1\boldsymbol{A}$ 第 1 列的后 $n-2$ 个位置上都是 0.

因为 $n\times n$ 矩阵右乘形如式 (19) 的矩阵，第 1 列将保持不变，所以矩阵

$$\boldsymbol{A}_1=\boldsymbol{H}_1\boldsymbol{A}\boldsymbol{H}_1^{\mathrm{T}}$$

的第 1 列的后 $n-2$ 行的元素都是 0.

下一步我们选择如下形式的 $\boldsymbol{H}_2$：

$$\boldsymbol{H}_2=\begin{pmatrix}1 & 0 & \cdots & 0\\ 0 & 1 & \cdots & 0\\ \vdots & \vdots & \boldsymbol{H}^{(2)} & \\ 0 & 0 & & \end{pmatrix}, \tag{20}$$

其中，$\boldsymbol{H}^{(2)}$ 是一个 $(n-2)\times(n-2)$ 反射. 因为 $\boldsymbol{A}_1$ 第 1 列的后 $n-2$ 行的元素都是 0，所以 $\boldsymbol{H}_2\boldsymbol{A}_1$ 与 $\boldsymbol{A}_1$ 的第 1 列完全相同. 我们可以选取 $\boldsymbol{H}^{(2)}$ 使得 $\boldsymbol{H}_2\boldsymbol{A}_1$ 第 2 列的后 $n-3$ 行的元素都是 0.

由于 $\boldsymbol{H}_2$ 形如式 (20)，因此一个矩阵右乘一个形如 $\boldsymbol{H}_2$ 的矩阵保持原矩阵的前两列不变. 所以

$$\boldsymbol{A}_2=\boldsymbol{H}_2\boldsymbol{A}_1\boldsymbol{H}_2^{\mathrm{T}}$$

的第 1 列和第 2 列分别有 $n-2$ 和 $n-3$ 个 0. 继续这个过程，构造反射 $\boldsymbol{H}_3,\cdots,\boldsymbol{H}_{n-1}$，其乘积 $\boldsymbol{O}=\boldsymbol{H}_{n-1}\cdots\boldsymbol{H}_1$ 满足：当 $i>j+1$ 时，$\boldsymbol{O}\boldsymbol{A}\boldsymbol{O}^{\mathrm{T}}$ 的 (i,j) 元为 0. 由于 $\boldsymbol{O}\boldsymbol{A}\boldsymbol{O}^{\mathrm{T}}$ 对称，因此 $j>i+1$ 位置上的元素也都是 0. 这就说明 $\boldsymbol{O}\boldsymbol{A}\boldsymbol{O}^{\mathrm{T}}$ 是三对角矩阵. □

我们知道雅可比提出了一种将对称矩阵三对角化的算法. 华莱士 · 吉文斯（Wallace Givens）实现了这一算法.

定理 2　将 QR 算法 $(7)_k$ 和 $(8)_k$ 应用于实对称三对角矩阵 $\boldsymbol{L}$，算法得到的所有矩阵 $\boldsymbol{L}_k$ 都是实对称三对角矩阵，并且与 $\boldsymbol{L}$ 有相同的本征值.

证明　我们已经在式 $(9)_k$ 中证明 $\boldsymbol{L}_k$ 是对称矩阵且与 $\boldsymbol{L}$ 有相同的本征值. 要证明 $\boldsymbol{L}_k$ 是三对角矩阵，我们从三对角矩阵 $\boldsymbol{L}=\boldsymbol{L}_0$ 开始对 k 归纳证明. 假设 $\boldsymbol{L}_{k-1}$ 是三对角矩阵，可以分解为 $\boldsymbol{L}_k=\boldsymbol{Q}_k\boldsymbol{R}_k$. 注意，$\boldsymbol{Q}_k$ 的第 j 列 $\boldsymbol{q}_j$ 是 $\boldsymbol{L}_k$ 的前 j 列的线性组合，因为 $\boldsymbol{L}_k$ 是三对角矩阵，所以 $\boldsymbol{q}_j$ 的后 $n-j-1$ 个元素都是 0. $\boldsymbol{R}_k\boldsymbol{Q}_k$ 的第 j 列是 $\boldsymbol{R}_k\boldsymbol{q}_j$，又因为 $\boldsymbol{R}_k$ 是上三角矩阵，所以 $\boldsymbol{R}_k\boldsymbol{q}_j$ 的后 $n-j-1$ 个元素都是 0. 这就证明了当 $i>j+1$ 时，$\boldsymbol{L}_k=\boldsymbol{R}_k\boldsymbol{Q}$ 的 (i,j) 元是 0. 又因为 $\boldsymbol{L}_k$ 是对称的，所以 $\boldsymbol{L}_k$ 是三对角矩阵，归纳证明完成. □

有了三对角矩阵 $\boldsymbol{L}$ 以及随之得到的三对角矩阵序列 $\{\boldsymbol{L}_k\}$，将大大缩减 QR 算法所需的运算量.

因此，对于三对角矩阵，QR 算法的策略是，迭代计算 QR 直到 $\boldsymbol{L}_k$ 的非对角线元素小于一个很小的数. 此时 $\boldsymbol{L}_k$ 的对角线元素能够较精确地近似 $\boldsymbol{L}$ 的本征值.

第 3 节　模拟 QR 算法的户田流

戴夫特（Deift）、南达（Nanda）和托梅（Tomei）注意到户田（Toda）流将 QR 迭代法推广至连续情形. 弗拉什卡（Flaschka）证明了户田流的微分方程可以归入中心化子型，即形如

$$\frac{\mathrm{d}}{\mathrm{d}t}\boldsymbol{L}=\boldsymbol{B}\boldsymbol{L}-\boldsymbol{L}\boldsymbol{B}, \tag{21}$$

其中，$\boldsymbol{L}$ 是对称的三对角矩阵

$$\boldsymbol{L}=\begin{pmatrix} a_1 & b_1 & & 0 \\ b_1 & a_2 & \ddots & \\ & \ddots & \ddots & b_{n-1} \\ 0 & & b_{n-1} & a_n \end{pmatrix}, \tag{22}$$

$\boldsymbol{B}$ 是反对称三对角矩阵

$$\boldsymbol{B}=\begin{pmatrix} 0 & b_1 & & 0 \\ -b_1 & 0 & \ddots & \\ & \ddots & \ddots & b_{n-1} \\ 0 & & -b_{n-1} & 0 \end{pmatrix}. \tag{23}$$

练习 3　(i) 证明：$\boldsymbol{B}\boldsymbol{L}-\boldsymbol{L}\boldsymbol{B}$ 是三对角矩阵.

(ii) 证明：如果 $\boldsymbol{L}$ 满足微分方程 (21)，则其元素满足

$$\begin{aligned}\frac{\mathrm{d}}{\mathrm{d}t}a_k &= 2(b_k^2-b_{k-1}^2),\\ \frac{\mathrm{d}}{\mathrm{d}t}b_k &= b_k(a_{k+1}-a_k),\end{aligned}\tag{24}$$

其中，$k=1,\cdots,n$ 且 $b_0=b_n=0$.

定理 3 当 $\boldsymbol{B}$ 为反对称矩阵时，中心化子型微分方程 (21) 的解 $\boldsymbol{L}(t)$ 是等谱的.

证明 令矩阵 $\boldsymbol{V}(t)$ 是下列微分方程的解：

$$\frac{\mathrm{d}}{\mathrm{d}t}\boldsymbol{V}=\boldsymbol{B}\boldsymbol{V},\quad \boldsymbol{V}(0)=\boldsymbol{I}.\tag{25}$$

因为 $\boldsymbol{B}(t)$ 是反对称的，所以方程 (25) 的转置是

$$\frac{\mathrm{d}}{\mathrm{d}t}\boldsymbol{V}^{\mathrm{T}}=-\boldsymbol{V}^{\mathrm{T}}\boldsymbol{B},\quad \boldsymbol{V}^{\mathrm{T}}(0)=\boldsymbol{I}.\tag*{$(25)^{\mathrm{T}}$}$$

由乘积求导法则，以及方程 (25) 和 $(25)^{\mathrm{T}}$ 可得

$$\frac{\mathrm{d}}{\mathrm{d}t}\boldsymbol{V}^{\mathrm{T}}\boldsymbol{V}=\left(\frac{\mathrm{d}}{\mathrm{d}t}\boldsymbol{V}^{\mathrm{T}}\right)\boldsymbol{V}+\boldsymbol{V}^{\mathrm{T}}\frac{\mathrm{d}}{\mathrm{d}t}\boldsymbol{V}=-\boldsymbol{V}^{\mathrm{T}}\boldsymbol{B}\boldsymbol{V}+\boldsymbol{V}^{\mathrm{T}}\boldsymbol{B}\boldsymbol{V}=\boldsymbol{0}.$$

因为 $t=0$ 时，有 $\boldsymbol{V}^{\mathrm{T}}\boldsymbol{V}=\boldsymbol{I}$，所以对任意 t 都有 $\boldsymbol{V}^{\mathrm{T}}(t)\boldsymbol{V}(t)=\boldsymbol{I}$. 这就证明了对任意 t，$\boldsymbol{V}(t)$ 都是正交矩阵.

我们断言，如果 $\boldsymbol{L}(t)$ 是方程 (21) 的解，$\boldsymbol{V}(t)$ 是方程 (25) 的解，则

$$\boldsymbol{V}^{\mathrm{T}}(t)\boldsymbol{L}(t)\boldsymbol{V}(t)\tag{26}$$

与 t 无关. 利用乘积求导法则，求式 (26) 关于 t 的导数，得到

$$\left(\frac{\mathrm{d}}{\mathrm{d}t}\boldsymbol{V}^{\mathrm{T}}\right)\boldsymbol{L}\boldsymbol{V}+\boldsymbol{V}^{\mathrm{T}}\left(\frac{\mathrm{d}}{\mathrm{d}t}\boldsymbol{L}\right)\boldsymbol{V}+\boldsymbol{V}^{\mathrm{T}}\boldsymbol{L}\frac{\mathrm{d}}{\mathrm{d}t}\boldsymbol{V}.\tag{27}$$

根据方程 (21)、(25) 和 $(25)^{\mathrm{T}}$，可以将式 (27) 改写为

$$-\boldsymbol{V}^{\mathrm{T}}\boldsymbol{B}\boldsymbol{L}\boldsymbol{V}+\boldsymbol{V}^{\mathrm{T}}(\boldsymbol{B}\boldsymbol{L}-\boldsymbol{L}\boldsymbol{B})\boldsymbol{V}+\boldsymbol{V}^{\mathrm{T}}\boldsymbol{L}\boldsymbol{B}\boldsymbol{V},$$

上式显然等于 $\boldsymbol{0}$. 这表明式 (26) 的导数是 $\boldsymbol{0}$，所以式 (26) 与 t 无关. 当 $t=0$ 时，因为 $\boldsymbol{V}(0)$ 是单位矩阵，所以式 (26) 等于 $\boldsymbol{L}(0)$，即

$$\boldsymbol{V}^{\mathrm{T}}(t)\boldsymbol{L}(t)\boldsymbol{V}(t)=\boldsymbol{L}(0).\tag{28}$$

因为 $\boldsymbol{V}(t)$ 是正交矩阵，所以式 (28) 说明 $\boldsymbol{L}(t)$ 是由 $\boldsymbol{L}(0)$ 经正交相似变换得到的，这就完成了定理 3 的证明. □

式 (28) 说明，如果 $\boldsymbol{L}(0)$ 是实对称矩阵——这是我们的假设——则对任意 t，$\boldsymbol{L}(t)$ 都是对称的.

对称矩阵 $\boldsymbol{L}$ 的谱表示是

$$\boldsymbol{L}=\boldsymbol{U}\boldsymbol{D}\boldsymbol{U}^{\mathrm{T}},\tag{29}$$

其中，$\boldsymbol{D}$ 是对角矩阵，其对角线元素就是 $\boldsymbol{L}$ 的本征值，$\boldsymbol{U}$ 的列是 $\boldsymbol{L}$ 的单位本征向量，式 (29) 表明本征值一致有界的对称矩阵的集合自身也是一致有界的. 因此，由定理 3 可知，矩阵 $\boldsymbol{L}(t)$ 构成的集合一致有界. 由此得到二次方程组 (24) 对任意 t 都有解.

引理 4　*$\boldsymbol{L}(t)$ 的非对角线元素 $b_k(t)$ 对任意 t 都非零，或者对任意 t 都是零.*

证明　令 $[t_0, t_1]$ 是一个区间，$b_k(t)$ 在这个区间上取值非零，将方程组 (24) 中关于 b_k 的微分方程除以 b_k，再求其在 $[t_0, t_1]$ 上的积分，得

$$\ln b_k(t_1) - \ln b_k(t_0) = \int_{t_0}^{t_1} (a_{k+1} - a_k)\mathrm{d}t.$$

因为我们已经证明函数 a_k 对所有 t 是一致有界的，所以仅当 t_0 或 t_1 趋于 ∞ 时，右边的积分才能趋于 ∞. 这说明在 t 的任意区间内，$\ln b_k(t)$ 是有界的，取不到 $-\infty$，因此 $b_k(t)$ 不为 0. 这就证明了，如果 $b_k(t)$ 对于 t 的某个取值非零，则必然对 t 的所有取值都非零. □

如果存在 $\boldsymbol{L}(0)$ 的非对角线元素 b_k 为 0，则矩阵 $\boldsymbol{L}(0)$ 可以分成两个分块矩阵. 否则，由引理 4 可知，对所有的 t 和 k，$b_k(t)$ 都不是 0.

引理 5　*假设 $\boldsymbol{L}$ 的非对角线元素 b_k 都不为零，则*

(i) $\boldsymbol{L}$ 的每个本征向量 $\boldsymbol{u}_k$ 的第一个分量 u_{1k} 都不是 0;

(ii) $\boldsymbol{L}$ 的每个本征值都是单本征值.

证明　(i) 考察本征值方程

$$\boldsymbol{L}\boldsymbol{u}_k = d_k\boldsymbol{u}_k \tag{30}$$

的第一个分量，有

$$a_1u_{1k} + b_1u_{2k} = d_ku_{1k}. \tag{31}$$

如果 u_{1k} 是 0，则因为 $b_1 \neq 0$，所以由式 (31) 可知，$u_{2k} = 0$. 我们可以用式 (30) 的第二个分量类似地推出 $u_{3k} = 0$，以此类推，可以得到 u_k 的所有分量都是 0，得出了矛盾.

(ii) 用反证法. 假设 d_k 是一个多重本征值，则其本征空间的维数大于 1. 而在维数大于 1 的空间中总能找到一个向量，使得它的第一个分量是 0，这与引理 5(i) 矛盾. □

引理 6　*由 $\boldsymbol{L}$ 的本征值 $d_1, \cdots, d_n$ 及其对应的单位本征向量的第一个分量 $u_{1k}(k = 1, \cdots, n)$ 可以唯一确定 $\boldsymbol{L}$ 的元素 $a_1, \cdots, a_n$ 以及 $b_1, \cdots, b_{n-1}$.*

证明　根据谱表示 (29)，$\boldsymbol{L}$ 的元素 $\boldsymbol{L}_{11} = a_1$ 可以表示为

$$a_1 = \sum d_ku_{1k}^2. \tag{32$_1$}$$

由式 (31) 可得

$$b_1 u_{2k} = (d_k - a_1) u_{1k}. \tag{33$_1$}$$

两边平方并对 k 求和得到

$$b_1^2 = \sum (d_k - a_1)^2 u_{1k}^2. \tag{34$_1$}$$

这里 $\boldsymbol{U}$ 是正交矩阵，因此有

$$\sum u_{2k}^2 = 1.$$

引理 4 中已经证明 $b_k(t)$ 不变号，因此 b_1 由式 $(34)_1$ 所确定. 现在将 b_1 的值代入式 $(33)_1$ 可以得到 u_{2k} 的值.

接下来还是根据谱表示 (29) 将 $a_2 = \boldsymbol{L}_{22}$ 表示为

$$a_2 = \sum d_k u_{2k}^2. \tag{32$_2$}$$

与前面的讨论一样，我们考察方程 (30) 的第二个分量，得到

$$b_2 u_{3k} = -b_1 u_{1k} + (d_k - a_2) u_{2k}. \tag{33$_2$}$$

两边平方并对 k 求和得到

$$b_2^2 = \sum \big(-b_1 u_k + (d_k - a_2) u_{2k}\big)^2, \tag{34$_2$}$$

以此类推，最终可以确定所有的 a_k 和 b_k. □

于尔根·莫泽（Jürgen Moser）进一步描述了当 t 趋于 ∞ 时 $\boldsymbol{L}(t)$ 的渐进行为.

定理 7 (莫泽定理) $\boldsymbol{L}(t)$ 是方程 (21) 的一个解. 记 $\boldsymbol{L}$ 以降序排列的本征值为 $d_1, \cdots, d_n$，记对角线元素为 $d_1, \cdots, d_n$ 的对角矩阵为 $\boldsymbol{D}$. 则

$$\lim_{t \to \infty} \boldsymbol{L}(t) = \boldsymbol{D}. \tag{32}$$

类似还有，

$$\lim_{t \to -\infty} \boldsymbol{L}(t) = \boldsymbol{D}_-, \tag{34$_-$}$$

其中，$\boldsymbol{D}_-$ 是对角线元素为 $d_n, \cdots, d_1$ 的对角矩阵.

证明 首先证明下列引理.

引理 8 记由 $\boldsymbol{L}(t)$ 的单位本征向量的第一个分量构成的行向量为 $\boldsymbol{u}(t)$，即

$$\boldsymbol{u} = (u_{11}, \cdots, u_{1n}), \tag{35}$$

则有

$$\boldsymbol{u}(t) = \frac{\boldsymbol{u}(0) \mathrm{e}^{\boldsymbol{D}t}}{\|\boldsymbol{u}(0) \mathrm{e}^{\boldsymbol{D}t}\|}. \tag{36}$$

证明 我们已经证明，当 $\boldsymbol{L}(t)$ 满足方程 (21) 时，$\boldsymbol{L}(t)$ 和 $\boldsymbol{L}(0)$ 满足式 (28). 在式 (28) 两边左乘 $\boldsymbol{V}(t)$ 得到

$$\boldsymbol{L}(t) \boldsymbol{V}(t) = \boldsymbol{V}(t) \boldsymbol{L}(0). \tag{28$'$}$$

与前面一样，记 $\boldsymbol{L}(t)$ 的单位本征向量为 $\boldsymbol{u}_k(t)$. 将式 $(28)'$ 作用于 $\boldsymbol{u}_k(0)$. 因为

$$\boldsymbol{L}(0)\boldsymbol{u}_k(0)=d_k\boldsymbol{u}_k(0),$$

所以我们有

$$\boldsymbol{L}(t)\boldsymbol{V}(t)\boldsymbol{u}_k(0)=d_k\boldsymbol{V}(t)\boldsymbol{u}_k(0).$$

这就表明 $\boldsymbol{V}(t)\boldsymbol{u}_k(0)=\boldsymbol{u}_k(t)$ 是 $\boldsymbol{L}(t)$ 的单位本征向量.

$\boldsymbol{V}(t)$ 满足微分方程 (25)：$\frac{\mathrm{d}}{\mathrm{d}t}\boldsymbol{V}=\boldsymbol{B}\boldsymbol{V}$. 所以 $\boldsymbol{u}_k(t)=\boldsymbol{V}(t)\boldsymbol{u}_k(0)$ 满足

$$\frac{\mathrm{d}}{\mathrm{d}t}\boldsymbol{u}_k=\boldsymbol{B}\boldsymbol{u}_k. \tag{37}$$

因为 $\boldsymbol{B}$ 形如式 (23)，所以式 (37) 的第一个分量是

$$\frac{\mathrm{d}}{\mathrm{d}t}u_{1k}=b_1u_{2k}. \tag{37$'$}$$

根据式 $(33)_1$，式 $(37)'$ 可以写为

$$\frac{\mathrm{d}}{\mathrm{d}t}u_{1k}=(d_k-a_1)u_{1k}. \tag{37$''$}$$

定义 $f(t)$ 为

$$f(t)=\int_0^t a_1(s)\mathrm{d}s,$$

则方程 $(37)''$ 可以改写为

$$\frac{\mathrm{d}}{\mathrm{d}t}\mathrm{e}^{f(t)-d_kt}u_{1k}(t)=0,$$

由此得出

$$\mathrm{e}^{f(t)-d_kt}u_{1k}=c_k,$$

其中，c_k 是一个常数. 所以

$$u_{1k}(t)=c_k\mathrm{e}^{d_kt}F(t),$$

其中，$F(t)=\mathrm{e}^{-f(t)}$. 由 $f(0)=0$ 可得 $F(0)=1$ 以及 $c_k=u_{1k}(0)$，于是

$$u_{1k}(t)=u_{1k}(0)\mathrm{e}^{d_kt}F(t). \tag{38}$$

用向量记号表示，即为

$$\boldsymbol{u}(t)=\boldsymbol{u}(0)\mathrm{e}^{\boldsymbol{D}t}F(t).$$

又因为 $\boldsymbol{u}(t)$ 是正交矩阵的第 1 行，所以其范数必等于 1. 这就证明 $F(t)$ 是一个标准化因子，式 (36) 得证. □

(i) 因为 $\boldsymbol{L}(t)$ 的本征值互不相同（见引理 5），所以式 (36) 说明，当 $t\to\infty$ 时，$\boldsymbol{u}(t)$ 的第一个分量 $u_{11}(t)$ 呈指数倍大于其余分量. 又因为向量 $\boldsymbol{u}(t)$ 的范数为 1，所以当 $t\to\infty$ 时，$u_{11}(t)\to 1$；当 $k>1$ 时，$u_{1k}(t)$ 以指数速度趋于 0.

(ii) 下面我们考察方程 $(32)_1$：

$$a_1(t)=\sum d_ku_{1k}^2(t).$$

由对 $u_{1k}(t)$ 的讨论可知，当 $t\to\infty$ 时，$a_1(t)$ 以指数速度趋于 d_1.

(iii) 为了估计 b_1 的值，我们考察表达式 $(34)_1$：

$$b_1^2(t)=\sum\left(d_k-a_1(t)\right)^2u_{1k}^2(t).$$

由 $a_1(t)\to d_1$ 以及 $\boldsymbol{u}(t)$ 是单位向量可知，当 $t\to\infty$ 时，$b_1(t)$ 以指数速度趋于 0.

(iv) $\boldsymbol{u}$ 的前两行正交：

$$\sum u_{1k}(t)u_{2k}(t)=0. \tag{39}$$

根据 (i)，当 $t\to\infty$ 时，$u_{11}(t)\to 1$，$u_{1k}(t)$ 以指数速度趋于 0（$k>1$）. 因此由式 (39) 可知，当 $t\to\infty$ 时，$u_{21}(t)$ 以指数速度趋于 0.

(v) 由式 (31)，我们可以推出

$$\frac{u_{2k}}{u_{22}}=\frac{d_k-a_1}{d_2-a_1}\frac{u_{1k}}{u_{12}}, \tag{40}$$

根据显式表达式 (38)，可以将其改写为

$$\frac{u_{2k}(t)}{u_{22}(t)}=\frac{d_k-a_1(t)}{d_2-a_1(t)}\frac{u_{2k}(0)}{u_{22}(0)}\mathrm{e}^{(d_k-d_2)t}. \tag{41}$$

取 $k>2$，则当 $t\to\infty$ 时，式 (41) 的右边趋于 0，因此对 $k>2$，当 $t\to\infty$ 时，$u_{2k}(t)\to 0$. 在 (iv) 中我们已经证明了当 $t\to\infty$ 时，$u_{21}(t)\to 0$. 又因为 $(u_{21},\cdots,u_{2n})$ 是单位向量，所以 $u_{22}(t)$ 以指数速度趋于 1.

(vi) 根据式 $(32)_2$，有

$$a_2(t)=\sum d_ku_{2k}^2(t).$$

在 (v) 中已经证明了，当 $k\neq 2$ 时，$u_{2k}(t)\to 0$，$u_{22}\to 1$，由此可以得到 $a_2(t)\to d_2$.

(vii) 式 $(34)_2$ 将 $b_2(t)$ 表示为一个和式. 前面已经证明了当 $t\to\infty$ 时，该和式中各项都趋于 0，于是当 $t\to\infty$ 时，$b_2(t)$ 以同样的指数速度趋于 0.

其余元素的极限可以类似处理，戴夫特等人对此做了详细讨论.

同理，可以证明当 $t\to-\infty$ 时，$\boldsymbol{L}(t)\to\boldsymbol{D}_-$. □

莫泽用不同的方法给出了定理 7 的证明.

我们以 4 个注记结束本章.

注记 1　引理 8 给出的显式解可能会让人感到意外. 事实上，这是因为形如式 (21) 的户田格是完全可积的，于是由刘维尔定理可知，这类方程组有显式解.

注记 2　莫泽定理是将求 $\boldsymbol{D}$ 的 QR 算法应用于三对角矩阵并推广至连续情形的结果.

注记 3　戴夫特等人指出，方程 (21) 仅仅是一整类对称三对角矩阵算法流中的一个，当 $t\to\infty$ 时，它们都趋于 $\boldsymbol{D}$. 这些流的形式都是中心化子型 (21)，其中，矩阵 $\boldsymbol{B}$ 取为

$$\boldsymbol{B}=p(\boldsymbol{L})_+-p(\boldsymbol{L})_-,$$

这里 p 是多项式，$\boldsymbol{M}_+$ 表示 $\boldsymbol{M}$ 的上三角部分，$\boldsymbol{M}_-$ 表示 $\boldsymbol{M}$ 的下三角部分. 式 (23) 中的 $\boldsymbol{B}$ 相当于令 $p(\boldsymbol{L}) = \boldsymbol{L}$.

注记 4　戴夫特等人指出，数值求解微分方程 (21)，直至 $b_1, \cdots, b_n$ 小于预设的某个很小的数，是求 $\boldsymbol{L}$ 的本征值近似的一种有效的数值方法. 他们在相关文章的第 4 节给出了一些具体的例子，并比较了数值方法与 QR 算法的速度.

部分练习答案

第 1 章　预备知识

1. 设 $\boldsymbol{z}$ 是另一个零元素，即对任意 $\boldsymbol{x}$，有 $\boldsymbol{x}+\boldsymbol{z}=\boldsymbol{x}$. 令 $\boldsymbol{x}=\mathbf{0}$ 即得 $\mathbf{0}+\boldsymbol{z}=\mathbf{0}$，而 $\boldsymbol{z}+\mathbf{0}=\boldsymbol{z}$，故 $\boldsymbol{z}=\mathbf{0}$.

3. 次数小于 n 的任意多项式 p 都可写作 $p=a_1x^{n-1}+a_2x^{n-2}+\cdots+a_n$. 则 $p\leftrightarrow(a_1,\cdots,a_n)$ 是同构.

7. 若 $\boldsymbol{x}_1,\boldsymbol{x}_2$ 同属于 Y 和 Z，则 $\boldsymbol{x}_1+\boldsymbol{x}_2$ 也属于 Y 和 Z.

10. 如果 $\boldsymbol{x}_i=\mathbf{0}$，则 $1\cdot\boldsymbol{x}_i+\sum_{j\neq i}0\cdot\boldsymbol{x}_j=\mathbf{0}$.

13. (iii) 如果 $\boldsymbol{x}_1-\boldsymbol{x}_2\in Y$, $\boldsymbol{x}_2-\boldsymbol{x}_3\in Y$，则两者之和 $\boldsymbol{x}_1-\boldsymbol{x}_2+\boldsymbol{x}_2-\boldsymbol{x}_3=\boldsymbol{x}_1-\boldsymbol{x}_3$ 也属于 Y.

14. 设 $\{\boldsymbol{x}_1\}$ 与 $\{\boldsymbol{x}_2\}$ 有公共向量 $\boldsymbol{x}_3$，则 $\boldsymbol{x}_3\equiv\boldsymbol{x}_1$ 且 $\boldsymbol{x}_3\equiv\boldsymbol{x}_2$，于是 $\boldsymbol{x}_1\equiv\boldsymbol{x}_2$，即 $\{\boldsymbol{x}_1\}=\{\boldsymbol{x}_2\}$.

16. (i)(ii) 在 $t_1,\cdots,t_j$ 取值为零且次数小于 n 的任意多项式都可写为

$$q(t)\prod(t-t_i),$$

其中，q 为次数小于 $n-j$ 的多项式. 上述形式的多项式显然构成 $(n-j)$ 维线性空间.

(iii) 根据定理 6，有

$$\dim(X/Y)=\dim X-\dim Y=n-(n-j)=j.$$

商空间 X/Y 可以等同于由向量 $(p(t_1),\cdots,p(t_j))$ 构成的空间.

19. 利用定理 6 及练习 18.

20. (b) 和 (d) 是子空间.

21. 命题错误，下面给出一个反例：

$$\begin{aligned}&X=\mathbb{R}^2=(x,y)\text{ 空间},\\&U=\{y=0\},\quad V=\{x=0\},\quad W=\{x=y\}.\\&U+V+W=\mathbb{R}^2,\quad U\cap V=\{0\},\quad U\cap W=\{0\},\\&V\cap W=\{0\},\quad U\cap V\cap W=\{0\}.\end{aligned}$$

所以 $2\neq1+1+1-0-0-0+0$.

第 2 章 对偶

4. 令 $m_1=m_3$，则式 (9) 对 $p(t)=t$ 成立. 对于 $p(t)=1$ 或 $p(t)=t^2$，式 (9) 要求

$$2=2m_1+m_2,\quad \frac{2}{3}=2m_1a^2.$$

所以

$$m_1=\frac{1}{3a^2},\quad m_2=2-\frac{2}{3a^2},$$

由此可证明 (ii) 成立. 为证明 (iii)，注意式 (9) 对 t^3 和 t^5 等奇次多项式均成立，而对 $p(t)=t^4$，式 (9) 要求

$$\frac{2}{5}=2m_1a^4=\frac{2}{3}a^2,$$

故 $a=\sqrt{3/5}$.

5. 令 $m_1=m_4$，$m_2=m_3$，为使式 (9) 对所有奇次多项式均成立，可分别令 $p(t)=1$，$p(t)=t^2$，得到两个易于求解的方程.

6. (a) 假设存在线性关系

$$al_1(p)+bl_2(p)+cl_3(p)=0,$$

令 $p=p(x)=(x-\xi_2)(x-\xi_3)$，则 $p(\xi_2)=p(\xi_3)=0$，$p(\xi_1)\neq 0$，故由上述线性关系可知 $a=0$，同理可证 $b=0$，$c=0$.

(b) 由 $\dim\mathcal{P}_2=3$ 可知 $\dim\mathcal{P}_2'=3$. 又因为 l_1、l_2、l_3 线性无关，所以它们能够张成 $\mathcal{P}_2'$.

(c 2) 令

$$p_1(x)=(x-\xi_2)(x-\xi_3)/(\xi_1-\xi_2)(\xi_1-\xi_3),$$

p_2 和 p_3 可类似定义. 显然，

$$l_i(p_j)=\begin{cases}1, & \text{当 } i=j \text{ 时},\\ 0, & \text{当 } i\neq j \text{ 时}.\end{cases}$$

7. $l(x)$ 在 $\boldsymbol{x}=(1,0,-1,2)$ 和 $\boldsymbol{x}=(2,3,1,1)$ 处取值为零，这就得到关于 $c_1,\cdots,c_4$ 的两个方程:

$$c_1-c_3+2c_4=0,\quad 2c_1+3c_2+c_3+c_4=0.$$

下面用 c_3 和 c_4 表示 c_1 和 c_2. 由第一个方程可得 $c_1=c_3-2c_4$，再代入第二个方程得 $c_2=-c_3+c_4$.

第 3 章 线性空间

1. 如果 $\boldsymbol{T}\boldsymbol{y}_1=\boldsymbol{u}_1,\boldsymbol{T}\boldsymbol{y}_2=\boldsymbol{u}_2$，则 $\boldsymbol{T}(\boldsymbol{y}_1+\boldsymbol{y}_2)=\boldsymbol{u}_1+\boldsymbol{u}_2$，反之亦然.

2. 假设划去第 i 个方程后其余方程不能唯一确定 $\boldsymbol{x}$，则存在某个 $\boldsymbol{x}$ 被映射到仅第 i 个分量非零的向量. 如果对 $i=1,\cdots,m$，上述情形均成立，则映射 $\boldsymbol{x}\to\boldsymbol{u}$ 的值域是 m 维的. 而由定理 2 可知，该值域的维数 $\leqslant n<m$，因此无须利用唯一性，我们可以划去其中一个方程，再由归纳法可知最终可以划去 $m-n$ 个方程.

4. 旋转映射将平行四边形 $0,x,y,x+y$ 映射到另一平行四边形 $0,x',y',z'$，因此 $z'=x'+y'$.

$\boldsymbol{ST}$ 将 $(1,0,0)$ 映射到 $(0,1,0)$，$\boldsymbol{TS}$ 将 $(1,0,0)$ 映射到 $(0,0,1)$.

5. 令 $\boldsymbol{T}\boldsymbol{x}=\boldsymbol{u}$，则 $(\boldsymbol{T}^{-1}\boldsymbol{T})\boldsymbol{x}=\boldsymbol{T}^{-1}\boldsymbol{u}=\boldsymbol{x}$，且 $(\boldsymbol{T}\boldsymbol{T}^{-1})\boldsymbol{u}=\boldsymbol{T}\boldsymbol{x}=\boldsymbol{u}$.

6. (i) 对任意线性或非线性映射均成立.

(ii) 如果用爱因斯坦的话来表述，即穿上衬衫再穿夹克的逆是先脱去夹克再脱衬衫.

7.
$$((\boldsymbol{ST})\boldsymbol{l},\boldsymbol{x})=(\boldsymbol{l},(\boldsymbol{ST})'\boldsymbol{x}),$$

此外还有

$$((\boldsymbol{ST})\boldsymbol{l},\boldsymbol{x})=(\boldsymbol{T}\boldsymbol{l},\boldsymbol{S}'\boldsymbol{x})=(\boldsymbol{l},\boldsymbol{T}'\boldsymbol{S}'\boldsymbol{x}),$$

由此可得 $(\boldsymbol{ST})'=\boldsymbol{T}'\boldsymbol{S}'$.

8. 对任意 $\boldsymbol{x}$ 都有 $(\boldsymbol{T}\boldsymbol{l},\boldsymbol{x})=(\boldsymbol{l},\boldsymbol{T}'\boldsymbol{x})=(\boldsymbol{T}''\boldsymbol{l},\boldsymbol{x})$，因此 $\boldsymbol{T}\boldsymbol{l}=\boldsymbol{T}''\boldsymbol{l}$.

10. 如果 $\boldsymbol{M}=\boldsymbol{SKS}^{-1}$，则 $\boldsymbol{S}^{-1}\boldsymbol{MS}=\boldsymbol{K}$，再由定理 4 可得

$$\boldsymbol{S}^{-1}\boldsymbol{M}^{-1}\boldsymbol{S}=\boldsymbol{K}^{-1}.$$

11. 反复利用结合律，有 $\boldsymbol{AB}=\boldsymbol{ABAA}^{-1}=\boldsymbol{A}(\boldsymbol{BA})\boldsymbol{A}^{-1}$.

13. 注意，偶函数的偶分拆就是它本身.

第 4 章 矩阵

1. $(\boldsymbol{DA})_{ij}=\sum\boldsymbol{D}_{ik}\boldsymbol{A}_{kj}=d_i\boldsymbol{A}_{ij}$，$(\boldsymbol{AD})_{ij}=\sum\boldsymbol{A}_{ik}\boldsymbol{D}_{kj}=\boldsymbol{A}_{ij}d_j$.

2. 大多数教材给出的证明较晦涩.

4. 选取 $\boldsymbol{B}$，使其值域等于 $\boldsymbol{A}$ 的零空间，但 $\boldsymbol{A}$ 的值域不等于 $\boldsymbol{B}$ 的零空间.

第 5 章 行列式和迹

1. $P(p_1 \circ p_2(x)) = \sigma(p_1 \circ p_2)P(x)$. 根据 $p_1 \circ p_2(x) = p_1(p_2(x))$，有

$$P(p_1 \circ p_2(x)) = P(p_1(p_2(x))) = \sigma(p_1)P(p_2(x)),$$

此外还有

$$P(p_2(x)) = \sigma(p_2)P(x).$$

综上可得 $\sigma(p_1 \circ p_2) = \sigma(p_1)\sigma(p_2)$.

2. (c) 两个相邻变量 x_k 与 x_{k+1} 之间对换的符号差是 -1. 任意两个变量之间的对换相当于奇数个相邻变量对换的复合，再由练习 1 即证得该结论.

(d) 将 $p = \dfrac{1 \times \cdots \times n}{p_1 \times \cdots \times p_n}$ 分解为若干对换的乘积 $p = t_k \times \cdots \times t_1$，令

$$t_1 = \frac{1 \times 2 \times \cdots \times p_1 \times \cdots \times n}{p_1 \times 2 \times \cdots \times 1 \times \cdots \times n},$$

$$t_2 = \frac{1 \times 2 \times \cdots \times p_2 \times \cdots \times n}{1 \times p_2 \times \cdots \times 2 \times \cdots \times n},$$

其余各项以此类推.

3. 根据性质 (7)(b).

4. (iii) 当 $\boldsymbol{a}_1 = \boldsymbol{e}_1, \cdots, \boldsymbol{a}_n = \boldsymbol{e}_n$ 时，式 (16) 右端非零项仅有 $p =$ 恒等置换 那一项.

(iv) 对换 $\boldsymbol{a}_i$ 和 $\boldsymbol{a}_j$ 时，式 (16) 右端可以写作

$$\sum \sigma(t \circ p) a_{p_1 1} \cdots a_{p_n n},$$

其中,t 是 i 与 j 的对换. 再由 $\sigma(t \circ p) = \sigma(t)\sigma(p) = -\sigma(p)$ 即得所证结论.

5. 假设 $\boldsymbol{A}$ 包含相等的两列，则由 (iv) 可得:

$$D(\boldsymbol{a}, \boldsymbol{a}) = -D(\boldsymbol{a}, \boldsymbol{a}),$$

即

$$2D(\boldsymbol{a}, \boldsymbol{a}) = 0.$$

第 6 章 谱理论

2. (a) 式 $(14)'$ 中所有项都趋于零.

(b) $\boldsymbol{A}^N \boldsymbol{h}$ 的每个元素都是 N 的指数函数之和，其中，各项指数均为正数且互不相等.

5. 式 (25) 是式 (26) 取 $q(a) = a^N$ 时的特例. 式 (25) 对任意 N 均成立，因此式 (26) 所示的一般情形亦成立.

7. 对任意 $x \in N_d$，有

$$(\boldsymbol{A}-a\boldsymbol{I})^d\boldsymbol{A}\boldsymbol{x}=\boldsymbol{A}(\boldsymbol{A}-d\boldsymbol{I})^d\boldsymbol{x}=\boldsymbol{0}.$$

8. 设 $p(s)$ 是次数小于 $\sum d_i$ 的多项式，则存在某个 a_j 是 p 的重数小于 d_j 的根. 但如此一来，$p(\boldsymbol{A})$ 无法将全体 N_{d_j} 映射到 $\boldsymbol{0}$.

12.

$$\begin{aligned}&\boldsymbol{l}_1=(1,-1),\quad \boldsymbol{l}_2=(1,2),\\&(\boldsymbol{l}_1,\boldsymbol{h}_1)=3,\quad (\boldsymbol{l}_1,\boldsymbol{h}_2)=0,\\&(\boldsymbol{l}_2,\boldsymbol{h}_1)=0,\quad (\boldsymbol{l}_2,\boldsymbol{h}_2)=3.\end{aligned}$$

第 7 章　欧几里得结构

1. 根据施瓦茨不等式，对任意单位向量 $\boldsymbol{y}$ 都有 $(\boldsymbol{x},\boldsymbol{y})\leqslant\|\boldsymbol{x}\|$，当 $\boldsymbol{y}=\boldsymbol{x}/\|\boldsymbol{x}\|$ 时上式中等号成立.

2. 设 Y 为 X 的任意子空间，$\boldsymbol{x}$ 和 $\boldsymbol{z}$ 是 X 中的任意一对向量. 将它们作如下分解：

$$\boldsymbol{x}=\boldsymbol{y}+\boldsymbol{y}^{\perp},\quad \boldsymbol{z}=\boldsymbol{u}+\boldsymbol{u}^{\perp},$$

其中，$\boldsymbol{y},\boldsymbol{u}\in Y$，$\boldsymbol{y}^{\perp},\boldsymbol{u}^{\perp}$ 正交于 Y，则

$$\boldsymbol{P}\boldsymbol{x}=\boldsymbol{y},\quad \boldsymbol{P}\boldsymbol{z}=\boldsymbol{u},$$

其中，$\boldsymbol{P}$ 是在 Y 上的正交投影. 于是

$$\begin{aligned}(\boldsymbol{P}\boldsymbol{x},\boldsymbol{z})&=(\boldsymbol{y},\boldsymbol{u}+\boldsymbol{u}^{\perp})=(\boldsymbol{y},\boldsymbol{u}),\\(\boldsymbol{x},\boldsymbol{P}\boldsymbol{z})&=(\boldsymbol{y}+\boldsymbol{y}^{\perp},\boldsymbol{u})=(\boldsymbol{y},\boldsymbol{u}).\end{aligned}$$

这就证明 $\boldsymbol{P}$ 是其自身的伴随.

3. 关于平面 $x_3=0$ 的反射将 (x_1,x_2,x_3) 映射到 $(x_1,x_2,-x_3)$，其对应的矩阵表示为

$$\begin{pmatrix}1&0&0\\0&1&0\\0&0&-1\end{pmatrix},$$

该矩阵的行列式为 -1.

5. 如果 $\boldsymbol{M}$ 的行向量是两两正交的单位向量，则由矩阵乘法法则可知，$\boldsymbol{M}\boldsymbol{M}^*=\boldsymbol{I}$. 又因为右逆同时是左逆，所以 $\boldsymbol{M}^*\boldsymbol{M}=\boldsymbol{I}$，再由矩阵乘法法则可知，$\boldsymbol{M}$ 的列向量是两两正交的单位向量.

6. $a_{ij}=(\boldsymbol{A}\boldsymbol{e}_j,\boldsymbol{e}_i)$. 根据施瓦茨不等式有

$$|a_{ij}|\leqslant\|\boldsymbol{A}\boldsymbol{e}_j\|\|\boldsymbol{e}_i\|.$$

又由范数的定义可知

$$\|\boldsymbol{A}\boldsymbol{e}_j\| \leqslant \|\boldsymbol{A}\|\|\boldsymbol{e}_j\|.$$

而 $\|\boldsymbol{e}_i\| = \|\boldsymbol{e}_j\| = 1$，于是

$$|a_{ij}| \leqslant \|\boldsymbol{A}\|.$$

7. 设 $\boldsymbol{x}_1, \cdots, \boldsymbol{x}_n$ 是 X 的一组标准正交基，则任意 $\boldsymbol{x} \in X$ 都可以表示为

$$\boldsymbol{x} = \sum a_j \boldsymbol{x}_j,$$

并且有

$$\|\boldsymbol{x}\|^2 = \sum |a_j|^2.$$

将 $\boldsymbol{A}\boldsymbol{x}$ 写为

$$\boldsymbol{A}\boldsymbol{x} = \sum a_j \boldsymbol{A}\boldsymbol{x}_j,$$

则

$$\|\boldsymbol{A}\boldsymbol{x}\| \leqslant \sum |a_j|\|\boldsymbol{A}\boldsymbol{x}_j\|.$$

利用经典的施瓦茨不等式，有

$$\|\boldsymbol{A}\boldsymbol{x}\|^2 \leqslant \sum |a_j|^2 \sum \|\boldsymbol{A}\boldsymbol{x}_j\|^2,$$

于是

$$\|\boldsymbol{A}\|^2 \leqslant \sum \|\boldsymbol{A}\boldsymbol{x}_j\|^2.$$

用 $\boldsymbol{A}_n - \boldsymbol{A}$ 代替上述不等式中的 $\boldsymbol{A}$ 可知，如果对于任意 $\boldsymbol{x}_j$，$(\boldsymbol{A}_n - \boldsymbol{A})\boldsymbol{x}_j$ 都收敛于零，则 $\|\boldsymbol{A}_n - \boldsymbol{A}\|$ 亦收敛于零.

8. 利用恒等式 (44)：

$$\|\boldsymbol{x} + \boldsymbol{y}\|^2 = \|\boldsymbol{x}\|^2 + 2\,\mathrm{Re}\,(\boldsymbol{x}, \boldsymbol{y}) + \|\boldsymbol{y}\|^2.$$

以 $t\boldsymbol{y}$ 代换上式中的 $\boldsymbol{y}$，其中，$t = -\mathrm{Re}\,(\boldsymbol{x}, \boldsymbol{y})/\|\boldsymbol{y}\|^2$. 由于所得等式的左端非负，因此我们有

$$|\,\mathrm{Re}\,(\boldsymbol{x}, \boldsymbol{y})| \leqslant \|\boldsymbol{x}\|\|\boldsymbol{y}\|.$$

再以 $k\boldsymbol{x}$ 代换 $\boldsymbol{x}$，其中，选取 k 满足 $|k| = 1$ 且使上式左端取得最大值，于是

$$|(\boldsymbol{x}, \boldsymbol{y})| \leqslant \|\boldsymbol{x}\|\|\boldsymbol{y}\|.$$

14. 对任意映射 $\boldsymbol{A}$，有

$$\det \boldsymbol{A}^* = \overline{\det \boldsymbol{A}}.$$

对任意酉矩阵 $\boldsymbol{M}$，有 $\boldsymbol{M}^*\boldsymbol{M} = \boldsymbol{I}$. 于是根据行列式的乘法性质，有

$$\det \boldsymbol{M}^* \det \boldsymbol{M} = \det \boldsymbol{I} = 1.$$

再由 $\det \boldsymbol{M}^* = \overline{\det \boldsymbol{M}}$ 可知

$$|\det \boldsymbol{M}|^2 = 1.$$

17.

$$(\boldsymbol{A}\boldsymbol{A}^*)_{ii} = \sum_k a_{ik}a^*_{ki} = \sum_k a_{ik}\bar{a}_{ik} = \sum_k |a_{ik}|^2,$$

所以

$$\operatorname{tr} \boldsymbol{A}\boldsymbol{A}^* = \sum_i (\boldsymbol{A}\boldsymbol{A}^*)_{ii} = \sum_{i,k} |a_{ik}|^2.$$

19. 对于矩阵 $\boldsymbol{A} = \begin{pmatrix} 1 & 2 \\ 0 & 3 \end{pmatrix}$，有 $\operatorname{tr} \boldsymbol{A} = 4$，$\det \boldsymbol{A} = 3$，所以 $\boldsymbol{A}$ 的本征方程为

$$a^2 - 4a + 3 = 0,$$

该方程的根即为 $\boldsymbol{A}$ 的本征值，显然其最大的根为 $a = 3$.

此外，$\sum |a_{ik}|^2 = 1+4+9 = 14$，$\sqrt{14} \approx 3.74$，于是根据式 (46) 和式 (51) 有

$$3 \leqslant \|\boldsymbol{A}\| \leqslant 3.74.$$

至于近似值 $\|\boldsymbol{A}\| \approx 3.65$，可见第 8 章练习 12.

20. (i) 当其他变量取值固定时，$\det(\boldsymbol{x}, \boldsymbol{y}, \boldsymbol{z})$ 是 $\boldsymbol{x}$ 和 $\boldsymbol{y}$ 的多重线性函数，因此 $w(\boldsymbol{x}, \boldsymbol{y})$ 是 $\boldsymbol{x}$ 和 $\boldsymbol{y}$ 的双线性函数.

(ii) 这是因为 $\det(\boldsymbol{y}, \boldsymbol{x}, \boldsymbol{z}) = -\det(\boldsymbol{x}, \boldsymbol{y}, \boldsymbol{z})$.

(iii) 这是因为 $\det(\boldsymbol{x}, \boldsymbol{y}, \boldsymbol{x}) = 0$，$\det(\boldsymbol{x}, \boldsymbol{y}, \boldsymbol{y}) = 0$.

(iv) 用 $\boldsymbol{R}$ 乘以矩阵 $(\boldsymbol{x}, \boldsymbol{y}, \boldsymbol{z})$，得 $\boldsymbol{R}(\boldsymbol{x}, \boldsymbol{y}, \boldsymbol{z}) = (\boldsymbol{R}\boldsymbol{x}, \boldsymbol{R}\boldsymbol{y}, \boldsymbol{R}\boldsymbol{z})$.

由行列式乘法性质以及 $\det \boldsymbol{R} = 1$ 可知

$$\det(\boldsymbol{x}, \boldsymbol{y}, \boldsymbol{z}) = \det(\boldsymbol{R}\boldsymbol{x}, \boldsymbol{R}\boldsymbol{y}, \boldsymbol{R}\boldsymbol{z}).$$

于是

$$(w(\boldsymbol{x}, \boldsymbol{y}), \boldsymbol{z}) = (w(\boldsymbol{R}\boldsymbol{x}, \boldsymbol{R}\boldsymbol{y}), \boldsymbol{R}\boldsymbol{z}) = (\boldsymbol{R}^* w(\boldsymbol{R}\boldsymbol{x}, \boldsymbol{R}\boldsymbol{y}), \boldsymbol{z}),$$

从而

$$w(\boldsymbol{x}, \boldsymbol{y}) = \boldsymbol{R}^* w(\boldsymbol{R}\boldsymbol{x}, \boldsymbol{R}\boldsymbol{y}).$$

上式两端左乘以 $\boldsymbol{R}$，原命题得证.

(v) 令 $\boldsymbol{x}_0 = a(1, 0, 0)'$，$\boldsymbol{y}_0 = b(\cos\theta, \sin\theta, 0)'$，则

$$\begin{aligned}(\boldsymbol{x}_0 \times \boldsymbol{y}_0, \boldsymbol{z}) &= \det \begin{pmatrix} a & b\cos\theta & z_1 \\ 0 & b\sin\theta & z_2 \\ 0 & 0 & z_3 \end{pmatrix} \\ &= (ab\sin\theta) z_3.\end{aligned}$$

因此

$$\boldsymbol{x}_0 \times \boldsymbol{y}_0 = ab\sin\theta(0, 0, 1)'.$$

又因为 $a=\|\boldsymbol{x}_0\|$，$b=\|\boldsymbol{y}_0\|$，所以有

$$\|\boldsymbol{x}_0\times\boldsymbol{y}_0\|=\|\boldsymbol{x}_0\|\|\boldsymbol{y}_0\|\sin\theta.$$

显然，夹角为 θ 的任意两个向量 $\boldsymbol{x}$ 和 $\boldsymbol{y}$ 都可以旋转至 $\boldsymbol{x}_0$ 和 $\boldsymbol{y}_0$，于是由 (iv) 可得

$$\|\boldsymbol{x}\times\boldsymbol{y}\|=\|\boldsymbol{x}\|\|\boldsymbol{y}\||\sin\theta|.$$

第 8 章　欧几里得空间自伴随映射的谱理论

1.

$$(\boldsymbol{x},\boldsymbol{M}\boldsymbol{x})=(\boldsymbol{M}^*\boldsymbol{x},\boldsymbol{x})=\overline{(\boldsymbol{x},\boldsymbol{M}^*\boldsymbol{x})},$$

$$\mathrm{Re}\,(\boldsymbol{x},\boldsymbol{M}\boldsymbol{x})=\frac{1}{2}(\boldsymbol{x},\boldsymbol{M}\boldsymbol{x})+\frac{1}{2}\overline{(\boldsymbol{x},\boldsymbol{M}\boldsymbol{x})}=(\boldsymbol{x},\frac{\boldsymbol{M}+\boldsymbol{M}^*}{2}\boldsymbol{x}).$$

4. 在式 $(24)'$ 两端右乘以 $\boldsymbol{M}$，由 $\boldsymbol{M}^*\boldsymbol{M}=\boldsymbol{I}$ 可得

$$\boldsymbol{H}\boldsymbol{M}=\boldsymbol{D}\boldsymbol{M}.$$

左端矩阵的第 j 列是 $\boldsymbol{H}\boldsymbol{m}_j$，其中，$\boldsymbol{m}_j$ 是 $\boldsymbol{M}$ 的第 j 列. 右端矩阵的第 j 列是 $d_j\boldsymbol{m}_j$，于是

$$\boldsymbol{H}\boldsymbol{m}_j=d_j\boldsymbol{m}_j.$$

8. 设 a 是 $\boldsymbol{M}^{-1}\boldsymbol{H}$ 的本征值，$\boldsymbol{u}$ 为对应的本征向量，即

$$\boldsymbol{M}^{-1}\boldsymbol{H}\boldsymbol{u}=a\boldsymbol{u}.$$

上式两端左乘以 $\boldsymbol{M}$，然后分别取它们与 $\boldsymbol{u}$ 的内积，得到

$$(\boldsymbol{H}\boldsymbol{u},\boldsymbol{u})=a(\boldsymbol{M}\boldsymbol{u},\boldsymbol{u}),$$

由于 $\boldsymbol{M}$ 是正定矩阵，因此

$$\frac{(\boldsymbol{H}\boldsymbol{u},\boldsymbol{u})}{(\boldsymbol{M}\boldsymbol{u},\boldsymbol{u})}=a.$$

即证得 a 为实数.

10. 正规矩阵 $\boldsymbol{N}$ 有一组标准正交本征向量 $\boldsymbol{f}_1,\cdots,\boldsymbol{f}_n$:

$$\boldsymbol{N}\boldsymbol{f}_j=n_j\boldsymbol{f}_j.$$

任意向量 $\boldsymbol{x}$ 都可以表示为

$$\boldsymbol{x}=\sum a_j\boldsymbol{f}_j,\quad \|\boldsymbol{x}\|^2=\sum|a_j|^2,$$

同时有

$$\boldsymbol{N}\boldsymbol{x}=\sum a_jn_j\boldsymbol{f}_j,\quad \|\boldsymbol{N}\boldsymbol{x}\|^2=\sum|a_j|^2|n_j|^2;$$

所以

$$\|\boldsymbol{N}\boldsymbol{x}\|\leqslant\max|n_j|\|\boldsymbol{x}\|,$$

其中，当 $\boldsymbol{x}=\boldsymbol{f}_m$，$|n_m|=\max|n_j|$ 时等号成立．这就证得

$$\|\boldsymbol{N}\|=\max|n_j|.$$

11. (b) $\boldsymbol{S}$ 的对应于 v 的本征向量满足

$$\begin{aligned}\boldsymbol{f}_{j-1}&=v\boldsymbol{f}_j,\quad j=2,\cdots,n,\\ \boldsymbol{f}_n&=v\boldsymbol{f}_1.\end{aligned}$$

所以

$$\boldsymbol{f}_1=v^{n-1}\boldsymbol{f}_n=v^n\boldsymbol{f}_1.$$

故 v 是一个 n 次单位根，即

$$v_k=\exp\left(\frac{2\pi\mathrm{i}}{n}k\right),\quad k=1,\cdots,n,$$

并且

$$\boldsymbol{f}_k=(1,v_k^{-1},\cdots,v_k^{1-n}).$$

对任意 $k\neq l$，其标量积为

$$(\boldsymbol{f}_k,\boldsymbol{f}_l)=\sum\exp\left(\frac{-2\pi}{n}kj\right)\exp\left(\frac{2\pi}{n}lj\right)=\sum\exp\left(\frac{2\pi}{n}(l-k)j\right)=0.$$

12. (i)

$$\boldsymbol{A}^*\boldsymbol{A}=\begin{pmatrix}1&0\\2&3\end{pmatrix}\begin{pmatrix}1&2\\0&3\end{pmatrix}=\begin{pmatrix}1&2\\2&13\end{pmatrix}.$$

$\boldsymbol{A}^*\boldsymbol{A}$ 的本征方程为

$$\lambda^2-14\lambda+9=0,$$

其最大根为

$$\lambda_{\max}=7+\sqrt{40}\approx 13.325.$$

根据定理 13，有

$$\|\boldsymbol{A}\|=\sqrt{\lambda_{\max}}\approx 3.65.$$

(ii) 上述结果与第 7 章练习 19 所得的结论吻合：

$$3\leqslant\|\boldsymbol{A}\|\leqslant 3.74.$$

13.

$$\begin{pmatrix}1&0&-1\\2&3&0\end{pmatrix}\begin{pmatrix}1&2\\0&3\\-1&0\end{pmatrix}=\begin{pmatrix}2&2\\2&13\end{pmatrix}.$$

上式右端矩阵的本征方程为

$$\lambda^2-15\lambda+22=0,$$

其最大根为

$$\lambda_{\max} = \frac{15+\sqrt{137}}{2} \approx 13.35.$$

根据定理 13，有

$$\left\| \begin{pmatrix} 1 & 0 & -1 \\ 2 & 3 & 0 \end{pmatrix} \right\| = \sqrt{\lambda_{\max}} \approx 3.65.$$

第 9 章　向量值函数、矩阵值函数的微积分学

1. 利用乘积求导法则对 $\boldsymbol{A}^{-1}\boldsymbol{A} = \boldsymbol{I}$ 求导，得

$$\left(\frac{\mathrm{d}}{\mathrm{d}t}\boldsymbol{A}^{-1}\right)\boldsymbol{A} + \boldsymbol{A}^{-1}\frac{\mathrm{d}}{\mathrm{d}t}\boldsymbol{A} = \boldsymbol{0}.$$

由上式解出 $\dfrac{\mathrm{d}}{\mathrm{d}t}\boldsymbol{A}^{-1}$，即得式 (3).

3. 记 $\boldsymbol{C} = \begin{pmatrix} 0 & 1 \\ 1 & 0 \end{pmatrix}$，则由 $\boldsymbol{C}^2 = \boldsymbol{I}$ 可知，当 n 为奇数时 $\boldsymbol{C}^n = \boldsymbol{C}$，当 n 为偶数时 $\boldsymbol{C}^n = \boldsymbol{I}$. 于是

$$\begin{aligned} \exp\boldsymbol{C} &= \boldsymbol{C}\left(1+\frac{1}{3!}+\cdots\right) + \boldsymbol{I}\left(1+\frac{1}{2}+\cdots\right) \\ &= \boldsymbol{C}\frac{\mathrm{e}-\mathrm{e}^{-1}}{2} + \boldsymbol{I}\frac{\mathrm{e}+\mathrm{e}^{-1}}{2} \\ &= \begin{pmatrix} 1.54 & 1.17 \\ 1.17 & 1.54 \end{pmatrix}. \end{aligned}$$

6. 对 $\boldsymbol{Y}(t) = \exp\boldsymbol{A}t$，有

$$\frac{\mathrm{d}}{\mathrm{d}t}\boldsymbol{Y}(t) = (\exp\boldsymbol{A}t)\boldsymbol{A}, \quad \boldsymbol{Y}^{-1}\frac{\mathrm{d}\boldsymbol{Y}}{\mathrm{d}t} = \boldsymbol{A}.$$

根据式 (10)，有

$$\frac{\mathrm{d}}{\mathrm{d}t}\ln\det\exp\boldsymbol{A}t = \operatorname{tr}\boldsymbol{A},$$

于是

$$\ln\det\exp\boldsymbol{A}t = t\operatorname{tr}\boldsymbol{A}.$$

进而有

$$\det\exp\boldsymbol{A}t = \exp(t\operatorname{tr}\boldsymbol{A}).$$

7. 根据第 6 章定理 4，对任意多项式 p，$p(\boldsymbol{A})$ 的每个本征值都形如 $p(a)$，其中，a 是 $\boldsymbol{A}$ 的本征值. 为将该结论推广至指数函数，我们注意到 e^s 是以多项式的极限形式定义的，部分和 $e_m(s)$ 由式 (12) 定义. 为完成整个证明，还需用到本章定理 6.

我们已经在练习 6 中证明了 $\det\exp\boldsymbol{A}=\exp(\operatorname{tr}\boldsymbol{A})$，这就表明 e^a 作为 $\mathrm{e}^{\boldsymbol{A}}$ 的本征值的重数与 a 作为 $\boldsymbol{A}$ 的本征值的重数相同.

第 10 章　矩阵不等式

1. 在 $\sqrt{\boldsymbol{H}}$ 的定义式 (6) 中，我们既可以选取 $\sqrt{a_j}$ 为正平方根，也可以选取其为负平方根. 这就说明，如果 $\boldsymbol{H}$ 有 n 个互不相同的非零本征值，则 $\boldsymbol{H}$ 有 2^n 个平方根. 如果存在 $\boldsymbol{H}$ 的某个非零本征值重数大于 1，则 $\boldsymbol{H}$ 有无穷多个平方根.

3. $\boldsymbol{A}=\begin{pmatrix}1&2\\2&5\end{pmatrix}$ 是正定矩阵，它将 $(1,0)$ 映射到 $(1,2)$. $\boldsymbol{B}=\begin{pmatrix}1&-2\\-2&5\end{pmatrix}$ 是正定矩阵，它将 $(1,0)$ 映射到 $(1,-2)$. 向量 $(1,2)$ 与 $(1,-2)$ 的夹角大于 $\pi/2$，因此 $\boldsymbol{AB}+\boldsymbol{BA}$ 不是正定矩阵. 事实上，

$$\boldsymbol{AB}+\boldsymbol{BA}=\begin{pmatrix}-6&0\\0&42\end{pmatrix}$$

有一个负本征值.

4. (a) 应用定理 5 两次.

(b) 应用定理 5 共 k 次，其中 $2^k=m$.

(c) 对

$$m[\boldsymbol{M}^{1/m}-\boldsymbol{I}]<m[\boldsymbol{N}^{1/m}-\boldsymbol{I}]$$

两端取极限，得

$$\ln\boldsymbol{M}\leqslant\ln\boldsymbol{N}.$$

注记　(b) 对任意正指数 $m>1$ 都成立.

5. 令 $\boldsymbol{A}$ 和 $\boldsymbol{B}$ 同练习 3，即 $\boldsymbol{A}$ 和 $\boldsymbol{B}$ 均为正定矩阵，但其对称积不正定. 令

$$\boldsymbol{M}=\boldsymbol{A},\quad \boldsymbol{N}=\boldsymbol{A}+t\boldsymbol{B},$$

其中，t 是一个非常小的正数. 显然，$\boldsymbol{M}<\boldsymbol{N}$，且

$$\boldsymbol{N}^2=\boldsymbol{A}^2+t(\boldsymbol{AB}+\boldsymbol{BA})+t^2\boldsymbol{B}^2;$$

当 t 很小时，我们可将上式右端的项 $t^2\boldsymbol{B}^2$ 忽略不计，只考虑其线性部分. 因此，当 t 很小时，$\boldsymbol{N}^2$ 不大于 $\boldsymbol{M}^2$.

6. 我们断言函数 $f(s)=-(s+t)^{-1}$（$t>0$）是单调矩阵函数. 事实上，如果 $0<\boldsymbol{M}<\boldsymbol{N}$，则 $0<\boldsymbol{M}+t\boldsymbol{I}<\boldsymbol{N}+t\boldsymbol{I}$，于是根据定理 2 有

$$(\boldsymbol{M}+t\boldsymbol{I})^{-1}>(\boldsymbol{N}+t\boldsymbol{I})^{-1}.$$

式 (19) 所定义的函数 $f(s)$ 是形如 s 和 $-(s+t)^{-1}$（$t>0$）的函数的系数大于零的线性组合的极限. 单调矩阵函数的线性组合仍单调，再取极限亦单调.

注记 洛纳证明了定理“每个单调矩阵函数都形如式 (19)”的逆命题亦成立.

注记 每个形如式 (19) 的函数 $f(s)$ 都可以扩充成复上半平面 $\operatorname{Im} s>0$ 上的解析函数，使得 $f(s)$ 的虚部在上半平面 $\operatorname{Im} s>0$ 上大于零、在正实轴 $s>0$ 上为零. 根据赫格洛茨的一个定理，所有满足该条件的函数都可以写成式 (19) 的形式.

容易证明函数 s^m（$0<m<1$）和 $\ln s$ 的虚部在复上半平面上均大于零.

7. 矩阵

$$\boldsymbol{G}_{ij}=\frac{1}{r_i+r_j+1},\quad r_i>0$$

是格拉姆矩阵，且

$$\boldsymbol{G}_{ij}=\int_0^1 f_i(t)f_j(t)\mathrm{d}t,\quad f_j(t)=t^{r_j}.$$

10. 根据施瓦茨不等式和 $\boldsymbol{M}-\boldsymbol{N}$ 的范数的定义，有

$$(\boldsymbol{u},(\boldsymbol{M}-\boldsymbol{N})\boldsymbol{u})\leqslant\|\boldsymbol{u}\|\|(\boldsymbol{M}-\boldsymbol{N})\boldsymbol{u}\|\leqslant\|\boldsymbol{u}\|^2\|\boldsymbol{M}-\boldsymbol{N}\|=d\|\boldsymbol{u}\|^2.$$

因此

$$(\boldsymbol{u},\boldsymbol{M}\boldsymbol{u})\leqslant(\boldsymbol{u},\boldsymbol{N}\boldsymbol{u})+d\|\boldsymbol{u}\|^2=(\boldsymbol{u},(\boldsymbol{N}+d\boldsymbol{I})\boldsymbol{u}).$$

这就证得 $\boldsymbol{M}\leqslant\boldsymbol{N}+d\boldsymbol{I}$. 交换 $\boldsymbol{M}$ 和 $\boldsymbol{N}$ 可得 $\boldsymbol{N}\leqslant\boldsymbol{M}+d\boldsymbol{I}$，两式联立即得式 $(44)'$.

11. 将 m_i 按升序排列，得

$$m_1\leqslant\cdots\leqslant m_k.$$

假定 n_i 不是按升序排列的，则存在一对下标 $i<j$ 使得 $n_i>n_j$. 我们断言交换 n_i 与 n_j 将使和式 (51) 增大，即

$$n_im_i+n_jm_j\leqslant n_jm_i+n_im_j.$$

事实上，上式可以重写为

$$(n_i-n_j)m_i+(n_j-n_i)m_j=(n_i-n_j)(m_i-m_j)\leqslant 0,$$

这显然是正确的. 因此，经过有限多次交换，我们可证明，当 n_i 与 m_i 的排列顺序一致时，和式 (51) 取得最大值.

12. 如果 $\boldsymbol{Z}$ 不可逆，则零必为其本征值，与定理 20 矛盾.

设 $\boldsymbol{h}$ 为任意向量，记 $\boldsymbol{k}=\boldsymbol{Z}^{-1}\boldsymbol{h}$，则

$$(\boldsymbol{Z}^{-1}\boldsymbol{h},\boldsymbol{h})=(\boldsymbol{k},\boldsymbol{Z}\boldsymbol{k}).$$

因为 $\boldsymbol{Z}$ 的自伴随部分正定，所以上式右端取值为正. 因此上式左端取值为正，这就说明 $\boldsymbol{Z}^{-1}$ 的自伴随部分正定.

13. 若 $\boldsymbol{A}$ 可逆，则由

$$\boldsymbol{A}^*\boldsymbol{A} = \boldsymbol{A}^{-1}\boldsymbol{A}\boldsymbol{A}^*\boldsymbol{A},$$

可知 $\boldsymbol{A}\boldsymbol{A}^*$ 与 $\boldsymbol{A}^*\boldsymbol{A}$ 相似，因而有相同本征值. 若 $\boldsymbol{A}$ 不可逆，则可将其看作一个可逆矩阵序列的极限加以讨论.

14. 设 $\boldsymbol{u}$ 是 $\boldsymbol{A}^*\boldsymbol{A}$ 的对应于某非零本征值的本征向量，即

$$\boldsymbol{A}^*\boldsymbol{A}\boldsymbol{u} = r\boldsymbol{u}, \quad r \neq 0.$$

记 $\boldsymbol{v} = \boldsymbol{A}\boldsymbol{u}$，则 $\boldsymbol{v} \neq \boldsymbol{0}$（否则，若 $\boldsymbol{A}\boldsymbol{u} = \boldsymbol{0}$，则根据上式必有 $\boldsymbol{u} = \boldsymbol{0}$）.

令 $\boldsymbol{A}$ 作用于上式，得

$$\boldsymbol{A}\boldsymbol{A}^*\boldsymbol{A}\boldsymbol{u} = r\boldsymbol{A}\boldsymbol{u},$$

或写作

$$\boldsymbol{A}\boldsymbol{A}^*\boldsymbol{v} = r\boldsymbol{v}.$$

这就表明 $\boldsymbol{v}$ 是 $\boldsymbol{A}\boldsymbol{A}^*$ 的对应于本征值 r 的本征向量.

于是，$\boldsymbol{A}$ 将 $\boldsymbol{A}^*\boldsymbol{A}$ 的对应于本征值 r 的本征空间映射到 $\boldsymbol{A}\boldsymbol{A}^*$ 的本征空间，且该映射是一一映射. 同理可证，$\boldsymbol{A}^*$ 将 $\boldsymbol{A}\boldsymbol{A}^*$ 的本征空间映射到 $\boldsymbol{A}^*\boldsymbol{A}$ 的本征空间，且该映射也是一一映射. 这就证得 $\boldsymbol{A}\boldsymbol{A}^*$ 与 $\boldsymbol{A}^*\boldsymbol{A}$ 的本征空间具有相同的维数.

15. 令 $\boldsymbol{Z} = \begin{pmatrix} 1 & a \\ 0 & 2 \end{pmatrix}$（$a$ 为某实数），则 $\boldsymbol{Z}$ 的本征值为 1 和 2，但当 $a > \sqrt{8}$ 时，

$$\boldsymbol{Z} + \boldsymbol{Z}^* = \begin{pmatrix} 2 & a \\ a & 4 \end{pmatrix}$$

不是正定矩阵.

第 11 章　运动学与动力学

1. 如果 $\boldsymbol{M}_t = \boldsymbol{A}\boldsymbol{M}$，则 $\boldsymbol{M}_t^* = \boldsymbol{M}^*\boldsymbol{A}^* = -\boldsymbol{M}^*\boldsymbol{A}$. 于是

$$(\boldsymbol{M}^*\boldsymbol{M})_t = \boldsymbol{M}_t^*\boldsymbol{M} + \boldsymbol{M}^*\boldsymbol{M}_t = -\boldsymbol{M}^*\boldsymbol{A}\boldsymbol{M} + \boldsymbol{M}^*\boldsymbol{A}\boldsymbol{M} = \boldsymbol{0}.$$

因为 $t = 0$ 时有 $\boldsymbol{M}^*\boldsymbol{M} = \boldsymbol{I}$，所以对任意 t 都有 $\boldsymbol{M}^*\boldsymbol{M} = \boldsymbol{I}$. 又因为 $t = 0$ 时有 $\det \boldsymbol{M} = 1$，所以对任意 t 都有 $\det \boldsymbol{M} = 1$，即证得 $\boldsymbol{M}(t)$ 是旋转.

5. 因为实反对称矩阵 $\boldsymbol{A}$ 的非零本征值均为纯虚数，且以共轭对 $\mathrm{i}k$ 和 $-\mathrm{i}k$ 的形式出现，所以 $\boldsymbol{A}^2$ 的本征值为 $0, -k^2, -k^2$，故 $\operatorname{tr} \boldsymbol{A}^2 = -2k^2$. 而 $\boldsymbol{A}^2$ 的对角

线元素依次为 $-(a^2+b^2),-(a^2+c^2),-(b^2+c^2)$，故 $\operatorname{tr}\boldsymbol{A}^2=-2(a^2+b^2+c^2)$. 于是 $k=\sqrt{a^2+b^2+c^2}$.

6. $\mathrm{e}^{\boldsymbol{A}t}$ 的本征值为 e^{at}，其中，a 是 $\boldsymbol{A}$ 的本征值. 而 $\boldsymbol{A}$ 的本征值为 0 和 $\pm\mathrm{i}k$，所以 $\mathrm{e}^{\boldsymbol{A}t}$ 的本征值为 1 和 $\mathrm{e}^{\pm\mathrm{i}kt}$. 又由 $\boldsymbol{Af}=\boldsymbol{0}$ 可知 $\mathrm{e}^{\boldsymbol{A}t}\boldsymbol{f}=\boldsymbol{f}$，因此 $\boldsymbol{f}$ 是旋转映射 $\mathrm{e}^{\boldsymbol{A}t}$ 的旋转轴. $\mathrm{e}^{\boldsymbol{A}t}$ 的迹为 $1+\mathrm{e}^{\mathrm{i}kt}+\mathrm{e}^{-\mathrm{i}kt}=2\cos kt+1$. 再根据式 $(4)'$，旋转映射 $\boldsymbol{M}=\mathrm{e}^{\boldsymbol{A}t}$ 的转角 θ 满足 $2\cos\theta+1=\operatorname{tr}\mathrm{e}^{\boldsymbol{A}t}$，于是 $\theta=kt=\sqrt{a^2+b^2+c^2}\,t$.

8.

$$\boldsymbol{A}=\begin{pmatrix}0&a&b\\-a&0&c\\-b&-c&0\end{pmatrix},\quad \boldsymbol{B}=\begin{pmatrix}0&d&e\\-d&0&g\\-e&-g&0\end{pmatrix},$$

它们的零化向量如下所示.

$$\boldsymbol{f}_{\boldsymbol{A}}=\begin{pmatrix}-c\\b\\-a\end{pmatrix},\quad \boldsymbol{f}_{\boldsymbol{B}}=\begin{pmatrix}-g\\e\\-d\end{pmatrix}.$$

$$\boldsymbol{AB}=-\begin{pmatrix}ad+be&bg&-ag\\ce&ad+cg&ae\\-cd&bd&be+cg\end{pmatrix}.$$

于是 $\operatorname{tr}\boldsymbol{AB}=-2(ad+be+cg)$，而 $\boldsymbol{f}_{\boldsymbol{A}}$ 与 $\boldsymbol{f}_{\boldsymbol{B}}$ 的标量积为 $cg+be+ad$.

9. 同上一练习，我们可以计算 $\boldsymbol{BA}$. 与 $\boldsymbol{AB}$ 相减得

$$\boldsymbol{AB}-\boldsymbol{BA}=\begin{pmatrix}0&ec-bg&-dc+ag\\bg-ce&0&db-ae\\dc-ag&ae-db&0\end{pmatrix}.$$

于是

$$\boldsymbol{f}_{[\boldsymbol{A},\boldsymbol{B}]}=\begin{pmatrix}ae-db\\ag-dc\\bg-ec\end{pmatrix}.$$

利用第 7 章中的向量积公式易证 $\boldsymbol{f}_{\boldsymbol{A}}\times\boldsymbol{f}_{\boldsymbol{B}}=\boldsymbol{f}_{[\boldsymbol{A},\boldsymbol{B}]}$.

第 12 章 凸集

2. (a) 设 $\{K_i\}$ 为一个凸集族，K 为它们的交. 若 $\boldsymbol{x},\boldsymbol{y}\in K$，则 $\boldsymbol{x},\boldsymbol{y}$ 必属于每一个 K_i. 而由 K_i 是凸集可知，K_i 必包含以 $\boldsymbol{x},\boldsymbol{y}$ 为端点的线段. 该线段含于全体 K_i，因而含于 K，这就说明 K 是凸集.

(b) 设 $\boldsymbol{x},\boldsymbol{y}$ 为 $H+K$ 中的两点，即 $\boldsymbol{x},\boldsymbol{y}$ 形如

$$\boldsymbol{x}=\boldsymbol{u}+\boldsymbol{z},\quad \boldsymbol{y}=\boldsymbol{v}+\boldsymbol{w},\quad 其中\ \boldsymbol{u},\boldsymbol{v}\in H,\ \boldsymbol{z},\boldsymbol{w}\in K.$$

对任意 $0\leqslant a\leqslant 1$，由 H 为凸集可知，$a\boldsymbol{u}+(1-a)\boldsymbol{v}$ 属于 H；由 K 为凸集可知，$a\boldsymbol{z}+(1-a)\boldsymbol{w}$ 属于 H. 于是两式之和

$$a\boldsymbol{u}+(1-a)\boldsymbol{v}+a\boldsymbol{z}+(1-a)\boldsymbol{w}=a(\boldsymbol{u}+\boldsymbol{z})+(1-a)(\boldsymbol{v}+\boldsymbol{w})=a\boldsymbol{x}+(1-a)\boldsymbol{y}$$

属于 $H+K$，即证得 $H+K$ 是凸集.

6. 记 $\boldsymbol{x}=(u,v)$. 如果 $u,v\leqslant 0$，则对任意正数 r，无论 r 多小都有 $\boldsymbol{x}/r$ 属于 K，所以 $p(\boldsymbol{x})=0$.

如果 $0<v,u\leqslant 0$，则对于正数 r，仅当 $r>v$ 时有 $\boldsymbol{x}/r=(\frac{u}{r},\frac{v}{r})$ 属于 K，因此 $p(\boldsymbol{x})=v$. 其他情形可类似讨论.

7. 若 $p(\boldsymbol{x})<1,p(\boldsymbol{y})<1$ 且 $0\leqslant a\leqslant 1$，则根据 p 的次可加性和正齐次性，有

$$p(a\boldsymbol{x}+(1-a)\boldsymbol{y})\leqslant p(a\boldsymbol{x})+p((1-a)\boldsymbol{y})=ap(\boldsymbol{x})+(1-a)p(\boldsymbol{y})<1.$$

这就说明使得 $p(\boldsymbol{x})<1$ 的 $\boldsymbol{x}$ 所构成的集合是凸的.

下面证明集合 $p(\boldsymbol{x})<1$ 是开集. 根据 p 的次可加性和正齐次性，对任意正数 t，有

$$p(\boldsymbol{x}+t\boldsymbol{y})\leqslant p(\boldsymbol{x})+p(t\boldsymbol{y})=p(\boldsymbol{x})+tp(\boldsymbol{y}).$$

由于 $p(\boldsymbol{x})<1$，因此当 $t>0$ 但取值很小时仍有 $p(\boldsymbol{x})+tp(\boldsymbol{y})<1$.

8.

$$\begin{aligned}q_S(m+l)&=\sup_{\boldsymbol{x}\in S}(m+l)(\boldsymbol{x})\\&=\sup_{\boldsymbol{x}\in S}(m(\boldsymbol{x})+l(\boldsymbol{x}))\\&\leqslant\sup_{\boldsymbol{x}\in S}m(\boldsymbol{x})+\sup_{\boldsymbol{x}\in S}l(\boldsymbol{x})\\&=q_S(m)+q_S(l).\end{aligned}$$

注记　该练习表明，线性函数的上确界具有次可加性.

10.

$$\begin{aligned}q_{S\cup T}(l)&=\sup_{\boldsymbol{x}\in S\cup T}l(\boldsymbol{x})\\&=\max\{\sup_{\boldsymbol{x}\in S}l(\boldsymbol{x}),\sup_{\boldsymbol{x}\in T}l(\boldsymbol{x})\}\\&=\max\{q_S(l),q_T(l)\}.\end{aligned}$$

16. 设所有 p_j 都大于零，令

$$\boldsymbol{y}_k=\sum_{j=1}^{k}p_j\boldsymbol{x}_j\Big/\sum_{j=1}^{k}p_j.$$

则

$$\boldsymbol{y}_{k+1} = \frac{\sum_{j=1}^{k} p_j}{\sum_{j=1}^{k+1} p_j}\boldsymbol{y}_k + \frac{p_{k+1}}{\sum_{j=1}^{k+1} p_j}\boldsymbol{x}_{k+1}.$$

由于 $\boldsymbol{y}_1 = \boldsymbol{x}_1$ 且 $\boldsymbol{y}_{k+1}$ 落在以 $\boldsymbol{y}_k$ 和 $\boldsymbol{x}_{k+1}$ 为端点的线段上，因此我们可以用归纳法证明：全体 $\boldsymbol{y}_k$ 都落在包含 $\boldsymbol{x}_1, \cdots, \boldsymbol{x}_m$ 的任意凸集中. 最终

$$\boldsymbol{y}_m = \sum_{j=1}^{m} p_j \boldsymbol{x}_j$$

也落在包含 $\boldsymbol{x}_1, \cdots, \boldsymbol{x}_m$ 的凸集中.

19. 设 $\boldsymbol{P}_1$、$\boldsymbol{P}_2$、$\boldsymbol{P}_3$ 分别为以下 3×3 置换矩阵：

$$\boldsymbol{P}_1 = \begin{pmatrix} 1 & 0 & 0 \\ 0 & 1 & 0 \\ 0 & 0 & 1 \end{pmatrix}, \quad \boldsymbol{P}_2 = \begin{pmatrix} 0 & 1 & 0 \\ 0 & 0 & 1 \\ 1 & 0 & 0 \end{pmatrix}, \quad \boldsymbol{P}_3 = \begin{pmatrix} 0 & 0 & 1 \\ 1 & 0 & 0 \\ 0 & 1 & 0 \end{pmatrix}.$$

则

$$\frac{1}{3}\boldsymbol{P}_1 + \frac{1}{3}\boldsymbol{P}_2 + \frac{1}{3}\boldsymbol{P}_3 = \frac{1}{3}\begin{pmatrix} 1 & 1 & 1 \\ 1 & 1 & 1 \\ 1 & 1 & 1 \end{pmatrix} = \boldsymbol{M}.$$

类似地，定义

$$\boldsymbol{P}_4 = \begin{pmatrix} 1 & 0 & 0 \\ 0 & 0 & 1 \\ 0 & 1 & 0 \end{pmatrix}, \quad \boldsymbol{P}_5 = \begin{pmatrix} 0 & 1 & 0 \\ 1 & 0 & 0 \\ 0 & 0 & 1 \end{pmatrix}, \quad \boldsymbol{P}_6 = \begin{pmatrix} 0 & 0 & 1 \\ 0 & 1 & 0 \\ 1 & 0 & 0 \end{pmatrix}.$$

则

$$\frac{1}{3}\boldsymbol{P}_4 + \frac{1}{3}\boldsymbol{P}_5 + \frac{1}{3}\boldsymbol{P}_6 = \boldsymbol{M}.$$

20. 欧几里得空间中的集合 S 是开集，当且仅当对任意 $\boldsymbol{x} \in S$ 都存在以 $\boldsymbol{x}$ 为中心的球 $\|\boldsymbol{y} - \boldsymbol{x}\| < \epsilon$ 含于 S 中. 设 S 为凸开集，即存在正数 ϵ_i 使得对任意 $|t| < \epsilon_i$ 都有 $\boldsymbol{x} + t\boldsymbol{e}_i \in S$，其中，$\boldsymbol{e}_i$ 为单位向量. 记 $\epsilon = \min \epsilon_i$，则点 $\boldsymbol{x} \pm \epsilon \boldsymbol{e}_i$（$i = 1, \cdots, n$）属于 S. 又因为 S 是凸集，所以这些点的凸包属于 S，且该凸包包含以 $\boldsymbol{x}$ 为中心、以 $\epsilon/\sqrt{2}$ 为半径的球.

反过来是显然的.

第 13 章　对偶定理

3. 我们断言式 (21) 中等号成立，否则 S 将大于 s，与式 (20) 矛盾. 这就说明式 (16) 中的上确界就是最大值.

分别以 $-\boldsymbol{Y}$、$-\boldsymbol{y}$、$-\boldsymbol{r}$ 代替 $\boldsymbol{Y}$、$\boldsymbol{y}$、$\boldsymbol{r}$，即可将上确界化为下确界，反之亦然. 所以式 (18) 中的下确界就是最小值.

第 14 章　赋范线性空间

2. 注意 $\boldsymbol{x}-\boldsymbol{z}=(\boldsymbol{x}-\boldsymbol{y})+(\boldsymbol{y}-\boldsymbol{z})$，再利用范数的次可加性 (1).

5. 根据范数 $|\boldsymbol{x}|_p$ 和 $|\boldsymbol{x}|_\infty$ 的定义，我们有

$$|\boldsymbol{x}|_\infty^p \leqslant |\boldsymbol{x}|_p^p \leqslant n|\boldsymbol{x}|_\infty^p.$$

取上式的 p 次方根，得

$$|\boldsymbol{x}|_\infty \leqslant |\boldsymbol{x}|_p \leqslant n^{1/p}|\boldsymbol{x}|_\infty.$$

由于 p 趋于 ∞ 时有 $n^{1/p}$ 趋于 1，因此 $|\boldsymbol{x}|_\infty=\lim\limits_{p\to\infty}|\boldsymbol{x}|_p$.

6. 指定该空间的一组基，即可将空间中的点表示成实数的阵列. 由于空间上的全体范数等价，因此我们只需证明范数 $|\boldsymbol{x}|_\infty$ 的完备性.

设 $\{\boldsymbol{x}_n\}$ 是依范数 $|\boldsymbol{x}|_\infty$ 收敛的一个向量序列，$\boldsymbol{x}_n$ 的分量记为 $x_{n,j}$. 由 $|\boldsymbol{x}_n-\boldsymbol{x}_m|_\infty\to 0$ 可知：对任意 j，有

$$|x_{n,j}-x_{m,j}|\to 0.$$

由实数的完备性可知，

$$\lim_{n\to\infty} x_{n,j}=x_j.$$

设 $\boldsymbol{x}$ 是由分量 x_j 构成的向量，则

$$\lim_{n\to\infty}|\boldsymbol{x}_n-\boldsymbol{x}|_\infty=0.$$

定理 3 给出了另一种证明.

第 15 章　赋范线性空间之间的线性映射

1. 由式 (1) $|\boldsymbol{T}\boldsymbol{x}|\leqslant c|\boldsymbol{x}|$ 可得：$|\boldsymbol{T}(\boldsymbol{x}_n-\boldsymbol{x})|\leqslant c|\boldsymbol{x}_n-\boldsymbol{x}|$.

3. 前面已经证明

$$(\boldsymbol{I}-\boldsymbol{R})\boldsymbol{T}_n=\boldsymbol{I}-\boldsymbol{R}^{n+1},$$

两端同时左乘以 $\boldsymbol{S}^{-1}$，得

$$\boldsymbol{T}_n=\boldsymbol{S}^{-1}-\boldsymbol{S}^{-1}\boldsymbol{R}^{n+1},$$

因此

$$|\boldsymbol{T}_n-\boldsymbol{S}^{-1}|\leqslant|\boldsymbol{S}^{-1}\boldsymbol{R}^{n+1}|\leqslant|\boldsymbol{S}^{-1}||\boldsymbol{R}^{n+1}|.$$

由于 $|\boldsymbol{R}|<1$，因此当 $n\to\infty$ 时有 $|\boldsymbol{R}^{n+1}|\leqslant|\boldsymbol{R}|^{n+1}$ 趋于零.

5. 将 n 做模 m 的分解:

$$n=km+r,\quad 0\leqslant r<m.$$

则

$$\boldsymbol{R}^n=\boldsymbol{R}^{km+r}=(\boldsymbol{R}^m)^k\boldsymbol{R}^r,$$

进而有

$$|\boldsymbol{R}^n|\leqslant|\boldsymbol{R}^m|^k|\boldsymbol{R}^r|,$$

显然，当 n 趋于 ∞ 时，k 亦趋于 ∞. 所以若 $|\boldsymbol{R}^m|<1$，则当 $n\to\infty$ 时，$|\boldsymbol{R}^n|$ 趋于零. 于是，仿照练习 3 的证明可知，$\boldsymbol{T}^n$ 收敛于 $\boldsymbol{S}^{-1}$.

6. $\boldsymbol{y}=\boldsymbol{T}\boldsymbol{x}$ 的分量为

$$y_i=\sum_j t_{ij}x_j.$$

根据 $|x_j|\leqslant|\boldsymbol{x}|_\infty$，有

$$|y_i|\leqslant\sum_j|t_{ij}||\boldsymbol{x}|_\infty.$$

故 $|\boldsymbol{y}|_\infty\leqslant\max\sum_j|t_{ij}||\boldsymbol{x}|_\infty$，式 (23) 得证.

第 16 章　正矩阵

1. 只需证明: 如果 $\boldsymbol{P}\boldsymbol{x}\leqslant\lambda\boldsymbol{x}$ ($\boldsymbol{x}\geqslant 0$ 且 $\boldsymbol{x}\neq\boldsymbol{0}$)，则 $\lambda\geqslant\lambda(\boldsymbol{P})$. 为此考察 $\boldsymbol{P}$ 的转置矩阵 $\boldsymbol{P}^{\mathrm{T}}$，$\boldsymbol{P}^{\mathrm{T}}$ 也是正矩阵，于是根据定理 1，$\boldsymbol{P}^{\mathrm{T}}$ 有主本征值 $\lambda(\boldsymbol{P}^{\mathrm{T}})$ 及对应的正的本征向量 $\boldsymbol{k}$:

$$\boldsymbol{P}^{\mathrm{T}}\boldsymbol{k}=\lambda(\boldsymbol{P}^{\mathrm{T}})\boldsymbol{k}.$$

分别取 $\boldsymbol{P}\boldsymbol{x}\leqslant\lambda\boldsymbol{x}$ 式两端与 $\boldsymbol{k}$ 的标量积，由于 $\boldsymbol{k}$ 是非负向量，因此我们有

$$(\boldsymbol{P}\boldsymbol{x},\boldsymbol{k})\leqslant\lambda(\boldsymbol{x},\boldsymbol{k}),$$

其中，左端等于 $(\boldsymbol{x},\boldsymbol{P}^{\mathrm{T}}\boldsymbol{k})=\lambda(\boldsymbol{P}^{\mathrm{T}})(\boldsymbol{x},\boldsymbol{k})$. 因为 $\boldsymbol{x}$ 是不等于 $\boldsymbol{0}$ 的非负向量，而 $\boldsymbol{k}$ 是正的，所以 $(\boldsymbol{x},\boldsymbol{k})$ 大于零，于是有 $\lambda(\boldsymbol{P}^{\mathrm{T}})\leqslant\lambda$. 最后，注意 $\boldsymbol{P}$ 与 $\boldsymbol{P}^{\mathrm{T}}$ 有相同的本征值，因此 $\boldsymbol{P}$ 的最大本征值 $\lambda(\boldsymbol{P})$ 就是 $\boldsymbol{P}^{\mathrm{T}}$ 的最大本征值 $\lambda(\boldsymbol{P}^{\mathrm{T}})$.

2. 令 μ 为 $\boldsymbol{P}^m$ 的主本征值，$\boldsymbol{k}$ 为其对应的本征向量:

$$\boldsymbol{P}^m\boldsymbol{k}=\mu\boldsymbol{k}.$$

令 $\boldsymbol{P}$ 作用于上式两端，得

$$\boldsymbol{P}^{m+1}\boldsymbol{k}=\boldsymbol{P}\boldsymbol{P}^{m}\boldsymbol{k}=\mu\boldsymbol{P}\boldsymbol{k},$$

这就表明 $\boldsymbol{P}\boldsymbol{k}$ 也是 $\boldsymbol{P}^m$ 的对应于本征值 μ 的本征向量. 由于主本征值的重数为 1，因此存在某常数 c 使得 $\boldsymbol{P}\boldsymbol{k}=c\boldsymbol{k}$. 用 $\boldsymbol{P}$ 重复作用于该式可得 $\boldsymbol{P}^m\boldsymbol{k}=c^m\boldsymbol{k}$，于是 $c^m=\mu$. 由 $\boldsymbol{P}\boldsymbol{k}=c\boldsymbol{k}$ 可知 c 为正实数，因而有 $c=\mu^{1/m}$. 又因为 $\boldsymbol{k}$ 中的元素均大于零，所以 $c=\mu^{1/m}$ 是 $\boldsymbol{P}$ 的主本征值.

附录 A　特殊行列式

某些矩阵的行列式可以用形式紧凑的代数公式加以表示，下面我们给出其中一些有趣的例子.

定义　范德蒙德矩阵（**Vandermonde matrix**）是一个方阵，其中，每一列都构成一个几何级数. 即，设 $a_1, \cdots, a_n$ 是 n 个标量，则 $\boldsymbol{V}(a_1, \cdots, a_n)$ 表示下列矩阵：

$$\boldsymbol{V}(a_1, \cdots, a_n) = \begin{pmatrix} 1 & \cdots & 1 \\ a_1 & & a_n \\ \vdots & & \vdots \\ a_1^{n-1} & \cdots & a_n^{n-1} \end{pmatrix}. \tag{1}$$

定理 1

$$\det \boldsymbol{V}(a_1, \cdots, a_n) = \prod_{j>i}(a_j - a_i). \tag{2}$$

证明　根据第 5 章行列式公式 (16), $\det \boldsymbol{V}$ 是 a_i 的一个次数不超过 $n(n-1)/2$ 的多项式. 而对任意 $i \neq j$，如果 $a_i = a_j$，则 $\boldsymbol{V}$ 有完全相同的两列，其行列式 $\det \boldsymbol{V}$ 必为零. 于是，根据因式分解定理，对任意 $i \neq j$ 都有 $a_j - a_i$ 整除 $\det \boldsymbol{V}$，进而乘积

$$\prod_{j>i}(a_j - a_i)$$

整除 $\det \boldsymbol{V}$. 由于上述乘积的次数为 $n(n-1)/2$，等于 $\det \boldsymbol{V}$ 的次数，因此存在某常数 c_n，使得

$$\det \boldsymbol{V} = c_n \prod_{j>i}(a_j - a_i). \tag{2$'$}$$

下面证明 $c_n = 1$. 利用第 5 章式 (26) 介绍的拉普拉斯展开，令其中的 $j = n$，即将 $\det \boldsymbol{V}$ 按最后一列展开，我们便可将 $\det \boldsymbol{V}$ 写成 a_n 的幂与对应系数乘积之和，其中，a_n^{n-1} 项的系数为 $\det \boldsymbol{V}(a_1, \cdots, a_{n-1})$. 此外，式 (2)$'$ 右端 a_n^{n-1} 项的系数为 $c_n \prod_{n>j>i}(a_j - a_i)$. 对照式 (2)$'$，显然有 $\det \boldsymbol{V}(a_1, \cdots, a_{n-1}) = c_{n-1} \prod_{n>j>i}(a_j - a_i)$，故 $c_n = c_{n-1}$. 易见 $c_2 = 1$，因此我们可以归纳证明，对任意 n 都有 $c_n = 1$，于是式 (2) 得证. □

定义 设 $a_1,\cdots,a_n$ 和 $b_1,\cdots,b_n$ 是 $2n$ 个标量. **柯西矩阵（Cauchy matrix）** $\boldsymbol{C}(a_1,\cdots,a_n;b_1,\cdots,b_n)$ 是 (i,j) 元等于 $1/(a_i+b_j)$ 的 $n\times n$ 矩阵，即

$$\boldsymbol{C}(a,b)=\frac{1}{a_i+b_j}.$$

定理 2

$$\det\boldsymbol{C}(a,b)=\frac{\prod_{j>i}(a_j-a_i)(b_j-b_i)}{\prod_{i,j}(a_i+b_j)}. \tag{3}$$

证明 对 $\boldsymbol{C}(a,b)$ 的行列式应用第 5 章式 (16)，并对各项通分，可得

$$\det\boldsymbol{C}(a,b)=\frac{P(a,b)}{\prod_{i,j}(a_i+b_j)}, \tag{4}$$

其中，$P(a,b)$ 是次数不超过 n^2-n 的多项式. 对任意 $i\neq j$，如果 $a_i=a_j$，则 $\boldsymbol{C}(a,b)$ 的第 i 行与第 j 行完全相同，如果 $b_i=b_j$，则 $\boldsymbol{C}(a,b)$ 的第 i 列与第 j 列完全相同，不论哪种情形，都有 $\det\boldsymbol{C}(a,b)=0$. 于是，根据因式分解定理，对任意 $i\neq j$，(a_j-a_i) 和 (b_j-b_i) 均整除 $P(a,b)$，进而乘积

$$\prod_{j>i}(a_j-a_i)(b_j-b_i)$$

整除 $P(a,b)$. 由于上述乘积的次数为 n^2-n，等于 P 的次数，因此存在某常数 c_n，使得

$$P(a,b)=c_n\prod_{j>i}(a_j-a_i)(b_j-b_i). \tag{4$'$}$$

下面证明 $c_n=1$. 利用第 5 章式 (26) 介绍的拉普拉斯展开，令其中的 $j=n$，即将 $\det\boldsymbol{C}(a,b)$ 按最后一列展开，所得各项中含 $1/(a_n+b_n)$ 的项为

$$\det\boldsymbol{C}(a_1,\cdots,a_{n-1};b_1,\cdots,b_{n-1})\frac{1}{a_n+b_n}.$$

现在，令 $a_n=b_n=d$，则由式 (4) 和式 (4)$'$ 可得

$$\det\boldsymbol{C}(a_1,\cdots,d;b_1,\cdots,d)=\frac{c_n\prod_{n>i}(d-a_i)(d-b_i)}{2d\prod_{n>i}(d+a_i)(d+b_i)}\frac{\prod_{n>j>i}(a_j-a_i)(b_j-b_i)}{\prod_{i,j<n}(a_i+b_j)}.$$

而由拉普拉斯展开可得

$$\det\boldsymbol{C}(a_1,\cdots,d;b_1,\cdots,d)=\frac{1}{2d}\det\boldsymbol{C}(a_1,\cdots,a_{n-1};b_1,\cdots,b_{n-1})+\text{其余各项}.$$

分别用 $2d$ 乘以上面两式的两端，并且令 $d=0$. 对照两式所得的结果，再用式 (4)$'$ 表示 $\det\boldsymbol{C}(a_1,\cdots,a_{n-1};b_1,\cdots,b_{n-1})$，便可断定 $c_n=c_{n-1}$. 易见 $c_1=1$，因此我们可以归纳证明，对任意 n 都有 $c_n=1$，于是由式 (4) 和式 (4)$'$ 即得式 (3) 成立. □

注记　柯西矩阵的任意主子式都是柯西矩阵.

练习 1　设

$$p(s)=x_1+x_2s+\cdots+x_ns^{n-1}$$

是次数小于 n 的多项式，$a_1,\cdots,a_n$ 是 n 个不同的数，$p_1,\cdots,p_n$ 是任意的 n 个复数. 我们希望求系数 $x_1,\cdots,x_n$，使得

$$p(a_i)=p_i,\quad i=1,\cdots,n.$$

这是一个求解含 n 个线性方程、n 个未知量 x_i 的方程组问题，写出该方程组的系数矩阵，并证明其行列式不等于 0.

练习 2 用代数公式表示 (i,j) 元为

$$\frac{1}{1+a_ia_j}$$

的矩阵的行列式，其中，$a_1,\cdots,a_n$ 为任意标量.

附录 B　普法夫多项式

设 $\boldsymbol{A}$ 是 $n\times n$ 反对称矩阵，即

$$\boldsymbol{A}^{\mathrm{T}}=-\boldsymbol{A}.$$

由第 5 章可知，矩阵与其转置有相同的行列式，且 $-\boldsymbol{A}$ 的行列式等于 $(-1)^n\det\boldsymbol{A}$，因此

$$\det\boldsymbol{A}=\det\boldsymbol{A}^{\mathrm{T}}=\det(-\boldsymbol{A})=(-1)^n\det\boldsymbol{A}.$$

当 n 为奇数时，显然有 $\det\boldsymbol{A}=0$，当 n 为偶数时，我们又有何结论呢?

假定 $\boldsymbol{A}$ 的元素都是实数，则其复本征值必成对出现. 而由反自伴随矩阵的谱理论可知，$\boldsymbol{A}$ 的本征值都是纯虚数，因此 $\boldsymbol{A}$ 的本征值是 $-\mathrm{i}\lambda_1,\cdots,-\mathrm{i}\lambda_{n/2},\mathrm{i}\lambda_1,\cdots,\mathrm{i}\lambda_{n/2}$. 所有本征值的乘积为 $(\prod\lambda_i)^2$，是一个正数. 又因为矩阵的行列式等于矩阵的全体本征值之积，所以可以断定：偶阶实反对称矩阵的行列式非负.

事实上，我们还有以下定理.

凯莱（Cayley）定理　偶阶反对称矩阵 $\boldsymbol{A}$ 的行列式为

$$\det\boldsymbol{A}=P^2,$$

其中，P 是 $\boldsymbol{A}$ 中元素的一个 $n/2$ 次齐次多项式，称为普法夫多项式.

练习　通过计算验证 $n=4$ 时凯莱定理成立.

证明　凯莱定理的证明需要用到下面的引理.

引理 1　存在矩阵 $\boldsymbol{C}$，其元素均为反对称矩阵 $\boldsymbol{A}$ 中元素的多项式，使得

$$\boldsymbol{B}=\boldsymbol{C}\boldsymbol{A}\boldsymbol{C}^{\mathrm{T}} \tag{1}$$

是反对称三对角矩阵，即对任意 $|i-j|>1$ 都有 $b_{ij}=0$. 并且 $\det\boldsymbol{C}\neq0$.

证明　构造 $\boldsymbol{C}$ 为乘积

$$\boldsymbol{C}=\boldsymbol{C}_{n-2}\cdots\boldsymbol{C}_2\boldsymbol{C}_1.$$

要求 $\boldsymbol{C}_1$ 满足下列性质：

(i) $\boldsymbol{B}_1=\boldsymbol{C}_1\boldsymbol{A}\boldsymbol{C}_1^{\mathrm{T}}$ 的第一列最后 $n-2$ 个元素均为零；

(ii) $\boldsymbol{C}_1$ 的第一行为 $\boldsymbol{e}_1=(1,0,\cdots,0)$，第一列为 $\boldsymbol{e}_1^{\mathrm{T}}$.

由性质 (ii) 可知 $\boldsymbol{C}_1$ 将 $\boldsymbol{e}_1^{\mathrm{T}}$ 映射到 $\boldsymbol{e}_1^{\mathrm{T}}$，于是 $\boldsymbol{B}_1$ 的第一列 $\boldsymbol{B}_1\boldsymbol{e}_1^{\mathrm{T}}$ 为 $\boldsymbol{C}_1\boldsymbol{A}\boldsymbol{C}_1^{\mathrm{T}}\boldsymbol{e}_1^{\mathrm{T}}=\boldsymbol{C}_1\boldsymbol{A}\boldsymbol{e}_1^{\mathrm{T}}=\boldsymbol{C}_1\boldsymbol{a}$，其中，$\boldsymbol{a}$ 为 $\boldsymbol{A}$ 的第一列. 为使 $\boldsymbol{B}_1$ 满足性质 (i)，我们必须适当选取 $\boldsymbol{C}_1$ 中的其余元素，以保证 $\boldsymbol{C}_1\boldsymbol{a}$ 的后 $n-2$ 个元素均为零，即要求 $\boldsymbol{C}_1$ 的

后 $n-2$ 行都与 $\boldsymbol{a}$ 正交. 事实上，只需令 $\boldsymbol{C}_1$ 的第二行为 $\boldsymbol{e}_2=(0,1,0,\cdots,0)$，第三行为 $(0,a_3,-a_2,0,\cdots,0)$，第四行为 $(0,0,a_4,-a_3,0,\cdots,0)$，其余各行以此类推，其中，$a_1,\cdots,a_n$ 是向量 $\boldsymbol{a}$ 中的各个元素. 显然，

$$\det \boldsymbol{C}_1 = a_2a_3\cdots a_{n-1}$$

为非零多项式.

下面我们递归地构造 $\boldsymbol{C}_2$，要求其前两行分别为 $\boldsymbol{e}_1$ 和 $\boldsymbol{e}_2$，前两列分别为 $\boldsymbol{e}_1^{\mathrm{T}}$ 和 $\boldsymbol{e}_2^{\mathrm{T}}$. 则 $\boldsymbol{B}_2=\boldsymbol{C}_2\boldsymbol{B}_1\boldsymbol{C}_2^{\mathrm{T}}$ 的第一列最后 $n-2$ 个元素均为零. 与前面的构造类似，我们可以选取 $\boldsymbol{C}_2$ 中其余元素，使得 $\boldsymbol{B}_2$ 的第二列最后 $n-3$ 个元素均为零，且 $\det \boldsymbol{C}_2$ 为非零多项式.

$n-2$ 步以后，我们得到 $\boldsymbol{C}=\boldsymbol{C}_{n-2}\cdots\boldsymbol{C}_1$，满足：$\boldsymbol{B}=\boldsymbol{C}\boldsymbol{A}\boldsymbol{C}^{\mathrm{T}}$ 位于第一条下对角线下方的元素均为零，即对任意 $i>j+1$ 都有 $b_{ij}=0$，并且 $\boldsymbol{B}^{\mathrm{T}}=\boldsymbol{C}\boldsymbol{A}^{\mathrm{T}}\boldsymbol{C}^{\mathrm{T}}=-\boldsymbol{B}$，故 $\boldsymbol{B}$ 为反对称矩阵. 由 $\boldsymbol{B}^{\mathrm{T}}=-\boldsymbol{B}$ 可知 $b_{i,i-1}=-b_{i-1,i}$，并且 $\boldsymbol{B}$ 的非零元只存在于下对角线 $i=j+1$ 和上对角线 $j=i+1$ 上. 此外，根据 $\boldsymbol{C}$ 的构造，有

$$\det \boldsymbol{C} = \prod \det \boldsymbol{C}_i \neq 0. \tag{2}$$ □

偶阶反对称三对角矩阵的行列式是多少？我们首先考察 4×4 的情形：

$$\boldsymbol{B}=\begin{pmatrix} 0 & a & 0 & 0 \\ -a & 0 & b & 0 \\ 0 & -b & 0 & c \\ 0 & 0 & -c & 0 \end{pmatrix},$$

其行列式为 $\det \boldsymbol{B}=a^2c^2=(ac)^2$，其中，$ac$ 是单因式之积. 对于一般的 n 也有类似的结论：偶阶反对称三对角矩阵的行列式为

$$\det \boldsymbol{B} = \left(\prod b_{2k,2k-1}\right)^2. \tag{3}$$

于是，根据行列式的乘法性质和 $\det \boldsymbol{C}^{\mathrm{T}}=\det \boldsymbol{C}$，由式 (1) 可得

$$\det \boldsymbol{B} = (\det \boldsymbol{C})^2 \det \boldsymbol{A}.$$

综合上式以及 (2) 和 (3) 两式即得：$\det \boldsymbol{A}$ 等于 $\boldsymbol{A}$ 中元素的某有理函数的平方. 至此，为完成凯莱定理的证明，我们还需要下面的引理.

引理 2　*如果 n 元多项式 P 等于有理函数 R 的平方，则 R 必为多项式.*

证明　$n=1$ 时，该结论可由初等代数的知识得到，因此，任意指定一个变量 x，我们可以将 R 看成 x 的多项式，且其系数取自其余变量的有理函数域. 由此可以断定存在数 k，使得 R 对任一变量的 k 阶偏导都为零. 于是，通过对变量个数进行归纳，易知 R 是全体变量的多项式. □

附录 C　辛矩阵

我们在第 7 章研究了正交矩阵 $\boldsymbol{O}$，它保标量积运算：

$$(\boldsymbol{Ox}, \boldsymbol{Oy}) = (\boldsymbol{x}, \boldsymbol{y}),$$

其中，标量积是一个对称的双线性函数. 在本附录中，我们将讨论那些能够保持形如 $(\boldsymbol{x}, \boldsymbol{Ay})$ 的非奇异双线形交错函数的线性映射，其中，$\boldsymbol{A}$ 表示反自伴随的实矩阵，且 $\det \boldsymbol{A} \neq 0$. 显然 $\boldsymbol{A}$ 的阶数必为偶数 $2n$，因此若采用分块矩阵的记法，则可以限定 $\boldsymbol{A} = \boldsymbol{J}$：

$$\boldsymbol{J} = \begin{pmatrix} \boldsymbol{O} & \boldsymbol{I} \\ -\boldsymbol{I} & \boldsymbol{O} \end{pmatrix}, \tag{1}$$

其中，$\boldsymbol{I}$ 为 $n \times n$ 单位矩阵.

练习 1　证明：设 $\boldsymbol{A}$ 为任一 $2n \times 2n$ 反自伴随的实矩阵且 $\det \boldsymbol{A} \neq 0$，则 $\boldsymbol{A}$ 可以写为

$$\boldsymbol{A} = \boldsymbol{FJF}^{\mathrm{T}},$$

其中，$\boldsymbol{J}$ 由式 (1) 给出，$\boldsymbol{F}$ 为实矩阵且 $\det \boldsymbol{F} \neq 0$.

矩阵 $\boldsymbol{J}$ 满足的下列性质将在后面反复用到：

$$\boldsymbol{J}^2 = -\boldsymbol{I}, \quad \boldsymbol{J}^{-1} = -\boldsymbol{J} = \boldsymbol{J}^{\mathrm{T}}. \tag{2}$$

定理 1　如果对任意 $\boldsymbol{x}$ 和 $\boldsymbol{y}$，矩阵 $\boldsymbol{S}$ 都保 $(\boldsymbol{x}, \boldsymbol{Jy})$，即

$$(\boldsymbol{Sx}, \boldsymbol{JSy}) = (\boldsymbol{x}, \boldsymbol{Jy}), \tag{3}$$

则 $\boldsymbol{S}$ 满足

$$\boldsymbol{S}^{\mathrm{T}}\boldsymbol{JS} = \boldsymbol{J}. \tag{4}$$

反之亦然.

证明　注意 $(\boldsymbol{Sx}, \boldsymbol{JSy}) = (\boldsymbol{x}, \boldsymbol{S}^{\mathrm{T}}\boldsymbol{JSy})$. 所以，如果对任意 $\boldsymbol{x}, \boldsymbol{y}$ 都有 $(\boldsymbol{Sx}, \boldsymbol{JSy}) = (\boldsymbol{x}, \boldsymbol{Jy})$，则对任意 $\boldsymbol{y}$ 都有 $\boldsymbol{S}^{\mathrm{T}}\boldsymbol{JSy} = \boldsymbol{Jy}$. □

满足式 (4) 的实矩阵 $\boldsymbol{S}$ 称为**辛矩阵**（**Symplectic matrix**），全体辛矩阵的集合记作 $S_p(n)$.

定理 2　(i) 辛矩阵在矩阵乘法运算下构成一个群.

(ii) 如果 $\boldsymbol{S}$ 是辛矩阵，则其转置 $\boldsymbol{S}^{\mathrm{T}}$ 也是辛矩阵.

(iii) 辛矩阵 $\boldsymbol{S}$ 与其逆矩阵 $\boldsymbol{S}^{-1}$ 相似.

证明 (i) 由式 (4) 可知任意辛矩阵都可逆，再根据式 (3)，全体辛矩阵在矩阵乘法下构成群. 为证明 (ii)，考察式 (4) 两端的逆，则由式 (2) 可得

$$\boldsymbol{S}^{-1}\boldsymbol{J}(\boldsymbol{S}^{\mathrm{T}})^{-1}=\boldsymbol{J}.$$

用 $\boldsymbol{S}$ 左乘上式两端，用 $\boldsymbol{S}^{\mathrm{T}}$ 右乘上式两端，即证得 $\boldsymbol{S}^{\mathrm{T}}$ 满足式 (4).

为证明 (iii)，用 $\boldsymbol{J}^{-1}$ 左乘式 (4) 两端，$\boldsymbol{S}^{-1}$ 右乘式 (4) 两端，得 $\boldsymbol{J}^{-1}\boldsymbol{S}^{\mathrm{T}}\boldsymbol{J}=\boldsymbol{S}^{-1}$，这就说明 $\boldsymbol{S}^{-1}$ 相似于 $\boldsymbol{S}^{\mathrm{T}}$. 又因为 $\boldsymbol{S}^{\mathrm{T}}$ 与 $\boldsymbol{S}$ 相似，所以 (iii) 得证. □

定理 3 设 $\boldsymbol{S}(t)$ 是实变量 t 的取值为辛矩阵的可微函数，定义 $\boldsymbol{G}(t)$ 为

$$\frac{\mathrm{d}}{\mathrm{d}t}\boldsymbol{S}=\boldsymbol{G}\boldsymbol{S}. \tag{5}$$

则 $\boldsymbol{G}$ 形如

$$\boldsymbol{G}=\boldsymbol{J}\boldsymbol{L}(t),\quad \boldsymbol{L}\text{ 为自伴随矩阵}. \tag{6}$$

反过来，如果 $\boldsymbol{S}(t)$ 满足 (5) 和 (6) 两式且 $\boldsymbol{S}(0)$ 为辛矩阵，则 $\boldsymbol{S}(t)$ 是一个辛矩阵族.

证明 对任意 t，式 (4) 均成立，其两端分别对 t 求导，得

$$\left(\frac{\mathrm{d}}{\mathrm{d}t}\boldsymbol{S}^{\mathrm{T}}\right)\boldsymbol{J}\boldsymbol{S}+\boldsymbol{S}^{\mathrm{T}}\boldsymbol{J}\frac{\mathrm{d}}{\mathrm{d}t}\boldsymbol{S}=\boldsymbol{0}.$$

上式左乘以 $(\boldsymbol{S}^{\mathrm{T}})^{-1}$，右乘以 $\boldsymbol{S}^{-1}$，得到

$$(\boldsymbol{S}^{\mathrm{T}})^{-1}\frac{\mathrm{d}}{\mathrm{d}t}\boldsymbol{S}^{\mathrm{T}}\boldsymbol{J}+\boldsymbol{J}\left(\frac{\mathrm{d}}{\mathrm{d}t}\boldsymbol{S}\right)\boldsymbol{S}^{-1}=\boldsymbol{0}. \tag{7}$$

根据 $\boldsymbol{G}$ 的定义式 (5)，有

$$\boldsymbol{G}=\left(\frac{\mathrm{d}}{\mathrm{d}t}\boldsymbol{S}\right)\boldsymbol{S}^{-1}.$$

两端取转置，得

$$\boldsymbol{G}^{\mathrm{T}}=(\boldsymbol{S}^{-1})^{\mathrm{T}}\frac{\mathrm{d}}{\mathrm{d}t}\boldsymbol{S}^{\mathrm{T}}.$$

将以上两式代入式 (7)，即得

$$\boldsymbol{G}^{\mathrm{T}}\boldsymbol{J}+\boldsymbol{J}\boldsymbol{G}=0,$$

于是式 (6) 得证. □

练习 2 证明定理 3 的另一方向.

现在讨论辛矩阵 $\boldsymbol{S}$ 的谱理论. 由于 $\boldsymbol{S}$ 为实矩阵，因此其复本征值必以共轭对形式成对出现，即如果 λ 是 $\boldsymbol{S}$ 的本征值，则 $\bar{\lambda}$ 也是. 根据定理 2(iii)，$\boldsymbol{S}$ 与 $\boldsymbol{S}^{-1}$ 相似. 而相似矩阵具有相同的谱，因此，如果 λ 是 $\boldsymbol{S}$ 的本征值，则 λ^{-1} 也是 $\boldsymbol{S}$ 的本征值且与 λ 具有相同的重数. 于是，除以下三种特殊情形以外，辛矩阵的本征值总是以 $\lambda,\bar{\lambda},\lambda^{-1},\overline{\lambda^{-1}}$ 这 4 个为一组的形式出现：

(a) 当 λ 位于单位圆上，即 $|\lambda|=1$ 时，有 $\lambda^{-1}=\bar{\lambda}$，此时本征值成对出现；

(b) 当 λ 为实数时，有 $\bar{\lambda}=\lambda$，此时本征值成对出现；

(c) $\lambda=1$ 或 -1.

至此，$\lambda=\pm 1$ 似乎还有可能是 $\boldsymbol{S}$ 的单本征值，然而下面的定理否定了这种可能.

定理 4 设 $\boldsymbol{S}$ 为辛矩阵，则 $\lambda=1$ 或 $\lambda=-1$ 都不可能是 $\boldsymbol{S}$ 的单本征值.

证明 用反证法. 假定 $\lambda=-1$ 是 $\boldsymbol{S}$ 的一个单本征值，$\boldsymbol{h}$ 为其对应的本征向量，即有

$$\boldsymbol{S}\boldsymbol{h}=-\boldsymbol{h}. \tag{8}$$

上式两端左乘以 $\boldsymbol{S}^{\mathrm{T}}\boldsymbol{J}$，则由式 (4) 可得

$$\boldsymbol{J}\boldsymbol{h}=-\boldsymbol{S}^{\mathrm{T}}\boldsymbol{J}\boldsymbol{h}, \tag{8$'$}$$

这就表明 $\boldsymbol{J}\boldsymbol{h}$ 是 $\boldsymbol{S}^{\mathrm{T}}$ 的对应于本征值 -1 的本征向量.

任取正定的自伴随矩阵 $\boldsymbol{L}$，令 $\boldsymbol{G}=\boldsymbol{J}\boldsymbol{L}$. 定义含单个参数的矩阵族 $\boldsymbol{S}(t)$ 为 $\mathrm{e}^{t\boldsymbol{G}}\boldsymbol{S}$，则

$$\frac{\mathrm{d}}{\mathrm{d}t}\boldsymbol{S}(t)=\boldsymbol{G}\boldsymbol{S}(t), \quad \boldsymbol{S}(0)=\boldsymbol{S}. \tag{9}$$

根据定理 3，对任意 t，$\boldsymbol{S}(t)$ 都是辛矩阵.

如果 $\boldsymbol{S}(0)$ 有单本征值 -1，则当 t 很小时，$\boldsymbol{S}(t)$ 在 -1 附近有一个单本征值. 事实上，这个单本征值 λ 就等于 -1，否则 λ^{-1} 就是 -1 附近的另一个单本征值. 根据第 9 章定理 8，本征向量 $\boldsymbol{h}(t)$ 是 t 的可微函数，于是对 $\boldsymbol{S}\boldsymbol{h}=-\boldsymbol{h}$ 求导得

$$\left(\frac{\mathrm{d}}{\mathrm{d}t}\boldsymbol{S}\right)\boldsymbol{h}+\boldsymbol{S}\boldsymbol{h}_t=-\boldsymbol{h}_t, \quad \boldsymbol{h}_t=\frac{\mathrm{d}}{\mathrm{d}t}\boldsymbol{h}.$$

于是，接连应用 (9) 和 (8) 两式可得

$$\boldsymbol{G}\boldsymbol{h}=\boldsymbol{h}_t+\boldsymbol{S}\boldsymbol{h}_t.$$

考察上式与 $\boldsymbol{J}\boldsymbol{h}$ 的标量积，由式 (8)$'$ 可得

$$\begin{aligned}(\boldsymbol{G}\boldsymbol{h},\boldsymbol{J}\boldsymbol{h})&=(\boldsymbol{h}_t,\boldsymbol{J}\boldsymbol{h})+(\boldsymbol{S}\boldsymbol{h}_t,\boldsymbol{J}\boldsymbol{h})\\&=(\boldsymbol{h}_t,\boldsymbol{J}\boldsymbol{h})+(\boldsymbol{h}_t,\boldsymbol{S}^{\mathrm{T}}\boldsymbol{J}\boldsymbol{h})\\&=(\boldsymbol{h}_t,\boldsymbol{J}\boldsymbol{h})-(\boldsymbol{h}_t,\boldsymbol{J}\boldsymbol{h})\\&=0.\end{aligned} \tag{10}$$

将 $\boldsymbol{G}=\boldsymbol{J}\boldsymbol{L}$ 代入式 (10)，又由式 (2) 可知 $\boldsymbol{J}^{\mathrm{T}}\boldsymbol{J}=\boldsymbol{I}$，所以

$$(\boldsymbol{J}\boldsymbol{L}\boldsymbol{h},\boldsymbol{J}\boldsymbol{h})=(\boldsymbol{L}\boldsymbol{h},\boldsymbol{J}^{\mathrm{T}}\boldsymbol{J}\boldsymbol{h})=(\boldsymbol{L}\boldsymbol{h},\boldsymbol{h})=0. \tag{10$'$}$$

而 $\boldsymbol{L}$ 是自伴随正定矩阵，故必有 $\boldsymbol{h}=\boldsymbol{0}$，与假设矛盾. □

练习 3　证明：± 1 不可能是辛矩阵的奇数重本征值.

考察式 (4) 两端的行列式，根据行列式的乘法性质和 $\det \boldsymbol{S}^{\mathrm{T}} = \det \boldsymbol{S}$，有 $(\det \boldsymbol{S})^2 = 1$，故 $\det \boldsymbol{S} = 1$ 或 -1. 我们还可以得到以下定理.

定理 5　辛矩阵 $\boldsymbol{S}$ 的行列式等于 1.

证明　因为已知 $(\det \boldsymbol{S})^2 = 1$，所以只需证明 $\det \boldsymbol{S}$ 不小于零. 矩阵的行列式等于其全体本征值之积. 而任意复本征值都以共轭对形式出现，两者之积必为正数. 任意不等于 1 和 -1 的实本征值都以 λ, λ^{-1} 的形式成对出现，两者之积也是正数. 此外由练习 3 可知 -1 是偶数重本征值，因此全体本征值之积必为正数. □

事实上，上面的定理还可以利用辛矩阵空间 $S_p(n)$ 的连通性来证明. 根据 $S_p(n)$ 的连通性，因为 $(\det \boldsymbol{S})^2 = 1$ 以及当 $\boldsymbol{S} = \boldsymbol{I}$ 时行列式等于 1，所以对任意 $\boldsymbol{S} \in S_p(n)$，都有 $\det \boldsymbol{S} = 1$.

辛矩阵最早是在研究哈密顿力学系统时提出的，该系统由形如

$$\frac{\mathrm{d}}{\mathrm{d}t}\boldsymbol{u} = \boldsymbol{J} H_{\boldsymbol{u}} \tag{11}$$

的方程确定，其中，$\boldsymbol{u}(t) \in \mathbb{R}^{2n}$，$H$ 为 $\mathbb{R}^{2n}$ 中的光滑函数，$H_{\boldsymbol{u}}$ 为 H 的梯度.

定义　如果非线性映射 $\boldsymbol{u} \to \boldsymbol{v}$ 的雅可比矩阵 $\partial \boldsymbol{v}/\partial \boldsymbol{u}$ 是辛矩阵，则称该映射为**正则变换**（**canonical transformation**）.

定理 6　正则变换将任意一个哈密顿方程 (11) 化为另一个哈密顿方程：

$$\frac{\mathrm{d}}{\mathrm{d}t}\boldsymbol{v} = \boldsymbol{J} K_{\boldsymbol{v}},$$

其中，$K(\boldsymbol{v}(\boldsymbol{u})) = H(\boldsymbol{u})$.

练习 4　证明定理 6.

附录 D　张量积

从分析学家的角度出发，理解两个线性空间的张量积的最好方法是，假定两个空间分别为由次数小于 n 的全体 x 的多项式构成的空间和由次数小于 m 的全体 y 的多项式构成的空间，其张量积等于由 x 和 y 的关于 x 和 y 次数分别小于 n 和 m 的全体多项式构成的空间. 幂 $1, x, \cdots, x^{n-1}$ 和 $1, y, \cdots, y^{m-1}$ 分别是两个原始空间形式最简单的基，而 $x^i y^j$（$i < n, j < m$）则是全体 x 和 y 的多项式所构成空间的形式最简单的基.

由此，我们定义线性空间 U 和 V 的张量积：设 $\{\boldsymbol{e}_i\}$ 和 $\{\boldsymbol{f}_j\}$ 分别是线性空间 U 和 V 的一组基，则 $\{\boldsymbol{e}_i \otimes \boldsymbol{f}_j\}$ 是 $U \otimes V$ 的一组基.

根据上述定义，我们有

$$\dim(U \otimes V) = (\dim U)(\dim V). \tag{1}$$

不过这种定义方法并不好，因为它依赖于基向量的选取.

练习 1　选取两个线性空间的两对相异的基，可以定义出两个张量积. 试建立这两个张量积之间的一个自然同构.

所幸我们还可以直接定义 $U \otimes V$.

考虑全体形式和

$$\sum \boldsymbol{u}_i \otimes \boldsymbol{v}_j \tag{2}$$

构成的集合，其中，$\boldsymbol{u}_i$ 和 $\boldsymbol{v}_j$ 分别是 U 和 V 中的任意向量. 显然，该集合构成一个线性空间.

形如

$$(\boldsymbol{u}_1 + \boldsymbol{u}_2) \otimes \boldsymbol{v} - \boldsymbol{u}_1 \otimes \boldsymbol{v} - \boldsymbol{u}_2 \otimes \boldsymbol{v} \tag{3}$$

以及

$$\boldsymbol{u} \otimes (\boldsymbol{v}_1 + \boldsymbol{v}_2) - \boldsymbol{u} \otimes \boldsymbol{v}_1 - \boldsymbol{u} \otimes \boldsymbol{v}_2 \tag{3$'$}$$

的和式是式 (2) 的特殊情形. 这两类和式及它们的全体线性组合都称为零和.

现在，我们利用以上概念给出张量积的不依赖于基的另一种定义.

定义　设 U 和 V 是两个有限维线性空间，全体形式和 (2) 所构成的空间模全体零和 (3) 与 (3)$'$ 所得的商空间称作 U 和 V 的张量积，记作 $U \otimes V$.

该定义虽与线性空间的基无关，却不便应用，不过我们可以用一种极为巧妙的方式来描述它.

定理 1　如上定义的 $U \otimes V$ 与 $\mathcal{L}(U', V)$ 之间存在一种自然的同构，其中，$\mathcal{L}(U', V)$ 是 U' 到 V 的全体线性映射构成的空间，U' 是 U 的对偶.

证明　设 $\sum \boldsymbol{u}_i \otimes \boldsymbol{v}_j$ 为商空间中某等价类的代表元. 定义映射 $\boldsymbol{L}: U' \to V$ 将 $l \in U'$ 映射到 $\sum l(\boldsymbol{u}_i)\boldsymbol{v}_j \in V$. $\boldsymbol{L}$ 将零和映射到零，故其定义只依赖于等价类的选取，与代表元无关.

映射 $\boldsymbol{L}$

$$l \to \sum l(\boldsymbol{u}_i)\boldsymbol{v}_j$$

显然是线性映射，且指派

$$\left\{\sum \boldsymbol{u}_i \otimes \boldsymbol{v}_j\right\} \to \boldsymbol{L} \tag{4}$$

也是线性映射. 此外，不难证明，任意 $\boldsymbol{L} \in \mathcal{L}(U', V)$ 都是 $U \otimes V$ 中某向量在上述指派下的像. □

练习 2　证明：映射 (4) 是 $U \otimes V$ 到 $\mathcal{L}(U', V)$ 上的映射.

定理 1 的结论并不关于 U 和 V 对称. 交换 U 和 V 的位置，可得 $V \otimes U$ 与 $\mathcal{L}(V', U)$ 之间的同构. 而 $\boldsymbol{L}: U' \to V$ 的对偶显然是某映射 $\boldsymbol{L}': V' \to U$.

如果 U 和 V 都具有欧几里得结构，则我们很自然地可以为 $U \otimes V$ 赋以欧几里得结构. 与前面介绍的一样，我们有两种途径可以达成这一目的. 第一种是分别选取 U 和 V 的一组标准正交基 $\{\boldsymbol{e}_i\}$ 和 $\{\boldsymbol{f}_j\}$，然后证明 $\{\boldsymbol{e}_i \otimes \boldsymbol{f}_j\}$ 是 $U \otimes V$ 的一组标准正交基. 采用这种方式，我们还需证明所得的欧几里得结构不依赖于标准正交基的选取. 这可以由下面的引理保证.

引理 2　设 $\boldsymbol{u}$ 和 $\boldsymbol{z}$ 是 U 中的一对向量，$\boldsymbol{v}$ 和 $\boldsymbol{w}$ 是 V 中的一对向量，则

$$(\boldsymbol{u} \otimes \boldsymbol{v}, \boldsymbol{z} \otimes \boldsymbol{w}) = (\boldsymbol{u}, \boldsymbol{z})(\boldsymbol{v}, \boldsymbol{w}). \tag{5}$$

证明　将 $\boldsymbol{u}$ 和 $\boldsymbol{z}$ 按 $\{\boldsymbol{e}_i\}$ 展开，$\boldsymbol{v}$ 和 $\boldsymbol{w}$ 按 $\{\boldsymbol{f}_j\}$ 展开，有

$$\boldsymbol{u} = \sum a_i \boldsymbol{e}_i, \quad \boldsymbol{z} = \sum b_k \boldsymbol{e}_k,$$
$$\boldsymbol{v} = \sum c_j \boldsymbol{f}_j, \quad \boldsymbol{w} = \sum d_l \boldsymbol{f}_l.$$

则

$$\boldsymbol{u} \otimes \boldsymbol{v} = \sum a_i c_j \boldsymbol{e}_i \otimes \boldsymbol{f}_j, \quad \boldsymbol{z} \otimes \boldsymbol{w} = \sum b_k d_l \boldsymbol{e}_k \otimes \boldsymbol{f}_l.$$

所以

$$(\boldsymbol{u} \otimes \boldsymbol{v}, \boldsymbol{z} \otimes \boldsymbol{w}) = \sum a_i c_j b_i d_j = \left(\sum a_i b_i\right)\left(\sum c_j d_j\right) = (\boldsymbol{u}, \boldsymbol{z})(\boldsymbol{v}, \boldsymbol{w}).$$ □

考虑本附录开头给出的例子，其中，U 是次数小于 n 的全体 x 的多项式构成的空间，V 是次数小于 m 的全体 y 的多项式构成的空间. 定义 U 中多项式的欧几里得范数为该多项式在 x 区间 A 上的平方积分，定义 V 中多项式的欧几里得范数为该多项式在 y 区间 B 上的平方积分，则由式 (5) 定义的 $U \otimes V$ 上的欧几里得结构的范数恰好是矩形 $A \times B$ 上的平方积分.

现在我们利用 $U \otimes V$ 的表示 $\mathcal{L}(U', V)$，以便由 U, V 的欧几里得结构推出 $U \otimes V$ 的欧几里得结构. 由于此处有 $U' = U$，因此 $U \otimes V$ 就是 $\mathcal{L}(U, V)$.

设 $\boldsymbol{M}, \boldsymbol{L} \in \mathcal{L}(U, V)$，$\boldsymbol{L}^*$ 为 $\boldsymbol{L}$ 的伴随. 定义

$$(\boldsymbol{M}, \boldsymbol{L}) = \operatorname{tr} \boldsymbol{L}^* \boldsymbol{M}. \tag{6}$$

显然，上述运算是 $\boldsymbol{M}$ 和 $\boldsymbol{L}$ 的双线性运算. 利用标准正交基，$\boldsymbol{M}$ 和 $\boldsymbol{L}$ 可以分别表示为矩阵 (m_{ij}) 和 (l_{ij})，$\boldsymbol{L}^*$ 则表示为转置矩阵 (l_{ji})，于是

$$\operatorname{tr} \boldsymbol{L}^* \boldsymbol{M} = \sum l_{ji} m_{ji}.$$

令 $\boldsymbol{L} = \boldsymbol{M}$，则有

$$\|\boldsymbol{M}\|^2 = (\boldsymbol{M}, \boldsymbol{M}) = \sum m_{ji}^2,$$

与前面的定义一致.

对于复欧几里得结构，我们也可类似地处理.

上文关于张量积的讨论似乎有些沉闷乏味，现在我们将其加以运用，以一句话给出第 10 章定理 7（舒尔定理）的证明. 该定理为：如果 $\boldsymbol{A} = (\boldsymbol{A}_{ij})$ 和 $\boldsymbol{B} = (\boldsymbol{B}_{ij})$ 都是正定的 $n \times n$ 对称矩阵，则由 $\boldsymbol{M} = (\boldsymbol{A}_{ij}\boldsymbol{B}_{ij})$ 定义的矩阵 $\boldsymbol{M}$ 也是正定的.

证明 由第 10 章定理 6 可知，任何正定的对称矩阵都可以写成格拉姆矩阵：

$$\boldsymbol{A}_{ij} = (\boldsymbol{u}_i, \boldsymbol{u}_j), \quad \boldsymbol{u}_i \subset U \text{ 且线性无关},$$
$$\boldsymbol{B}_{ij} = (\boldsymbol{v}_i, \boldsymbol{v}_j), \quad \boldsymbol{v}_i \subset V \text{ 且线性无关}.$$

令 $\boldsymbol{g}_i \in U \otimes V$ 为 $\boldsymbol{u}_i \otimes \boldsymbol{v}_i$，则由式 (5) 可得 $(\boldsymbol{g}_i, \boldsymbol{g}_j) = (\boldsymbol{u}_i, \boldsymbol{u}_j)(\boldsymbol{v}_i, \boldsymbol{v}_j) = \boldsymbol{A}_{ij}\boldsymbol{B}_{ij}$. 因此 $\boldsymbol{M}$ 是格拉姆矩阵，从而是半正定的. □

练习 3 证明：如果 $\{\boldsymbol{u}_i\}$ 和 $\{\boldsymbol{v}_j\}$ 都是线性无关组，则 $\boldsymbol{u}_i \otimes \boldsymbol{v}_i$ 也线性无关，从而 $\boldsymbol{M}$ 正定.

练习 4 设 $\boldsymbol{u}$ 是定义在 p 点某邻域内的 $x_1, \cdots, x_n$ 的二阶可微函数，且 $\boldsymbol{u}$ 在 p 点取极小值，$(\boldsymbol{A}_{ij})$ 为半正定对称矩阵，证明：

$$\sum \boldsymbol{A}_{ij} \frac{\partial^2 \boldsymbol{u}}{\partial x_i \partial x_j}(p) \geqslant 0.$$

附录 E　格

定义　设 L 是实数域上线性空间 X 的子集，如果 L 满足下列性质，则称 L 为一个格（lattice）.

(i) L 对加减法封闭，即如果 $\boldsymbol{x},\boldsymbol{y}\in L$，则有 $\boldsymbol{x}+\boldsymbol{y}\in L$ 且 $\boldsymbol{x}-\boldsymbol{y}\in L$.

(ii) L 是离散的，即 X 的任意有界（根据范数度量）子集都只包含 L 的有限个点.

分量 x_i 为整数的全体点 $\boldsymbol{x}=(x_1,\cdots,x_n)$ 构成 $\mathbb{R}^n$ 中的一个格. 下面给出的格的基本定理表明 $\mathbb{R}^n$ 中的这个例子揭示了一个普遍规律.

定理 1　任何一个格 L 都有一组整基，即存在 L 的一组向量，使得 L 中的任意向量都能唯一表示成这组基向量的整系数线性组合.

证明　格 L 的维数为其张成的线性空间的维数. 设 L 的维数为 k，并设 $\boldsymbol{p}_1,\cdots,\boldsymbol{p}_k\in L$ 为 L 所张成线性空间的一组基，即 L 中的任意向量 $\boldsymbol{t}$ 都可以唯一地表示成

$$\boldsymbol{t}=\sum a_j\boldsymbol{p}_j,\quad a_j\text{ 为实数.}\tag{1}$$

现在考虑 L 中这样的向量 $\boldsymbol{t}$，它们具有形式 (1)，且 a_j 介于 0 和 1 之间：

$$0\leqslant a_j\leqslant 1,\quad j=1,\cdots,k.\tag{2}$$

这样的向量显然存在，并且至少包括 $a_j=0$ 或 1 所对应的全体向量. 由于 L 离散，因此 L 中仅含有限多个这样的向量 $\boldsymbol{t}$. 记满足 (1) 和 (2) 两式且使得 a_1 取值最小的向量 $\boldsymbol{t}$ 为 $\boldsymbol{q}_1$，其中，$a_1>0$.

练习 1　证明：a_1 是有理数.

以 $\boldsymbol{q}_1$ 替换原来基中的 $\boldsymbol{p}_1$，则 L 中的任意向量 $\boldsymbol{t}$ 都可以唯一地表示成

$$\boldsymbol{t}=b_1\boldsymbol{q}_1+\sum_{j=2}^{k}b_j\boldsymbol{p}_j,\quad b_j\text{ 为实数.}\tag{3}$$

我们断言式 (3) 中的 b_1 是整数. 假若不然，考虑从 $\boldsymbol{t}$ 中减去 $\boldsymbol{q}_1$ 的某一适当整数倍所得的新向量 $\boldsymbol{t}$，其展开式 (3) 中 $\boldsymbol{q}_1$ 的系数 b_1 严格介于 0 和 1 之间：

$$0<b_1<1.$$

若将 $\boldsymbol{q}_1$ 按 $\boldsymbol{p}_1,\cdots,\boldsymbol{p}_k$ 展开的式 (1) 代入式 (3)，再适当增减 $\boldsymbol{p}_2,\cdots,\boldsymbol{p}_k$ 的若干整数倍（以保证 $\boldsymbol{p}_2,\cdots,\boldsymbol{p}_k$ 的系数介于 0 和 1 之间，从而使整个表达式满足式 (2)

的要求)，我们发现：最后所得的向量 $\boldsymbol{t}$ 按 $\boldsymbol{p}_1, \cdots, \boldsymbol{p}_k$ 展开时 $\boldsymbol{p}_1$ 项的系数（b_1a_1）大于零且小于 $\boldsymbol{q}_1$ 按 $\boldsymbol{p}_1, \cdots, \boldsymbol{p}_k$ 展开时 $\boldsymbol{p}_1$ 项的系数（a_1），与 $\boldsymbol{q}_1$ 的选取矛盾.

最后我们对格的维数 k 进行归纳，完成证明. 记 L 中全体具有形式 (3) 且满足 $b_1 = 0$ 的向量 $\boldsymbol{t}$ 所构成的集合为 L_0，显然 L_0 是 L 的 $k-1$ 维子格. 利用归纳假设，L_0 有一组整基 $\boldsymbol{q}_2, \cdots, \boldsymbol{q}_k$，则由式 (3) 可知，$\boldsymbol{q}_1, \cdots, \boldsymbol{q}_k$ 是 L 的一组整基. □

下面的定理指出：格的整基通常不唯一.

定理 2　设 L 是 $\mathbb{R}^n$ 中的 n 维格，$\boldsymbol{q}_1, \cdots, \boldsymbol{q}_n$ 和 $\boldsymbol{r}_1, \cdots, \boldsymbol{r}_n$ 是 L 的两组整基. 分别记由列 $\boldsymbol{q}_i$ 和列 $\boldsymbol{r}_i$ 构成的矩阵为 $\boldsymbol{Q}$ 和 $\boldsymbol{R}$，则

$$\boldsymbol{Q} = \boldsymbol{M}\boldsymbol{R},$$

其中，$\boldsymbol{M}$ 为幺模矩阵，即其元素均为整数且行列式等于 1 或 -1.

练习 2　(i) 证明定理 2.

(ii) 证明：幺模矩阵在矩阵乘法下构成一个群.

定义　设 L 是线性空间 X 中的格. L 的**对偶**（记作 L'）是 X 的对偶 X' 的子集，它由全体满足下列条件的向量 $\boldsymbol{\xi}$ 构成：对任意 $\boldsymbol{t} \in L$，$(\boldsymbol{\xi}, \boldsymbol{t})$ 均为整数.

定理 3　(i) n 维线性空间中 n 维格的对偶还是 n 维格.

(ii) $L'' = L$.

练习 3　证明定理 3.

练习 4　证明：L 是离散的，当且仅当存在正数 d 使得以原点为中心、以 d 为半径的球不含除原点以外的 L 中的任何点.

附录 F　快速矩阵乘法

计算两个 $n \times n$ 矩阵 $\boldsymbol{A}$ 和 $\boldsymbol{B}$ 的乘积 $\boldsymbol{C}$ 时需要进行多少次标量乘法？因为 $\boldsymbol{C}$ 的每一个元素都是 $\boldsymbol{A}$ 的某一行与 $\boldsymbol{B}$ 的某一列对应元素乘积之和，而 $\boldsymbol{C}$ 共有 n^2 个元素，所以我们共需执行 n^3 次标量乘法以及 $n^3 - n^2$ 次标量加法. 不过，沃尔克 · 施特拉森（Volker Strassen）有一个重大的发现：有一种矩阵乘积的快捷算法，只需执行极少量的标量乘法和加法运算. 该算法的关键思想就在于巧妙处理了 2×2 矩阵的乘法：

$$\boldsymbol{A} = \begin{pmatrix} a_{11} & a_{12} \\ a_{21} & a_{22} \end{pmatrix}, \quad \boldsymbol{B} = \begin{pmatrix} b_{11} & b_{12} \\ b_{21} & b_{22} \end{pmatrix},$$

$$\boldsymbol{AB} = \boldsymbol{C} = \begin{pmatrix} c_{11} & c_{12} \\ c_{21} & c_{22} \end{pmatrix},$$

其中，$c_{11} = a_{11}b_{11} + a_{12}b_{21}$，$c_{12} = a_{11}b_{12} + a_{12}b_{22}$，等等. 令

$$\begin{aligned} \mathrm{I} &= (a_{11} + a_{22})(b_{11} + b_{22}), \\ \mathrm{II} &= (a_{21} + a_{22})b_{11}, \\ \mathrm{III} &= a_{11}(b_{12} - b_{22}), \\ \mathrm{IV} &= a_{22}(b_{21} - b_{11}), \\ \mathrm{V} &= (a_{11} + a_{12})b_{22}, \\ \mathrm{VI} &= (a_{21} - a_{11})(b_{11} + b_{12}), \\ \mathrm{VII} &= (a_{12} - a_{22})(b_{21} + b_{22}). \end{aligned} \tag{1}$$

通过简单但略烦琐的计算可知，乘积矩阵 $\boldsymbol{C}$ 的元素可以表示为

$$\begin{aligned} c_{11} &= \mathrm{I} + \mathrm{IV} - \mathrm{V} + \mathrm{VII}, \\ c_{12} &= \mathrm{III} + \mathrm{V}, \\ c_{21} &= \mathrm{II} + \mathrm{IV}, \\ c_{22} &= \mathrm{I} + \mathrm{III} - \mathrm{II} + \mathrm{VI}. \end{aligned} \tag{2}$$

上述算法的优势在于：乘积矩阵中每个元素的标准算法需要执行两次乘法运算，因此计算整个矩阵共需 8 次乘法，而式 (1) 定义的 7 个量只需 7 次乘法运算. 此外，(1) 和 (2) 两式所需执行的加减运算共计 18 次.

式 (1) 和 (2) 中无须用到 a 与 b 的交换性，因此我们可以将元素 a_{ij} 和 b_{ij} 解释为 2×2 分块矩阵中的分块，并利用此法计算 4×4 矩阵的乘积. 由此递推，

我们可以利用式 (1) 和 (2) 计算任意 2^k 阶矩阵 $\boldsymbol{A}$ 和 $\boldsymbol{B}$ 的乘积.

依此法计算 2^k 阶矩阵的乘积，所需的标量乘法运算次数 $M(k)$ 是多少？事实上，此时我们需要执行 7 次 $2^{k-1}\times 2^{k-1}$ 分块的乘法运算，共计 $7M(k-1)$ 次标量乘法，即

$$M(k)=7M(k-1).$$

由 $M(0)=1$ 可以推知

$$M(k)=7^k=2^{k\log_2 7}=n^{\log_2 7}, \tag{3}$$

这里 $n=2^k$ 代表进行乘积运算的矩阵的阶数.

记利用施特拉森算法计算 2^k 阶矩阵乘积所需的标量加减运算的次数为 $A(k)$. 由于此时我们需要执行 18 次 $2^{k-1}\times 2^{k-1}$ 分块的加减运算以及 7 次 $2^{k-1}\times 2^{k-1}$ 分块的乘法运算，其中，后一部分运算共含 $7A(k-1)$ 次标量加减法，前一部分共含 $18(2^{k-1})^2=9\times 2^{2k-1}$ 次标量加减法，因此，有

$$A(k)=9\times 2^{2k-1}+7A(k-1).$$

令 $B(k)=7^{-k}A(k)$，则上述递推式可以写成

$$B(k)=\frac{9}{2}\left(\frac{4}{7}\right)^k+B(k-1).$$

由于 $B(0)=0$，因此通过对 k 求和有

$$B(k)=\frac{9}{2}\sum_{j=1}^{k}\left(\frac{4}{7}\right)^j<\frac{9}{2}\times\frac{4}{3}=6,$$

于是

$$A(k)\leqslant 6\times 7^k=6\times 2^{k\log_2 7}=6n^{\log_2 7}. \tag{4}$$

因为 $\log_2 7=2.807\cdots$ 小于 3，所以当 n 很大时，施特拉森算法所需的标量乘法次数远小于采用矩阵乘积标准算法所需的标量乘法次数 n^3.

对于阶数并非 2 的幂方的矩阵，我们可以在其对角线上添加若干个 1，将其化为阶数为 2 的幂方的矩阵.

通过优化施特拉森算法可以进一步减少计算矩阵乘积所需执行的标量乘法的次数. 甚至有人猜测，对任意正数 ϵ，存在计算两个 $n\times n$ 矩阵乘积的算法，它只需耗费 $n^{2+\epsilon}$ 次标量乘法.

附录 G　格尔什戈林圆盘定理

格尔什戈林（Gershgorin）圆盘定理可以对矩阵本征值的分布作简单估计，其结果的优劣需视具体情况而定.

格尔什戈林圆盘定理　设 $\boldsymbol{A}$ 为 $n\times n$ 复矩阵，且有分解

$$\boldsymbol{A}=\boldsymbol{D}+\boldsymbol{F}, \tag{1}$$

其中，$\boldsymbol{D}$ 是对角矩阵且其对角线元素等于 $\boldsymbol{A}$ 的对角线元素，$\boldsymbol{F}$ 的对角线元素均为零. 记 $\boldsymbol{D}$ 的第 i 个对角线元素为 d_i，记 $\boldsymbol{F}$ 的第 i 行为 $\boldsymbol{f}_i$. 令 C_i 为全体满足

$$|z-d_i|\leqslant|\boldsymbol{f}_i|_1,\quad i=1,\cdots,n \tag{2}$$

的复数 z 所构成的圆盘，其中，向量 $\boldsymbol{f}$ 的 1-范数是其分量绝对值之和，见第 14 章. 则可以断定：$\boldsymbol{A}$ 的任意本征值都包含在某个 C_i 当中.

证明　设 $\boldsymbol{u}$ 为 $\boldsymbol{A}$ 的一个本征向量，且

$$\boldsymbol{A}\boldsymbol{u}=\lambda\boldsymbol{u}. \tag{3}$$

不妨设 $|\boldsymbol{u}|_\infty=1$，其中，$\infty$-范数是 $\boldsymbol{u}$ 中分量 u_j 的绝对值之最大者. 则对任意 j 都有 $|u_j|\leqslant1$，且存在某个 i 使得 $u_i=1$. 将式 (3) 中的 $\boldsymbol{A}$ 写为 $\boldsymbol{A}=\boldsymbol{D}+\boldsymbol{F}$，观察等式两端第 i 个分量可得 $d_i+\boldsymbol{f}_i\boldsymbol{u}=\lambda$，或写作

$$\lambda-d_i=\boldsymbol{f}_i\boldsymbol{u}.$$

由于乘积 $\boldsymbol{f}\boldsymbol{u}$ 的绝对值不大于 $|\boldsymbol{f}|_1|\boldsymbol{u}|_\infty$，因此

$$|\lambda-d_i|\leqslant|\boldsymbol{f}_i|_1|\boldsymbol{u}|_\infty=|\boldsymbol{f}_i|_1.$$ □

练习　证明：如果 C_i 与其余格尔什戈林圆盘均不交，则 C_i 中仅含 $\boldsymbol{A}$ 的一个本征值.

在许多求矩阵 $\boldsymbol{A}$ 的本征值的迭代算法中，经过一系列相似变换把 $\boldsymbol{A}$ 变为 $\boldsymbol{A}_k$，并且 $\boldsymbol{A}_k$ 趋近于一个对角矩阵. 由于每个 $\boldsymbol{A}_k$ 都与 $\boldsymbol{A}$ 相似，因此它们与 $\boldsymbol{A}$ 有相同的本征值. 此时，格尔什戈林圆盘定理可以用于估计 $\boldsymbol{A}_k$ 的对角线元素与 $\boldsymbol{A}$ 的本征值的近似程度.

附录 H　本征值的重数

全体 $n \times n$ 实自伴随矩阵构成一个维数为 $N = n(n+1)/2$ 的线性空间. 我们在第 9 章末尾已经看到：全体退化矩阵（有多重本征值的矩阵）构成一个余维数为 2 或者说维数为 $N-2$ 的面. 这就解释了"错开交叉"的成因，即只含一个参数的自伴随矩阵族中的矩阵，其本征值通常互不相同. 基于相同的理由，含两个参数的自伴随矩阵族中很可能包含有多重本征值的矩阵. 在本附录中，我们给出关于形如

$$a\boldsymbol{A} = b\boldsymbol{B} + c\boldsymbol{C}, \quad a^2 + b^2 + c^2 = 1 \tag{1}$$

的含两个参数的矩阵族的一个定理，并予以证明，其中，$\boldsymbol{A}$、$\boldsymbol{B}$、$\boldsymbol{C}$ 为 $n \times n$ 实自伴随矩阵，a、b、c 为实数.

拉克斯定理 如果 $n \equiv 2 \pmod 4$，则存在 a、b、c，使式 (1) 为退化矩阵，即 (1) 有多重本征值.

证明 记全体非退化矩阵构成的集合为 $\mathcal{N}$. 对任意 $\boldsymbol{N} \in \mathcal{N}$，设 $\boldsymbol{N}$ 的本征值由小到大依次是 $k_1 < k_2 < \cdots < k_n$，$\boldsymbol{u}_j$ 分别为这些本征值所对应的单位本征向量，即

$$\boldsymbol{N}\boldsymbol{u}_j = k_j \boldsymbol{u}_j, \quad \|\boldsymbol{u}_j\| = 1, \quad j = 1, \cdots, n. \tag{2}$$

注意，每个 $\boldsymbol{u}_j$ 都基本被确定了，只允许相差因子 ± 1.

设 $\boldsymbol{N}(t), 0 \leqslant t \leqslant 2\pi$ 是 $\mathcal{N}$ 中的一条闭曲线. 则一旦指定 $\boldsymbol{u}_j(0)$，单位本征向量 $\boldsymbol{u}_j(t)$ 作为 t 的连续函数亦被唯一确定. 由于对该闭曲线有 $\boldsymbol{N}(2\pi) = \boldsymbol{N}(0)$，因此

$$\boldsymbol{u}_j(2\pi) = \tau_j \boldsymbol{u}_j(0), \quad \tau_j = \pm 1, \tag{3}$$

其中，$\tau_j (j = 1, \cdots, m)$ 是曲线 $\boldsymbol{N}(t)$ 的函数. 显然有

(i) 每个 τ_j 都在同伦下不变，即每个 τ_j 都是 $\mathcal{N}$ 中的连续变形；

(ii) 若 $\boldsymbol{N}(t)$ 为常值曲线，即 $\boldsymbol{N}(t)$ 与 t 无关，则对任意 j 都有 $\tau_j = 1$.

$$\boldsymbol{N}(t) = \cos t\boldsymbol{A} + \sin t\boldsymbol{B}, \quad 0 \leqslant t \leqslant 2\pi \tag{4}$$

是 $\mathcal{N}$ 中的一条闭曲线. 注意 $\boldsymbol{N}$ 呈现周期性，且

$$\boldsymbol{N}(t + \pi) = -\boldsymbol{N}(t).$$

因此

$$k_j(t + \pi) = -k_{n-j+1}(t)$$

且

$$\boldsymbol{u}_j(t+\pi) = \rho_j \boldsymbol{u}_{n-j+1}(t), \tag{5}$$

其中，$\rho_j = \pm 1$. 因为 $\boldsymbol{u}_j$ 是 t 的连续函数，所以 ρ_j 也是 t 的连续函数. 但因为 ρ_j 只能取离散的两个值，所以 ρ_j 必与 t 无关.

对 t 的任一取值，本征向量 $\boldsymbol{u}_1(t), \cdots, \boldsymbol{u}_n(t)$ 构成一组有序基. 由于这组本征向量随 t 连续变化，因此它们保持相同的定向. 特别地，下列两组有序基

$$\boldsymbol{u}_1(0), \cdots, \boldsymbol{u}_n(0) \quad \text{和} \quad \boldsymbol{u}_1(\pi), \cdots, \boldsymbol{u}_n(\pi) \tag{6}$$

具有相同的定向. 根据式 (5)，有

$$\boldsymbol{u}_1(\pi), \cdots, \boldsymbol{u}_n(\pi) = \rho_1 \boldsymbol{u}_n(0), \cdots, \rho_n \boldsymbol{u}_1(0). \tag{6$'$}$$

将有序基的次序完全颠倒，当 n 为偶数时，这就相当于做 $n/2$ 次对换. 由于每做一次对换都将定向颠倒一次，因此当 $n \equiv 2 \pmod 4$ 时共需做奇数次对换. 所以，为了使式 (5) 和式 (6)′ 具有相同的定向，必有

$$\prod_{j=1}^{n} \rho_j = -1.$$

上述乘积又可写作

$$\prod_{j=1}^{n/2} \rho_j \rho_{n-j+1} = -1,$$

故至少存在一个指标 k，使得

$$\rho_k \rho_{n-k+1} = -1. \tag{7}$$

连续利用式 (5) 两次，可得

$$\boldsymbol{u}_k(2\pi) = \rho_k \boldsymbol{u}_{n-k+1}(\pi) = \rho_k \rho_{n-k+1} \boldsymbol{u}_k(0).$$

于是，由式 (3) 可知 $\tau_k = \rho_k \rho_{n-k+1}$，再由式 (7) 可知 $\tau_k = -1$. 这就表明 $\mathcal{N}$ 中的曲线 (4) 不能连续变形成一点. 然而曲线 (4) 恰好是单位球 $a^2 + b^2 + c^2 = 1$ 的赤道，因此，如果全体形如式 (1) 的矩阵都属于 $\mathcal{N}$，则单位球上的赤道必定会收缩成球面上的一点，与 $\tau_k = -1$ 矛盾. □

练习 证明：如果 $n \equiv 2 \pmod 4$，则不存在 $n \times n$ 实矩阵 $\boldsymbol{A}$、$\boldsymbol{B}$、$\boldsymbol{C}$，使得它们的全体形如式 (1) 的线性组合都有实的且不重复的本征值，这里 $\boldsymbol{A}$、$\boldsymbol{B}$、$\boldsymbol{C}$ 不要求是自伴随矩阵.

弗里德兰（Friedland）、罗宾（Robbin）和西尔维斯特（Sylvester）将上述定理推广至 $n \equiv \pm 3, 4 \pmod 8$ 的情形，并且证明了当 $n \equiv 0, \pm 1 \pmod 8$ 时定理不成立.

以上结果对于研究双曲偏微方程理论很有意义.

附录 I 快速傅里叶变换

本附录旨在研究定义在呈周期分布的有限个点上的函数，这样的一个函数是一列数 $u_1, \cdots, u_n$，通常情形下为复数序列. 在许多实际应用中，u_k 表示 $[0,1]$ 区间上某周期函数 $\boldsymbol{u}(x)$ 在 $x = k/n$ 处的取值，向量 $(u_1, \cdots, u_n) = \boldsymbol{u}$ 是函数 $\boldsymbol{u}(x)$ 的一个离散形式的近似.

我们考察如下定义的循环移位映射 $\boldsymbol{S}$:

$$\boldsymbol{S}(u_1, \cdots, u_n) = (u_2, u_3, \cdots, u_n, u_1).$$

显然，映射 $\boldsymbol{S}$ 保欧几里得范数，即

$$\|\boldsymbol{u}_1\|^2 = \sum |u_k|^2,$$

这样的映射称作酉映射（见第 8 章）. 根据第 8 章定理 9，酉映射有两两正交的本征向量 $\boldsymbol{e}_j$，它们恰好构成空间的一组基，并且每个 $\boldsymbol{e}_j$ 对应的本征值 λ_j 都是绝对值为 1 的复数. 现在我们来计算 $\boldsymbol{S}$ 的本征向量和本征值.

由本征值方程 $\boldsymbol{S}\boldsymbol{e} = \lambda\boldsymbol{e}$ 可知，$\boldsymbol{e}$ 的分量 $u_1, \cdots, u_n$ 满足

$$u_2 = \lambda u_1, \quad u_3 = \lambda u_2, \quad \cdots, \quad u_n = \lambda u_{n-1}, \quad u_1 = \lambda u_n.$$

令 $u_1 = \lambda$，则由上述前 $n-1$ 个方程可得

$$u_2 = \lambda^2, \quad u_3 = \lambda^3, \quad \cdots, \quad u_n = \lambda^n,$$

再由最后一个方程可得 $1 = \lambda^n$. 这就说明全体本征值 λ 恰为 n 个单位根 $\lambda_j = \exp\left(\frac{2\pi\mathrm{i}}{n}j\right)$，且对应的本征向量为

$$\boldsymbol{e}_j = (\lambda_j, \lambda_j^2, \lambda_j^3, \cdots, \lambda_j^n), \tag{1}$$

其中，每个本征向量 $\boldsymbol{e}_j$ 都有范数 $\|\boldsymbol{e}_j\| = \sqrt{n}$.

任意向量 $\boldsymbol{u} = (u_1, \cdots, u_n)$ 都可以表示成本征向量的线性组合:

$$\boldsymbol{u} = \sum_{j=1}^{n} a_j \boldsymbol{e}_j. \tag{2}$$

根据本征向量的表达式 (1)，可以将式 (2) 重写为

$$u_k = \sum_{j=1}^{n} a_j \exp\left(\frac{2\pi\mathrm{i}}{n} jk\right). \tag{2$'$}$$

而根据本征向量的正交性和范数 $\|\boldsymbol{e}_j\| = \sqrt{n}$，系数 a_j 可以表示为

$$a_j = (\boldsymbol{u}, \boldsymbol{e}_j)/n = \frac{1}{n} \sum_{k=1}^{n} u_k \exp\left(-\frac{2\pi\mathrm{i}}{n} jk\right). \tag{3}$$

下面将 (2)′ 和 (3) 两式与周期函数的傅里叶级数展开进行对照. 在此之前，我们首先改写式 (2)′. 若 n 为奇数，则引入与 j 有关的新指标 l，令 $j=n-l$，然后重写 (2)′ 中和式的后 $(n-1)/2$ 项. 对每一项有

$$\exp\left(\frac{2\pi \mathrm{i}}{n}jk\right)=\exp\left(\frac{2\pi \mathrm{i}}{n}(n-l)k\right)=\exp\left(-\frac{2\pi \mathrm{i}}{n}lk\right).$$

代入式 (2)′，并适当调整各项的次序，可得

$$u_k=\sum_{j=-(n-1)/2}^{(n-1)/2}a_j\exp\left(\frac{2\pi \mathrm{i}}{n}jk\right),\tag{4}$$

其中，a_j 的定义同式 (3). 若 n 为偶数，亦有类似的结论.

设 $u(x)$ 是周期为 1 的周期函数，则其傅里叶级数表示为

$$u(x)=\sum b_j\exp(2\pi \mathrm{i}jx),\tag{5}$$

其中的傅里叶系数由下列公式给出:

$$b_j=\int_0^1 u(x)\exp(-2\pi \mathrm{i}jx)\mathrm{d}x.\tag{6}$$

在式 (5) 中令 $x=k/n$，有

$$u\left(\frac{k}{n}\right)=\sum b_j\exp\left(\frac{2\pi \mathrm{i}}{n}jk\right).\tag{5$'$}$$

式 (6) 中的积分可以用 n 等分点 $x_k=k/n$ 处的有限和来近似，即

$$b_j\approx\frac{1}{n}\sum_{k=1}^{n}u\left(\frac{k}{n}\right)\exp\left(-\frac{2\pi \mathrm{i}}{n}jk\right).\tag{6$'$}$$

假设 u 是光滑的周期函数，例如 d 阶可微函数，则傅里叶级数 (5) 的下列部分和可以很好地近似 $u(x)$:

$$u(x)=\sum_{j=-(n-1)/2}^{(n-1)/2}b_j\exp(2\pi \mathrm{i}jx)+O(n^{-d}).\tag{7}$$

由于式 (6)′ 右端与 b_j 相差 $O(n^{-d})$，因此若在式 (3) 中令 $u_k=u(\frac{k}{n})$，则 a_j 与 b_j 相差 $O(n^{-d})$.

如果 u 是光滑的周期函数，则可通过对其傅里叶级数逐项求导，得到 $u(x)$ 的各阶导数:

$$\partial_x^m u(x)=\sum b_j(2\pi \mathrm{i}j)^m\exp(2\pi \mathrm{i}jx).$$

我们截取上述级数的一个部分和作为 $\partial_x^m u$ 的近似. 事实上，若在式 (3) 中令 $u_k=u(\frac{k}{n})$，则

$$\sum_{j=-(n-1)/2}^{(n-1)/2}a_j(2\pi \mathrm{i}j)^m\exp\left(\frac{2\pi \mathrm{i}}{n}jk\right)$$

是 $\partial_x^m u(\frac{k}{n})$ 的一个很好的近似. 这就是有限傅里叶变换的一个重要应用：高精度地近似光滑周期函数的导数，进一步构造微分方程的高精度的近似解.

此外，如果仅用 u 在点 k/n 处的值表示 u，则我们可以快速计算 u 与另一光滑函数的乘积并且保证结果近似程度非常高. 由于在计算过程中求导和乘法运算交替出现多次，因此有限傅里叶变换，即根据 $u_1,\cdots,u_k$ 求傅里叶系数 $a_1,\cdots,a_n$ 及其逆运算都应快速完成. 本附录余下部分将对此加以讨论.

假定单位根 $\exp(-\frac{2\pi i}{n}l)$（$l=1,\cdots,n$）都已预先计算，则根据式 (3)，每计算一个傅里叶系数 a_j 都需要执行 n 次乘法. 而总共要求 n 个傅里叶系数，所以完成傅里叶变换共需 n^2 次乘法.

而相比之下，完成有限傅里叶变换只需执行 $n\log_2 n$ 次乘法. 下面是有限傅里叶变换的具体算法.

假定 n 为偶数. 系数的阵列 $(a_1,\cdots,a_n)'$ 和阵列 $(u_1,\cdots,u_n)'$ 分别记作 $\boldsymbol{A}$ 和 $\boldsymbol{U}$. 则式 (3) 可以写成矩阵形式：

$$\boldsymbol{A}=\frac{1}{n}\boldsymbol{F}_n\boldsymbol{U}, \tag{8}$$

其中，$n\times n$ 矩阵 $\boldsymbol{F}_n$ 满足 $\boldsymbol{F}_{ij}=\omega^{jk}$，$\omega=\exp(-\frac{2\pi i}{n})$. $\boldsymbol{F}_n$ 的列为 $\bar{\boldsymbol{e}}_1,\cdots,\bar{\boldsymbol{e}}_n$，即 $\boldsymbol{F}_n$ 可以写为

$$\boldsymbol{F}_n=(\bar{\boldsymbol{e}}_1,\cdots,\bar{\boldsymbol{e}}_n).$$

重新排列 $\boldsymbol{F}_n$ 的各列，让偶数列在前，奇数列在后. 重排后的矩阵记为 $\boldsymbol{F}_n^r$，则

$$\boldsymbol{F}_n^r=(\bar{\boldsymbol{e}}_2,\cdots,\bar{\boldsymbol{e}}_n,\bar{\boldsymbol{e}}_1,\cdots,\bar{\boldsymbol{e}}_{n-1}).$$

将 $\boldsymbol{F}_n^r$ 完整地写出来，利用 $\omega^n=1$ 和 $\omega^{n/2}=-1$，我们有

$$\left(\begin{array}{cccc|cccc}
\omega^2 & \omega^4 & \cdots & 1 & \omega^1 & \omega^3 & \cdots & \omega^{-1}\\
\omega^4 & \omega^8 & \cdots & 1 & \omega^2 & \omega^6 & \cdots & \omega^{-2}\\
\vdots & \vdots & & \vdots & \vdots & \vdots & & \vdots\\
1 & 1 & \cdots & 1 & -1 & -1 & \cdots & -1\\
\hline
\omega^2 & \omega^4 & \cdots & 1 & -\omega^1 & \cdots & & -\omega^{-1}\\
\omega^4 & \omega^8 & \cdots & 1 & -\omega^2 & \cdots & & -\omega^{-2}\\
\vdots & \vdots & & \vdots & \vdots & & & \vdots\\
1 & 1 & \cdots & 1 & 1 & \cdots & & 1
\end{array}\right)=\boldsymbol{F}_n^r.$$

显然，我们可以将 $\boldsymbol{F}_n^r$ 写成 2×2 分块的形式：

$$\boldsymbol{F}_n^r=\left(\begin{array}{c|c}\boldsymbol{B}_{11} & \boldsymbol{B}_{12}\\ \hline \boldsymbol{B}_{21} & \boldsymbol{B}_{22}\end{array}\right). \tag{9}$$

容易看出 $\boldsymbol{B}_{11}$ 和 $\boldsymbol{B}_{21}$ 就是 $\boldsymbol{F}_{n/2}$. 我们断言

$$\boldsymbol{B}_{12}=\boldsymbol{D}\boldsymbol{F}_{n/2},\quad \boldsymbol{B}_{22}=-\boldsymbol{D}\boldsymbol{F}_{n/2},$$

其中，$\boldsymbol{D}$ 是对角线元素为 $\omega^{-1},\omega^{-2},\cdots,\omega^{-n/2}$ 的对角矩阵. 事实上，$\boldsymbol{B}_{12}$ 的第一行可以写为 $\omega^{-1}(\omega^2,\omega^4,\cdots,1)$，第二行可以写为 $\omega^{-2}(\omega^4,\omega^8,\cdots,1)$，以此类推，可得 $\boldsymbol{B}_{12}=\boldsymbol{D}\boldsymbol{F}_{n/2}$. 又因为 $\boldsymbol{B}_{22}=-\boldsymbol{B}_{12}$，所以另一式得证.

重新排列向量 $\boldsymbol{A}$ 和 $\boldsymbol{U}$ 中的分量，让偶数项在前，奇数项在后：

$$\boldsymbol{U}^r=\begin{pmatrix}\boldsymbol{U}_{偶}\\ \boldsymbol{U}_{奇}\end{pmatrix},\quad \boldsymbol{A}^r=\begin{pmatrix}\boldsymbol{A}_{偶}\\ \boldsymbol{A}_{奇}\end{pmatrix}.$$

则式 (8) 可以重写为

$$\boldsymbol{A}^r=\frac{1}{n}\boldsymbol{F}_n^r\boldsymbol{U}^r.$$

根据 $\boldsymbol{A}^r$ 和 $\boldsymbol{U}^r$ 的分块形式和式 (9)，有

$$\begin{pmatrix}\boldsymbol{A}_{偶}\\ \boldsymbol{A}_{奇}\end{pmatrix}=\frac{1}{n}\begin{pmatrix}\boldsymbol{F}_{n/2} & \boldsymbol{D}\boldsymbol{F}_{n/2}\\ \boldsymbol{F}_{n/2} & -\boldsymbol{D}\boldsymbol{F}_{n/2}\end{pmatrix}\begin{pmatrix}\boldsymbol{U}_{偶}\\ \boldsymbol{U}_{奇}\end{pmatrix}.$$

于是

$$\begin{aligned}\boldsymbol{A}_{偶}&=\frac{1}{n}(\boldsymbol{F}_{n/2}\boldsymbol{U}_{偶}+\boldsymbol{D}\boldsymbol{F}_{n/2}\boldsymbol{U}_{奇}),\\ \boldsymbol{A}_{奇}&=\frac{1}{n}(\boldsymbol{F}_{n/2}\boldsymbol{U}_{偶}-\boldsymbol{D}\boldsymbol{F}_{n/2}\boldsymbol{U}_{奇}).\end{aligned}\tag{10}$$

记已知 $\boldsymbol{U}$ 求向量 $\boldsymbol{A}$ 所需执行的乘法运算次数为 $M(n)$. 根据式 (10)，我们首先要分别计算 $\boldsymbol{F}_{n/2}$ 与两个互不相等的向量之积，这需要 $2M(n/2)$ 次乘法. 接下来计算 $\boldsymbol{D}$ 与前面结果的乘积，需要 n 次乘法. 最后得到的结果要乘以系数 $1/n$，需要 n 次乘法，因此乘法运算的总数为

$$M(n)=2M(n/2)+2n.\tag{11}$$

若 n 是 2 的幂，则上述关系对 $M(n/2)$ 与 $M(n/4)$、$M(n/4)$ 与 $M(n/8)$ 等依然成立，综合起来就有

$$M(n)=2n\log_2 n.\tag{12}$$

以上算法还有一些额外的计算量，包括向量的加法和重排. 实际上该算法总共的运算量是 $5n\log_2 n$ 次浮点运算.

逆运算 [已知 a_j 求 u_k，见式 $(2)'$] 的方法类似，不过要将 ω 换为 $\bar{\omega}$，且最后结果无须除以 n.

文献 [31] 对快速傅里叶变换的历史给出了十分有趣的介绍.

事实上，在库利（Cooley）和图基（Tukey）发表关于快速傅里叶变换的论文之初，《数学评论》（*Mathematical Review*）只收录了论文的标题，可见当时的编辑丝毫没有预见它的重大意义.

附录 J　谱半径

设 X 是有限维欧几里得空间，$\boldsymbol{A}$ 是 X 到 X 的线性映射. 记 $\boldsymbol{A}$ 的谱半径为 $r(\boldsymbol{A})$，即

$$r(\boldsymbol{A}) = \max_i |a_i|, \tag{1}$$

其中，a_i 取遍 $\boldsymbol{A}$ 的全体本征值. 我们断言

$$\lim_{j\to\infty} \|\boldsymbol{A}^j\|^{1/j} = r(\boldsymbol{A}), \tag{2}$$

其中，$\|\boldsymbol{A}^j\|$ 是 $\boldsymbol{A}$ 的 j 次幂的范数.

证明　直接估计 $\|\boldsymbol{A}^j\|^{1/j}$ [见第 7 章不等式 $(48)_j$]，有

$$\|\boldsymbol{A}^j\|^{1/j} \geqslant r(\boldsymbol{A}). \tag{3}$$

下面我们证明

$$\limsup \|\boldsymbol{A}^j\|^{1/j} \leqslant r(\boldsymbol{A}). \tag{4}$$

综合式 (3) 和式 (4)，即得式 (2). □

引入 X 的一组标准正交基，则可以将 X 转换成具有标准欧几里得范数 $(|x_1|^2 + \cdots + |x_n|^2)^{1/2}$ 的 $\mathbb{C}^n$，将 $\boldsymbol{A}$ 看成 $n \times n$ 复矩阵. 我们首先讨论 $\boldsymbol{A}$ 的舒尔分解.

定理 1　任意复方阵 $\boldsymbol{A}$ 都可以分解为

$$\boldsymbol{A} = \boldsymbol{Q}\boldsymbol{T}\boldsymbol{Q}^*, \tag{5}$$

其中，$\boldsymbol{Q}$ 是酉矩阵，$\boldsymbol{T}$ 是上三角矩阵，即对任意 $i > j$ 有

$$t_{ij} = 0.$$

式 (5) 称为 $\boldsymbol{A}$ 的舒尔分解.

证明　如果 $\boldsymbol{A}$ 是正规矩阵，则由第 8 章定理 8 可知，存在 $\boldsymbol{A}$ 的相互正交的本征向量 $\boldsymbol{q}_1, \cdots, \boldsymbol{q}_n$，分别对应本征值 $a_1, \cdots, a_n$，即

$$\boldsymbol{A}\boldsymbol{q}_k = a_k \boldsymbol{q}_k. \tag{6}$$

不妨令 $\boldsymbol{q}_k$ 的范数为 1，定义矩阵 $\boldsymbol{Q}$ 为

$$\boldsymbol{Q} = (\boldsymbol{q}_1, \cdots, \boldsymbol{q}_n).$$

因为 $\boldsymbol{Q}$ 的列是两两正交的单位向量，所以 $\boldsymbol{Q}$ 是酉矩阵. 式 (6) 可以用 $\boldsymbol{Q}$ 表示为

$$\boldsymbol{A}\boldsymbol{Q} = \boldsymbol{Q}\boldsymbol{D}, \tag{6$'$}$$

其中，$\boldsymbol{D}$ 是对角线元素为 $\boldsymbol{D}_{kk}=a_k$ 的对角矩阵. 在式 $(6)'$ 两端右乘以 $\boldsymbol{Q}^*$，即得到 $\boldsymbol{A}$ 的舒尔分解，其中，$\boldsymbol{T}=\boldsymbol{D}$.

为了对任意 $\boldsymbol{A}$ 证明定理的结论，我们对 $\boldsymbol{A}$ 的阶数进行归纳.

我们在第 6 章开头已经证明，任意 $n\times n$ 复矩阵 $\boldsymbol{A}$ 都至少有一个本征值 a，其中，a 有可能是复数：

$$\boldsymbol{Aq}=a\boldsymbol{q}. \tag{7}$$

令 $\boldsymbol{q}$ 的范数为 1，并将其扩充成一组标准正交基 $\boldsymbol{q}_1,\cdots,\boldsymbol{q}_n$，其中，$\boldsymbol{q}_1=\boldsymbol{q}$. 定义矩阵 $\boldsymbol{U}$ 的各列为 $\boldsymbol{q}_1,\cdots,\boldsymbol{q}_n$：

$$\boldsymbol{U}=(\boldsymbol{q}_1,\cdots,\boldsymbol{q}_n).$$

显然，$\boldsymbol{U}$ 是酉矩阵，且 $\boldsymbol{AU}$ 的第一列为 $a\boldsymbol{q}$：

$$\boldsymbol{AU}=(a\boldsymbol{q},\boldsymbol{c}_2,\cdots,\boldsymbol{c}_n). \tag{7$'$}$$

$\boldsymbol{U}$ 的伴随 $\boldsymbol{U}^*$ 形如

$$\boldsymbol{U}^*=\begin{pmatrix}\bar{\boldsymbol{q}}_1^{\mathrm{T}}\\ \vdots\\ \bar{\boldsymbol{q}}_n^{\mathrm{T}}\end{pmatrix},$$

其中，行向量 $\boldsymbol{q}_j^{\mathrm{T}}$ 是列向量 $\boldsymbol{q}_j$ 的转置，而 $\bar{\boldsymbol{q}}_j^{\mathrm{T}}$ 是 $\boldsymbol{q}_j^{\mathrm{T}}$ 的复共轭. 考察式 $(7)'$ 与 $\boldsymbol{U}^*$ 的乘积，由于 $\boldsymbol{U}^*$ 的行 $\bar{\boldsymbol{q}}_2^{\mathrm{T}},\cdots,\bar{\boldsymbol{q}}_n^{\mathrm{T}}$ 与 $\boldsymbol{q}_1$ 正交，因此利用分块矩阵的记法，有

$$\boldsymbol{U}^*\boldsymbol{AU}=\begin{pmatrix}a & \boldsymbol{B}\\ \boldsymbol{0} & \boldsymbol{C}\end{pmatrix}, \tag{8}$$

其中，$\boldsymbol{B}$ 是 $1\times(n-1)$ 矩阵，$\boldsymbol{C}$ 是 $(n-1)\times(n-1)$ 矩阵.

根据归纳假设，$\boldsymbol{C}$ 有舒尔分解

$$\boldsymbol{C}=\boldsymbol{RT}_1\boldsymbol{R}^*, \tag{9}$$

其中，$\boldsymbol{R}$ 是 $(n-1)\times(n-1)$ 酉矩阵，$\boldsymbol{T}_1$ 是 $(n-1)\times(n-1)$ 上三角矩阵. 令

$$\boldsymbol{Q}=\boldsymbol{U}\begin{pmatrix}1 & \boldsymbol{0}\\ \boldsymbol{0} & \boldsymbol{R}\end{pmatrix}, \tag{10}$$

显然 $\boldsymbol{Q}$ 作为两个酉矩阵的乘积，也是酉矩阵，此外还有

$$\boldsymbol{Q}^*=\begin{pmatrix}1 & \boldsymbol{0}\\ \boldsymbol{0} & \boldsymbol{R}^*\end{pmatrix}\boldsymbol{U}^*. \tag{10$'$}$$

由式 (10) 和式 $(10)'$ 可得

$$\boldsymbol{Q}^*\boldsymbol{AQ}=\begin{pmatrix}1 & \boldsymbol{0}\\ \boldsymbol{0} & \boldsymbol{R}^*\end{pmatrix}\boldsymbol{U}^*\boldsymbol{AU}\begin{pmatrix}1 & \boldsymbol{0}\\ \boldsymbol{0} & \boldsymbol{R}\end{pmatrix}. \tag{11}$$

根据式 (8)，式 (11) 右端又可以写为

$$\begin{pmatrix}1 & \mathbf{0}\\ \mathbf{0} & \boldsymbol{R}^*\end{pmatrix}\begin{pmatrix}a & \boldsymbol{B}\\ \mathbf{0} & \boldsymbol{C}\end{pmatrix}\begin{pmatrix}1 & \mathbf{0}\\ \mathbf{0} & \boldsymbol{R}\end{pmatrix}.$$

对上述三个矩阵进行分块乘法，得到

$$\begin{pmatrix}a & \boldsymbol{BR}\\ \mathbf{0} & \boldsymbol{R}^*\boldsymbol{CR}\end{pmatrix}.$$

而由式 (9) 可知 $\boldsymbol{R}^*\boldsymbol{CR}=\boldsymbol{T}_1$，故式 (11) 表明

$$\boldsymbol{Q}^*\boldsymbol{AQ}=\begin{pmatrix}a & \boldsymbol{BR}\\ \mathbf{0} & \boldsymbol{T}_1\end{pmatrix}=\boldsymbol{T},$$

这显然是一个 $n\times n$ 上三角矩阵. 上式两端分别左乘以 $\boldsymbol{Q}$，同时右乘以 $\boldsymbol{Q}^*$，即得 $\boldsymbol{A}$ 的舒尔分解式 (5). □

舒尔分解式 (5) 表明 $\boldsymbol{A}$ 与 $\boldsymbol{T}$ 相似，而我们在第 6 章已知，相似矩阵具有相同的本征值. 又因为上三角矩阵的本征值就是其对角线元素，所以式 (5) 中的 $\boldsymbol{T}$ 可以分解为

$$\boldsymbol{T}=\boldsymbol{D}_{\boldsymbol{A}}+\boldsymbol{S}, \tag{12}$$

其中，$\boldsymbol{D}_{\boldsymbol{A}}$ 是对角矩阵，其对角线元素为 $\boldsymbol{A}$ 的本征值 $a_1,\cdots,a_n$，$\boldsymbol{S}$ 是对角线元素为零的上三角矩阵.

练习 1 证明：上三角矩阵的本征值恰是对角线元素.

下面我们利用 $\boldsymbol{A}$ 的舒尔分解推导 $\boldsymbol{A}^j$ 范数的估计式 (3). 令

$$\boldsymbol{D}=\begin{pmatrix}d_1 & & 0\\ & \ddots & \\ 0 & & d_n\end{pmatrix},$$

其中，对角线元素非零，其具体取值将在下文中确定. 根据矩阵乘法法则，有

$$(\boldsymbol{D}^{-1}\boldsymbol{TD})_{ij}=t_{ij}\frac{d_j}{d_i}. \tag{13}$$

令 $d_j=\epsilon^j$，其中，ϵ 为某正数，记以 $d_j=\epsilon^j$ 为对角线元素的对角矩阵为 $\boldsymbol{D}_\epsilon$. 令 $\boldsymbol{T}_\epsilon$ 为矩阵

$$\boldsymbol{T}_\epsilon=\boldsymbol{D}_\epsilon^{-1}\boldsymbol{TD}_\epsilon. \tag{14}$$

根据式 (13)，$\boldsymbol{T}_\epsilon$ 中的元素为 $t_{ij}\epsilon^{j-i}$，这就说明：$\boldsymbol{T}_\epsilon$ 的对角线元素与 $\boldsymbol{T}$ 完全相同，而对角线以外的元素则等于 $\boldsymbol{T}$ 中对应位置元素乘以 ϵ 的一个正整数幂. 类似于式 (12)，我们可将 $\boldsymbol{T}_\epsilon$ 的对角线元素与其余部分拆开，得到

$$\boldsymbol{T}_\epsilon=\boldsymbol{D}_{\boldsymbol{A}}+\boldsymbol{S}_\epsilon. \tag{12$_\epsilon$}$$

对角矩阵 $\boldsymbol{D_A}$ 的欧几里得范数等于其对角线元素绝对值之最大者，即

$$\|\boldsymbol{D_A}\| = \max|a_j| = r(\boldsymbol{A}).$$

由于 $\boldsymbol{S}_\epsilon$ 中的每个元素都是由 $\boldsymbol{T}$ 中某元素乘以 ϵ 的某正整数幂得到，而 $\epsilon < 1$，因此

$$\|\boldsymbol{S}_\epsilon\| \leqslant c\epsilon,$$

其中，c 为某个正数. 根据三角不等式，有

$$\|\boldsymbol{T}_\epsilon\| = \|\boldsymbol{D_A} + \boldsymbol{S}_\epsilon\| \leqslant r(\boldsymbol{A}) + c\epsilon. \tag{15}$$

由式 (14) 可得

$$\boldsymbol{T} = \boldsymbol{D}_\epsilon \boldsymbol{T}_\epsilon \boldsymbol{D}_\epsilon^{-1}.$$

代入 $\boldsymbol{A}$ 的舒尔分解式 (5) 得

$$\boldsymbol{A} = \boldsymbol{Q}\boldsymbol{D}_\epsilon \boldsymbol{T}_\epsilon \boldsymbol{D}_\epsilon^{-1}\boldsymbol{Q}^*. \tag{16}$$

令 $\boldsymbol{M} = \boldsymbol{Q}\boldsymbol{D}_\epsilon$，又由 $\boldsymbol{Q}$ 是酉矩阵可知 $\boldsymbol{Q}^* = \boldsymbol{Q}^{-1}$，因此式 (16) 可以写为

$$\boldsymbol{A} = \boldsymbol{M}\boldsymbol{T}_\epsilon \boldsymbol{M}^{-1}. \tag{16$'$}$$

于是

$$\boldsymbol{A}^j = \boldsymbol{M}\boldsymbol{T}_\epsilon^j \boldsymbol{M}^{-1}.$$

根据矩阵范数的乘积不等式，有

$$\|\boldsymbol{A}^j\| \leqslant \|\boldsymbol{M}\|\|\boldsymbol{M}^{-1}\|\|\boldsymbol{T}_\epsilon\|^j.$$

再开 j 次方根，得

$$\|\boldsymbol{A}^j\|^{1/j} \leqslant m^{1/j}\|\boldsymbol{T}_\epsilon\|,$$

其中，$m = \|\boldsymbol{M}\|\|\boldsymbol{M}^{-1}\|$. 对上式右端应用估计式 (15)，即得

$$\|\boldsymbol{A}^j\|^{1/j} \leqslant m^{1/j}(r(\boldsymbol{A}) + c\epsilon).$$

令 j 趋于 ∞，则有

$$\limsup \|\boldsymbol{A}^j\|^{1/j} \leqslant r(\boldsymbol{A}) + c\epsilon.$$

由于上式对任意 $\epsilon < 1$ 都成立，因此

$$\limsup \|\boldsymbol{A}^j\|^{1/j} \leqslant r(\boldsymbol{A}),$$

即证得式 (4). 综合式 (3) 和式 (4)，式 (2) 亦得证. □

练习 2 证明：对角矩阵的欧几里得范数等于其对角线元素绝对值之最大者.

注记 上述证明的关键步骤是证明任意矩阵都相似于某个上三角矩阵. 关于这一点，我们也可利用第 6 章的一个结论给出证明，该结论说明任意矩阵都相似于某个若尔当形矩阵，而若尔当形矩阵显然是上三角矩阵. 不过，基于若尔当形矩阵的证明处理起来十分微妙，而基于舒尔分解的证明则更简单、更可靠.

练习 3　类比式 (2)，证明：

$$\lim_{j\to\infty} |\boldsymbol{A}^j|^{1/j} = r(\boldsymbol{A}), \tag{17}$$

其中，$\boldsymbol{A}$ 是有限维赋范线性空间 X（见第 14 章和第 15 章）上的线性映射.

注记　式 (17) 对无限维空间中线性映射仍然成立. 然而前文给出的证明严重依赖有限维空间中线性映射的谱理论，无法推广到无限维的情形. 下面我们基于矩阵值解析函数给出式 (17) 的另一种证法，该方法很容易推广到无限维赋范线性空间.

定义 1　设 $z = x + \mathrm{i}y$ 为复变量，$\boldsymbol{A}(z)$ 是 z 的 $n \times n$ 矩阵值函数. 如果 $\boldsymbol{A}(z)$ 的任意元素 $a_{ij}(z)$ 都是 z 的定义在 G（G 包含于 z 平面）上的解析函数，则称 $\boldsymbol{A}(z)$ 为 z 的定义在 G 上的**解析函数**（**analytic function**）.

定义 2　设 X 为有限维赋范线性空间，$\boldsymbol{A}(z)$ 是 X 到 X 的一族线性映射，其中，z 是复参数. 如果依第 15 章式 (16) 所定义的收敛，下列极限存在：

$$\lim_{h\to 0} \frac{\boldsymbol{A}(z+h) - \boldsymbol{A}(z)}{h} = \boldsymbol{A}'(z),$$

则称 $\boldsymbol{A}(z)$ 是 z 的解析函数.

练习 4　证明以上两种定义等价.

练习 5　设 $\boldsymbol{A}(z)$ 是 z 的定义在 G 上的矩阵值解析函数，且对任意 $z \in G$ 都可逆，证明：$\boldsymbol{A}^{-1}(z)$ 也是 G 上的矩阵值解析函数.

练习 6　证明：柯西积分定理对矩阵值函数亦成立.

下面要处理的解析函数是预解算子. $\boldsymbol{A}$ 的预解算子定义为

$$\boldsymbol{R}(z) = (z\boldsymbol{I} - \boldsymbol{A})^{-1}, \tag{18}$$

其中，z 是除 $\boldsymbol{A}$ 的本征值以外的任意复数. 由练习 5 可知 $\boldsymbol{R}(z)$ 仍为解析函数.

定理 2　对任意 $|z| > |\boldsymbol{A}|$，$\boldsymbol{R}(z)$ 可以展开为

$$\boldsymbol{R}(z) = \sum_{n=0}^{\infty} \frac{\boldsymbol{A}^n}{z^{n+1}}. \tag{19}$$

证明　由行列式的乘法性质可知 $|\boldsymbol{A}^n| \leqslant |\boldsymbol{A}|^n$，因此当 $|z| > |\boldsymbol{A}|$ 时，式 (19) 右端的级数收敛.

考察式 (19) 右端与 $(z\boldsymbol{I} - \boldsymbol{A})$ 的乘积：通过逐项求乘积可得 $\boldsymbol{I}$，这就说明式 (19) 右端等于 $(z\boldsymbol{I} - \boldsymbol{A})$ 的逆. □

用 z^j 乘以式 (19)，然后求其在圆 $|z| = s > |\boldsymbol{A}|$ 上的积分. 对右端各求和项逐项计算积分，其中，只有第 j 个积分不为零，于是

$$\int_{|z|=s} \boldsymbol{R}(z) z^j \mathrm{d}z = 2\pi\mathrm{i}\boldsymbol{A}^j. \tag{20}$$

由于 $\boldsymbol{R}(z)$ 是定义在 $\boldsymbol{A}$ 的谱以外的解析函数，因此根据练习 6，我们可以将积分圆周化为半径为 $s=r(\boldsymbol{A})+\epsilon$（$\epsilon>0$）的任意圆周，即

$$\int_{|z|=r(\boldsymbol{A})+\epsilon} \boldsymbol{R}(z)z^j \mathrm{d}z = 2\pi \mathrm{i} \boldsymbol{A}^j. \tag{20$'$}$$

为了从积分表达式 (20)′ 估计 $\boldsymbol{A}^j$ 的范数，我们将 $\mathrm{d}z$ 积分改写成 $\mathrm{d}\theta$ 积分，其中，θ 是极角，$z=s\mathrm{e}^{\mathrm{i}\theta}$ 且 $\mathrm{d}z=s\mathrm{i}\mathrm{e}^{\mathrm{i}\theta}\mathrm{d}\theta$：

$$\boldsymbol{A}^j = \frac{1}{2\pi}\int_0^{2\pi} \boldsymbol{R}(s\mathrm{e}^{\mathrm{i}\theta}) s^{j+1} \mathrm{e}^{\mathrm{i}\theta(j+1)} \mathrm{d}\theta. \tag{21}$$

线性映射积分的范数不超过被积函数的最大值乘以积分区间的长度．由于 $\boldsymbol{R}(z)$ 是解析函数，因此在 $|z|=r(\boldsymbol{A})+\epsilon$（$\epsilon>0$）上连续，记其上 $|\boldsymbol{R}(z)|$ 的最大值为 $c(\epsilon)$．因此，我们可以利用积分表达式 (21) 估计 $\boldsymbol{A}^j$ 的范数，令 $s=r(\boldsymbol{A})+\epsilon$：

$$|\boldsymbol{A}^j| \leqslant (r(\boldsymbol{A})+\epsilon)^{j+1} c(\epsilon).$$

对上式开 j 次方根，得

$$|\boldsymbol{A}^j|^{1/j} \leqslant m(\epsilon)^{1/j}(r(\boldsymbol{A})+\epsilon), \tag{22}$$

其中，$m(\epsilon)=(r(\boldsymbol{A})+\epsilon)c(\epsilon)$．在式 (22) 中令 j 趋于 ∞，可得

$$\limsup_{j\to\infty} |\boldsymbol{A}^j|^{1/j} \leqslant r(\boldsymbol{A})+\epsilon.$$

由于上式对任意 $\epsilon>0$ 都成立，因此

$$\limsup |\boldsymbol{A}^j|^{1/j} \leqslant r(\boldsymbol{A}). \tag{23}$$

此外，类似于式 (3)，对任意范数都有

$$|\boldsymbol{A}^j| \geqslant r(\boldsymbol{A})^j.$$

开 j 次方根即得

$$|\boldsymbol{A}^j|^{1/j} \geqslant r(\boldsymbol{A}).$$

再结合式 (23)，即得式 (17)．　□

注意，新给出的证明不依赖于 $\boldsymbol{A}$ 所作用的赋范线性空间是否是有限维空间．

附录 K　洛伦兹群

第 1 节

经典力学所考察的质点或物体处于绝对静止的欧几里得空间中，并且，通过给出质点在绝对空间中的位置与绝对时间之间的函数关系，我们可以描述质点的运动.

而从相对论的观点出发，由于时间、空间的不可分性，因此所谓绝对空间与绝对时间并不存在. 在两个相对速度为常值的坐标系中，光速是相同的，即两个坐标系中的闵可夫斯基度规（Minkowski metric）$t^2-x^2-y^2-z^2$ 相等——本附录中，我们假定光速等于数值 1.

四维时空中保二次型 $t^2-x^2-y^2-z^2$ 的线性变换称为洛伦兹变换，本节旨在讨论洛伦兹变换的性质.

我们首先考虑略简单一些的 (2+1) 维时空. 记时空向量 $(t,x,y)'$ 为 $\boldsymbol{u}$，$\boldsymbol{M}$ 表示矩阵

$$\boldsymbol{M}=\begin{pmatrix}1&0&0\\0&-1&0\\0&0&-1\end{pmatrix}. \tag{1}$$

显然有

$$t^2-x^2-y^2=(\boldsymbol{u},\boldsymbol{Mu}), \tag{2}$$

其中，(,) 表示 $\mathbb{R}^3$ 中标准的标量积运算.

洛伦兹变换 $\boldsymbol{L}$ 保二次型 (2) 这一条件即：对任意 $\boldsymbol{u}$，有

$$(\boldsymbol{Lu},\boldsymbol{MLu})=(\boldsymbol{u},\boldsymbol{Mu}). \tag{3}$$

上式对任意 $\boldsymbol{u},\boldsymbol{v}$ 以及 $\boldsymbol{u}+\boldsymbol{v}$ 都成立，所以对任意 $\boldsymbol{u},\boldsymbol{v}$，都有

$$(\boldsymbol{Lu},\boldsymbol{MLv})=(\boldsymbol{u},\boldsymbol{Mv}). \tag{3$'$}$$

注意，式 (3)$'$ 对任意 $\boldsymbol{u},\boldsymbol{v}$ 均成立，而其左端又可以写作 $(\boldsymbol{u},\boldsymbol{L}'\boldsymbol{MLv})$，因此

$$\boldsymbol{L}'\boldsymbol{ML}=\boldsymbol{M}. \tag{4}$$

取式 (4) 两端的行列式，根据行列式的乘法性质和 $\det\boldsymbol{M}=1$，有

$$(\det\boldsymbol{L}')(\det\boldsymbol{L})=(\det\boldsymbol{L})^2=1. \tag{4$'$}$$

这就表明任意洛伦兹变换都可逆.

练习 1　证明：如果 $\boldsymbol{L}$ 是洛伦兹变换，则 $\boldsymbol{L}'$ 也是.

全体洛伦兹变换构成一个群. 显然，如果两个变换分别保二次型 (2)，则其复合仍保二次型 (2)；如果 $\boldsymbol{L}$ 保二次型 (2)，则其逆也保二次型 (2).

3×3 矩阵共有 9 个元素，而式 (4) 两端均为 3×3 对称矩阵，因此式 (4) 给出了 $\boldsymbol{L}$ 中元素的 6 个约束条件. 所以粗略地说，洛伦兹群构成一个三维流形.

定义　**正向光锥**（**forward light cone**）是时空中全体满足 $t^2-x^2-y^2$ 大于零且 t 大于零的点所构成的集合. **反向光锥**（**backward light cone**）是时空中全体满足 $t^2-x^2-y^2$ 大于零且 t 小于零的点所构成的集合.

定理 1　洛伦兹变换 $\boldsymbol{L}$ 将每个光锥映射到自身或者另一光锥上.

证明　任取正向光锥中的一点，比如 $(1,0,0)'$. 由于 $\boldsymbol{L}$ 保持闵可夫斯基度规 (2)，因此该点在 $\boldsymbol{L}$ 之下的像必然落在正向光锥或者反向光锥之中. 不妨设它落在正向光锥中，我们断言 $\boldsymbol{L}$ 将正向光锥中的任意一点映射到正向光锥中. 假若不然，设 $\boldsymbol{L}$ 将正向光锥中某点 $\boldsymbol{u}$ 映射到反向光锥中. 考察 $(1,0,0)'$ 到 $\boldsymbol{u}$ 的时间段，其中必有一点 $\boldsymbol{v}$ 经 $\boldsymbol{L}$ 映射到 $\boldsymbol{w}$，且 $\boldsymbol{w}$ 的 t 分量为零. 对于该 $\boldsymbol{w}$，有 $(\boldsymbol{w},\boldsymbol{M}\boldsymbol{w})\leqslant 0$. 由于所考察时间段上的任意点 $\boldsymbol{v}$ 都属于正向光锥，因此 $(\boldsymbol{v},\boldsymbol{M}\boldsymbol{v})>0$. 而 $\boldsymbol{w}=\boldsymbol{L}\boldsymbol{v}$，这就与式 (3) 矛盾.

下面证明正向光锥中的任意一点 $\boldsymbol{z}$ 都是正向光锥中某点 $\boldsymbol{u}$ 的像. 事实上，由于 $\boldsymbol{L}$ 可逆，因此必存在 $\boldsymbol{u}$ 使得 $\boldsymbol{z}=\boldsymbol{L}\boldsymbol{u}$；又因为 $\boldsymbol{L}$ 保二次型 (2)，所以 $\boldsymbol{u}$ 属于某光锥. 如果 $\boldsymbol{u}$ 属于反向光锥，则由前面的讨论可知，$\boldsymbol{L}$ 将反向光锥中的任意点都映射到正向光锥中. 而 $\boldsymbol{L}$ 将 $(-1,0,0)'$ 映射为反向光锥中的点 $-\boldsymbol{L}(1,0,0)'$，矛盾.

如果 $\boldsymbol{L}$ 将 $(1,0,0)'$ 映射到反向光锥内，我们也可以类似证明，因此定理 1 得证. □

定义　由式 $(4)'$ 可知 $\det \boldsymbol{L}=\pm 1$. 全体将正向光锥映射到自身且满足 $\det \boldsymbol{L}=1$ 的洛伦兹变换构成**真洛伦兹群**（**proper Lorentz group**）.

定理 2　设 $\boldsymbol{L}$ 属于真洛伦兹群，且将点 $\boldsymbol{e}=(1,0,0)'$ 映射到自身，则 $\boldsymbol{L}$ 是绕 t 轴的旋转变换.

证明　由 $\boldsymbol{L}\boldsymbol{e}=\boldsymbol{e}$ 可知 $\boldsymbol{L}$ 的第一列为 $(1,0,0)'$. 根据式 (4) 有 $\boldsymbol{L}'\boldsymbol{M}\boldsymbol{L}=\boldsymbol{M}$，又因为 $\boldsymbol{M}\boldsymbol{e}=\boldsymbol{e}$，所以 $\boldsymbol{L}'\boldsymbol{e}=\boldsymbol{e}$，故 $\boldsymbol{L}'$ 的第一列为 $(1,0,0)'$，即 $\boldsymbol{L}$ 的第一行为 $(1,0,0)$. 于是，$\boldsymbol{L}$ 形如

$$L=\begin{pmatrix}1&0&0\\0&&\\0&\multicolumn{2}{c}{R}\end{pmatrix}.$$

因为 $\boldsymbol{L}$ 保闵可夫斯基度规，所以 $\boldsymbol{R}$ 为等距映射；又因为 $\det \boldsymbol{L}=1$，所以 $\det \boldsymbol{R}=1$. 因此 $\boldsymbol{R}$ 是旋转. □

练习 2 证明：洛伦兹变换保波动方程，即如果 $f(t,x,y)$ 满足

$$f_{tt}-f_{xx}-f_{yy}=0,$$

则 $f(\boldsymbol{L}(t,x,y))$ 也满足该方程.

下面给出真洛伦兹变换的一个显式的描述. 任给一点 $\boldsymbol{u}=(t,x,y)'$，我们将其表示为 2×2 对称矩阵 $\boldsymbol{U}$：

$$\boldsymbol{U}=\begin{pmatrix}t-x&y\\y&t+x\end{pmatrix}. \tag{5}$$

显然 $\boldsymbol{U}$ 是实对称矩阵，且

$$\det \boldsymbol{U}=t^2-x^2-y^2,\quad \operatorname{tr}\boldsymbol{U}=2t. \tag{6}$$

令 $\boldsymbol{W}$ 是行列式为 1 的 2×2 实矩阵，定义 2×2 矩阵 $\boldsymbol{V}$ 为

$$\boldsymbol{W}\boldsymbol{U}\boldsymbol{W}'=\boldsymbol{V}. \tag{7}$$

显然，$\boldsymbol{V}$ 是实对称矩阵，并且由假设 $\det \boldsymbol{W}=1$ 可知

$$\det \boldsymbol{V}=(\det \boldsymbol{W})(\det \boldsymbol{U})(\det \boldsymbol{W}')=\det \boldsymbol{U}. \tag{8}$$

记 $\boldsymbol{V}$ 的元素为

$$\boldsymbol{V}=\begin{pmatrix}t'-x'&y'\\y'&t'+x'\end{pmatrix}. \tag{9}$$

对于给定的 $\boldsymbol{W}$，(5)、(7)、(9) 三式定义了 (t,x,y) 到 (t',x',y') 的一个线性变换. 而由 (6)、(8) 两式可知 $t^2-x^2-y^2=t'^2-x'^2-y'^2$，所以 $\boldsymbol{W}$ 导出了一个洛伦兹变换，记作 $\boldsymbol{L}_{\boldsymbol{W}}$. 显然，$\boldsymbol{W}$ 和 $-\boldsymbol{W}$ 导出相同的洛伦兹变换. 反过来，有以下结论.

练习 3 证明：如果 $\boldsymbol{W}$ 和 $\boldsymbol{Z}$ 导出相同的洛伦兹变换，则有 $\boldsymbol{Z}=\boldsymbol{W}$ 或者 $\boldsymbol{Z}=-\boldsymbol{W}$.

行列式为 1 的 2×2 实矩阵在矩阵乘法下构成一个群，称为实数域上的 2 阶特殊线性群，记作 $\mathrm{SL}(2,\mathbb{R})$.

练习 4 证明 $\mathrm{SL}(2,\mathbb{R})$ 是连通的，即 $\mathrm{SL}(2,\mathbb{R})$ 中的任意 $\boldsymbol{W}$ 都可以在 $\mathrm{SL}(2,\mathbb{R})$ 中连续变形为 $\boldsymbol{I}$.

式 (5)、(7)、(9) 定义了 $\mathrm{SL}(2,\mathbb{R})$ 到 $(2+1)$ 维洛伦兹群的一个二对一映射. 该映射是一个同态，即

$$\boldsymbol{L}_{\boldsymbol{WZ}} = \boldsymbol{L}_{\boldsymbol{W}}\boldsymbol{L}_{\boldsymbol{Z}}. \tag{10}$$

练习 5　证明式 (10).

定理 3　(a) 对任意 $\boldsymbol{W} \in \mathrm{SL}(2,\mathbb{R})$，$\boldsymbol{L}_{\boldsymbol{W}}$ 属于真洛伦兹群.

(b) 任给正向光锥中的点 $\boldsymbol{u}, \boldsymbol{v}$，若 $(\boldsymbol{u}, \boldsymbol{Mu}) = (\boldsymbol{v}, \boldsymbol{Mv})$，则存在 $\boldsymbol{Y} \in \mathrm{SL}(2,\mathbb{R})$ 使得 $\boldsymbol{L}_{\boldsymbol{Y}}\boldsymbol{u} = \boldsymbol{v}$.

(c) 如果 $\boldsymbol{Z}$ 是旋转，则 $\boldsymbol{L}_{\boldsymbol{Z}}$ 是绕 t 轴的旋转.

证明　(a) 表示正向光锥中点 $\boldsymbol{u} = (t, x, y)'$ 的实对称矩阵 $\boldsymbol{U}$ 是正定矩阵，反之亦然. 由式 (6) 可知，$\det \boldsymbol{U} = t^2 - x^2 - y^2$，$\operatorname{tr} \boldsymbol{U} = 2t$ 且其取值均为正.

又由 (7)、(9) 两式可知，表示 $\boldsymbol{v} = \boldsymbol{L}_{\boldsymbol{W}}\boldsymbol{u}$ 的矩阵 $\boldsymbol{V}$ 为 $\boldsymbol{V} = \boldsymbol{WUW}'$. 显然，若 $\boldsymbol{U}$ 是正定的对称矩阵，则 $\boldsymbol{V}$ 也是. 这就说明 $\boldsymbol{L}_{\boldsymbol{W}}$ 将正向光锥映射到正向光锥.

根据式 $(4)'$，洛伦兹变换 $\boldsymbol{L}_{\boldsymbol{W}}$ 的行列式为 1 或者 -1. 当 $\boldsymbol{W}$ 是单位矩阵 $\boldsymbol{I}$ 时，$\boldsymbol{L}_{\boldsymbol{W}}$ 也是单位矩阵，故 $\det \boldsymbol{L}_{\boldsymbol{I}} = 1$. 当 $\boldsymbol{W}$ 连续变形时，$\det \boldsymbol{L}_{\boldsymbol{W}}$ 也只能连续地变化，因此可以断定 $\det \boldsymbol{L}_{\boldsymbol{W}}$ 保持不变，即对任意可以连续变形成 $\boldsymbol{I}$ 的 $\boldsymbol{W}$，都有 $\det \boldsymbol{L}_{\boldsymbol{W}} = 1$. 而由练习 4 可知，任意 $\boldsymbol{W}$ 都可以变形为 $\boldsymbol{I}$，故对任意 $\boldsymbol{W}$，$\boldsymbol{L}_{\boldsymbol{W}}$ 都是真洛伦兹变换.

(b) 首先证明：任给正向光锥中的点 $\boldsymbol{v}$，存在 $\boldsymbol{W} \in \mathrm{SL}(2,\mathbb{R})$ 使得 $\boldsymbol{L}_{\boldsymbol{W}}$ 将 $t\boldsymbol{e} = t(1,0,0)'$ 映射为 $\boldsymbol{v}$，其中，t 是 $(\boldsymbol{v}, \boldsymbol{Mv})$ 的正的平方根. 矩阵 $\boldsymbol{I}$ 和 $\boldsymbol{W}t\boldsymbol{I}\boldsymbol{W}' = t\boldsymbol{WW}'$ 分别代表 $\boldsymbol{e}$ 和 $\boldsymbol{L}_{\boldsymbol{W}}t\boldsymbol{e}$，又令矩阵 $\boldsymbol{V}$ 代表 $\boldsymbol{v}$，则我们应当选取 $\boldsymbol{W}$，使其满足 $t\boldsymbol{WW}' = \boldsymbol{V}$. 由于 $t^2 = (\boldsymbol{v}, \boldsymbol{Mv}) = \det \boldsymbol{V}$，并且由 (a) 知 $\boldsymbol{V}$ 为正定矩阵，因此我们可以从上述方程中求出 $\boldsymbol{W}$：$\boldsymbol{W}$ 等于 $t^{-1}\boldsymbol{V}$ 的正定的平方根.

类似地，对于正向光锥中满足 $(\boldsymbol{u}, \boldsymbol{Mu}) = (\boldsymbol{v}, \boldsymbol{Mv})$ 的任意点 $\boldsymbol{u}$，存在 $\boldsymbol{Z} \in \mathrm{SL}(2,\mathbb{R})$ 使得 $\boldsymbol{L}_{\boldsymbol{Z}}t\boldsymbol{e} = \boldsymbol{u}$. 则 $\boldsymbol{L}_{\boldsymbol{W}}{\boldsymbol{L}_{\boldsymbol{Z}}}^{-1}$ 将 $\boldsymbol{u}$ 映射到 $\boldsymbol{v}$. 又因为 $\boldsymbol{W} \to \boldsymbol{L}_{\boldsymbol{W}}$ 是同态，所以 $\boldsymbol{L}_{\boldsymbol{W}}{\boldsymbol{L}_{\boldsymbol{Z}}}^{-1} = {\boldsymbol{L}_{\boldsymbol{WZ}}}^{-1}$.

(c) 设 $\boldsymbol{Z}$ 是 $\mathbb{R}^2$ 中的旋转，则 $\boldsymbol{Z}'\boldsymbol{Z} = \boldsymbol{I}$. 对任意 $\boldsymbol{U}$，根据 $\boldsymbol{V} = \boldsymbol{ZUZ}'$ 和迹运算的交换性，有

$$\operatorname{tr} \boldsymbol{V} = \operatorname{tr} \boldsymbol{ZUZ}' = \operatorname{tr} \boldsymbol{UZ}'\boldsymbol{Z} = \operatorname{tr} \boldsymbol{U}.$$

设 $\boldsymbol{U}$ 形如式 (5)，$\boldsymbol{V}$ 形如式 (9)，则 $\operatorname{tr} \boldsymbol{U} = 2t$，$\operatorname{tr} \boldsymbol{V} = 2t'$，所以对任意 $\boldsymbol{U}$ 都有 $t = t'$. 而 $t^2 - x^2 - y^2 = t'^2 - x'^2 - y'^2$，所以 $\boldsymbol{L}_{\boldsymbol{Z}}$ 将 $(t, 0, 0)'$ 映射到它自身. 再由定理 2 可知 $\boldsymbol{L}_{\boldsymbol{Z}}$ 是绕 t 轴的旋转. □

练习 6　证明：如果 $\boldsymbol{Z}$ 是转角为 θ 的旋转，则 $\boldsymbol{L}_{\boldsymbol{Z}}$ 是转角为 2θ 的旋转.

定理 4 任意真洛伦兹变换 $\boldsymbol{L}$ 都形如 $\boldsymbol{L}_{\boldsymbol{Y}}$，其中，$\boldsymbol{Y} \in \mathrm{SL}(2,\mathbb{R})$.

证明 记 $\boldsymbol{e} = (1,0,0)'$ 在 $\boldsymbol{L}$ 下的像为 $\boldsymbol{u}$：

$$\boldsymbol{L}\boldsymbol{e} = \boldsymbol{u}.$$

由于 $\boldsymbol{e}$ 属于正向光锥，因此 $\boldsymbol{u}$ 亦属于正向光锥. 根据定理 3(b)，存在 $\boldsymbol{W} \in \mathrm{SL}(2,\mathbb{R})$ 使得 $\boldsymbol{L}_{\boldsymbol{W}}\boldsymbol{e} = \boldsymbol{u}$，进而 $\boldsymbol{L}_{\boldsymbol{W}}{}^{-1}\boldsymbol{L}\boldsymbol{e} = \boldsymbol{e}$. 由定理 2 可知，$\boldsymbol{L}_{\boldsymbol{W}}{}^{-1}\boldsymbol{L}$ 是绕 t 轴的旋转. 再由定理 3(c) 和练习 6 可知，存在 $\mathrm{SL}(2,\mathbb{R})$ 中的旋转 $\boldsymbol{Z}$，使得 $\boldsymbol{L}_{\boldsymbol{W}}{}^{-1}\boldsymbol{L} = \boldsymbol{L}_{\boldsymbol{Z}}$，故 $\boldsymbol{L} = \boldsymbol{L}_{\boldsymbol{W}}\boldsymbol{L}_{\boldsymbol{Z}} = \boldsymbol{L}_{\boldsymbol{WZ}}$. □

练习 7 证明：2×2 对称矩阵是正定矩阵，当且仅当该矩阵的迹和行列式同为正数.

练习 8 (a) 设 $\boldsymbol{L}(s)$ 是含单个参数的洛伦兹变换族且对参数 s 可微. 证明 $\boldsymbol{L}(s)$ 满足下列形式的微分方程：

$$\partial_s \boldsymbol{L} = \boldsymbol{A}\boldsymbol{M}\boldsymbol{L}, \tag{11}$$

其中，$\boldsymbol{A}(s)$ 是反自伴随矩阵.

(b) 设 $\boldsymbol{A}(s)$ 是取值为反自伴随矩阵的连续函数，证明方程 (11) 的任意初值为 $\boldsymbol{I}$ 的解都属于真洛伦兹群.

第 2 节

本节将利用洛伦兹群勾勒出一个非欧几何的模型. 沿用平面几何的概念，我们讨论的元素称为点，点集上具有如下结构：

(i) 由若干点构成的直线；

(ii) 将平面映射到平面、将直线映射到直线的变换群；

(iii) 相交直线的夹角；

(iv) 两点间的距离.

假定欧几里得几何中除平行公理以外的公理均成立.

定义 定义模型 $\mathbb{H}$ 中的点为双曲面正半部分上的全体点 $\boldsymbol{u}$：

$$(\boldsymbol{u}, \boldsymbol{M}\boldsymbol{u}) = t^2 - x^2 - y^2 = 1, \quad t > 0. \tag{12}$$

这里，**直线**（**line**）为 $\mathbb{H}$ 与过原点的平面 $(\boldsymbol{u}, \boldsymbol{p}) = 0$ 的交，其中，p 满足

$$(\boldsymbol{p}, \boldsymbol{M}\boldsymbol{p}) < 0. \tag{13}$$

变换群为真洛伦兹群.

定理 5 (a) 满足式 (13) 的任意平面 $(\boldsymbol{u},\boldsymbol{p})=0$ 与 $\mathbb{H}$ 的交都非空.

(b) $\mathbb{H}$ 中任意两相异点都落在一条直线上且仅在一条直线上.

(c) 任意真洛伦兹变换将直线映射到直线.

证明 (a) 令 $\boldsymbol{p}=(s,a,b)$，则条件 (13) 表明 $s^2<a^2+b^2$. 点 $\boldsymbol{u}=(a^2+b^2,-as,-bs)$ 满足 $(\boldsymbol{u},\boldsymbol{p})=0$，我们断言 $\boldsymbol{u}$ 属于正向光锥. 事实上，这是因为

$$(\boldsymbol{u},\boldsymbol{Mu})=(a^2+b^2)^2-(a^2+b^2)s^2$$

大于零，且 a^2+b^2 大于零. 令 k 为 $(\boldsymbol{u},\boldsymbol{Mu})$ 的正的平方根，则 $\boldsymbol{u}/k\in\mathbb{H}$.

(b) 我们反过来考虑: 若平面 $(\boldsymbol{u},\boldsymbol{p})=0$ 包含正向光锥中的某点 $\boldsymbol{u}=(t,x,y)$，其中，$\boldsymbol{p}=(s,a,b)$，则 $\boldsymbol{p}$ 满足式 (13). 假若不然，必有 $s^2\geqslant a^2+b^2$，因为 $\boldsymbol{u}=(t,x,y)$ 属于正向光锥，所以 $t^2>x^2+y^2$，两式相乘即得

$$s^2t^2>(a^2+b^2)(x^2+y^2).$$

而由 $(\boldsymbol{u},\boldsymbol{p})=0$ 可知

$$st=-(ax+by),$$

对上式右端应用施瓦茨不等式，即得与前一不等式相矛盾的结果.

设 $\boldsymbol{u},\boldsymbol{v}$ 是 $\mathbb{H}$ 中任意两相异点，在允许相差一个常数因子的前提下存在唯一一个 $\boldsymbol{p}$，使得 $(\boldsymbol{u},\boldsymbol{p})=0$，$(\boldsymbol{v},\boldsymbol{p})=0$. 根据上文的分析，当 $\boldsymbol{u}$ 或 $\boldsymbol{v}$ 属于 $\mathbb{H}$ 时，$\boldsymbol{p}$ 满足式 (13).

(c) 考虑由 $\mathbb{H}$ 中全体满足 $(\boldsymbol{u},\boldsymbol{p})=0$ 的点 $\boldsymbol{u}$ 构成的直线，其中，$\boldsymbol{p}$ 为给定的向量且 $(\boldsymbol{p},\boldsymbol{Mp})<0$. 设 $\boldsymbol{L}$ 为真洛伦兹变换，则该直线在 $\boldsymbol{L}$ 下的原像由全体满足 $\boldsymbol{u}=\boldsymbol{Lv}$ 的点 $\boldsymbol{v}$ 构成，这样点 $\boldsymbol{v}$ 满足 $(\boldsymbol{Lv},\boldsymbol{p})=(\boldsymbol{v},\boldsymbol{Lp})=0$. 根据真洛伦兹变换的性质，可以证明 $\boldsymbol{v}\in\mathbb{H}$，且对 $\boldsymbol{q}=\boldsymbol{Lp}$ 有 $(\boldsymbol{q},\boldsymbol{Mq})<0$. □

下面验证我们构造的模型是非欧几何模型. 考虑过点 $\boldsymbol{u}=(1,0,0)$ 的全体直线 $(\boldsymbol{u},\boldsymbol{p})=0$. 显然，这样的 $\boldsymbol{p}$ 具有形式 $\boldsymbol{p}=(0,a,b)$，且直线 $(\boldsymbol{u},\boldsymbol{p})=0$ 上的点 $\boldsymbol{u}=(t,x,y)$ 满足

$$ax+by=0. \tag{14}$$

令 $\boldsymbol{q}=(1,1,1)$，直线 $(\boldsymbol{u},\boldsymbol{q})=0$ 上的点 $\boldsymbol{u}=(t,x,y)$ 满足 $t+x+y=0$. 对于这样的点 $\boldsymbol{u}$，有

$$(\boldsymbol{u},\boldsymbol{Mu})=t^2-x^2-y^2=(x+y)^2-x^2-y^2=2xy. \tag{15}$$

以上两直线交集上的点 $\boldsymbol{u}$ 必同时满足 $(\boldsymbol{u},\boldsymbol{p})=0$ 和 $(\boldsymbol{u},\boldsymbol{q})=0$. 如果 a,b 同号，则由式 (14) 可知 x,y 异号，于是再由式 (15) 可知 $\boldsymbol{u}$ 不属于正向光锥.

因此在 $\mathbb{H}$ 中，过点 $(1,0,0)$ 有无限多条直线与直线 $t+x+y=0$ 不交，这与欧几里得几何的平行公理相悖.

在我们构造的几何模型中，真洛伦兹变换就相当于欧几里得几何中平移与旋转的复合，它们各自构成一个三维的族.

现在考虑我们所构造的几何模型中距离的概念. 任取 $\mathbb{H}$ 中邻近的两点 (t, x, y) 和 $(t+\mathrm{d}t, x+\mathrm{d}x, y+\mathrm{d}y)$，它们在真洛伦兹变换 $\boldsymbol{L}$ 下的像分别记为 (t', x', y') 和 $(t'+\mathrm{d}t', x'+\mathrm{d}x', y'+\mathrm{d}y')$. 由于 $\boldsymbol{L}$ 是线性变换，因此 $(\mathrm{d}t', \mathrm{d}x', \mathrm{d}y')$ 是 $(\mathrm{d}t, \mathrm{d}x, \mathrm{d}y)$ 在 $\boldsymbol{L}$ 下的像，并且

$$\mathrm{d}t'^2 - \mathrm{d}x'^2 - \mathrm{d}y'^2 = \mathrm{d}t^2 - \mathrm{d}x^2 - \mathrm{d}y^2$$

是不变二次型. 因为对 $\mathbb{H}$ 中的任意点都有 $t^2 - x^2 - y^2 = 1$，所以 $\mathrm{d}t = \dfrac{x}{t}\mathrm{d}x + \dfrac{y}{t}\mathrm{d}y$. 因此我们可以选取一种不变的度规：

$$\mathrm{d}x^2 + \mathrm{d}y^2 - \mathrm{d}t^2 = \frac{1+y^2}{t^2}\mathrm{d}x^2 + \frac{1+x^2}{t^2}\mathrm{d}y^2 - \frac{2xy}{t^2}\mathrm{d}x\mathrm{d}y. \tag{16}$$

一旦有了度规，我们就可以根据式 (16) 定义直线在交点处的夹角.

第 3 节

本节将简略介绍 $(3+1)$ 维时空中的洛伦兹变换理论，其中所涉及的结论及其证明都与第 1 节中类似.

$(3+1)$ 维时空中的闵可夫斯基度规是 $t^2 - x^2 - y^2 - z^2$，而洛伦兹变换则是保该度规的线性映射. 类似于式 (2)，该闵可夫斯基度规也可表示为

$$(\boldsymbol{u}, \boldsymbol{M}\boldsymbol{u}), \tag{17}$$

其中，$\boldsymbol{M}$ 是对角线元素为 $1, -1, -1, -1$ 的 4×4 对角矩阵，$\boldsymbol{u}$ 表示 $(3+1)$ 维时空中的点 $(t, x, y, z)'$. 如前所述，正向光锥定义为满足 $(\boldsymbol{u}, \boldsymbol{M}\boldsymbol{u}) > 0$ 和 $t > 0$ 的全体点 $\boldsymbol{u}$ 的集合.

若记洛伦兹变换为矩阵 $\boldsymbol{L}$，则 $\boldsymbol{L}$ 满足式 (4) 在四维情形下的推广：

$$\boldsymbol{L}'\boldsymbol{M}\boldsymbol{L} = \boldsymbol{M}. \tag{18}$$

真洛伦兹变换是将正向光锥映射到自身且行列式 $\det \boldsymbol{L}$ 等于 1 的洛伦兹变换. 全体真洛伦兹变换构成一个群.

如同 $(2+1)$ 维情形，我们也可以显式地刻画 $(3+1)$ 维时空中的真洛伦兹变换. 首先将 $(3+1)$ 维时空中的向量 $\boldsymbol{u} = (t, x, y, z)'$ 表示为 2×2 复自伴随矩阵：

$$\boldsymbol{U} = \begin{pmatrix} t-x & y+\mathrm{i}z \\ y-\mathrm{i}z & t+x \end{pmatrix}. \tag{19}$$

则 $\boldsymbol{u}$ 的闵可夫斯基度规可以表示为

$$t^2 - x^2 - y^2 - z^2 = \det \boldsymbol{U}. \tag{20}$$

设 $\boldsymbol{W}$ 是行列式为 1 的 2×2 复矩阵，定义 2×2 矩阵 $\boldsymbol{V}$ 为

$$\boldsymbol{V}=\boldsymbol{W}\boldsymbol{U}\boldsymbol{W}^*, \tag{21}$$

其中，$\boldsymbol{W}^*$ 为 $\boldsymbol{W}$ 的伴随，$\boldsymbol{U}$ 同式 (19). 显然，$\boldsymbol{V}$ 是自伴随矩阵，因此可以写作

$$\boldsymbol{V}=\begin{pmatrix} t'-x' & y'+\mathrm{i}z' \\ y'-\mathrm{i}z' & t'+x' \end{pmatrix}. \tag{22}$$

对于给定的 $\boldsymbol{W}$，(19)、(21)、(22) 三式定义了 (t,x,y,z) 到 (t',x',y',z') 的一个线性映射. 在式 (21) 两端各取行列式，有

$$\det\boldsymbol{V}=(\det\boldsymbol{W})(\det\boldsymbol{U})(\det\boldsymbol{W}^*).$$

根据 (20)、(22) 两式以及 $\det\boldsymbol{W}=1$，有

$$t^2-x^2-y^2-z^2=t'^2-x'^2-y'^2-z'^2.$$

这就表明 $\boldsymbol{W}$ 导出一个洛伦兹变换，记作 $\boldsymbol{L_W}$.

行列式为 1 的全体 2×2 复矩阵构成一个群，记作 $\mathrm{SL}(2,\mathbb{C})$.

定理 6　(a) 对任意 $\boldsymbol{W}\in\mathrm{SL}(2,\mathbb{C})$，$\boldsymbol{L_W}$ 是真洛伦兹变换.

(b) 映射 $\boldsymbol{W}\to\boldsymbol{L_W}$ 是 $\mathrm{SL}(2,\mathbb{C})$ 到真洛伦兹群上的二对一的同态映射.

该定理的证明可利用第 1 节给出的方法完成，留作练习.

第 4 节

本节旨在建立 2×2 酉矩阵群 $\mathrm{SU}(2,\mathbb{C})$ 与 $\mathbb{R}^3$ 中旋转群 $\mathrm{SO}(3,\mathbb{R})$ 之间的联系.

我们首先将 $\mathbb{R}^3$ 中的点 $(x,y,z)'$ 表示为 2×2 矩阵：

$$\begin{pmatrix} x & y+\mathrm{i}z \\ y-\mathrm{i}z & -x \end{pmatrix}=\boldsymbol{U}. \tag{23}$$

显然，有

$$-\det\boldsymbol{U}=x^2+y^2+z^2. \tag{24}$$

矩阵 $\boldsymbol{U}$ 是 2×2 自伴随矩阵，且 $\boldsymbol{U}$ 的迹等于 0.

定理 7　设 $\boldsymbol{Z}$ 是行列式为 1 的 2×2 酉矩阵，$\boldsymbol{U}$ 同上，令

$$\boldsymbol{V}=\boldsymbol{Z}\boldsymbol{U}\boldsymbol{Z}^*, \tag{25}$$

则有以下结论.

(i) $\boldsymbol{V}$ 是自伴随矩阵.

(ii) $\det\boldsymbol{V}=\det\boldsymbol{U}$.

(iii) $\mathrm{tr}\,\boldsymbol{V}=0$.

证明 (i) 是显然的. 为证明 (ii), 可以考察式 (25) 两端的行列式. 为证明 (iii), 利用迹的交换性（$\operatorname{tr}\boldsymbol{AB}=\operatorname{tr}\boldsymbol{BA}$）以及对于酉矩阵 $\boldsymbol{Z}$ 有 $\boldsymbol{Z}^*\boldsymbol{Z}=\boldsymbol{I}$，可得

$$\operatorname{tr}\boldsymbol{V}=\operatorname{tr}\boldsymbol{ZUZ}^*=\operatorname{tr}\boldsymbol{UZ}^*\boldsymbol{Z}=\operatorname{tr}\boldsymbol{U}=0.$$ □

综合式 (23)、(24)、(25) 可知，式 (25) 定义的映射 $\boldsymbol{U}\to\boldsymbol{V}$ 导出 $\mathbb{R}^3$ 的一个正交变换（旋转），记作 $\boldsymbol{O_Z}$.

式 (25) 定义的映射与第 3 节中 $\mathrm{SL}(2,\mathbb{C})$ 到 $(3+1)$ 维真洛伦兹群的映射十分类似.

定理 8 上面定义的映射 $\boldsymbol{Z}\to\boldsymbol{O_Z}$ 是 $\mathrm{SU}(2,\mathbb{C})$ 到 $\mathrm{SO}(3,\mathbb{R})$ 上的二对一的同态映射.

该定理的证明留作练习.

下面，我们利用 $\mathbb{R}^3$ 中旋转的上述表示证明欧拉定理（见第 11 章第 1 节）：三维空间中的任意旋转都有唯一确定的旋转轴. 将旋转表示为式 (25)，则我们只需证明：对任意行列式为 1 的 2×2 酉矩阵 $\boldsymbol{Z}$，存在 2×2 自伴随矩阵 $\boldsymbol{U}$，使得 $\operatorname{tr}\boldsymbol{U}=0$ 且

$$\boldsymbol{ZUZ}^*=\boldsymbol{U}.$$

上式两端分别右乘以 $\boldsymbol{Z}$，得到 $\boldsymbol{ZU}=\boldsymbol{UZ}$. 下面我们利用 $\boldsymbol{Z}$ 的一组正交的本征向量 $\boldsymbol{e}$ 和 $\boldsymbol{f}$ 来求与 $\boldsymbol{Z}$ 可交换的 $\boldsymbol{U}$. 由于 $\det\boldsymbol{Z}=1$，因此我们有

$$\boldsymbol{Ze}=\lambda\boldsymbol{e},\quad \boldsymbol{Zf}=\bar{\lambda}\boldsymbol{f},\quad |\lambda|=1.$$

令 $\boldsymbol{U}$ 满足

$$\boldsymbol{Ue}=\boldsymbol{e},\quad \boldsymbol{Uf}=-\boldsymbol{f}.$$

显然，$\boldsymbol{U}$ 是自伴随矩阵，并且因为其本征值为 1 和 -1，所以 $\operatorname{tr}\boldsymbol{U}=0$. 故所讨论的旋转变换的旋转轴恰是由 $\boldsymbol{U}$ 的全体实数倍所构成的集合.

附录 L　单位球的紧致性

本附录将给出若干欧几里得空间 X 的例子，其中的单位球是紧致的，即 X 中满足 $\|\boldsymbol{x}_k\| \leqslant 1$ 的向量序列 $\{\boldsymbol{x}_k\}$ 都有收敛子列. 根据第 7 章定理 17，这样的空间必为有限维空间. 因此，单位球的紧致性是判断空间维数是否有限的一个重要依据.

设 G 是 x, y 平面上的有界区域，且其边界光滑. 设 $u(x, y)$ 是二阶可微的函数，且在 G 内满足偏微分方程

$$au + \Delta u = 0, \tag{1}$$

其中，a 为某正常数，Δ 表示拉普拉斯算子：

$$\Delta u = u_{xx} + u_{yy}, \tag{2}$$

下标 x, y 分别表示函数 u 关于这些变量的偏导数.

记满足方程 (1) 且使 $u(x, y)$ 在 G 的边界上得零的解集为 S：

$$u(x, y) = 0, \quad \text{对任意 } (x, y) \in \partial G. \tag{3}$$

显然，S 构成一个线性空间.

在 S 中定义 u 的范数为

$$\|u\|^2 = \int_G u^2(x, y)\mathrm{d}x\mathrm{d}y. \tag{4}$$

定理 1　S 中的单位球是紧致的.

证明　用 u 乘以方程 (1)，并求其在 G 上的积分：

$$0 = \int_G (au^2 + u\Delta u)\mathrm{d}x\mathrm{d}y. \tag{5}$$

根据 Δ 的定义式 (2) 和分部积分法，上式第二项积分为

$$\int_G u(u_{xx} + u_{yy})\mathrm{d}x\mathrm{d}y = -\int (u_x^2 + u_y^2)\mathrm{d}x\mathrm{d}y. \tag{6}$$

注意，由于 u 在 G 的边界上取值为零，因此运用分部积分法所得的积分没有了边界项. 将式 (6) 代入式 (5)，得

$$\int_G (u_x^2 + u_y^2)\mathrm{d}x\mathrm{d}y = a\int_G u^2\mathrm{d}x\mathrm{d}y. \tag{7}$$

再利用雷利希（Rellich）提出的紧致性判别法，即可完成定理的证明.

定理 2 (雷利希) 设 G 是有光滑边界的有界区域，R 是 G 上的一族光滑函数，且 R 在 G 上的平方积分及其一阶偏导在 G 上的平方积分一致有界，即

$$\int_G u^2 \leqslant m, \quad \int u_x^2 \leqslant m, \quad \int u_y^2 \leqslant m. \tag{8}$$

则 R 的任意函数序列都包含依平方积分范数收敛的子列.

根据不等式 (7)，对于 S 中的单位球 $\|u\| \leqslant 1$，u 的一阶偏导的平方积分有上界 a，因此满足性质 (8)，故由定理 2 证得定理 1. □

根据第 7 章定理 17, 满足边界条件 (3) 的方程 (1) 的解构成一个有限维空间.

定理 2 和定理 1 并不只适用于二元函数及特定的微分方程 (1).

雷利希紧致性判别法的证明可以让我们得到更多结论. 不过，如果将平方积分范数替换成最大元范数，那么所得的结论将更加简单.

定理 3 设 G 是有光滑边界的有界区域，D 是 G 上的一族光滑函数，且 D 中函数及其一阶偏导在 G 上一致有界，设界为 m. 则 D 的任意函数序列都包含依最大元范数收敛的一个子列.

练习 (i) 证明：若 G 上的一族函数的一阶偏导在 G 上一致有界，则这一族函数构成 G 上的一个等度连续族.

(ii) 利用 (i) 和阿尔泽拉–阿斯科利（Arzela-Ascoli）定理，证明定理 3.

附录 M　换位子的特征

本附录将证明下列定理.

定理 1　$n \times n$ 矩阵 $\boldsymbol{X}$ 是两个 $n \times n$ 矩阵 $\boldsymbol{A}$ 和 $\boldsymbol{B}$ 的换位子，即

$$\boldsymbol{X} = \boldsymbol{AB} - \boldsymbol{BA}, \tag{1}$$

当且仅当 $\boldsymbol{X}$ 的迹等于零.

证明　在第 5 章定理 8 中，我们已经证明迹运算可交换，即

$$\operatorname{tr} \boldsymbol{AB} = \operatorname{tr} \boldsymbol{BA}.$$

因此，若 $\boldsymbol{X}$ 形如式 (1)，则必有 $\operatorname{tr} \boldsymbol{X} = 0$. 下面证明反方向亦成立. □

引理 2　任何对角线元素均为零的矩阵 $\boldsymbol{X}$ 都能表示成换位子的形式.

证明　我们将明确构造一对矩阵 $\boldsymbol{A}$ 和 $\boldsymbol{B}$ 使式 (1) 成立. 任取 n 个互不相同的数 $a_1, \cdots, a_n$，令 $\boldsymbol{A}$ 是对角线元素为 a_i 的对角矩阵，即

$$\boldsymbol{A}_{ij} = \begin{cases} 0, & \text{当 } i \neq j \text{ 时}, \\ a_i, & \text{当 } i = j \text{ 时}. \end{cases}$$

令 $\boldsymbol{B}$ 满足

$$\boldsymbol{B}_{ij} = \begin{cases} \dfrac{\boldsymbol{X}_{ij}}{a_i - a_j}, & \text{当 } i \neq j \text{ 时}, \\ \text{任意值}, & \text{当 } i = j \text{ 时}. \end{cases}$$

则当 $i \neq j$ 时，有

$$(\boldsymbol{AB} - \boldsymbol{BA})_{ij} = a_i \boldsymbol{B}_{ij} - \boldsymbol{B}_{ij} a_j = (a_i - a_j) \boldsymbol{B}_{ij} = \boldsymbol{X}_{ij},$$

而

$$(\boldsymbol{AB} - \boldsymbol{BA})_{ii} = a_i \boldsymbol{B}_{ii} - \boldsymbol{B}_{ii} a_i = 0.$$

这就证得式 (1). □

为完成定理 1 的证明，我们还应注意：如果 $\boldsymbol{X}$ 可以表示成换位子，则任何与 $\boldsymbol{X}$ 相似的矩阵也都可以表示成换位子. 事实上，对式 (1) 左乘 $\boldsymbol{S}$、右乘 $\boldsymbol{S}^{-1}$ 可得

$$\boldsymbol{SXS}^{-1} = \boldsymbol{SABS}^{-1} - \boldsymbol{SBAS}^{-1} = (\boldsymbol{SAS}^{-1})(\boldsymbol{SBS}^{-1}) - (\boldsymbol{SBS}^{-1})(\boldsymbol{SAS}^{-1}).$$

这揭示了相似矩阵是同一映射在不同坐标系下的表示这一本质.

引理 3　任何迹为零的矩阵 $\boldsymbol{X}$ 都与某个对角线元素均为零的矩阵相似.

证明　设 $\boldsymbol{X}$ 的对角线元素不全为零，比如 $x_{11} \neq 0$. 则由 $\operatorname{tr} \boldsymbol{X} = 0$ 可知，存在 $\boldsymbol{X}$ 的另一对角线元素，比如 x_{22}，既不等于零也不等于 x_{11}. 因此 $\boldsymbol{X}$ 左上角的 2×2 主子式

$$\begin{pmatrix} x_{11} & x_{12} \\ x_{21} & x_{22} \end{pmatrix} = \boldsymbol{Y}$$

不是单位矩阵的倍数. 故存在含两个分量的向量 $\boldsymbol{h}$，使得 $\boldsymbol{Y}\boldsymbol{h}$ 不是 $\boldsymbol{h}$ 的倍数. 将 $\boldsymbol{h}$ 和 $\boldsymbol{Y}\boldsymbol{h}$ 作为 $\mathbb{R}^2$ 的一组基，则在这组基之下，$\boldsymbol{Y}$ 可以表示成第一个对角线元素等于零的矩阵.

按照上述方法，通过适当选取二维子空间的基，可以让矩阵 $\boldsymbol{X}$ 的对角线上增加一个新的零，而不改变已经得到的零，直至对角线上出现 $n-1$ 个零. 又因为 $\operatorname{tr} \boldsymbol{X} = 0$，所以余下的对角线元素也必为零. □

综合引理 2 和引理 3，定理 1 得证.

附录 N　李雅普诺夫定理

本附录将在很大程度上推广第 10 章定理 20 的结论. 我们首先将原结论中的 $\boldsymbol{Z}$ 替换为 $\boldsymbol{W} = -\boldsymbol{Z}$.

定理 1　设 $\boldsymbol{W}$ 是有限维欧几里得空间到自身的映射, 且其自伴随部分是负定的:

$$\boldsymbol{W} + \boldsymbol{W}^* < 0. \tag{1}$$

则 $\boldsymbol{W}$ 的本征值的实部都小于零.

该定理可仿照第 10 章定理 20 予以证明. 下面我们给出它的一个结论.

定理 2　设 $\boldsymbol{W}$ 是有限维欧几里得空间 X 到自身的映射, $\boldsymbol{G}$ 是 X 到自身的一个正定的自伴随映射, 且满足

$$\boldsymbol{G}\boldsymbol{W} + \boldsymbol{W}^*\boldsymbol{G} < 0, \tag{2}$$

则 $\boldsymbol{W}$ 的本征值的实部都小于零.

证明　设 $\boldsymbol{h}$ 是 $\boldsymbol{W}$ 的本征向量, λ 是对应的本征值:

$$\boldsymbol{W}\boldsymbol{h} = \lambda\boldsymbol{h}. \tag{3}$$

将式 (2) 左端作用于 $\boldsymbol{h}$, 再与 $\boldsymbol{h}$ 作标量积, 则由式 (2) 可得

$$((\boldsymbol{G}\boldsymbol{W} + \boldsymbol{W}^*\boldsymbol{G})\boldsymbol{h}, \boldsymbol{h}) < 0. \tag{4}$$

上式又可写为

$$(\boldsymbol{G}\boldsymbol{W}\boldsymbol{h}, \boldsymbol{h}) + (\boldsymbol{G}\boldsymbol{h}, \boldsymbol{W}\boldsymbol{h}) < 0.$$

于是根据本征值方程 (3), 有

$$\lambda(\boldsymbol{G}\boldsymbol{h}, \boldsymbol{h}) + \bar{\lambda}(\boldsymbol{G}\boldsymbol{h}, \boldsymbol{h}) < 0.$$

由假设知 $\boldsymbol{G}$ 正定, 所以二次型 $(\boldsymbol{G}\boldsymbol{h}, \boldsymbol{h})$ 为正. 于是

$$\lambda + \bar{\lambda} < 0.$$

□

下面由李雅普诺夫给出的定理说明定理 2 的逆命题也成立.

定理 3 (李雅普诺夫定理)　设 $\boldsymbol{W}$ 是有限维欧几里得空间 X 到自身的映射, 且其本征值的实部都小于零, 则存在正定的自伴随映射 $\boldsymbol{G}$ 使不等式 (2) 成立.

证明 回忆第 9 章矩阵指数函数的定义：

$$\mathrm{e}^{\boldsymbol{W}}=\sum_{k=0}^{\infty}\frac{\boldsymbol{W}^k}{k!}. \tag{5}$$

根据第 9 章练习 7，$\mathrm{e}^{\boldsymbol{W}}$ 的本征值恰好是 $\boldsymbol{W}$ 的本征值的指数函数.

对任意实数 t，$\mathrm{e}^{\boldsymbol{W}t}$ 的本征值为 e^{wt}，其中，w 为 $\boldsymbol{W}$ 的本征值.

引理 4 *如果 $\boldsymbol{W}$ 的本征值的实部小于零，则当 $t\to\infty$ 时，$\left\|\mathrm{e}^{\boldsymbol{W}t}\right\|$ 以指数速度趋于零.*

证明 根据第 7 章定理 18（证明见附录 J），对于有限维欧几里得空间 X 到自身的任意映射 $\boldsymbol{A}$，都有

$$\lim_{j\to\infty}\|\boldsymbol{A}^j\|^{1/j}=r(\boldsymbol{A}), \tag{6}$$

其中，$r(\boldsymbol{A})$ 为 $\boldsymbol{A}$ 的谱半径. 现将上述结论应用于 $\boldsymbol{A}=\mathrm{e}^{\boldsymbol{W}}$. 因为 $\boldsymbol{W}$ 的本征值 w 的实部小于零，所以 $\mathrm{e}^{\boldsymbol{W}}$ 的本征值 e^{w} 的绝对值小于 1. 因此 $\mathrm{e}^{\boldsymbol{W}}$ 的谱半径作为全体 e^{w} 之最大者，也小于 1：

$$r\left(\mathrm{e}^{\boldsymbol{W}}\right)<1. \tag{7}$$

在式 (6) 中令 $\boldsymbol{A}=\mathrm{e}^{\boldsymbol{W}}$，得

$$\left\|\mathrm{e}^{\boldsymbol{W}j}\right\|<\left(r\left(\mathrm{e}^{\boldsymbol{W}}\right)+\epsilon\right)^j, \tag{8}$$

其中，当 $j\to\infty$ 时有 ϵ 趋于零. 综合 (7)、(8) 两式可知，当 t 取整数值趋于 ∞ 时，$\left\|\mathrm{e}^{\boldsymbol{W}t}\right\|$ 以指数速度递减.

如果 t 不取整数值，则可将其分解为 $t=j+f$，其中，j 为整数，f 介于 0 和 1 之间. 于是 $\mathrm{e}^{\boldsymbol{W}t}$ 可以分解为

$$\mathrm{e}^{\boldsymbol{W}t}=\mathrm{e}^{\boldsymbol{W}j}\mathrm{e}^{\boldsymbol{W}f}.$$

所以，

$$\left\|\mathrm{e}^{\boldsymbol{W}t}\right\|\leqslant\left\|\mathrm{e}^{\boldsymbol{W}j}\right\|\left\|\mathrm{e}^{\boldsymbol{W}f}\right\|. \tag{9}$$

为估计 $\left\|\mathrm{e}^{\boldsymbol{W}f}\right\|$，我们用 $\boldsymbol{W}f$ 代换式 (5) 中的 $\boldsymbol{W}$，得到

$$\mathrm{e}^{\boldsymbol{W}f}=\sum_{k=0}^{\infty}\frac{\boldsymbol{W}^kf^k}{k!},$$

根据矩阵范数的乘法及加法估计，有

$$\left\|\mathrm{e}^{\boldsymbol{W}f}\right\|\leqslant\sum_{k=0}^{\infty}\left\|\boldsymbol{W}^k\right\|f^k/k!\leqslant\sum\frac{\|\boldsymbol{W}\|^kf^k}{k!}=\mathrm{e}^{\|\boldsymbol{W}\|f}.$$

又因为 f 介于 0 和 1 之间，所以

$$\mathrm{e}^{\|\boldsymbol{W}\|f}\leqslant\mathrm{e}^{\|\boldsymbol{W}\|}. \tag{10}$$

至此，我们可以根据式 (8) 和式 (10) 估计式 (9) 右端的范数. 又由 $j=t-f$，可得

$$\left\|\mathrm{e}^{\boldsymbol{W}t}\right\| \leqslant (r+\epsilon)^{t-1}\mathrm{e}^{\|\boldsymbol{W}\|}, \tag{11}$$

其中，当 $t\to\infty$ 时有 ϵ 趋于零. 而由式 (7) 可知 $r=r\left(\mathrm{e}^{\boldsymbol{W}}\right)<1$，故式 (11) 表明：当 t 趋于 ∞ 时，$\left\|\mathrm{e}^{\boldsymbol{W}t}\right\|$ 以指数速度递减至零. □

$\mathrm{e}^{\boldsymbol{W}t}$ 的伴随是 $\mathrm{e}^{\boldsymbol{W}^*t}$. 由于伴随映射具有相同的范数，因此根据引理 4，当 t 趋于 ∞ 时，$\left\|\mathrm{e}^{\boldsymbol{W}^*t}\right\|$ 以指数速度趋于零.

下面我们准备证明定理 3. 先令 $\boldsymbol{G}$ 为

$$\boldsymbol{G}=\int_0^{\infty}\mathrm{e}^{\boldsymbol{W}^*t}\mathrm{e}^{\boldsymbol{W}t}\mathrm{d}t, \tag{12}$$

然后验证这样给出的 $\boldsymbol{G}$ 满足定理 3 所要求的性质. 在开始证明之前，我们需要对矩阵值函数的积分

$$\int_a^b \boldsymbol{A}(t)\mathrm{d}t \tag{13}$$

稍作说明. 若 $\boldsymbol{A}(t)$ 是 t 的连续函数，则形如式 (13) 的积分有两种定义方法.

定义 1　将 $\boldsymbol{A}(t)$ 表示成某组基下的矩阵 $(a_{ij}(t))$，则每个元素 $a_{ij}(t)$ 都是连续的标量值（可以是实数，也可以是复数）函数，其积分在微积分学中已有定义.

定义 2　作近似和

$$\sum \boldsymbol{A}(t_j)|\Delta_j|, \tag{14}$$

当分割 $[a,b]=u\Delta_j$ 不断加细时，该和式的极限就是积分 (13).

练习 1　证明：当子区间 Δ_j 的长度趋于零时，和式 (14) 存在极限.
[提示：效仿标量值函数情形下的证明.]

练习 2　证明上述两种定义等价.

注记　定义 2 的优点在于，它可以推广至无限维赋范线性空间.

式 (12) 的积分区间是无限区间，仿照标量值函数的情形，我们将其定义为：区间 $[0,T]$ 上的积分当 $T\to\infty$ 时的极限.

练习 3　利用引理 4 证明，对于积分 (12)，以下极限存在：

$$\lim_{T\to\infty}\int_0^T \mathrm{e}^{\boldsymbol{W}^*t}\mathrm{e}^{\boldsymbol{W}t}\mathrm{d}t.$$

现在证明由式 (12) 定义的 $\boldsymbol{G}$ 满足定理 3 所列的 3 个性质.

(i) $\boldsymbol{G}$ 是自伴随的.

(ii) $\boldsymbol{G}$ 是正定的.

(iii) $\boldsymbol{GW}+\boldsymbol{W}^*\boldsymbol{G}$ 是负定的.

为证明 (i)，注意积分 (13) 所定义的映射的伴随为

$$\int_a^b \boldsymbol{A}^*(t)\mathrm{d}t,$$

这就说明：如果对任意 t，被积函数 $\boldsymbol{A}(t)$ 都是自伴随映射，则积分 (13) 也是自伴随映射. 显然式 (12) 中的被积函数是自伴随的，因此积分 $\boldsymbol{G}$ 也是自伴随的，性质 (i) 得证.

为证明 (ii)，注意对积分 (13) 及任意向量 $\boldsymbol{h}$，有

$$\left(\boldsymbol{h}, \int_a^b \boldsymbol{A}(t)\mathrm{d}t\, \boldsymbol{h}\right) = \int (\boldsymbol{h}, \boldsymbol{A}(t)\boldsymbol{h})\mathrm{d}t.$$

因此，如果被积函数 $\boldsymbol{A}(t)$ 是正定的自伴随映射，则积分 (13) 也是正定的自伴随映射. 而显然，式 (12) 中的被积函数是自伴随的且为正定映射，

$$\left(\boldsymbol{h}, \mathrm{e}^{\boldsymbol{W}^*t}\mathrm{e}^{\boldsymbol{W}t}\boldsymbol{h}\right) = \left(\mathrm{e}^{\boldsymbol{W}t}\boldsymbol{h}, \mathrm{e}^{\boldsymbol{W}t}\boldsymbol{h}\right) = \left\|\mathrm{e}^{\boldsymbol{W}t}\boldsymbol{h}\right\|^2 > 0,$$

因此积分 $\boldsymbol{G}$ 也是正定的自伴随映射，性质 (ii) 得证.

为证明 (iii)，我们将因子 $\boldsymbol{W}$ 和 $\boldsymbol{W}^*$ 移至积分号内，得到

$$\boldsymbol{G}\boldsymbol{W} + \boldsymbol{W}^*\boldsymbol{G} = \int_0^\infty \left(\mathrm{e}^{\boldsymbol{W}^*t}\mathrm{e}^{\boldsymbol{W}t}\boldsymbol{W} + \boldsymbol{W}^*\mathrm{e}^{\boldsymbol{W}^*t}\mathrm{e}^{\boldsymbol{W}t}\right)\mathrm{d}t. \tag{15}$$

注意上式右端的被积函数恰是导数

$$\frac{\mathrm{d}}{\mathrm{d}t}\mathrm{e}^{\boldsymbol{W}^*t}\mathrm{e}^{\boldsymbol{W}t}. \tag{16}$$

事实上，对 $\mathrm{e}^{\boldsymbol{W}^*t}\mathrm{e}^{\boldsymbol{W}t}$ 运用乘积求导法则，有

$$\mathrm{e}^{\boldsymbol{W}^*t}\frac{\mathrm{d}}{\mathrm{d}t}\mathrm{e}^{\boldsymbol{W}t} + \left(\frac{\mathrm{d}}{\mathrm{d}t}\mathrm{e}^{\boldsymbol{W}^*t}\right)\mathrm{e}^{\boldsymbol{W}t}. \tag{17}$$

再由指数函数求导法则（第 9 章定理 5）可知

$$\frac{\mathrm{d}}{\mathrm{d}t}\mathrm{e}^{\boldsymbol{W}t} = \mathrm{e}^{\boldsymbol{W}t}\boldsymbol{W}, \quad \frac{\mathrm{d}}{\mathrm{d}t}\mathrm{e}^{\boldsymbol{W}^*t} = \mathrm{e}^{\boldsymbol{W}^*t}\boldsymbol{W}^* = \boldsymbol{W}^*\mathrm{e}^{\boldsymbol{W}^*t}.$$

将上述结果代入式 (17)，即知式 (15) 中的被积函数恰为式 (16)，于是

$$\boldsymbol{G}\boldsymbol{W} + \boldsymbol{W}^*\boldsymbol{G} = \int_0^\infty \frac{\mathrm{d}}{\mathrm{d}t}\mathrm{e}^{\boldsymbol{W}^*t}\mathrm{e}^{\boldsymbol{W}t}\mathrm{d}t. \tag{15$'$}$$

根据微积分基本定理，式 (15)′ 右端的积分等于

$$\mathrm{e}^{\boldsymbol{W}*t}\mathrm{e}^{\boldsymbol{W}t}\Big|_0^\infty = -\boldsymbol{I}.$$

于是

$$\boldsymbol{G}\boldsymbol{W} + \boldsymbol{W}^*\boldsymbol{G} = -\boldsymbol{I},$$

这确实是一个负定的自伴随映射，即证得性质 (iii)，从而定理 3 得证. □

易见上述证明对无限维欧几里得空间依然成立，因此定理结论可以推广至无限维情形.

附录 O 若尔当标准形

本附录将补充第 6 章定理 12(ii) 的证明.

定理 1 设 $\boldsymbol{A}$ 和 $\boldsymbol{B}$ 是一对 $n\times n$ 矩阵, 且满足下列性质, 则 $\boldsymbol{A}$ 与 $\boldsymbol{B}$ 相似.

(i) $\boldsymbol{A},\boldsymbol{B}$ 具有相同的本征值 $c_1,\cdots,c_k$.

(ii) 对任意的 c_j 和 m, 零空间 $N_m(c_j)$ 和 $M_m(c_j)$ 有相同的维数:

$$\dim N_m(c_j)=\dim M_m(c_j), \tag{1}$$

其中,

$$N_m(c_j)=(\boldsymbol{A}-c_j\boldsymbol{I})^m \text{ 的零空间},$$
$$M_m(c_j)=(\boldsymbol{B}-c_j\boldsymbol{I})^m \text{ 的零空间}.$$

证明 在第 6 章定理 12 中, 我们已经证明上面所列的两个性质是 $\boldsymbol{A}$ 和 $\boldsymbol{B}$ 相似的必要条件. 现在我们通过引入一组特殊的基来证明这两个性质也是 $\boldsymbol{A}$ 和 $\boldsymbol{B}$ 相似的充分条件, $\boldsymbol{A}$ 在这组基下的表示极其简单, 只与本征值 c_j 和维数 (1) 有关. 我们可以独立地考察每一个本征值 c_j, 为简单起见, 还可以令 $c=c_j$ 为零. 事实上, 这可以通过先从 $\boldsymbol{A}$ 中减去 $c\boldsymbol{I}$, 最后再加上 $c\boldsymbol{I}$ 实现.

$\boldsymbol{A}^m$ 的零空间呈现如下嵌套:

$$N_1\subset N_2\subset\cdots\subset N_d,$$

其中, d 为本征值 $c=0$ 的指数.

引理 2 $\boldsymbol{A}$ 将商空间 N_{i+1}/N_i 映射到 N_i/N_{i-1}, 且该映射是一一映射.

证明 $\boldsymbol{A}$ 将 N_{i+1} 映射到 N_i, 因而将 N_{i+1}/N_i 映射到 N_i/N_{i-1}. 设 $\{\boldsymbol{x}\}$ 是 N_{i+1}/N_i 中的一个非零等价类, 即 $\boldsymbol{x}\notin N_i$. 则 $\boldsymbol{A}\boldsymbol{x}\notin N_{i-1}$, 故 $\boldsymbol{A}\{\boldsymbol{x}\}=\{\boldsymbol{A}\boldsymbol{x}\}$ 是 N_i/N_{i-1} 中的非零等价类. 引理 2 得证. □

由引理 2 可知

$$\dim(N_{i+1}/N_i)\leqslant\dim(N_i/N_{i-1}). \tag{2}$$

现在为 $\boldsymbol{A}$ 选取 N_d 的一组基, 采取分步进行的策略. 第一步, 任取 N_d 中的 l_0 个向量

$$\boldsymbol{x}_1,\cdots,\boldsymbol{x}_{l_0},\quad l_0=\dim(N_d/N_{d-1}), \tag{3}$$

使其模 N_{d-1} 后线性无关. 下一步, 显然

$$\boldsymbol{A}\boldsymbol{x}_1,\cdots,\boldsymbol{A}\boldsymbol{x}_{l_0} \tag{4}$$

属于 N_{d-1}，且模 N_{d-2} 后线性无关. 在式 (2) 中令 $i=d-1$，则有 $\dim(N_{d-1}/N_{d-2}) \geqslant \dim(N_d/N_{d-1}) = l_0$. 下面选取 N_{d-1} 中其余基向量

$$\boldsymbol{x}_{l_0+1}, \cdots, \boldsymbol{x}_{l_1}, \tag{5}$$

其中，$l_1 = \dim(N_{d-1}/N_{d-2})$，它们与式 (4) 中的向量共同构成 N_{d-1}/N_{d-2} 的一组基. 接下来，选取

$$\boldsymbol{A}^2\boldsymbol{x}_1, \cdots, \boldsymbol{A}^2\boldsymbol{x}_{l_0}, \boldsymbol{A}\boldsymbol{x}_{l_0+1}, \cdots, \boldsymbol{A}\boldsymbol{x}_{l_1}. \tag{6}$$

然后在 N_{d-2} 中选取

$$\boldsymbol{x}_{l_1+1}, \cdots, \boldsymbol{x}_{l_2}, \tag{7}$$

它们与式 (6) 中的向量共同构成 N_{d-2}/N_{d-3} 的一组基，其中，$l_2 = \dim(N_{d-2}/N_{d-3})$. 重复上述过程，直至到达 N_1 为止.

将所找的基向量列成下表，其意义将很明显.

$$\begin{array}{l}
\boldsymbol{x}_1, \boldsymbol{A}\boldsymbol{x}_1, \cdots, \boldsymbol{A}^{d-1}\boldsymbol{x}_1 \\
\vdots \\
\boldsymbol{x}_{l_0}, \boldsymbol{A}\boldsymbol{x}_{l_0}, \cdots, \boldsymbol{A}^{d-1}\boldsymbol{x}_{l_0} \\
\boldsymbol{x}_{l_0+1}, \boldsymbol{A}\boldsymbol{x}_{l_0+1}, \cdots, \boldsymbol{A}^{d-2}\boldsymbol{x}_{l_0+1} \\
\vdots \\
\boldsymbol{x}_{l_1}, \boldsymbol{A}\boldsymbol{x}_{l_1}, \cdots, \boldsymbol{A}^{d-2}\boldsymbol{x}_{l_1} \\
\vdots \\
\boldsymbol{x}_{l_{d-2}+1} \\
\vdots \\
\boldsymbol{x}_{l_{d-1}}
\end{array}$$

$l_j = \dim(N_{d-j}/N_{d-j-1})$. 上表前 l_0 行各有 d 个基向量，共 dl_0 个基向量；其后的 $l_1 - l_0$ 行各有 $d-1$ 个基向量，共 $(d-1)(l_1-l_0)$ 个基向量；其余各行以此类推. 因此，基向量的总数为

$$dl_0 + (d-1)(l_1-l_0) + \cdots + (l_{d-1} - l_{d-2}),$$

共计

$$l_0 + \cdots + l_{d-1} = \sum_{j=0}^{d-1} \dim(N_{d-j}/N_{d-j-1}) = \dim N_d.$$

现在考虑 $\boldsymbol{A}$ 在这组特殊基之下的矩阵表示. 事实上，$\boldsymbol{A}$ 作用在前 l_0 行中的

任意一行基向量上的表示为

$$\begin{pmatrix} 0 & 1 & \cdots & 0 \\ 0 & 0 & \cdots & \vdots \\ \vdots & \vdots & & 1 \\ 0 & 0 & \cdots & 0 \end{pmatrix},$$

这是一个 $d \times d$ 矩阵，其中，除紧邻主对角线上方斜线上的元素为 1，其余元素均为零. $\boldsymbol{A}$ 作用在其后 $l_1 - l_0$ 行中的任意一行基向量上的表示与之类似，只不过矩阵的阶数变成了 $(d-1) \times (d-1)$ 而已. 同理可以推断 $\boldsymbol{A}$ 作用在其余基向量上的表示.

注意，为了使 $\boldsymbol{A}$ 在这组特殊基之下的表示更简单，我们曾以 $\boldsymbol{A} - c\boldsymbol{I}$ 代替 $\boldsymbol{A}$. 因此还需将减去的部分加回来，最后得到 $\boldsymbol{A}$ 作用的矩阵表示：

$$\begin{pmatrix} c & 1 & \cdots & 0 \\ 0 & c & \cdots & \vdots \\ \vdots & \vdots & & 1 \\ 0 & 0 & \cdots & c \end{pmatrix},$$

这是一个主对角线元素为 c，紧邻主对角线上方斜线上的元素为 1，其余元素均为零的矩阵. 这种形式的矩阵称作*若尔当块*，全体若尔当块排列在一起所得的矩阵称为映射 $\boldsymbol{A}$ 的*若尔当标准形*.

$\boldsymbol{A}$ 的若尔当标准形只依赖于 $\boldsymbol{A}$ 的本征值和广义本征空间 $N_j(a_k)$（$j = 1, \cdots, d_k, k = 1, \cdots$）的维数. 因此，如果两个矩阵具有相同的本征值，且各自的本征空间、广义本征空间维数也相等，则这两个矩阵具有相同的若尔当标准形，因而是相似矩阵. □

附录 P　数值域

设 X 是复数域上的欧几里得空间，$\boldsymbol{A}$ 是 X 到 X 的映射.

定义　$\boldsymbol{A}$ 的**数值域**（numerical range）是复数

$$(\boldsymbol{A}\boldsymbol{x},\boldsymbol{x}),\quad \text{其中 } \|\boldsymbol{x}\|=1$$

所构成的集合. 注意，$\boldsymbol{A}$ 的本征值显然属于 $\boldsymbol{A}$ 的数值域.

定义　$\boldsymbol{A}$ 的**数值半径**（numerical radius）$w(\boldsymbol{A})$ 是其数值域中复数绝对值的上确界，即

$$w(\boldsymbol{A})=\sup_{\|\boldsymbol{x}\|=1}|(\boldsymbol{A}\boldsymbol{x},\boldsymbol{x})|. \tag{1}$$

由于 $\boldsymbol{A}$ 的本征值属于 $\boldsymbol{A}$ 的数值域，因此 $\boldsymbol{A}$ 的数值半径不小于其谱半径：

$$r(\boldsymbol{A})\leqslant w(\boldsymbol{A}). \tag{2}$$

练习 1　证明：如果 $\boldsymbol{A}$ 是正规映射，则式 (2) 中等号成立.

练习 2　证明：如果 $\boldsymbol{A}$ 是正规映射，则

$$w(\boldsymbol{A})=\|\boldsymbol{A}\|. \tag{3}$$

引理 1　(i)

$$w(\boldsymbol{A})\leqslant\|\boldsymbol{A}\|.$$

(ii)

$$\|\boldsymbol{A}\|\leqslant 2w(\boldsymbol{A}). \tag{4}$$

证明　(i) 根据施瓦茨不等式，有

$$|(\boldsymbol{A}\boldsymbol{x},\boldsymbol{x})|\leqslant\|\boldsymbol{A}\boldsymbol{x}\|\|\boldsymbol{x}\|\leqslant\|\boldsymbol{A}\|\|\boldsymbol{x}\|^2,$$

而 $\|\boldsymbol{x}\|=1$，故 (i) 得证.

(ii) 将 $\boldsymbol{A}$ 分解为自伴随与反自伴随两部分之和：

$$\boldsymbol{A}=\boldsymbol{S}+\mathrm{i}\boldsymbol{T}.$$

则

$$(\boldsymbol{A}\boldsymbol{x},\boldsymbol{x})=(\boldsymbol{S}\boldsymbol{x},\boldsymbol{x})+\mathrm{i}(\boldsymbol{T}\boldsymbol{x},\boldsymbol{x}),$$

即把 $(\boldsymbol{A}\boldsymbol{x},\boldsymbol{x})$ 拆分为实部和虚部. 所以

$$|(\boldsymbol{A}\boldsymbol{x},\boldsymbol{x})|\geqslant|(\boldsymbol{S}\boldsymbol{x},\boldsymbol{x})|,\quad |(\boldsymbol{A}\boldsymbol{x},\boldsymbol{x})|\geqslant|(\boldsymbol{T}\boldsymbol{x},\boldsymbol{x})|.$$

考虑上两式在全体单位向量 $\boldsymbol{x}$ 上的上确界，即得

$$w(\boldsymbol{A})\geqslant w(\boldsymbol{S}),\quad w(\boldsymbol{A})\geqslant w(\boldsymbol{T}). \tag{5}$$

又因为 $\boldsymbol{S}$ 和 $\boldsymbol{T}$ 都是自伴随映射，所以

$$w(\boldsymbol{S}) = \|\boldsymbol{S}\|, \quad w(\boldsymbol{T}) = \|\boldsymbol{T}\|.$$

结合式 (5) 中的两个不等式，有

$$2w(\boldsymbol{A}) \geqslant \|\boldsymbol{S}\| + \|\boldsymbol{T}\|.$$

而

$$\|\boldsymbol{A}\| \leqslant \|\boldsymbol{S}\| + \|\boldsymbol{T}\|,$$

故式 (4) 得证. □

保罗 · 哈尔莫斯（Paul Halmos）提出了下面的猜想.

定理 2　设 $\boldsymbol{A}$ 如上所述，则对任意正整数 n，有

$$w(\boldsymbol{A}^n) \leqslant w(\boldsymbol{A})^n. \tag{6}$$

证明　该定理由查尔斯 · 贝格（Charles Berger）首次予以证明，不过这里采用的是卡尔 · 皮尔西（Carl Pearcy）所给的一种极其简单的证明.

引理 3　记 n 次单位根为 r_k（$k = 1, \cdots, n$）: $r_k = \mathrm{e}^{2\pi \mathrm{i}k/n}$. 对任意复数 z，有

$$1 - z^n = \prod_k (1 - r_k z), \tag{7}$$

且

$$1 = \frac{1}{n}\sum_j \prod_{k \neq j} (1 - r_k z). \tag{8}$$

练习 3　验证式 (7) 和式 (8).

令 $z = \boldsymbol{A}$，则有

$$\boldsymbol{I} - \boldsymbol{A}^n = \prod (\boldsymbol{I} - r_k \boldsymbol{A}) \tag{9}$$

且

$$\boldsymbol{I} = \frac{1}{n}\sum_j \prod_{k \neq j} (\boldsymbol{I} - r_k \boldsymbol{A}). \tag{10}$$

设 $\boldsymbol{x}$ 为单位向量，即 $\|\boldsymbol{x}\| = 1$，令

$$\prod_{k \neq j} (\boldsymbol{I} - r_k \boldsymbol{A})\boldsymbol{x} = \boldsymbol{x}_j. \tag{11}$$

将式 (9) 作用于 $\boldsymbol{x}$ 上，则由式 (11) 有

$$\boldsymbol{x} - \boldsymbol{A}^n \boldsymbol{x} = (\boldsymbol{I} - r_j \boldsymbol{A})\boldsymbol{x}_j, \quad j = 1, \cdots, n. \tag{12}$$

而将式 (10) 作用于 $\boldsymbol{x}$ 上即得

$$\boldsymbol{x} = \frac{1}{n}\sum \boldsymbol{x}_j. \tag{13}$$

现在考虑式 (12) 与 $\boldsymbol{x}$ 的标量积，由 $\|\boldsymbol{x}\|=1$ 及式 (13) 可知，左边等于

$$1-(\boldsymbol{A}^n\boldsymbol{x},\boldsymbol{x})=(\boldsymbol{x}-\boldsymbol{A}^n\boldsymbol{x},\boldsymbol{x})=\frac{1}{n}\left(\boldsymbol{x}-\boldsymbol{A}^n\boldsymbol{x},\sum\boldsymbol{x}_j\right), \tag{14$_1$}$$

右边等于

$$\frac{1}{n}\sum_j(\boldsymbol{x}_j-r_j\boldsymbol{A}\boldsymbol{x}_j,\boldsymbol{x}_j)=\frac{1}{n}\sum_j\left(\|\boldsymbol{x}_j\|^2-r_j(\boldsymbol{A}\boldsymbol{x}_j,\boldsymbol{x}_j)\right). \tag{14$_2$}$$

根据 $w(\boldsymbol{A})$ 的定义，有

$$|(\boldsymbol{A}\boldsymbol{x}_j,\boldsymbol{x}_j)|\leqslant w(\boldsymbol{A})\|\boldsymbol{x}_j\|^2. \tag{15}$$

假设 $w(\boldsymbol{A})\leqslant 1$，则由 $|r_j|=1$ 及式 (15) 可知：$(14)_2$ 的实部非负. 而 $(14)_2$ 又等于 $(14)_1$，所以 $1-(\boldsymbol{A}^n\boldsymbol{x},\boldsymbol{x})$ 的实部非负.

设 ω 是满足 $|\omega|=1$ 的任意复数. 由数值半径的定义可知 $w(\omega\boldsymbol{A})=w(\boldsymbol{A})$，于是根据上面的论述，若 $w(\boldsymbol{A})\leqslant 1$，则

$$1-\operatorname{Re}(\omega^n\boldsymbol{A}^n\boldsymbol{x},\boldsymbol{x})=1-\operatorname{Re}\,\omega^n(\boldsymbol{A}^n\boldsymbol{x},\boldsymbol{x})\geqslant 0.$$

由于上式对任意 $\omega(|\omega|=1)$ 都成立，因此对任意单位向量 $\boldsymbol{x}$ 都有

$$|(\boldsymbol{A}^n\boldsymbol{x},\boldsymbol{x})|\leqslant 1.$$

即若 $w(\boldsymbol{A})\leqslant 1$，则 $w(\boldsymbol{A}^n)\leqslant 1$.

由于 $w(\boldsymbol{A})$ 是一阶齐次函数，因此

$$w(z\boldsymbol{A})=|z|w(\boldsymbol{A}),$$

且定理 2 的式 (6) 亦成立. □

综合定理 2 与引理 1，我们有以下推论.

推论 2′ 设 $\boldsymbol{A}$ 如前所述，且满足 $w(\boldsymbol{A})\leqslant 1$，则对任意 n，有

$$\|\boldsymbol{A}^n\|\leqslant 2. \tag{16}$$

该推论对研究双曲方程差分近似解的稳定性十分有用.

注记 1 定理 2 的证明并不要求欧几里得空间 X 是有限维空间.

注记 2 特普利茨（Toeplitz）和豪斯多夫（Hausdorff）已经证明：任何映射 $\boldsymbol{A}$ 的数值域都是复平面上的凸集.

练习 4 求 $\boldsymbol{A}=\begin{pmatrix}1&1\\0&1\end{pmatrix}$ 和 $\boldsymbol{A}^2=\begin{pmatrix}1&2\\0&1\end{pmatrix}$ 的数值域.

参考文献

[1] Axler, Sheldon. *Linear Algebra Done Right*, Undergraduate Texts in Mathematics, Springer-Verlag, New York, 1996.

[2] Bellman, Richard. *Introduction to Matrix Analysis*, McGraw-Hill, New York, 1960.

[3] Cooley, J. W., and Tukey, J. W. An algorithm for the machine calculation of complex Fourier Series, *Math. Comp.* **19** (1965), 297–301.

[4] Courant, Richard, and Hilbert, David. *Methods of Mathematical Physics*, Vol. I, Wiley Interscience, New York, 1953.

[5] Deift, P., Nanda, T., and Tomei, C. Ordinary differential equations and the symmetric eigenvalue problem, *SIAM J. Numer. Anal.* **20** (1983), 1–22.

[6] Edwards, Harold M. *Linear Algebra*, Birkhäuser, Boston, 1995.

[7] Flaschka, H. The Joda lattice, I, *Phys. Rev. B* **9** (1974), 1924–1925.

[8] Francis, J. The QR transformation, a unitary analogue of the LR transformation, I, *Comput. J.* **4** (1961), 265–271.

[9] Friedland, S., Robbin, J. and Sylvester, J. On the crossing rule, *CPAM* **37** (1984), 19–37.

[10] Golub, Gene, and Van Loan, Charles. *Matrix Computations*, 2nd ed., The Johns Hopkins University Press, Baltimore, 1989.

[11] Greub, Werner. *Linear Algebra*, 4th ed., Graduate Texts in Mathematics, Springer-Verlag, New York, 1975.

[12] Halmos, Paul R. *A Hilbert Space Problem Book*, Van Nostrand, New York, 1967.

[13] Halmos, Paul R. *Finite Dimensional Vector Spaces*, Undergraduate Texts in Mathematics, Springer-Verlag, New York, 1974.

[14] Halmos, Paul R. *Linear Algebra Problem Book*, Dolciani Mathematical Expositions #16, Mathematical Association of America, Providence, RI, 1995.

[15] Hoffman, Kenneth, and Kunze, Ray. *Linear Algebra*, Prentice Hall, Englewood Cliffs, NJ, 1971.

[16] Horn, R. A., and Johnson, C. R. *Matrix Analysis*, Cambridge University Press, 1985.

[17] Horn, R. A., and Johnson, C. R. *Topics in Matrix Analysis*, Cambridge University Press, 1991.

[18] Lancaster, P., and Tismenetsky, M. *The Theory of Matrices*, Academic Press, New York, 1985.

[19] Lang, Serge. *Linear Algebra*, 3rd ed., Undergraduate Texts in Mathematics, Springer-Verlag, New York, 1987.

[20] Lax, P. D. Integrals of nonlinear equations of evolution and solitary waves, *CPAM* **21** (1968), 467–490.

[21] Lax, P. D. The multiplicity of eigenvalues, *Bull. AMS* **6** (1982), 213–214.

[22] Lax, P. D., and Wendroff B. Difference schemes for hyperbolic equations with high order of accuracy, *CPAM* **17** (1964), 381–398.

[23] Lax, P. D., and Nirenberg L. On stability for difference schemes; a sharp form of Garding's inequality, *CPAM* **19** (1966), 473–492.

[24] Lay, David C. *Linear Algebra and Its Applications*, Addision-Wesley, Reading, MA, 1994.

[25] Moser, J. Finitely many mass points on the line under the influence of an exponential potential—an integrable system. In *Dynamical Systems, Theory and Applications*, Springer-Verlag, New York, 1975, pp. 467–497.

[26] Parlett, B. N. *The Symmetric Eigenvalue Problem*, Prentice Hall, Englewood Cliffs, NJ, 1980.

[27] Pearcy, C. An elementary proof of the power inequality for the numerical radius, *Michigan Math. J.* **13** (1966), 289–291.

[28] Roman, Steven. *Advanced Linear Algebra*, Graduate Texts in Mathematics, Springer-Verlag, New York, 1992.

[29] Serre, Denis. *Matrices: Theory and Applications*, Graduate Texts in Mathematics, Springer-Verlag, New York, 2002.

[30] Strang, Gilbert, *Linear Algebra and Its Applications*, 3rd ed., Harcourt, Brace, Jovanovich, San Diego, 1988.

[31] The 1968 Arden House Workshop on Fast Fourier Transform, *IEEE Trans.* Audio Electroacoust. **AU-17**, (1969).

[32] Trefethen, Lloyd N., and Bay, David. *Numerical Linear Algebra*, SIAM, Philadelphia, PA, 1997.

[33] Valenza, Robert J. *Linear Algebra, An Introduction to Abstract Mathematics*, Undergraduate Texts in Mathematics, Springer-Verlag, New York, 1993.

[34] Van Loan, C. F. *Introduction to Scientific Computing*, Prentice Hall, Englewood Cliffs, NJ.

索 引

G

H

J